실전

미적분학 2

윤형성 지음

서울대학교출판문화원

(실전) 미적분학 2

초판 1쇄 발행 2024년 8월 20일

지은이 윤형성

펴낸곳 서울대학교출판문화원
주소 08826 서울 관악구 관악로 1
도서주문 02-889-4424, 02-880-7995
홈페이지 www.snupress.com
페이스북 @snupress1947
인스타그램 @snupress
이메일 snubook@snu.ac.kr
출판등록 제15-3호

ISBN 978-89-521-3676-3 94410
978-89-521-3651-0 (세트)

머리말

이 책은 대학교 1학년 이공계 학부생을 대상으로 대학 미적분학의 정리들을 쉽게 이해할 수 있도록 구성되었으며, 기본 개념과 응용문제를 다루기 위한 목적으로 집필하였다. 기존 미적분학 교재들이 주로 수학적인 증명에 집중하는 경향이 있는 반면, 이 책은 정의, 정리 등을 도입할 때, 수학적인 개념의 Motivation, 발견적 교수법 및 기하학적 의미를 이해하는 것에 중점을 두고 있다. 이것은 이 책이 기존 미적분학 교재와 구별되는 가장 주목할 만한 특징이다. 이러한 접근 방식은 독자들이 추상적인 수학 개념을 시각적으로 이해하고 응용할 수 있도록 돕는다. 또한, 독자들의 학습 편차와 이해도의 차이를 고려하여 자세한 설명과 다양한 예시를 통해 내용을 쉽게 이해하고 습득할 수 있도록 하였다.

본문은 선별된 다양한 난이도의 예제들을 통해 정의와 정리 등을 응용하고 스스로 점검해 볼 수 있도록 구성하였다. 또한 저자가 강의 시간에 퀴즈로 출제했던 독창적인 유형의 문제와 서울대학교 교양수학 중간·기말고사 기출 변형 문제 및 시험에 자주 출제되는 유형의 문제들을 추가로 수록하였다. 이를 통해 독자들은 다양한 유형의 문제를 풀며 문제 해결 능력과 수학적인 사고력을 향상시킬 수 있을 것으로 기대된다.

1권에서는 테일러 전개, 기초적인 선형대수학 이론 및 곡선 이론을 다루었으며, 2권에서는 다변수함수의 미적분학과 벡터 해석을 주로 다루었다. 이 책은 주로 고등학교 자연계열에서 미적분학을 공부한 학생들을 대상으로 하며, 대학 미적분학의 초보적인 기법과 응용을 소개하는 데 초점을 두고 있기 때문에 이 책을 학습하기 전에 *Calculus* 9th Edition(Cengage Learning, 2020)의 1-5장을 먼저 학습하는 것을 권장한다. 이 책에 수록된 정리의 증명이 궁금한 독자는 기존 미적분학 서적에서 쉽게 찾을 수 있으며 대부분의 증명은 『미적분학 1·2(제3개정판)』(서울대학교출판문화원, 2023)에서 찾아볼 수 있다. 또한 본문에 사용된 그림은 모두 지오지브라(GeoGebra)를 이용하여 그렸음을 밝힌다.

수학은 어렵고 복잡한 분야일 수 있지만, 꾸준한 노력과 이해를 통해 독자들은 논리적인 사고와 문제 해결 능력을 키워 나가며, 수학의 아름다움과 실용성을 발견할 수 있다. 이 책이 학업과 성장을 향해 함께 나아가는 여정에서 동반자가 되길 희망한다. 저자는 이 책의 원고를 수년간 교정하며 오류를 바로잡았다. 그럼에도 불구하고 발견될 수 있는 모든 오류에 대한 책임은 전적으로 저자에게 있음을 밝힌다.

2024년 7월

윤형성

차례

제3장 다변수 벡터함수

제4장 벡터장과 미분형식

제5장 다중적분

제6장 평면 벡터장의 발산 정리와 그린 정리

제7장 면적분

제8장 발산 정리

제9장 스토크스 정리

제 1 장

다변수함수

우리는 지금까지 일변수함수에 대한 미적분학을 학습하였다. 그러나 자연현상에서 발생하는 물리량들은 둘 또는 그 이상의 변수들에 의존한다. 이 장의 목적은 일변수함수의 연속성과 미분가능성을 다변수함수로 확장하는 것이다.

1.1 다변수함수와 그래프

정의 1.1.1 $\mathbb{R}^n$ 의 부분집합 U 의 각 점 $\mathbf{x} = (x_1, x_2, \cdots, x_n) \in U$ 을 실수 $f(\mathbf{x}) = f(x_1, x_2, \cdots, x_n) \in \mathbb{R}$ 에 대응시키는 함수

$$f : U \to \mathbb{R}; \quad (x_1, x_2, \cdots, x_n) \longmapsto f(x_1, x_2, \cdots, x_n)$$

을 n-변수함수라 하고, 집합 U 를 함수 f 의 정의역이라고 부른다.

예제 1.1.2 다음 이변수함수에 대하여 $f(1, 2)$ 를 계산하고, 정의역을 구하시오.

(1) $f(x, y) = \dfrac{\sqrt{3x - y^2 + 2}}{x^3 - 8}$ (2) $f(x, y) = e^{\arcsin(y - x)} \log\left(y - \sqrt[4]{x}\right)$

풀이 (1) 주어진 함수 $f(x, y)$ 에 $x = 1,\ y = 2$ 를 대입하면

$$f(1, 2) = \frac{\sqrt{3 - 4 + 2}}{1 - 8} = -\frac{1}{7}$$

이다. 한편 f 가 정의되기 위해서는 분모가 영이 아니며 제곱근 안의 부호가 음이 아니므로

$$x^3 - 8 \neq 0, \quad 3x - y^2 + 2 \geq 0$$

이다. 따라서 f 의 정의역은

$$U = \{(x, y) \mid y^2 \leq 3x + 2,\ x \neq 2\}$$

이다.

(2) 주어진 함수 $f(x, y)$ 에 $x = 1,\ y = 2$ 를 대입하면

$$f(1, 2) = e^{\arcsin(2-1)} \log\left(2 - \sqrt[4]{1}\right) = 0$$

이다. 한편 역사인 함수의 정의역은 $[-1, 1]$ 이므로 f 가 정의되기 위해서는 $-1 \leq y - x \leq 1$ 이고, 진수의 조건에 의해 $y - \sqrt[4]{x} > 0$ 이며, 네제곱근 안의 부호가 음이 아니므로 $x \geq 0$ 이다. 따라서 f 의 정의역은

$$U = \{(x, y) \mid -1 \leq y - x \leq 1,\ y > \sqrt[4]{x},\ x \geq 0\}$$

이다. □

예제 1.1.3 반지름이 1 인 구 내부에 접하는 직육면체의 가로, 세로, 높이를 각각 $2x$, $2y, 2z$ 라 할 때, 이 직육면체의 겉넓이를 변수 x, y, z 에 대한 함수로 나타내고, 이 함수의 정의역을 구하시오.

풀이 직육면체의 가로, 세로, 높이가 각각 $2x, 2y, 2z$ 이므로 겉넓이 함수를 f 라 하면,

$$f(x, y, z) = 8(xy + yz + zx)$$

이다.

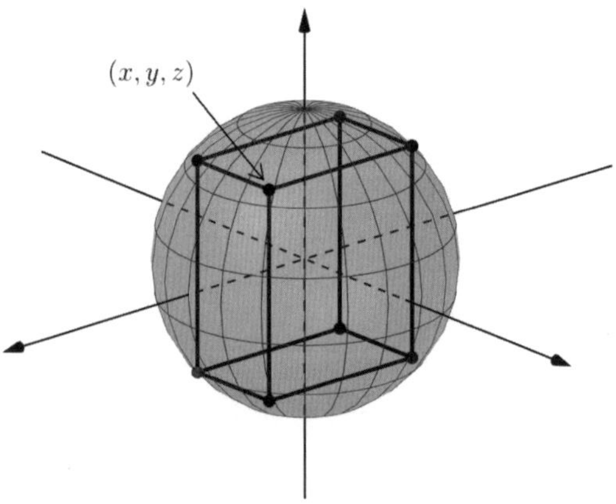

한편 이 직육면체의 한 꼭짓점 (x, y, z)는 중심이 원점이고 반지름이 1인 구면 위에 있으므로 정의역은

$$U = \{(x, y, z) \mid x^2 + y^2 + z^2 = 1,\ x > 0,\ y > 0,\ z > 0\}$$

이다. □

n-변수함수 $f : U \to \mathbb{R}$와 집합 $A \subset U$에 대하여

$$f(A) = \{f(x_1, x_2, \cdots, x_n) \mid (x_1, x_2, \cdots, x_n) \in A\}$$

를 함수 f에 의한 집합 A의 상이라고 하며, 정의역의 상 $f(U)$를 함수 f의 치역이라고 부른다.

예제 1.1.4 삼변수함수

$$f(x, y, z) = \frac{1}{\sqrt{x^2 + y^2 + z^2}}$$

의 정의역과 치역을 구하시오. 또 공

$$B = \{(x, y, z) \mid x^2 + y^2 + z^2 \leq 4\}$$

에 대하여 $f(B)$를 구하시오.

풀이 f가 정의되기 위해서는 분모가 영이 아니므로 정의역은

$$U = \mathbb{R}^3 \setminus \{(0, 0, 0)\}$$

이고, 이때 치역은 양의 실수의 집합

$$f(U) = \{f(x, y, z) \mid (x, y, z) \in U\} = \{w \mid w > 0\}$$

이다. 한편 $x^2 + y^2 + z^2 \leq 4$이면

$$f(x, y, z) = \frac{1}{\sqrt{x^2 + y^2 + z^2}} \geq \frac{1}{2}$$

이므로

$$f(B) = \{f(x, y, z) \mid (x, y, z) \in B\} = \{w \mid 2w \geq 1\}$$

이다. □

함수의 변화를 알아보고자 할 때, 주어진 함수식을 이해하는 것보다 함수의 그래프를 그려 보는 방법이 가장 효과적이다. 예를 들면 일변수함수 $f(x) = e^{-x^2}\cos 3x$ 의 함수식을 보고 이 함수의 증가, 감소, 최대, 최소 등의 성질을 한눈에 알아보기란 쉽지 않다. 그러나 그래프를 그려 보면, 이 함수의 최댓값, 최솟값, 증가, 감소 등의 성질을 한눈에 알아볼 수 있다.

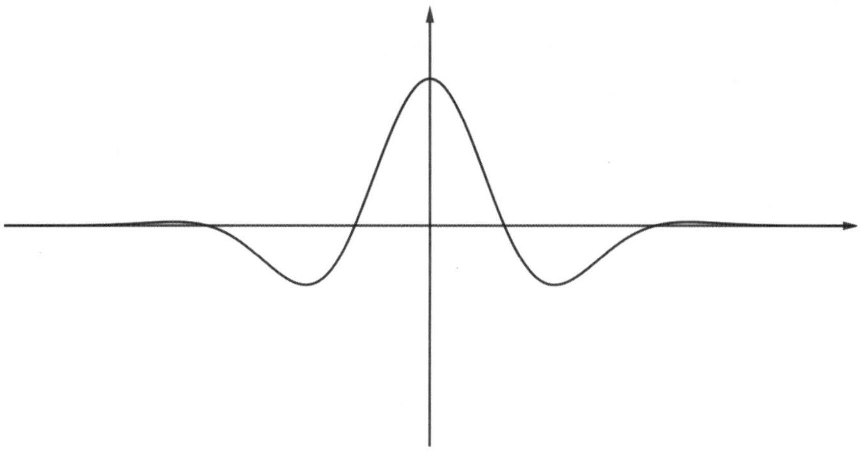

함수 $f(x) = e^{-x^2}\cos 3x$ 의 그래프

즉 함수의 변화를 쉽게 이해하는 방법 중 하나는 그래프를 그려 보는 것이다. 그러나 그래프의 시각화가 가능한 함수는 일변수함수와 이변수함수이며, 삼변수 이상의 다변수함수에 대해서는 직접적인 시각화가 불가능하다. 이 절에서는 이변수함수의 그래프를 이해하기 위한 기초적인 방법에 대해 공부한다. 일변수함수와 달리 이변수함수의 그래프를 그리는 것은 일반적으로 쉬운 일이 아니다. 삼변수 이상의 함수의 그래프를 그리는 것은 불가능하므로 여기에선 그래프를 공간상의 점들의 집합으로 이해하고 삼변수 이상의 함수의 그래프를 이해하는 방법은 3 절로 미룬다.

예제 1.1.5 함수

$$f(x, y) = \sqrt{1 - x^2 - y^2}$$

의 그래프를 그리시오.

풀이 $z = f(x, y)$ 라 두고 양변 제곱하여 정리하면, $x^2 + y^2 + z^2 = 1$ 이므로 중심이 원점이고 반지름이 1 인 구이다. 그런데 $z \geq 0$ 이므로 그래프는 xy-평면에 의해 잘린 위쪽 반구이다.

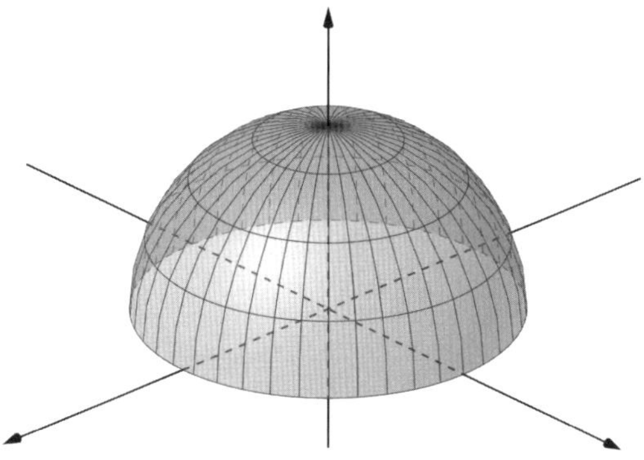

□

예제 1.1.6 다음 함수의 그래프를 그리시오.

(1) $f(x,y)=\sqrt{x^2+y^2}$　　(2) $f(x,y)=\sqrt{x^2+y^2+1}$

(3) $f(x,y)=x^2+y^2$　　(4) $f(x,y)=y^2-x^2$

풀이 (1) 그래프를 각 좌표축에 수직인 평면들로 잘랐을 때 생기는 일변수함수의 그래프로부터 이변수함수의 그래프를 추론할 수 있다. 다음 9개의 평면

$$x=-1,0,1,\quad y=-1,0,1,\quad z=1,2,3$$

과 함수 f의 그래프가 만나는 교선을 그려 보면 다음과 같다.

$$\begin{array}{lll}\{(-1,y,z)\mid z=\sqrt{y^2+1}\}, & \{(x,-1,z)\mid z=\sqrt{x^2+1}\}, & \{(x,y,1)\mid x^2+y^2=1\},\\ \{(0,y,z)\mid z=|y|\}, & \{(x,0,z)\mid z=|x|\}, & \{(x,y,2)\mid x^2+y^2=4\},\\ \{(1,y,z)\mid z=\sqrt{y^2+1}\}, & \{(x,1,z)\mid z=\sqrt{x^2+1}\}, & \{(x,y,3)\mid x^2+y^2=9\}.\end{array}$$

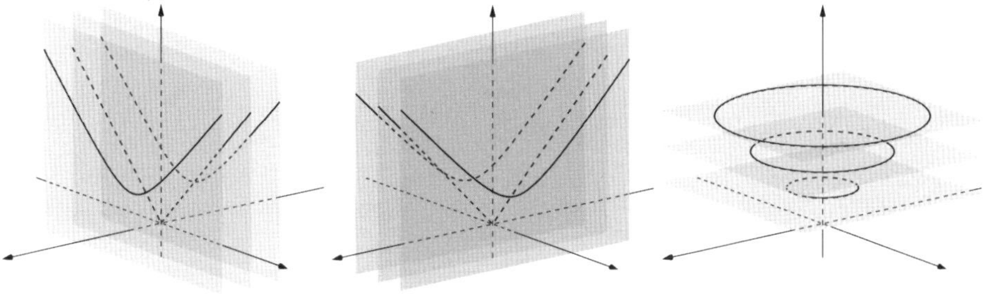

$x=-1,0,1$과 만나는 교선　$y=-1,0,1$과 만나는 교선　$z=1,2,3$과 만나는 교선

위의 결과로부터 주어진 함수의 그래프는 다음과 같다.

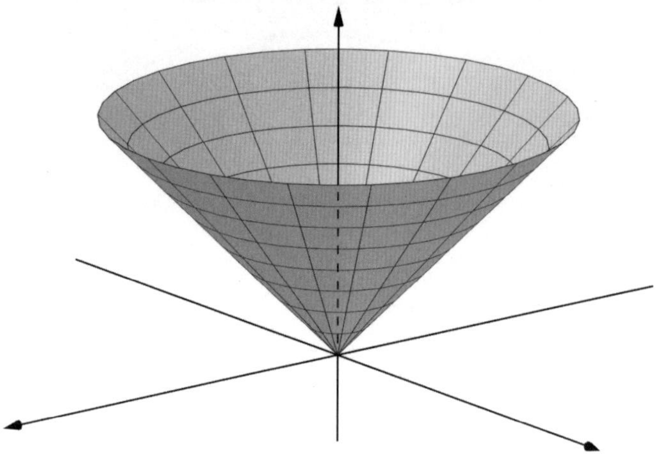

함수 $f(x,y)=\sqrt{x^2+y^2}$ 의 그래프

(2) 그래프를 각 좌표축에 수직인 평면들로 잘랐을 때 생기는 일변수함수의 그래프로부터 이변수함수의 그래프를 추론할 수 있다. 다음 9개의 평면

$$x=-1,0,1, \quad y=-1,0,1, \quad z=1,2,3$$

과 함수 f 의 그래프가 만나는 교선을 그려 보면 다음과 같다.

$$\begin{array}{lll} \{(-1,y,z)\mid z=\sqrt{y^2+2}\}, & \{(x,-1,z)\mid z=\sqrt{x^2+2}\}, & \{(0,0,1)\}, \\ \{(0,y,z)\mid z=\sqrt{y^2+1}\}, & \{(x,0,z)\mid z=\sqrt{x^2+1}\}, & \{(x,y,2)\mid x^2+y^2=3\}, \\ \{(1,y,z)\mid z=\sqrt{y^2+2}\}, & \{(x,1,z)\mid z=\sqrt{x^2+2}\}, & \{(x,y,3)\mid x^2+y^2=8\}. \end{array}$$

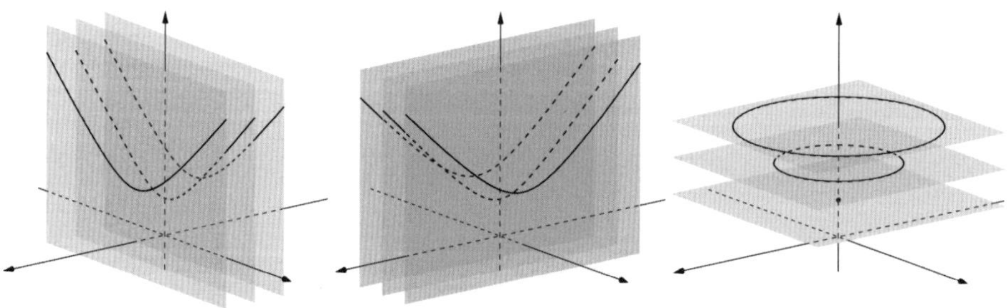

$x=-1,0,1$ 과 만나는 교선 $y=-1,0,1$ 과 만나는 교선 $z=1,2,3$ 과 만나는 교선

위의 결과로부터 주어진 함수의 그래프는 다음과 같다.

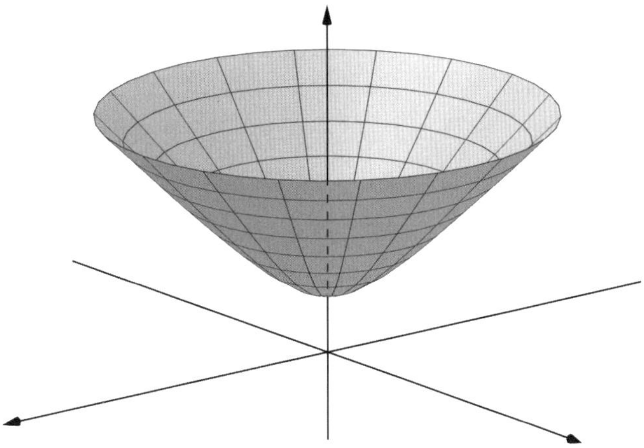

함수 $f(x, y) = \sqrt{x^2 + y^2 + 1}$ 의 그래프

(3) 그래프를 각 좌표축에 수직인 평면들로 잘랐을 때 생기는 일변수함수의 그래프로부터 이변수함수의 그래프를 추론할 수 있다. 다음 9개의 평면

$$x = -1, 0, 1, \quad y = -1, 0, 1, \quad z = 1, 2, 3$$

과 함수 f 의 그래프가 만나는 교선을 그려 보면 다음과 같다.

$$\begin{array}{lll} \{(-1, y, z) \mid z = y^2 + 1\}, & \{(x, -1, z) \mid z = x^2 + 1\}, & \{(x, y, 1) \mid x^2 + y^2 = 1\}, \\ \{(0, y, z) \mid z = y^2\}, & \{(x, 0, z) \mid z = x^2\}, & \{(x, y, 2) \mid x^2 + y^2 = 2\}, \\ \{(1, y, z) \mid z = y^2 + 1\}, & \{(x, 1, z) \mid z = x^2 + 1\}, & \{(x, y, 3) \mid x^2 + y^2 = 3\}. \end{array}$$

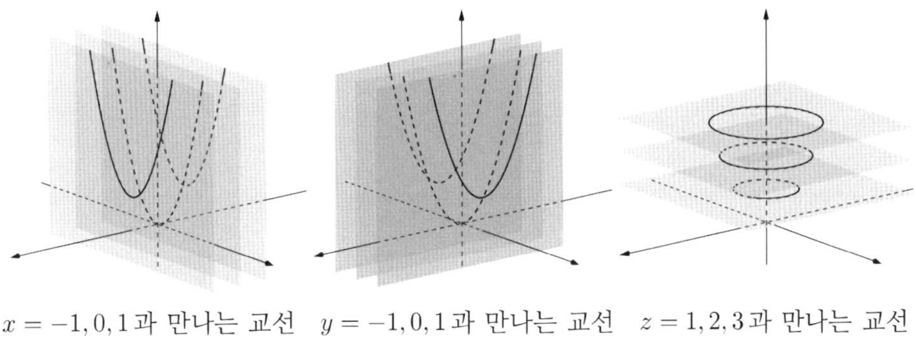

$x = -1, 0, 1$ 과 만나는 교선 $y = -1, 0, 1$ 과 만나는 교선 $z = 1, 2, 3$ 과 만나는 교선

위의 결과로부터 주어진 함수의 그래프는 다음과 같다.

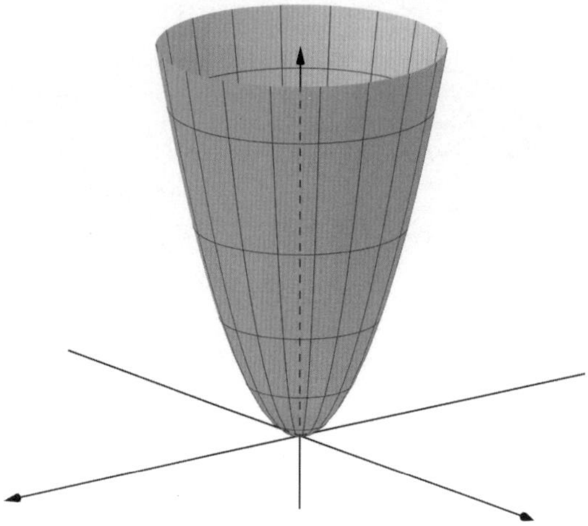

함수 $f(x,y) = x^2 + y^2$ 의 그래프

(4) 그래프를 각 좌표축에 수직인 평면들로 잘랐을 때 생기는 일변수함수의 그래프로부터 이변수함수의 그래프를 추론할 수 있다. 다음 9 개의 평면

$$x = -1, 0, 1, \quad y = -1, 0, 1, \quad z = -1, 0, 1$$

과 함수 f 의 그래프가 만나는 교선을 그려 보면 다음과 같다.

$$\begin{array}{lll}
\{(-1,y,z) \mid z = y^2 - 1\}, & \{(x,-1,z) \mid z = -x^2 + 1\}, & \{(x,y,-1) \mid x^2 - y^2 = 1\}, \\
\{(0,y,z) \mid z = y^2\}, & \{(x,0,z) \mid z = -x^2\}, & \{(x,y,0) \mid |x| = |y|\}, \\
\{(1,y,z) \mid z = y^2 - 1\}, & \{(x,1,z) \mid z = -x^2 + 1\}, & \{(x,y,1) \mid x^2 - y^2 = -1\}.
\end{array}$$

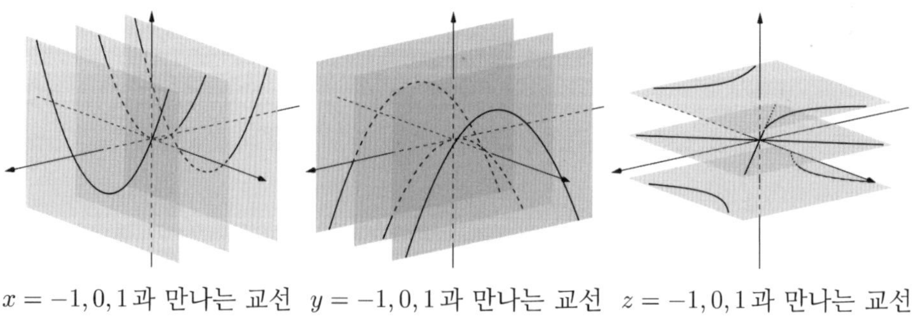

$x = -1, 0, 1$ 과 만나는 교선 $y = -1, 0, 1$ 과 만나는 교선 $z = -1, 0, 1$ 과 만나는 교선

위의 결과로부터 주어진 함수의 그래프는 다음과 같다.

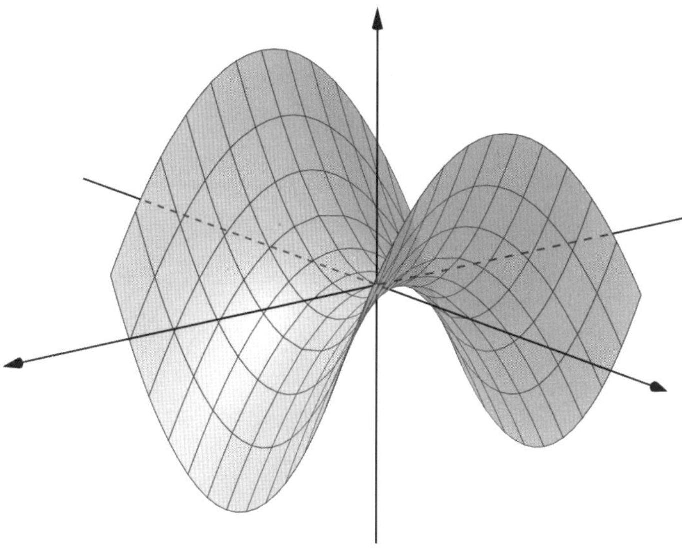

함수 $f(x,y) = y^2 - x^2$ 의 그래프

□

예제 1.1.6 에서 $z = f(x,y)$ 라 두면, (1)-(4)에서 주어진 함수들은 각각 다음과 같이 표현할 수 있다.

(1) $x^2 + y^2 - z^2 = 0 \quad (z \geq 0)$

(2) $x^2 + y^2 - z^2 = -1 \quad (z \geq 1)$

(3) $z = x^2 + y^2$

(4) $z = y^2 - x^2$

이와 같이 3 차원 좌표공간에서 x, y, z 에 관한 2 차식으로 표현되는 곡면은 2 절에서 좀 더 자세히 다룬다.

컴퓨터의 응용프로그램을 이용하면 다양한 이변수함수의 그래프를 그릴 수 있다. 다음 그림은 웹사이트 지오지브라(GeoGebra)의 3 차원 계산기를 이용하여 그린 그래프이다.

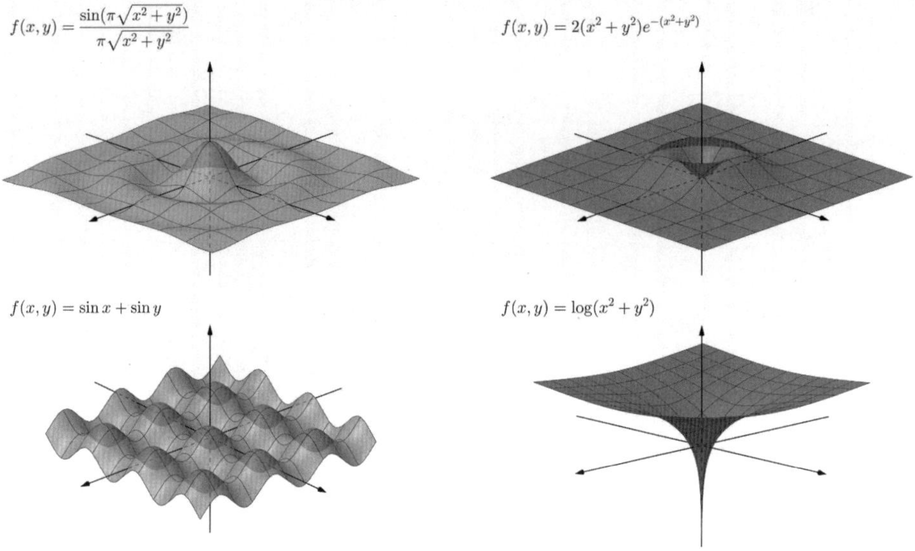

컴퓨터 응용프로그램을 이용하여 그린 이변수함수의 그래프

일변수함수에서 한 점에서의 미분은 그 점에서의 접선의 기울기로 이해할 수 있었다. 미분가능한 이변수함수의 그래프는 매끄러운 곡면이므로 한 점에서 접하는 접선은 무한히 많지만 접평면은 하나뿐이다. 이러한 관찰로부터 이변수함수의 한 점에서의 미분은 그 점에서의 접평면의 기울기로 이해할 수 있고, 이변수함수에서의 평면은 x, y에 관한 일차식이므로 변수 x, y의 계수를 접평면의 기울기로 정한다. 일반적으로 n-변수 일차함수는 $x_1, x_2, \cdots, x_n$에 관한 일차식이고, 일변수함수에서와 같이 n-변수 일차함수의 기울기를 변수 $x_1, x_2, \cdots, x_n$의 계수로 정의할 수 있다.

정의 1.1.7 (다변수 일차함수의 기울기) n-변수 일차함수 f가 다음과 같이 주어졌다고 하자.

$$f(x_1, x_2, \cdots, x_n) = a_1x_1 + a_2x_2 + \cdots + a_nx_n + b = \mathbf{a}\cdot\mathbf{x} + b.$$

여기서 $\mathbf{a} = (a_1, a_2, \cdots, a_n)$, $\mathbf{x} = (x_1, x_2, \cdots, x_n)$이다. 이때, 벡터 $\mathbf{a}$를 일차함수 f의 기울기 벡터라고 부른다.

예를 들면 이변수 일차함수 $f(x,y) = 2x + y$의 그래프는 식 $2x + y - z = 0$으로 주어진 평면이며, 기울기 벡터는 $\mathbf{a} = (2, 1)$이다.

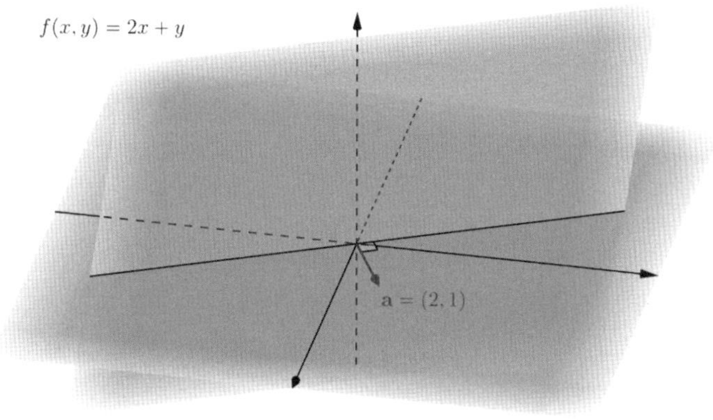

함수 $f(x, y) = 2x + y$ 의 그래프와 기울기 벡터

영이 아닌 벡터 $\mathbf{v}$ 에 대하여 일차함수 $f(\mathbf{x}) = \mathbf{a} \cdot \mathbf{x} + b$ 의 그래프를 $\mathbf{v}$-방향으로 제한하여 보면 직선이 된다. 이 직선의 기울기에 $|\mathbf{v}|$ 를 곱한 값을 f 의 $\mathbf{v}$-방향 기울기라고 한다.

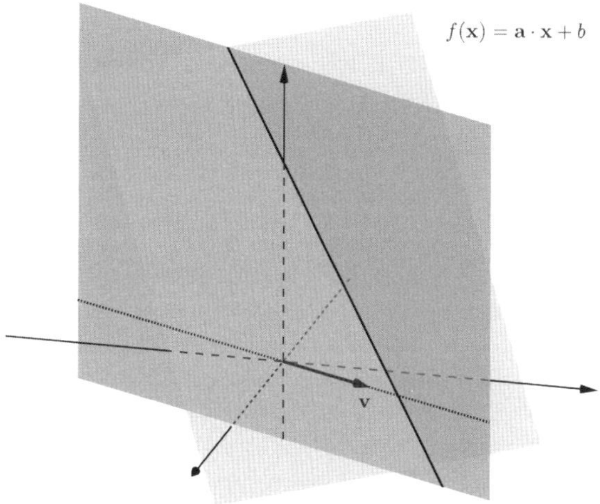

평면의 $\mathbf{v}$-방향 기울기

> **정리 1.1.8** 일차함수 $f(\mathbf{x}) = \mathbf{a} \cdot \mathbf{x} + b$ 와 영이 아닌 벡터 $\mathbf{v}$ 에 대하여 f 의 $\mathbf{v}$-방향 기울기는 $\mathbf{a} \cdot \mathbf{v}$ 이다.

예제 1.1.9 일차함수 $f(x,y,z) = ax+by+cz+d$ 의 $(1,-3,2)$-방향 기울기, $(0,2,-3)$-방향 기울기, $(0,0,-4)$-방향 기울기가 각각 $-3, 4, -8$ 일 때, f 의 $\mathbf{v} = (1,-1,2)$-방향 기울기를 구하시오.

풀이 일차함수 f 의 기울기 벡터는 $\mathbf{a} = (a,b,c)$ 이므로

$$\begin{aligned}\mathbf{a}\cdot(1,-3,2) &= a-3b+2c = -3,\\ \mathbf{a}\cdot(0,2,-3) &= 2b-3c = 4,\\ \mathbf{a}\cdot(0,0,-4) &= -4c = -8\end{aligned}$$

이고, 이 식을 연립하면 $a=8,\ b=5,\ c=2$ 를 얻는다. 따라서 구하는 값은

$$\mathbf{a}\cdot\mathbf{v} = (8,5,2)\cdot(1,-1,2) = 7$$

이다. □

1.2 이차곡면

3 개의 변수 x, y, z 에 관한 2 차식

$$Ax^2 + By^2 + Cz^2 + Dxy + Eyz + Fzx + Gx + Hy + Iz + J = 0$$

의 그래프를 3 차원 공간에서의 곡면으로 나타낸 것을 이차곡면이라고 한다. 위의 식은 평행이동과 회전이동에 의해 다음 방정식 중 하나로 표현이 가능하다.

$$\begin{aligned}&\frac{x^2}{a^2} + \frac{y^2}{b^2} + k_1\frac{z^2}{c^2} = k_2,\\ &\frac{x^2}{a^2} - \frac{y^2}{b^2} = k_3,\\ &\frac{x^2}{a^2} = k_1,\\ &z = \frac{x^2}{a^2} + k_1\frac{y^2}{b^2}.\end{aligned}$$

여기서 $k_1, k_2 \in \{-1,0,1\}, k_3 \in \{0,1\}$ 이다. 즉 이차곡면의 표준형은 17 가지이고, 이 중 점과 평면을 제외하고 3 차원 공간에 곡면으로 나타낼 수 있는 것은 총 9 종류이며 다음과 같다.

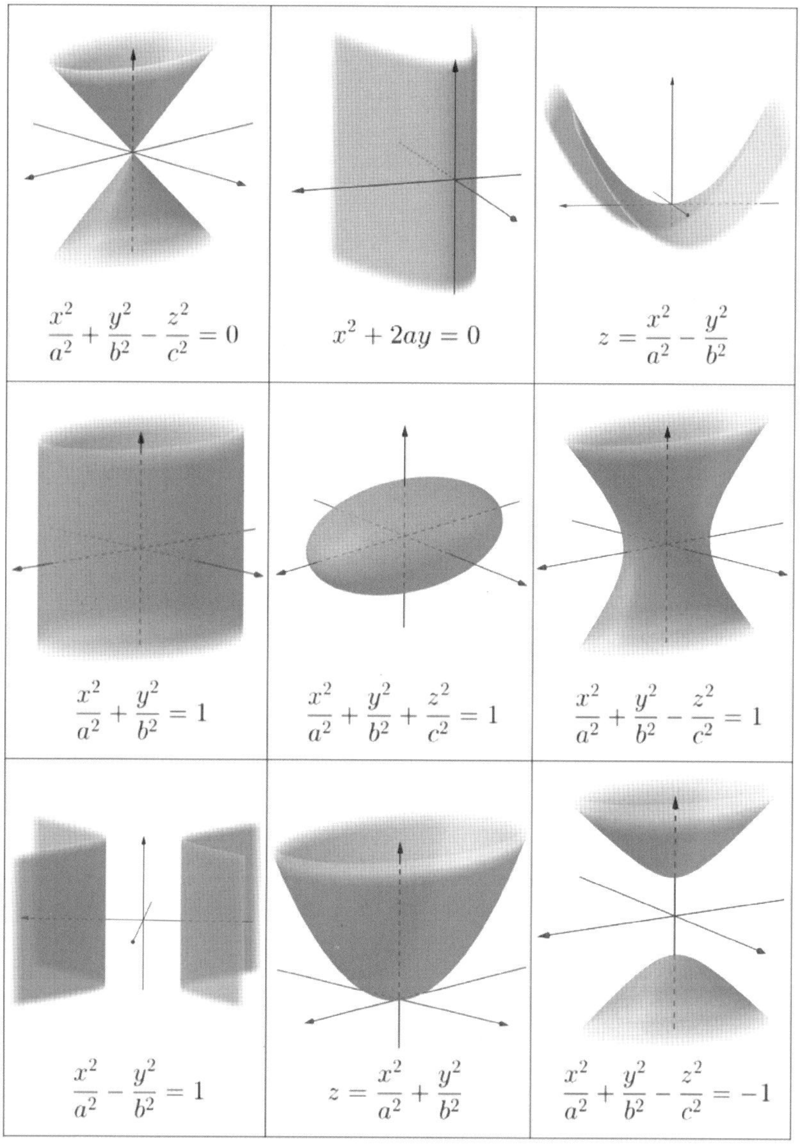

7장에서는 곡면 위에서 정의된 함수와 벡터장의 면적분을 배우게 되는데 주로 이차곡면 위에서의 면적분을 다룬다. 또한 8장, 9장에서 소개되는 발산 정리, 스토크스 정리는 곡면과 곡면의 경계, 그리고 향에 대한 관계를 정확히 숙지하는 것이 필수적이다. 특히 이차곡면의 그래프를 알고 있으면, 이러한 내용들을 직관적으로 이해하는 데 도움이 된다.

1.3 등위면

아래 그림의 각 곡선은 아래서부터 차례로 함수

$$f(x,y) = -0.1 + (x^2 + 3y^2)e^{-(x^2+y^2)}$$

의 그래프와 xy-평면과 평행한 다음 4개의 평면

$$z = 0.2,\ 0.4,\ 0.6,\ 0.8$$

과의 교선들을 나타낸 것이다.

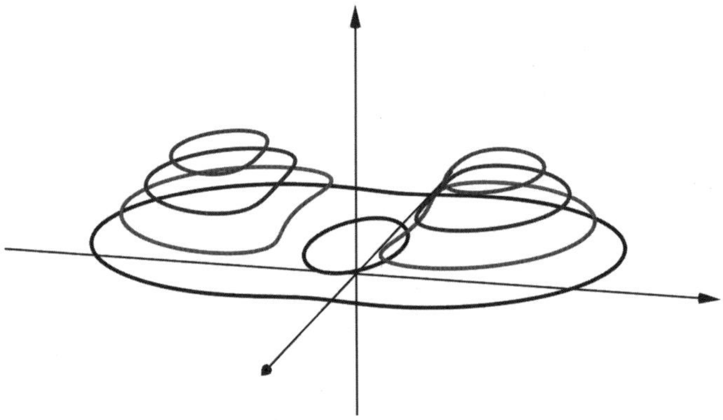

z의 값이 변함에 따라 함수 f의 그래프와 만나는 이러한 곡선들을 연속적으로 연결하면 함수 f의 그래프를 얻는다.

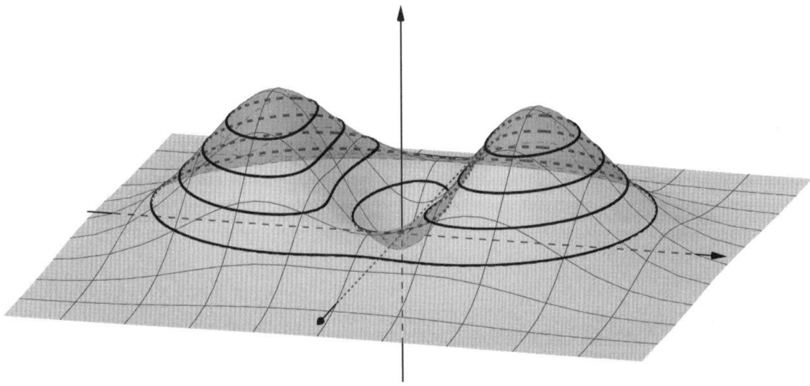

함수 $f(x,y) = -0.1 + (x^2 + 3y^2)e^{-(x^2+y^2)}$ 의 그래프

함수 $f: U \to \mathbb{R}$와 실수 c에 대하여 $f(\mathbf{x}) = c$를 만족하는 정의역의 점 $\mathbf{x}$들의 집합을 이변수함수인 경우 c-등위선, 삼변수 이상의 함수인 경우 c-등위면이라고 부른다. 이변수함수의 그래프는 곡면이지만 등위선은 곡선이므로 함수의 그래프보다 한 차원 낮은 도형이다. 일반적으로 n-변수함수의 등위면은 그 함수의 그래프보다 한 차원 낮다. 따라서 함수의 그래프를 이해함에 있어서, 등위면의 장점은 한 차원 낮은 도형으로부터 함수의 그래프에 대한 정보를 보다 쉽게 얻을 수 있다는 것이다.

> **정의 1.3.1 (등위면)** $\mathbb{R}^n$의 부분집합 U에서 정의된 함수 $f: U \to \mathbb{R}$와 실수 c에 대하여
>
> $$f^{-1}(c) = \{\mathbf{x} \in U \mid f(\mathbf{x}) = c\}$$
>
> 를 f의 c-등위면이라고 한다.

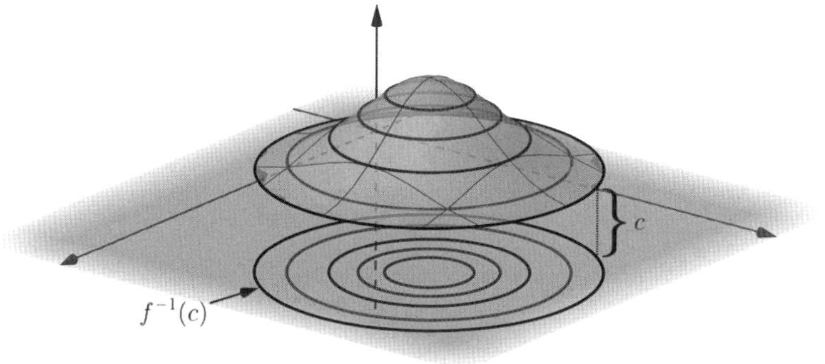

이변수함수 $z = f(x, y)$의 c-등위선

예제 1.3.2 다음 함수의 c-등위선 또는 c-등위면을 그리시오.

(1) $f(x, y) = x^2 + y^2 - \sqrt{|x|}y, \quad c = 1$

(2) $f(x, y, z) = e^{x^2+y^2-z^2}, \quad c = e$

풀이 (1) 함수 f의 1-등위선은 $f^{-1}(1) = \{(x, y) \in \mathbb{R}^2 \mid f(x, y) = x^2+y^2-\sqrt{|x|}y = 1\}$이므로 좌표평면의 곡선 $x^2+y^2 = 1+\sqrt{|x|}y$이다. 이 곡선 위의 점 $P = (x, y)$에 대하여 $|\overrightarrow{OP}|^2 = 1 + \sqrt{|x|}y$이므로 제일사분면에서는 두 점 $(1, 0), (0, 1)$을 지나고 단위원의 외부에 놓인 곡선이며, 제사사분면에서는 두 점 $(1, 0), (0, -1)$을 지나고 단위원의 내부에 놓인 곡선이다. 한편 곡선 $x^2 + y^2 = 1 + \sqrt{|x|}y$는 y-축에 대칭이므로 곡선의 개형은 다음과 같다.

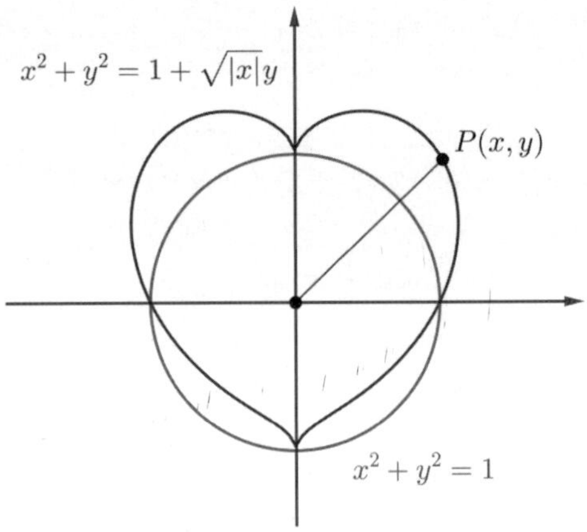

함수 f 의 1-등위선

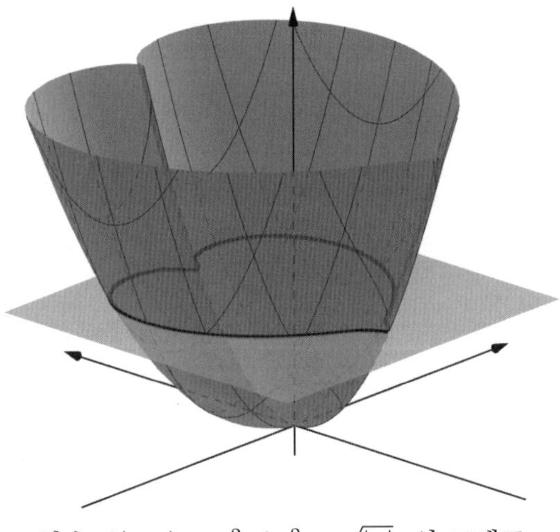
함수 $f(x,y)=x^2+y^2-\sqrt{|x|}y$ 의 그래프

(2) 함수 f 의 e-등위면은

$$\begin{aligned} f^{-1}(e) &= \{(x,y,z)\in\mathbb{R}^3 \mid f(x,y,z)=e^{x^2+y^2-z^2}=e\} \\ &= \{(x,y,z)\in\mathbb{R}^3 \mid x^2+y^2-z^2=1\} \end{aligned}$$

이다. 즉 e-등위면은 이차곡면

$$x^2+y^2-z^2=1$$

이므로 다음과 같다.

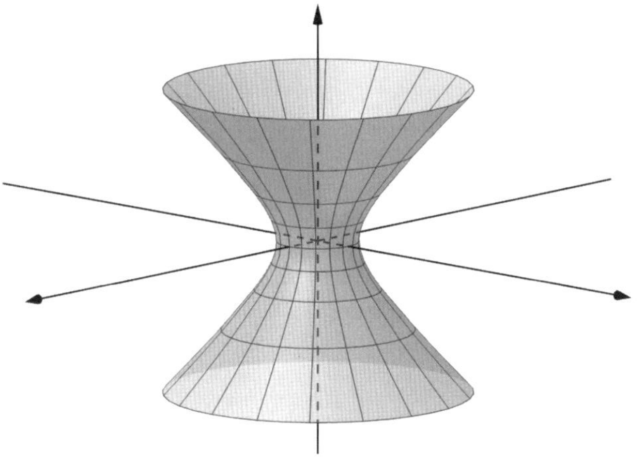

함수 f 의 e-등위면

□

1.4 연속함수

일변수함수에서 함수의 극한은 좌극한과 우극한을 이용하여 정의하였다. 그러나 이러한 방법은 다변수함수에서 바람직하지 않다. 다변수함수에서는 한 점으로 다가오는 경로가 무수히 많기 때문이다.

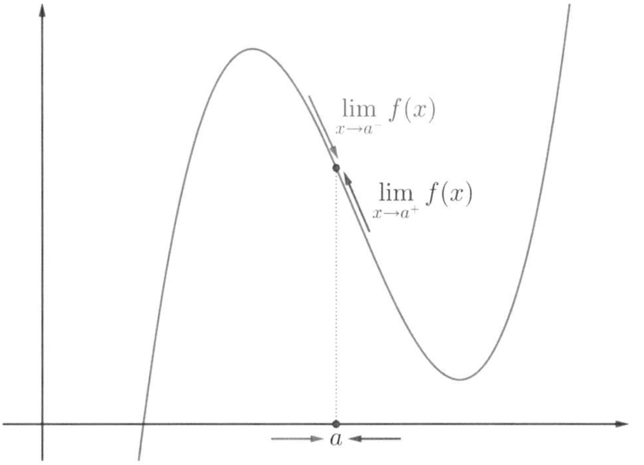

일변수함수의 좌극한과 우극한

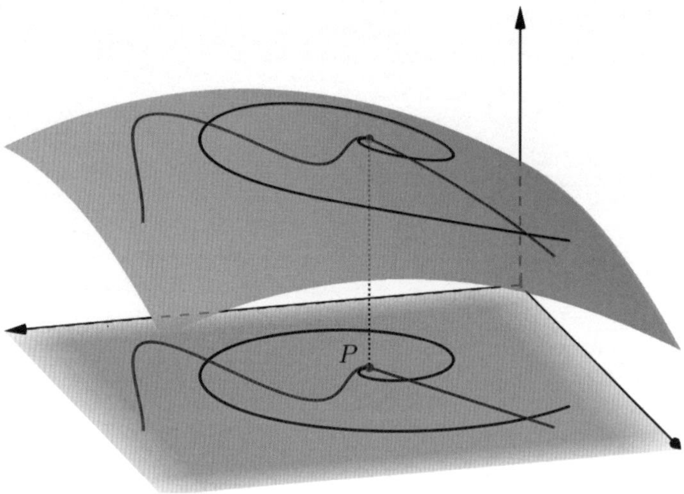

이변수함수의 여러 가지 경로에 대한 극한

$\mathbb{R}^n$ 의 부분집합 U 에서 정의된 다변수함수 $f : U \to \mathbb{R}$ 와 점 $P \in U$ 에 대하여 P 와 다른 점 $\mathbf{x}$ 가 정의역에 속하는 곡선 X 를 따라 P 에 한없이 가까워짐에 따라 $f(\mathbf{x})$ 가 실수 L 에 한없이 가까워질 때, 실수 L 을 곡선 X 를 따르는 함수 $f(\mathbf{x})$ 의 극한이라고 하며, 기호로 다음과 같이 표기한다.

$$\lim_{\substack{\mathbf{x}\to P \\ \text{along } X}} f(\mathbf{x}) = L.$$

예제 1.4.1 좌표평면에서 정의된 함수

$$f(x,y) = \begin{cases} \dfrac{x^2+y^5}{x^2+xy^2+y^4} & (x,y) \neq (0,0) \\ 0 & (x,y) = (0,0) \end{cases}$$

에 대하여 원점에서 다음 경로에 대한 극한값을 구하시오.

(1) x-축 (2) y-축

(3) 직선 $y = x$ (4) 곡선 $x = y^2$

풀이 (1) x-축의 매개화 $X(t) = (t, 0)$ 을 따르는 함수 f 의 극한은

$$\lim_{\substack{(x,y)\to(0,0) \\ \text{along } X}} f(x,y) = \lim_{t\to 0} f(t,0) = \lim_{t\to 0} \frac{t^2}{t^2} = 1$$

이다.

(2) y-축의 매개화 $X(t) = (0, t)$ 를 따르는 함수 f 의 극한은

$$\lim_{\substack{(x,y)\to(0,0)\\ \text{along } X}} f(x,y) = \lim_{t\to 0} f(0,t) = \lim_{t\to 0} \frac{t^5}{t^4} = \lim_{t\to 0} t = 0$$

이다.

(3) 직선 $y = x$ 의 매개화 $X(t) = (t, t)$ 를 따르는 함수 f 의 극한은

$$\lim_{\substack{(x,y)\to(0,0)\\ \text{along } X}} f(x,y) = \lim_{t\to 0} f(t,t) = \lim_{t\to 0} \frac{t^2+t^5}{t^2+t^3+t^4} = \lim_{t\to 0} \frac{1+t^3}{1+t+t^2} = 1$$

이다.

(4) 곡선 $x = y^2$ 의 매개화 $X(t) = (t^2, t)$ 를 따르는 함수 f 의 극한은

$$\lim_{\substack{(x,y)\to(0,0)\\ \text{along } X}} f(x,y) = \lim_{t\to 0} f(t^2,t) = \lim_{t\to 0} \frac{t^4+t^5}{t^4+t^4+t^4} = \lim_{t\to 0} \frac{1+t}{3} = \frac{1}{3}$$

이다.

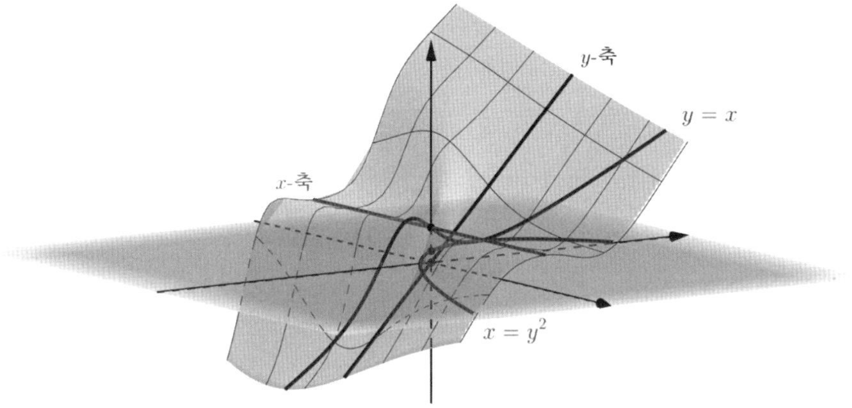

함수 $f(x,y) = \dfrac{x^2+y^5}{x^2+xy^2+y^4}$ 의 그래프

□

점 P를 향하는 어떠한 경로라도 점 P의 근방을 거치지 않고서 점 P에 도달할 수 없다. 경로에 무관하게 함수의 극한을 정의하기 위해서는 근방에 대한 개념이 필요하다. 근방 개념을 이용하여 극한을 정의하면 다음과 같다.

정의 1.4.2 (ε-δ 논법) $\mathbb{R}^n$의 부분집합 U에 대하여 집합 $U \setminus \{P\}$에 점 $P \in \mathbb{R}^n$로 수렴하는 수열이 존재한다고 하자. 함수 $f : U \to \mathbb{R}$와 실수 $L \in \mathbb{R}$이 주어져 있을 때, 임의의 양수 $\varepsilon > 0$에 대하여

$$0 < |\mathbf{x} - P| < \delta,\ \mathbf{x} \in U \quad \Longrightarrow \quad |f(\mathbf{x}) - L| < \varepsilon$$

을 만족하는 양수 δ가 존재하면 $\mathbf{x} \to P$일 때 $f(x)$가 L로 수렴한다고 하며, 이것을 기호로 다음과 같이 표기한다.

$$\lim_{\mathbf{x} \to P} f(\mathbf{x}) = L.$$

특히 함수 f가 점 P에서 정의되고 $L = f(P)$인 경우, f는 점 P에서 연속이라고 정의한다.

$\mathbb{R}^n$의 한 점 P를 중심으로 하고 반지름이 r인 열린 공은

$$B_r(P) = \{\mathbf{x} \in \mathbb{R}^n : |\mathbf{x} - P| < r\}$$

로 표기하고, 열린 공 $B_r(P)$을 점 P의 r-근방이라고 부른다. 또한 P를 중심으로 하고 반지름이 r인 닫힌 공은

$$\overline{B}_r(P) = \{\mathbf{x} \in \mathbb{R}^n : |\mathbf{x} - P| \le r\}$$

로 표기한다. ε-δ 논법의 기하학적 의미는 함수 f에 의한 집합 $B_\delta(P) \setminus \{P\}$의 상

$$f(B_\delta(P) \setminus \{P\})$$

가 평면 $z = L + \varepsilon$와 평면 $z = L - \varepsilon$ 사이에 있음을 의미한다. 이를 근방의 개념을 이용하며 서술하면 $\mathbf{x} \to P$일 때 $f(x)$가 L로 수렴한다는 것은 실수 L의 임의의 ε-근방에 대하여 함수 f에 의한 점 P의 δ-근방에서 P를 제외한 집합의 상이 L의 ε-근방에 포함되는 양수 δ가 존재한다는 것이다.

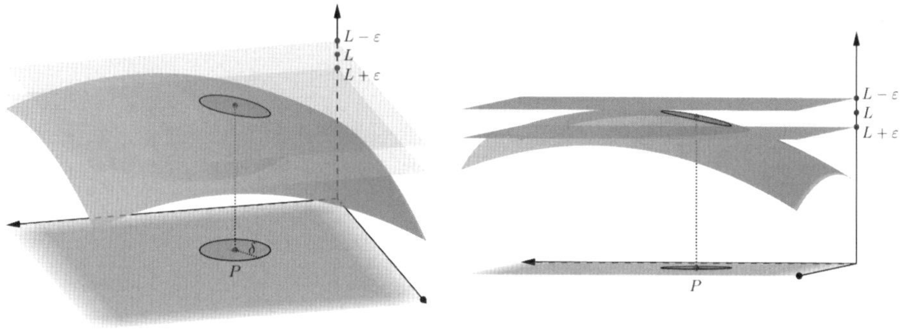

ε-δ 논법의 기하학적 의미

예제 1.4.3 다음 극한값을 구하시오.

$$\lim_{(x,y)\to(0,0)} \frac{2xy^2}{x^2+y^2}.$$

풀이 x-축을 따라 극한을 취하면

$$\lim_{\substack{(x,y)\to(0,0) \\ \text{along } y=0}} \frac{2xy^2}{x^2+y^2} = \lim_{(x,0)\to(0,0)} \frac{0}{x^2+0} = 0$$

이므로 극한이 존재한다면 0이다. 주어진 양수 $\varepsilon > 0$에 대하여 $\delta = \varepsilon/2$이라 하자.

$$0 < \sqrt{x^2+y^2} < \delta \quad \Longrightarrow \quad \left|\frac{2xy^2}{x^2+y^2}\right| \le 2|x| \le 2\sqrt{x^2+y^2} < \varepsilon$$

이므로

$$\lim_{(x,y)\to(0,0)} \frac{2xy^2}{x^2+y^2} = 0$$

이다. □

ε-δ 논법을 이용하여 함수의 극한을 정의하고 극한값을 계산하였지만 이와 같은 방법은 미적분학을 처음 접하는 이들에게는 직관적이지 않아서, 이해하는 데 어려움이 있다. 함수의 극한을 구하기 위해 좀 더 직관적인 내용을 서술하면 다음과 같다.

정리 1.4.4 (다변수함수의 샌드위치 정리) $\mathbb{R}^n$의 부분집합 U에 대하여 집합 $U \setminus \{P\}$에 점 $P \in \mathbb{R}^n$로 수렴하는 수열이 존재한다고 하자. 세 함수 $f, g, h : U \to \mathbb{R}$에 대하여

$$g(\mathbf{x}) \le f(\mathbf{x}) \le h(\mathbf{x}) \quad (\mathbf{x} \in U \setminus \{P\})$$

이고

$$\lim_{\mathbf{x} \to P} g(\mathbf{x}) = L = \lim_{\mathbf{x} \to P} h(\mathbf{x})$$

이면

$$\lim_{\mathbf{x} \to P} f(\mathbf{x}) = L$$

이다.

샌드위치 정리는 함수 f의 극한을 구하기가 쉽지 않을 때, 샌드위치 정리의 가정을 만족하며 상대적으로 극한값 계산이 쉬운 두 함수 g, h를 찾아 f의 극한값을 간접적으로 구할 수 있음을 말해 준다.

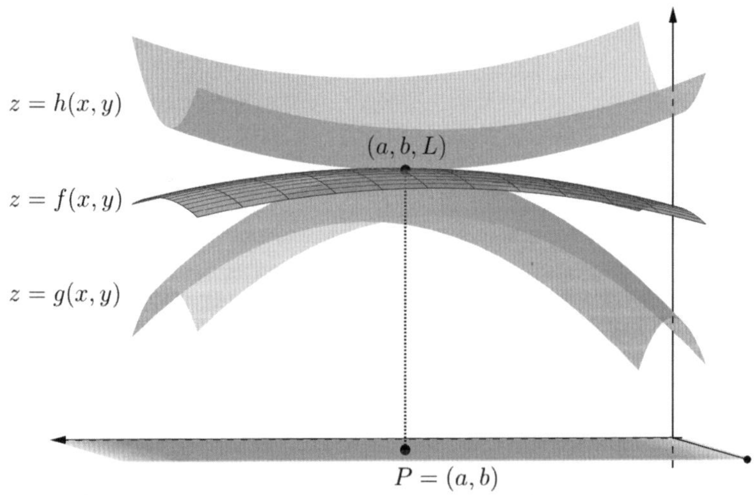

샌드위치 정리의 기하학적 의미

예제 1.4.5 다음 극한값을 구하시오.

$$\lim_{(x,y) \to (0,0)} \frac{e^{-(x^2+y^2)} - 1}{x^2 + y^2}.$$

풀이 부등식

$$x+1 \le e^x \le x^2+x+1 \quad (x<1)$$

을 이용하면

$$-1 \le \frac{e^{-(x^2+y^2)}-1}{x^2+y^2} \le x^2+y^2-1 \quad (x^2+y^2 \ne 0)$$

을 얻고

$$\lim_{(x,y)\to(0,0)}(-1) = -1 = \lim_{(x,y)\to(0,0)}(x^2+y^2-1)$$

이므로 샌드위치 정리에 의해

$$\lim_{(x,y)\to(0,0)} \frac{e^{-(x^2+y^2)}-1}{x^2+y^2} = -1$$

이다. □

예제 1.4.6 다음 함수의 연속성을 판정하시오.

(1) $f(x,y) = \begin{cases} \dfrac{xy^2}{x^2+y^4} & (x,y) \ne (0,0) \\ 0 & (x,y)=(0,0) \end{cases}$ (2) $f(x,y) = \begin{cases} \dfrac{x-xy}{|x|+|y|} & (x,y) \ne (0,0) \\ 0 & (x,y)=(0,0) \end{cases}$

(3) $f(x,y) = \begin{cases} \dfrac{x^2y^2-xy^2}{x^2+y^2} & (x,y) \ne (0,0) \\ 0 & (x,y)=(0,0) \end{cases}$

(4) $f(x,y) = \begin{cases} \dfrac{xy}{2x^2+2|y|-\sin(x^2+|y|)} & (x,y) \ne (0,0) \\ 0 & (x,y)=(0,0) \end{cases}$

풀이 (1) 곡선 $x=y^2$ 을 따라 극한을 계산하면,

$$\begin{aligned}\lim_{\substack{(x,y)\to(0,0)\\ \text{along } x=y^2}} f(x,y) &= \lim_{(y^2,y)\to(0,0)} f(y^2,y) \\ &= \lim_{y\to 0}\frac{y^4}{y^4+y^4} \\ &= \lim_{y\to 0}\frac{y^4}{2y^4} \\ &= \frac{1}{2} \ne f(0,0)\end{aligned}$$

이므로 함수 f 는 원점에서 불연속이다.

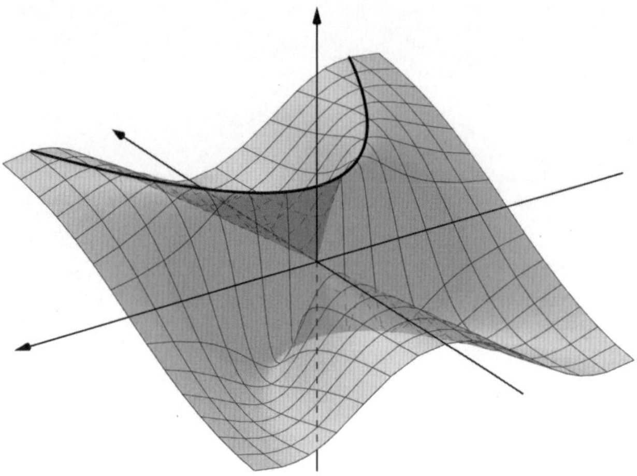

함수 $f(x,y)=\dfrac{xy^2}{x^2+y^4}$ 의 그래프

(2) x-축을 따라 극한을 계산하면,

$$\lim_{\substack{(x,y)\to(0,0)\\ \text{along }\ y=0}} f(x,y)=\lim_{(x,0)\to(0,0)} f(x,0)=\lim_{x\to 0}\frac{x}{|x|}\neq f(0,0)$$

이므로 함수 f는 원점에서 불연속이다.

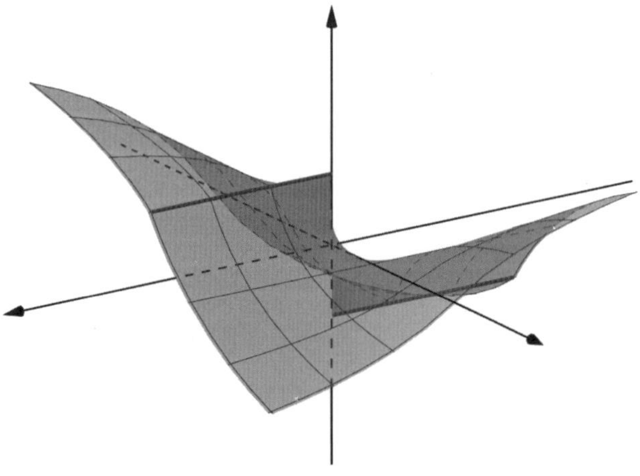

함수 $f(x,y)=\dfrac{x-xy}{|x|+|y|}$ 의 그래프

(3) 부등식 $(|x|-|y|)^2 \geq 0$ 을 이용하면

$$\frac{|xy|}{x^2+y^2} \leq \frac{1}{2} \quad (x^2+y^2 \neq 0)$$

를 얻는다. 따라서 $(x,y) \neq (0,0)$ 이면

$$\left|\frac{x^2y^2-xy^2}{x^2+y^2}\right| = \frac{|xy|}{x^2+y^2} \times |xy-y| \leq \frac{1}{2}|xy-y|, \qquad \lim_{(x,y)\to(0,0)} \frac{1}{2}|xy-y| = 0$$

이므로 샌드위치 정리에 의해

$$\lim_{(x,y)\to(0,0)} f(x,y) = \lim_{(x,y)\to(0,0)} \frac{x^2y^2-xy^2}{x^2+y^2} = 0 = f(0,0)$$

이 되어 함수 f 는 원점에서 연속이다.

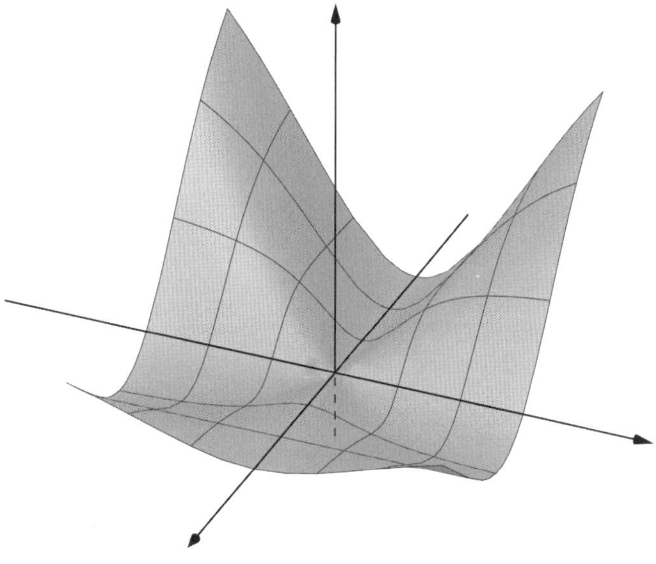

함수 $f(x,y) = \dfrac{x^2y^2-xy^2}{x^2+y^2}$ 의 그래프

(4) 부등식 $(|x|-\sqrt{|y|})^2 \geq 0$ 을 이용하면

$$\frac{|x|\sqrt{|y|}}{x^2+|y|} \leq \frac{1}{2} \quad (x^2+|y| \neq 0)$$

을 얻고, 부등식

$$\sin x < x \quad (x > 0)$$

을 이용하면

$$2 - \frac{\sin(x^2 + |y|)}{x^2 + |y|} > 1 \quad (x^2 + |y| \neq 0)$$

을 얻는다. 따라서 $(x, y) \neq (0, 0)$ 이면

$$\begin{aligned}\left|\frac{xy}{2x^2 + 2|y| - \sin(x^2 + |y|)}\right| &= \frac{1}{2 - \dfrac{\sin(x^2 + |y|)}{x^2 + |y|}} \times \frac{|x|\sqrt{|y|}}{x^2 + |y|} \times \sqrt{|y|} \\ &< \frac{1}{2}\sqrt{|y|}\end{aligned}$$

이고

$$\lim_{(x,y)\to(0,0)} \frac{1}{2}\sqrt{|y|} = 0$$

이므로 샌드위치 정리에 의해

$$\lim_{(x,y)\to(0,0)} f(x, y) = \lim_{(x,y)\to(0,0)} \frac{xy}{2x^2 + 2|y| - \sin(x^2 + |y|)} = 0 = f(0, 0)$$

이 되어 함수 f는 원점에서 연속이다.

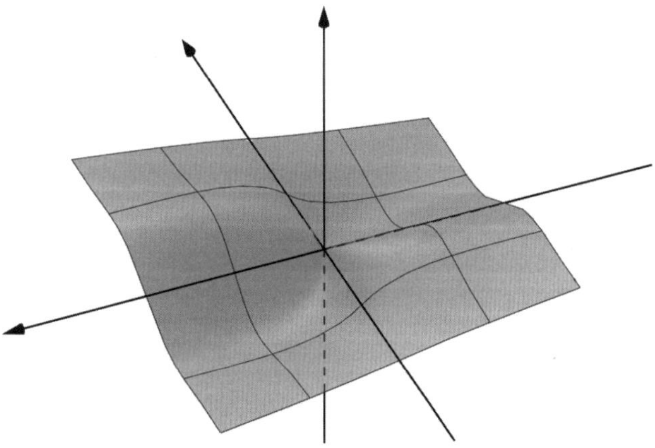

함수 $f(x, y) = \dfrac{xy}{2x^2 + 2|y| - \sin(x^2 + |y|)}$ 의 그래프

□

예제 1.4.6 의 (3)에서 샌드위치 정리의 가정을 만족하는 함수를 찾기 위해, 적당한 부등식을 유도하여 해결하였지만, 이와 같은 부등식을 처음부터 생각하기란 쉽지 않다. 따라서 연속임을 보일 때, 부등식 없이 보이는 방법을 소개한다.

$$x = r\cos\theta, \qquad y = r\sin\theta$$

라 두면,

$$\begin{aligned}\lim_{(x,y)\to(0,0)} \frac{x^2y^2 - xy^2}{x^2+y^2} &= \lim_{\substack{r\to 0\\ \theta\in\mathbb{R}}} \frac{r^4\cos^2\theta\sin^2\theta - r^3\cos\theta\sin^2\theta}{r^2}\\ &= \lim_{\substack{r\to 0\\ \theta\in\mathbb{R}}} (r^2\cos^2\theta\sin^2\theta - r\cos\theta\sin^2\theta)\\ &= 0 = f(0,0)\end{aligned}$$

을 얻는다. 여기서 주의할 점은 θ 값에 무관하게 극한값이 $f(0,0)$ 이 됨을 확인하는 것이다. 이 경우 θ 에 관한 두 함수

$$g_1(\theta) = \cos^2\theta\sin^2\theta, \qquad g_2(\theta) = \cos\theta\sin^2\theta$$

가 모두 유계함수이므로 θ 값에 무관하게 극한값이 0 임을 안다. 반면 예제 1.4.6 의 (1)에서 주어진 함수를 극좌표계로 치환하면,

$$f(r\cos\theta, r\sin\theta) = \frac{r\cos\theta\sin^2\theta}{\cos^2\theta + r^2\sin^4\theta}$$

이고, 이 경우 $r\to 0$ 일 때, 극한이 0 이라고 말할 수 없다. 왜냐하면 $(r,\theta)\to(0,\pi/2)$ 일 경우, 주어진 함수의 극한은 $\frac{0}{0}$ 꼴의 부정형이 되므로 극한값을 0 이라고 단정 지을 수 없기 때문이다. 실제로 곡선 $r = \cos\theta$ 를 따라 극한을 계산하면,

$$\begin{aligned}\lim_{\substack{r\to 0\\ \text{along } r=\cos\theta}} \frac{r\cos\theta\sin^2\theta}{\cos^2\theta + r^2\sin^4\theta} &= \lim_{r\to 0} \frac{r^2(1-r^2).}{r^2 + r^2(1-r^2)^2}\\ &= \lim_{r\to 0} \frac{1-r^2}{1+(1-r^2)^2}\\ &= \frac{1}{2}\end{aligned}$$

이 되어 극한값이 0 이 아니다.

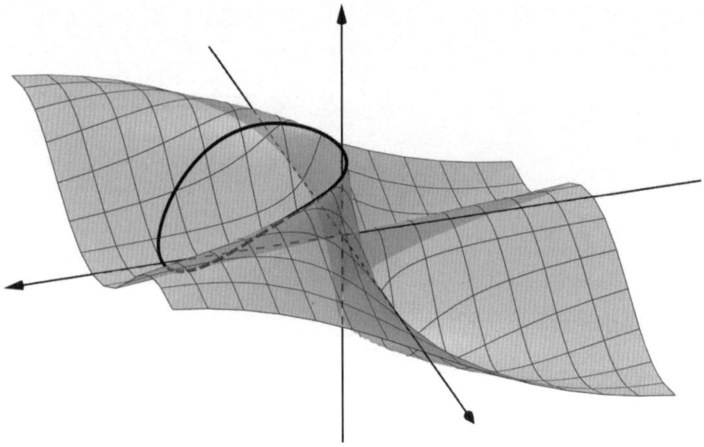

함수 $f(x,y) = \dfrac{xy^2}{x^2+y^4}$ 의 그래프

예제 1.4.7 함수

$$f(x,y) = \begin{cases} \dfrac{xy^2}{x^2+xy+y^2} & (x,y) \neq (0,0) \\ 0 & (x,y) = (0,0) \end{cases}$$

의 원점에서 연속성을 판정하시오.

풀이 1 부등식

$$|xy| \leq x^2+xy+y^2$$

을 이용하면

$$\left|\frac{xy^2}{x^2+xy+y^2}\right| = \frac{|xy|}{x^2+xy+y^2} \times |y| \leq |y|$$

이고

$$\lim_{(x,y)\to(0,0)} |y| = 0$$

이므로 샌드위치 정리에 의해

$$\lim_{(x,y)\to(0,0)} f(x,y) = \lim_{(x,y)\to(0,0)} \frac{xy^2}{x^2+xy+y^2} = 0 = f(0,0)$$

이 되어 함수 f는 원점에서 연속이다.

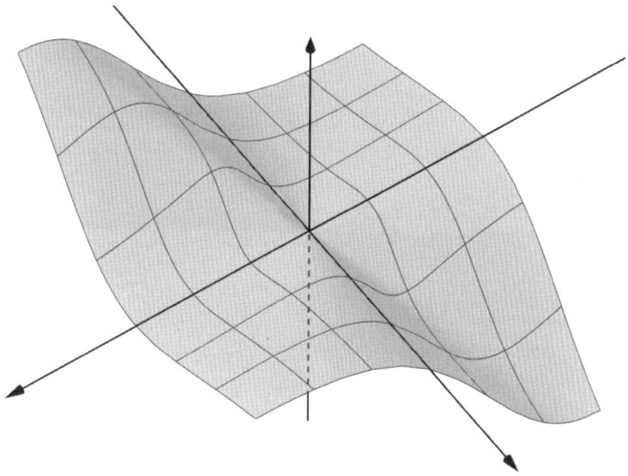

함수 $f(x,y)=\dfrac{xy^2}{x^2+xy+y^2}$ 의 그래프

□

풀이 2 극좌표 치환에 의해 $r\neq 0$ 이면

$$f(r\cos\theta, r\sin\theta)=\frac{r^3\cos\theta\sin^2\theta}{r^2+r^2\sin\theta\cos\theta}=\frac{r\cos\theta\sin^2\theta}{1+\frac{1}{2}\sin 2\theta}$$

이고, 실수 θ 에 대하여

$$|\cos\theta\sin^2\theta|\leq\frac{2\sqrt{3}}{9},\qquad \frac{1}{2}\leq 1+\frac{1}{2}\sin 2\theta\leq\frac{3}{2}$$

이므로 함수

$$g(\theta)=\frac{\cos\theta\sin^2\theta}{1+\frac{1}{2}\sin 2\theta}$$

는 유계함수이다. 따라서

$$\lim_{(x,y)\to(0,0)}f(x,y)=\lim_{\substack{r\to 0\\ \theta\in\mathbb{R}}}f(r\cos\theta,r\sin\theta)=\lim_{\substack{r\to 0\\ \theta\in\mathbb{R}}}\frac{r\cos\theta\sin^2\theta}{1+\frac{1}{2}\sin 2\theta}=0=f(0,0)$$

이 되어 함수 f 는 원점에서 연속이다. □

풀이 3 변수 x,y 를 다음과 같이 치환하자.

$$x=u-v,\qquad y=u+v.$$

그러면 $(x,y) \neq (0,0)$ 일 때

$$\left|\frac{xy^2}{x^2+xy+y^2}\right| = \left|\frac{(u-v)(u+v)^2}{3u^2+v^2}\right| = \frac{(u+v)^2}{3u^2+v^2} \times |u-v|$$

이다. 부등식

$$(u+v)^2 \leq 2(u^2+v^2)$$

을 이용하면

$$\frac{(u+v)^2}{3u^2+v^2} \times |u-v| \leq \frac{2(u^2+v^2)}{3u^2+v^2} \times |u-v| \leq \frac{2(3u^2+v^2)}{3u^2+v^2} \times |u-v| = 2|u-v|$$

이고

$$\lim_{(u,v)\to(0,0)} 2|u-v| = 0$$

이므로 샌드위치 정리에 의해

$$\begin{aligned}\lim_{(x,y)\to(0,0)} f(x,y) &= \lim_{(u,v)\to(0,0)} f(u-v,u+v)\\ &= \lim_{(u,v)\to(0,0)} \frac{(u-v)(u+v)^2}{3u^2+v^2}\\ &= 0\\ &= f(0,0)\end{aligned}$$

이 되어 함수 f 는 원점에서 연속이다. □

일변수함수에서는 2개의 직선 경로(좌극한, 우극한)에 대해 극한값이 일치하면 극한이 존재하였다. 그러나 다변수함수에서는 직선 경로뿐만 아니라 곡선 경로로도 다가갈 수 있다. 다음 예제는 모든 직선 경로에 대해 극한값이 일치하지만, 곡선 경로에서의 극한이 일치하지 않는 예이다. 따라서 경로를 통해 연속성을 보이는 일이 없도록 주의한다.

예제 1.4.8 좌표평면에서 정의된 함수

$$f(x,y) = \begin{cases} \dfrac{x^3y^2}{x^6+y^4} & (x,y) \neq (0,0) \\ 0 & (x,y) = (0,0) \end{cases}$$

에 대하여 다음에 답하시오.

(1) 원점을 지나는 임의의 직선 경로에 대해 극한값이 일치함을 보이시오.

(2) 함수 f 의 원점에서 연속성을 판정하시오.

풀이 (1) x-축과 y-축을 따라 극한을 계산하면

$$\lim_{\substack{(x,y)\to(0,0)\\ \text{along } y=0}} f(x,y) = \lim_{(x,0)\to(0,0)} f(x,0) = \lim_{x\to 0} 0 = 0 = f(0,0),$$

$$\lim_{\substack{(x,y)\to(0,0)\\ \text{along } x=0}} f(x,y) = \lim_{(0,y)\to(0,0)} f(0,y) = \lim_{y\to 0} 0 = 0 = f(0,0)$$

이다. 이제 $y = kx\,(k \neq 0)$ 라 두면,

$$\begin{aligned}\lim_{\substack{(x,y)\to(0,0)\\ \text{along } y=kx}} f(x,y) &= \lim_{(x,kx)\to(0,0)} f(x,kx)\\ &= \lim_{x\to 0} \frac{k^2x^5}{x^6 + k^4x^4}\\ &= \lim_{x\to 0} \frac{k^2x}{x^2 + k^4} = 0 = f(0,0)\end{aligned}$$

이 되어 원점을 지나는 임의의 직선 경로에 대한 극한값은 $f(0,0)$ 임을 안다.

(2) 원점을 지나는 곡선

$$X(t) = (t^2, t^3) \quad (-\infty < t < \infty)$$

을 따라 극한을 계산하면

$$\lim_{\substack{(x,y)\to(0,0)\\ \text{along } X}} f(x,y) = \lim_{(t^2,t^3)\to(0,0)} f(t^2,t^3) = \lim_{t\to 0} \frac{t^{12}}{t^{12} + t^{12}} = \frac{1}{2} \neq f(0,0)$$

이 되어 함수 f 는 원점에서 연속이 아니다. □

다음 극한

$$\lim_{x\to 0} \frac{\sin x}{x} = 1, \qquad \lim_{x\to 0} \frac{e^x - 1}{x} = 1, \qquad \lim_{x\to 0} \frac{\ln(1+x)}{x} = 1$$

을 이용하면 초월함수로 정의된 다변수함수의 극한을 계산할 수 있다.

예제 1.4.9 함수

$$f(x,y)=\begin{cases}\dfrac{(e^x-1)^2\sin y}{x^2+y^2} & (x,y)\neq(0,0)\\ 0 & (x,y)=(0,0)\end{cases}$$

의 원점에서 연속성을 판정하시오.

풀이 1 함수 $u:\mathbb{R}\to\mathbb{R}$를

$$u(x)=\begin{cases}\dfrac{e^x-1}{x} & (x\neq 0)\\ 1 & (x=0)\end{cases}$$

로 정의하면, 원점에서 연속함수가 된다. 한편

$$\left|\frac{(e^x-1)^2\sin y}{x^2+y^2}\right|=\frac{x^2}{x^2+y^2}\times|\sin y|\times\left(\frac{e^x-1}{x}\right)^2\leq|y|\big(u(x)\big)^2$$

이고

$$\lim_{(x,y)\to(0,0)}|y|\big(u(x)\big)^2=|0|\big(u(0)\big)^2=0$$

이므로 샌드위치 정리에 의해

$$\lim_{(x,y)\to(0,0)}f(x,y)=\lim_{(x,y)\to(0,0)}\frac{(e^x-1)^2\sin y}{x^2+y^2}=0=f(0,0)$$

이 되어 함수 f는 원점에서 연속이다. □

풀이 2 정의 1.4.2 에 의해

$$0<|x|<\delta\quad\Longrightarrow\quad\left|\frac{\sin x}{x}-1\right|<1,\quad\left|\frac{e^x-1}{x}-1\right|<1$$

을 만족하는 양수 δ가 존재한다. 따라서

$$|x|<\delta\quad\Longrightarrow\quad|\sin x|\leq 2|x|,\quad|e^x-1|\leq 2|x|$$

임을 안다. 한편

$$0<\sqrt{x^2+y^2}<\delta\quad\Longrightarrow\quad\left|\frac{(e^x-1)^2\sin y}{x^2+y^2}\right|\leq\frac{x^2}{x^2+y^2}\times 8|y|\leq 8|y|$$

이고,

$$\lim_{(x,y)\to(0,0)} 8|y| = 0$$

이므로 샌드위치 정리에 의해

$$\lim_{(x,y)\to(0,0)} f(x,y) = \lim_{(x,y)\to(0,0)} \frac{(e^x-1)^2 \sin y}{x^2+y^2} = 0 = f(0,0)$$

이 되어 함수 f는 원점에서 연속이다. □

예제 1.4.10 함수

$$f(x,y) = \begin{cases} \dfrac{e^{x+xy}\log(1-xy)+xy+x^2y}{(x^2+y^2)^{3/2}} & (x,y)\neq(0,0) \\ 0 & (x,y)=(0,0) \end{cases}$$

의 원점에서 연속성을 판정하시오.

풀이 1 로피탈의 정리에 의해

$$\lim_{t\to0}\frac{\log(1-t)+t}{t^2} = \lim_{t\to0}\frac{\frac{-1}{1-t}+1}{2t} = \lim_{t\to0}\frac{-1}{2(1-t)} = -\frac{1}{2}$$

이므로 두 함수 $u, v:\mathbb{R}\to\mathbb{R}$를

$$u(t) = \begin{cases} \dfrac{e^t-1}{t} & (t\neq0) \\ 1 & (t=0) \end{cases}, \qquad v(t) = \begin{cases} \dfrac{\log(1-t)+t}{t^2} & (t\neq0) \\ -\dfrac{1}{2} & (t=0) \end{cases}$$

로 정의하면, 원점에서 연속함수가 된다. 한편

$$\begin{aligned}
&\left|\frac{e^{x+xy}\log(1-xy)+xy+x^2y}{(x^2+y^2)^{3/2}}\right| \\
&= \frac{|y|}{(x^2+y^2)^{1/2}} \times \frac{x^2}{x^2+y^2} \times \left| ye^{x+xy} \times \frac{\log(1-xy)+xy}{x^2y^2} - (1+y) \times \frac{e^{x+xy}-1}{x+xy} + 1 \right| \\
&\leq \left| ye^{x+xy}v(xy) - (1+y)u(x+xy) + 1 \right|
\end{aligned}$$

이고,

$$\lim_{(x,y)\to(0,0)} \left| ye^{x+xy}v(xy) - (1+y)u(x+xy)+1 \right| = |0\cdot v(0) - u(0) + 1| = 0$$

이므로 샌드위치 정리에 의해

$$\lim_{(x,y)\to(0,0)} f(x,y) = \lim_{(x,y)\to(0,0)} \frac{e^{x+xy}\log(1-xy)+xy+x^2y}{(x^2+y^2)^{3/2}} = 0 = f(0,0)$$

이 되어 함수 f는 원점에서 연속이다.

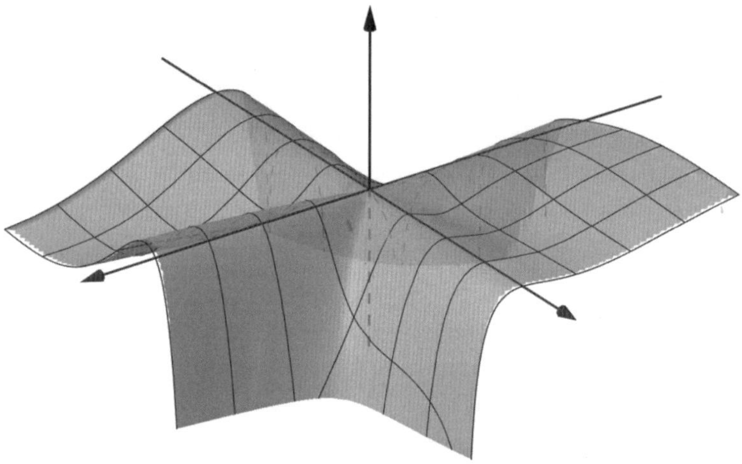

함수 $f(x,y) = \dfrac{e^{x+xy}\log(1-xy)+xy+x^2y}{(x^2+y^2)^{3/2}}$ 의 그래프

□

풀이 2 다음 두 극한에 로피탈의 정리를 적용하면

$$\lim_{t\to 0} \frac{\log(1-t)+t}{t^2} = \lim_{t\to 0} \frac{\frac{-1}{1-t}+1}{2t} = \lim_{t\to 0} \frac{-1}{2(1-t)} = -\frac{1}{2},$$
$$\lim_{t\to 0} \frac{e^t-1-t}{t^2} = \lim_{t\to 0} \frac{e^t-1}{2t} = \frac{1}{2}$$

이므로 정의 1.4.2 에 의해

$$\begin{aligned} 0<|t|<\delta_1 \quad &\Longrightarrow \quad \left|\frac{e^t-1-t}{t^2}-\frac{1}{2}\right| < \frac{1}{2}, \quad \left|\frac{\log(1-t)+t}{t^2}+\frac{1}{2}\right| < \frac{1}{2} \\ &\Longrightarrow \quad \left|\frac{e^t-1-t}{t^2}\right| < 1, \quad \left|\frac{\log(1-t)+t}{t^2}\right| < 1 \end{aligned}$$

을 만족하는 양수 δ_1 이 존재한다. 따라서

$$|t| < \delta_1 \quad \Longrightarrow \quad |e^t - 1 - t| \le t^2, \quad |\log(1-t) + t| \le t^2$$

임을 안다. 또한 다음 두 함수

$$u(x,y) = x + xy, \qquad v(x,y) = xy$$

는 원점에서 연속이므로 정의 1.4.2 에 의해

$$\sqrt{x^2+y^2} < \delta_2 \quad \Longrightarrow \quad \begin{cases} |u(x,y) - u(0,0)| = |x + xy| < \delta_1 \\ |v(x,y) - v(0,0)| = |xy| < \delta_1 \end{cases}$$

을 만족하는 양수 δ_2 가 존재한다. 즉

$$\begin{aligned} \sqrt{x^2+y^2} < \delta_2 \quad &\Longrightarrow \quad |x+xy| < \delta_1, \quad |xy| < \delta_1 \\ &\Longrightarrow \quad \begin{cases} |e^{x+xy} - 1 - x - xy| \le (x+xy)^2 \\ |\log(1-xy) + xy| \le x^2y^2 \end{cases} \\ &\Longrightarrow \quad \begin{cases} |e^{x+xy} - 1 - x| \le |xy| + (x+xy)^2 \\ |\log(1-xy) + xy| \le x^2y^2 \end{cases} \end{aligned}$$

을 얻는다. 따라서 $0 < \sqrt{x^2+y^2} < \delta_2$ 이면

$$\begin{aligned} &\left| \frac{e^{x+xy}\log(1-xy) + xy + x^2y}{(x^2+y^2)^{3/2}} \right| \\ &= \frac{|e^{x+xy}\big(\log(1-xy) + xy\big) - xy(e^{x+xy} - 1 - x)|}{(x^2+y^2)^{3/2}} \\ &\le \frac{e^{x+xy}|\log(1-xy) + xy| + |xy||e^{x+xy} - 1 - x|}{(x^2+y^2)^{3/2}} \\ &\le \frac{e^{\delta_1}x^2y^2 + |xy|(|xy| + (x+xy)^2)}{(x^2+y^2)^{3/2}} = \frac{(e^{\delta_1}+1)x^2y^2}{(x^2+y^2)^{3/2}} + \frac{|x^3y|(1+y)^2}{(x^2+y^2)^{3/2}} \\ &\le \frac{|x|}{\sqrt{x^2+y^2}} \times \frac{y^2}{x^2+y^2} \times (e^{\delta_1}+1)|x| + \left(\frac{|x|}{\sqrt{x^2+y^2}} \right)^3 |y|(1+y)^2 \\ &\le (e^{\delta_1}+1)|x| + |y|(1+y)^2 \end{aligned}$$

이다. 한편

$$\lim_{(x,y)\to(0,0)} \left((e^{\delta_1}+1)|x| + |y|(1+y)^2\right) = 0$$

이므로 샌드위치 정리에 의해

$$\lim_{(x,y)\to(0,0)} f(x,y) = \lim_{(x,y)\to(0,0)} \frac{e^{x+xy}\log(1-xy) + xy + x^2y}{(x^2+y^2)^{3/2}} = 0 = f(0,0)$$

이 되어 함수 f는 원점에서 연속이다. □

변수가 3개 이상인 다변수함수의 극한도 같은 방법으로 계산할 수 있다.

예제 1.4.11 다음 극한값을 구하시오.

$$\lim_{(x,y,z)\to(0,0,0)} \frac{xy + yz^2 + xz^2}{x^2+y^2+z^4}.$$

풀이 함수 $f : \mathbb{R}^3 \setminus \{(0,0,0)\} \to \mathbb{R}$를

$$f(x,y,z) = \frac{xy + yz^2 + xz^2}{x^2+y^2+z^4}$$

이라 하자. z-축을 따라 극한값을 계산하면

$$\lim_{\substack{(x,y,z)\to(0,0,0) \\ \text{along } z\text{-axis}}} f(x,y,z) = \lim_{(0,0,z)\to(0,0,0)} f(0,0,z) = \lim_{z\to 0} 0 = 0$$

이다. 그러나 곡선

$$X(t) = (t^2, 0, t)$$

를 따라 극한값을 계산하면

$$\lim_{\substack{(x,y,z)\to(0,0,0) \\ \text{along } X}} f(x,y,z) = \lim_{(t^2,0,t)\to(0,0,0)} f(t^2,0,t) = \lim_{t\to 0} \frac{t^4}{t^4+t^4} = \frac{1}{2}$$

이므로 극한값이 존재하지 않는다. □

예제 1.4.12 함수

$$f(x,y,z) = \begin{cases} \dfrac{xyz}{x^2+y^2+z^2} & (x,y,z) \neq (0,0,0) \\ 0 & (x,y,z) = (0,0,0) \end{cases}$$

의 원점에서 연속성을 판정하시오.

풀이 산술-기하 평균 부등식에 의해

$$\frac{x^2+y^2+z^2}{3} \geq \sqrt[3]{x^2y^2z^2}$$

이므로

$$\frac{|xyz|}{x^2+y^2+z^2} \leq \frac{|xyz|^{1/3}}{3} \quad (x^2+y^2+z^2 \neq 0)$$

이다. 한편

$$\lim_{(x,y,z)\to(0,0,0)} \frac{|xyz|^{1/3}}{3} = 0$$

이므로 샌드위치 정리에 의해

$$\lim_{(x,y,z)\to(0,0,0)} f(x,y,z) = \lim_{(x,y,z)\to(0,0,0)} \frac{xyz}{x^2+y^2+z^2} = 0 = f(0,0,0)$$

이 되어 함수 f는 원점에서 연속이다. □

예제 1.4.13 양의 실수 p,q,r,s에 대하여 함수

$$f(x,y,z,w) = \begin{cases} \dfrac{|x|^p|y|^q|z|^r|w|^s}{x^2+y^2+z^2+w^2} & (x,y,z,w) \neq (0,0,0,0) \\ 0 & (x,y,z,w) = (0,0,0,0) \end{cases}$$

가 원점에서 연속이기 위한 필요충분조건은 $p+q+r+s>2$임을 보이시오.

풀이 부등식

$$\begin{aligned} |x| &\leq \sqrt{x^2+y^2+z^2+w^2}, \qquad & |y| &\leq \sqrt{x^2+y^2+z^2+w^2}, \\ |z| &\leq \sqrt{x^2+y^2+z^2+w^2}, \qquad & |w| &\leq \sqrt{x^2+y^2+z^2+w^2} \end{aligned}$$

을 이용하면

$$\frac{|x|^p|y|^q|z|^r|w|^s}{x^2+y^2+z^2+w^2} \leq (x^2+y^2+z^2+w^2)^{(p+q+r+s)/2-1}$$

임을 안다. 만일 $p+q+r+s>2$이면

$$\lim_{(x,y,z,w)\to(0,0,0,0)} (x^2+y^2+z^2+w^2)^{(p+q+r+s)/2-1} = 0$$

이므로 샌드위치 정리에 의해

$$\begin{aligned}\lim_{(x,y,z,w)\to(0,0,0,0)} f(x,y,z,w) &= \lim_{(x,y,z,w)\to(0,0,0,0)} \frac{|x|^p|y|^q|z|^r|w|^s}{x^2+y^2+z^2+w^2} \\ &= 0 = f(0,0,0,0)\end{aligned}$$

이 되어 함수 f는 원점에서 연속이다. 한편 $p+q+r+s \leq 2$이면 직선

$$X(t) = (t,t,t,t)$$

에 대하여

$$\begin{aligned}\lim_{\substack{(x,y,z,w)\to(0,0,0,0)\\ \text{along } X}} f(x,y,z,w) &= \lim_{(t,t,t,t)\to(0,0,0,0)} f(t,t,t,t) = \lim_{t\to 0}\frac{|t|^{p+q+r+s}}{4t^2} \\ &= \begin{cases} 1/4 & (p+q+r+s=2) \\ \infty & (p+q+r+s<2)\end{cases}\end{aligned}$$

이므로 함수 f는 원점에서 연속이 아니다. 따라서 함수 f가 원점에서 연속이기 위한 필요충분조건은

$$p+q+r+s > 2$$

이다. □

일반적으로 양의 실수 $p_1, p_2, \cdots, p_n$에 대하여 $\mathbb{R}^n$에서 정의된 함수

$$f(\mathbf{x}) = \begin{cases} \dfrac{|x_1|^{p_1}|x_2|^{p_2}\times\cdots\times|x_n|^{p_n}}{|\mathbf{x}|^2} & (\mathbf{x}\neq O) \\ 0 & (\mathbf{x}=O)\end{cases}$$

가 원점에서 연속이기 위한 필요충분조건은 $p_1+p_2+\cdots+p_n > 2$이다. 특히 양의 실수 p, q에 대하여 좌표평면에서 정의된 함수

$$f(x,y) = \begin{cases} \dfrac{|x|^p|y|^q}{x^2+y^2} & (x,y)\neq(0,0) \\ 0 & (x,y)=(0,0)\end{cases}$$

가 원점에서 연속이기 위한 필요충분조건은 $p+q>2$임을 안다.

1.5 방향미분과 기울기 벡터

일변수함수 $y = f(x)$ 에서 미분계수 $f'(a)$ 의 기하학적 의미는 $x = a$ 에서 접선의 기울기였다. 다변수함수에서의 미분을 생각하는 방법은 크게 세 가지가 있는데 하나는 우리에게 이미 익숙한 일변수함수의 미분을 이용하여 정의하는 것이다. 아래 그림에서와 같이 함수 f 의 그래프와 벡터 $\mathbf{v}$ 에 평행하며 xy-평면에 수직인 평면과의 교선 C 는 일변수함수의 그래프로 간주할 수 있다. 이 함수를 일변수함수의 미분을 이용하여 얻어낸 미분계수를 점 P 에서 함수 f 의 $\mathbf{v}$-방향미분계수라 하고, 기호로 $D_{\mathbf{v}}f(P)$ 로 나타낸다. 만일 $\mathbf{v}$ 가 단위벡터인 경우 $D_{\mathbf{v}}f(P)$ 의 기하학적 의미는 곡선 C 위의 점 $(P, f(P))$ 에서 접선 T 의 기울기를 의미한다.

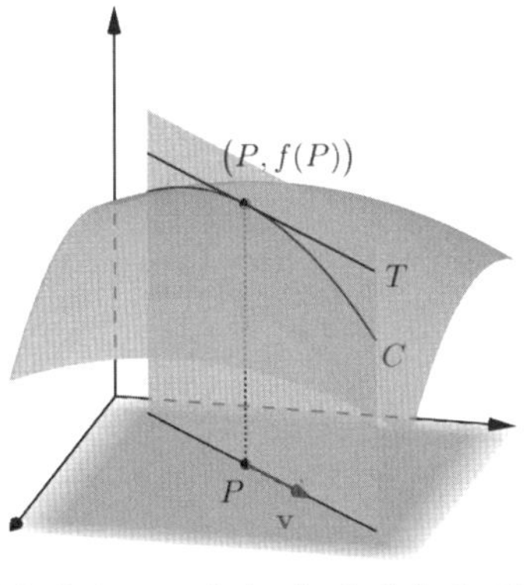

방향미분 $D_{\mathbf{v}}f(P)$ 의 기하학적 의미

두 번째 방법은 일변수함수에서 미분은 접선의 기울기였듯이, 다변수함수에서의 미분은 접평면의 기울기 벡터로 이해할 수 있다. 이것을 기호로 $\operatorname{grad} f(P)$ 또는 $\nabla f(P)$ 로 나타낸다.

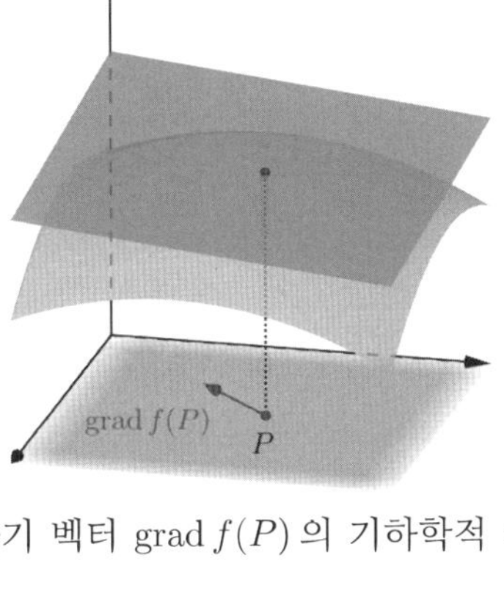

기울기 벡터 $\operatorname{grad} f(P)$ 의 기하학적 의미

세 번째 방법은 점 P에서의 함수 $f : U \to \mathbb{R}$의 미분을 그 점 근방에서 함수 f와 가장 닮은 선형사상 $L : \mathbb{R}^n \to \mathbb{R}$로 생각하는 것이다. 기울기 벡터를 행렬로 간주하면, 점 P 근방에서 함수 f와 가장 닮은 선형사상 L에 대응되는 행렬은 기울기 벡터 $\operatorname{grad} f(P)$가 된다. 이와 같은 아이디어는 3장에서 배우게 되는 다변수 벡터함수의 미분(야코비 행렬)을 이해하는 데 큰 도움이 된다.

정의 1.5.1 $\mathbb{R}^n$의 열린 집합 U에서 정의된 함수 $f : U \to \mathbb{R}$와 점 $P \in U$ 및 벡터 $\mathbf{v}$에 대하여

(i) 극한값

$$D_{\mathbf{v}} f(P) = \lim_{t \to 0} \frac{f(P + t\mathbf{v}) - f(P)}{t}$$

를 점 P에서 함수 f의 $\mathbf{v}$-방향미분계수라고 한다.

(ii) 특히 $\mathbf{v} = \mathbf{e}_k\ (k = 1, 2, \cdots, n)$일 경우

$$D_k f(P) = D_{\mathbf{e}_k} f(P)$$

를 점 P에서 함수 f의 k번째 편미분계수라고 한다.

(iii) 벡터

$$\operatorname{grad} f(P) = \big(D_1 f(P), D_2 f(P), \cdots, D_n f(P)\big)$$

를 점 P에서 함수 f의 기울기 벡터라고 한다.

특히 점 P를 특정하지 않으면

$$D_{\mathbf{v}} f(\mathbf{x}), \qquad D_k f(\mathbf{x})$$

는 $\mathbf{x}$에 대한 함수로 이해할 수 있고, 이 함수를 각각 f의 $\mathbf{v}$-방향도함수, k번째 편도함수라고 한다.

예제 1.5.2 점 P에서 다음 함수의 $\mathbf{v}$-방향미분계수를 구하시오.

(1) $f(x, y) = x^2 + \operatorname{arsech} y, \quad P = (-3, 1/\sqrt{2}), \quad \mathbf{v} = (1, 2)$

(2) $f(x, y, z) = x^{\sin x} + e^y \log z, \quad P = (\pi, 0, e), \quad \mathbf{v} = (-3, 2, 1)$

풀이 (1) 방향미분계수 정의에 의해

$$\begin{aligned}
&D_{(1,2)}f(-3,1/\sqrt{2})\\
&= \lim_{t\to 0}\frac{f(-3+t,1/\sqrt{2}+2t)-f(-3,1/\sqrt{2})}{t}\\
&= \lim_{t\to 0}\frac{(-3+t)^2+\operatorname{arsech}\left(\frac{1}{\sqrt{2}}+2t\right)-9-\operatorname{arsech}\left(\frac{1}{\sqrt{2}}\right)}{t}\\
&= \lim_{t\to 0}\frac{2(-3+t)-\dfrac{2}{\left(\frac{1}{\sqrt{2}}+2t\right)\sqrt{1-\left(\frac{1}{\sqrt{2}}+2t\right)^2}}}{1}\\
&= -10
\end{aligned}$$

을 얻는다.

(2) 방향미분계수 정의에 의해

$$\begin{aligned}
&D_{(-3,2,1)}f(\pi,0,e)\\
&= \lim_{t\to 0}\frac{f(\pi-3t,0+2t,e+t)-f(\pi,0,e)}{t}\\
&= \lim_{t\to 0}\frac{(\pi-3t)^{\sin(\pi-3t)}+e^{2t}\log(e+t)-2}{t}\\
&= \lim_{t\to 0}\frac{(\pi-3t)^{\sin 3t}\left(3(\cos 3t)\log(\pi-3t)-\dfrac{3\sin 3t}{\pi-3t}\right)+2e^{2t}\log(e+t)+\dfrac{e^{2t}}{e+t}}{1}\\
&= 2+\frac{1}{e}+3\log\pi
\end{aligned}$$

를 얻는다. □

예제 1.5.3 함수

$$f(x,y,z)=\begin{cases}\dfrac{x^2y+z^3}{x^2+y^4+z^6} & (x,y,z)\neq(0,0,0)\\ 0 & (x,y,z)=(0,0,0)\end{cases}$$

에 대하여 원점에서 $\mathbf{v}=(a,b,c)$-방향미분계수를 구하시오.

풀이 방향미분계수의 정의에 의해

$$
\begin{aligned}
D_{\mathbf{v}}f(0,0,0) &= \lim_{t\to 0}\frac{f(at,bt,ct)-f(0,0,0)}{t} \\
&= \lim_{t\to 0}\frac{a^2bt^3+c^3t^3}{t(a^2t^2+b^4t^4+c^6t^6)} \\
&= \lim_{t\to 0}\frac{a^2b+c^3}{a^2+b^4t^2+c^6t^4} \\
&= \begin{cases} b+\dfrac{c^3}{a^2} & (a\neq 0) \\ 0 & (a=0,\ c=0) \end{cases}
\end{aligned}
$$

이다. 한편 $a=0$ 이고 $c\neq 0$ 인 경우는 방향미분계수가 존재하지 않는다. □

예제 1.5.4 함수

$$f(x,y)=e^x+\arctan y$$

와 영이 아닌 벡터 $\mathbf{v}=(a,b)$ 에 대하여 다음에 답하시오.

(1) 방향도함수 $D_{\mathbf{v}}f(x,y)$ 를 구하시오.

(2) 기울기 벡터 $\operatorname{grad} f(x,y)$ 를 구하시오.

(3) $D_{\mathbf{v}}f(x,y)=\operatorname{grad} f(x,y)\cdot\mathbf{v}$ 임을 보이시오.

풀이 (1) 방향미분계수 정의에 의해

$$
\begin{aligned}
D_{\mathbf{v}}f(x,y) &= \lim_{t\to 0}\frac{f(x+at,y+bt)-f(x,y)}{t} \\
&= \lim_{t\to 0}\frac{e^{x+at}+\arctan(y+bt)-e^x-\arctan y}{t} \\
&= \lim_{t\to 0}\frac{ae^{x+at}+\dfrac{b}{1+(y+bt)^2}}{1} \\
&= ae^x+\frac{b}{1+y^2}
\end{aligned}
$$

를 얻는다.

(2) 함수 f 의 편도함수는

$$D_1f(x,y)=e^x,\qquad D_2f(x,y)=\frac{1}{1+y^2}$$

이므로

$$\operatorname{grad} f(x,y) = \left(e^x, \frac{1}{1+y^2}\right)$$

이다.

(3) (1)과 (2)의 결과에 의해

$$\operatorname{grad} f(x,y)\cdot \mathbf{v} = \left(e^x, \frac{1}{1+y^2}\right)\cdot(a,b) = ae^x + \frac{b}{1+y^2} = D_{\mathbf{v}} f(x,y)$$

이다. □

편도함수에 대한 다양한 표기법이 있다. 예를 들면 다음과 같은 기호를 사용하기도 한다.

$$\frac{\partial f}{\partial x_k} = D_k f \quad (k = 1, 2, \cdots, n).$$

이는 n-변수함수 f에 대하여 x_k 이외의 다른 변수는 상수로 간주하고 얻은 도함수라는 의미에서 매우 직관적인 기호이다. 특히 이변수함수 $z = f(x,y)$ 에서는

$$f_x = \partial_x f = \frac{\partial f}{\partial x} = \frac{\partial z}{\partial x}, \qquad f_y = \partial_y f = \frac{\partial f}{\partial y} = \frac{\partial z}{\partial y}$$

와 같은 표기법을 사용한다. 직관적이라는 면에서 위의 기호들의 편의성이 우수하나, 함수를 표현하는 방법에 따라 혼동을 주는 경우도 발생한다.

예제 1.5.5 $\mathbb{R}^2$ 에서 정의된 두 함수

$$f(x,y) = e^x \sin y, \qquad g(y,x) = e^y \sin x$$

에 대하여

$$\frac{\partial f}{\partial x} \neq \frac{\partial g}{\partial x}$$

이지만 $f = g$ 임을 보이시오.

풀이 함수 f 와 g 의 x 에 대한 편도함수는 각각

$$\frac{\partial f}{\partial x} = e^x \sin y, \qquad \frac{\partial g}{\partial x} = e^y \cos x$$

이므로

$$\frac{\partial f}{\partial x} \neq \frac{\partial g}{\partial x}$$

이다. 한편 임의의 두 실수 s, t 에 대하여

$$f(s,t) = e^s \sin t = g(s,t)$$

가 성립하므로 두 함수는 같다. □

예제 1.5.6 음함수

$$yz + x \log y = z^2$$

에 대하여 $\dfrac{\partial z}{\partial x}, \dfrac{\partial z}{\partial y}$ 를 구하시오.

풀이 주어진 식을 양변 x 에 대하여 편미분한다. 이때 변수 y 는 상수 취급하지만 변수 z 는 x 에 대한 함수임에 주의한다.

$$y\frac{\partial z}{\partial x} + \log y = 2z\frac{\partial z}{\partial x}.$$

이 식을 $\dfrac{\partial z}{\partial x}$ 에 대하여 정리하면

$$\frac{\partial z}{\partial x} = \frac{\log y}{2z - y}$$

를 얻는다. 같은 방법으로 주어진 식을 양변 y 에 대하여 편미분하면

$$z + y\frac{\partial z}{\partial y} + \frac{x}{y} = 2z\frac{\partial z}{\partial y}$$

이고, 이 식을 $\dfrac{\partial z}{\partial y}$ 에 대하여 정리하면

$$\frac{\partial z}{\partial y} = \frac{z + \frac{x}{y}}{2z - y} = \frac{yz + x}{2yz - y^2}$$

를 얻는다. □

예제 1.5.7 다음 n-변수함수의 기울기 벡터 $\operatorname{grad} f(\mathbf{x})$ 를 구하시오.

(1) $f(\mathbf{x}) = |\mathbf{x} - P|, \quad P = (p_1, p_2, \cdots, p_n)$

(2) $f(\mathbf{x}) = \mathbf{a} \cdot \mathbf{x} + b, \quad \mathbf{a} = (a_1, a_2, \cdots, a_n)$

풀이 (1) 각 $k = 1, 2, \cdots, n$ 에 대하여

$$\begin{aligned} D_k f(\mathbf{x}) &= D_k\big((x_1 - p_1)^2 + (x_2 - p_2)^2 + \cdots + (x_n - p_n)^2\big)^{1/2} \\ &= (x_k - p_k)\big((x_1 - p_1)^2 + (x_2 - p_2)^2 + \cdots + (x_n - p_n)^2\big)^{-1/2} \\ &= (x_k - p_k)|\mathbf{x} - P|^{-1} \end{aligned}$$

이므로

$$\begin{aligned} \operatorname{grad} f(\mathbf{x}) &= \big(D_1 f(\mathbf{x}), D_2 f(\mathbf{x}), \cdots, D_n f(\mathbf{x})\big) \\ &= |\mathbf{x} - P|^{-1}(x_1 - p_1, x_2 - p_2, \cdots, x_n - p_n) \\ &= \frac{\mathbf{x} - P}{|\mathbf{x} - P|} \end{aligned}$$

를 얻는다.

(2) 각 $k = 1, 2, \cdots, n$ 에 대하여 $D_k f(\mathbf{x}) = D_k(a_1 x_1 + a_2 x_2 + \cdots + a_n x_n + b) = a_k$ 이므로

$$\operatorname{grad} f(\mathbf{x}) = \big(D_1 f(\mathbf{x}), D_2 f(\mathbf{x}), \cdots, D_n f(\mathbf{x})\big) = \big(a_1, a_2, \cdots, a_n\big) = \mathbf{a}$$

를 얻는다. □

명제 1.5.8 $\mathbb{R}^n$ 의 열린 집합 U 에서 정의된 함수 $f, g : U \to \mathbb{R}$ 가 점 $\mathbf{x} \in U$ 에서 $\mathbf{v}$-방향미분이 존재하고 편미분가능하면, 미분가능한 함수 $h : \mathbb{R} \to \mathbb{R}$ 와 실수 c 에 대하여 다음이 성립한다.

(i) $D_{\mathbf{v}}(cf)(\mathbf{x}) = cD_{\mathbf{v}}f(\mathbf{x}) = D_{c\mathbf{v}}f(\mathbf{x}), \quad D_{\mathbf{v}}(f+g)(\mathbf{x}) = D_{\mathbf{v}}f(\mathbf{x}) + D_{\mathbf{v}}g(\mathbf{x})$

(ii) $D_{\mathbf{v}}(fg)(\mathbf{x}) = g(\mathbf{x})D_{\mathbf{v}}f(\mathbf{x}) + f(\mathbf{x})D_{\mathbf{v}}g(\mathbf{x})$

(iii) $D_{\mathbf{v}}(h \circ f)(\mathbf{x}) = h'\big(f(\mathbf{x})\big)D_{\mathbf{v}}f(\mathbf{x})$

(iv) $\operatorname{grad}(cf)(\mathbf{x}) = c \operatorname{grad} f(\mathbf{x}), \quad \operatorname{grad}(f+g)(\mathbf{x}) = \operatorname{grad} f(\mathbf{x}) + \operatorname{grad} g(\mathbf{x})$

(v) $\operatorname{grad}(fg)(\mathbf{x}) = g(\mathbf{x}) \operatorname{grad} f(\mathbf{x}) + f(\mathbf{x}) \operatorname{grad} g(\mathbf{x})$

(vi) $\operatorname{grad}(h \circ f)(\mathbf{x}) = h'\big(f(\mathbf{x})\big) \operatorname{grad} f(\mathbf{x})$

예제 1.5.9 $\mathbb{R}^n$ 의 점 P와 실수 α에 대하여

$$\operatorname{grad}|\mathbf{x}-P|^\alpha = \alpha|\mathbf{x}-P|^{\alpha-2}(\mathbf{x}-P)$$

임을 보이시오.

풀이 $f(\mathbf{x}) = |\mathbf{x}-P|$, $h(x) = x^\alpha$ 라 두면

$$\begin{aligned}\operatorname{grad}|\mathbf{x}-P|^\alpha &= \operatorname{grad}(h\circ f)(\mathbf{x})\\ &= h'\big(f(\mathbf{x})\big)\operatorname{grad} f(\mathbf{x})\\ &= \alpha|\mathbf{x}-P|^{\alpha-1}\times\frac{\mathbf{x}-P}{|\mathbf{x}-P|}\\ &= \alpha|\mathbf{x}-P|^{\alpha-2}(\mathbf{x}-P)\end{aligned}$$

이다. □

예제 1.5.9 에서 $n=3,\ P=O,\ \alpha=-1$ 이면

$$\mathbf{A}(x,y,z) := \frac{(x,y,z)}{(x^2+y^2+z^2)^{3/2}} = -\operatorname{grad}\frac{1}{\sqrt{x^2+y^2+z^2}}$$

임을 안다. 사상 $\mathbf{A}:\mathbb{R}^3\setminus\{O\}\to\mathbb{R}^3$ 의 성질은 8장에서 좀 더 자세히 다룬다.

예제 1.5.10 미분가능함수 $z=f(x,y)$가 원점 근방에서 음함수

$$x^2y^3z = \sin(5x-3y+z)$$

를 만족할 때, 영이 아닌 벡터 $\mathbf{v}=(a,b)$ 에 대하여 $D_\mathbf{v}f(0,0)$ 의 값을 구하시오.

풀이 주어진 식의 양변에 $x=0,\ y=0$ 을 대입하면 $\sin f(0,0)=0$ 이므로 $\cos f(0,0) = \pm 1$ 이다. 한편 주어진 식의 양변을 $\mathbf{v}$-방향으로 미분하면

$$f(x,y)D_\mathbf{v}(x^2y^3)+x^2y^3D_\mathbf{v}f(x,y) = \big(D_\mathbf{v}(5x-3y)+D_\mathbf{v}f(x,y)\big)\cos\big(5x-3y+f(x,y)\big)$$

이고,

$$\begin{aligned}D_\mathbf{v}(5x-3y) &= \lim_{t\to 0}\frac{(5(x+at)-3(y+bt))-(5x-3y)}{t} = 5a-3b,\\ D_\mathbf{v}(x^2y^3) &= \lim_{t\to 0}\frac{(x+at)^2(y+bt)^3-x^2y^3}{t} = 2axy^3+3bx^2y^2\end{aligned}$$

이므로

$$(2axy^3+3bx^2y^2)f(x,y)+x^2y^3D_{\mathbf{v}}f(x,y) = \big(5a-3b+D_{\mathbf{v}}f(x,y)\big)\cos\big(5x-3y+f(x,y)\big)$$

이다. 이 식의 양변에 $x=0$, $y=0$을 대입하면 $\big(5a-3b+D_{\mathbf{v}}f(0,0)\big)\cos f(0,0)=0$ 이고, $\cos f(0,0)\neq 0$ 이므로

$$D_{\mathbf{v}}f(0,0) = 3b-5a$$

를 얻는다. □

1.6 미분가능함수

이 절의 목적은 일변수함수의 미분가능성을 다변수함수로 확장하는 것이다. 우선 일변수함수 $y=f(x)$가 $x=p$에서 미분가능하다는 것은

$$\lim_{h\to 0}\frac{f(p+h)-f(p)-ah}{h}=0$$

을 만족하는 실수 a가 존재하는 것이다. 이때 실수 a를 $x=p$에서 함수 $y=f(x)$의 미분계수라고 하고 기호로 $f'(p)$로 표기한다. 이와 유사하게 다변수함수의 미분가능성을 다음과 같이 정의한다.

정의 1.6.1 $\mathbb{R}^n$의 열린 집합 U에서 정의된 함수 $f: U\to\mathbb{R}$와 점 $P\in U$에 대하여

$$\lim_{\mathbf{v}\to\mathbf{0}}\frac{|f(P+\mathbf{v})-f(P)-\mathbf{a}\cdot\mathbf{v}|}{|\mathbf{v}|}=0$$

을 만족하는 벡터 $\mathbf{a}$가 존재할 때, 함수 f는 점 P에서 미분가능하다고 한다. 이때 벡터 $\mathbf{a}$를 점 P에서 함수 f의 미분계수라 하고, 기호로 $f'(P)$ 또는 $Df(P)$로 표기한다.

정의 1.6.1의 극한에서 $\mathbf{x}=P+\mathbf{v}$라 두면

$$\lim_{\mathbf{x}\to P}\frac{|f(\mathbf{x})-f(P)-\mathbf{a}\cdot(\mathbf{x}-P)|}{|\mathbf{x}-P|}=0$$

을 얻고, 정의 1.4.2에 의해 임의의 $\varepsilon>0$에 대하여

$$0<|\mathbf{x}-P|<\delta \quad\Longrightarrow\quad \big|f(\mathbf{x})-\big(f(P)+\mathbf{a}\cdot(\mathbf{x}-P)\big)\big|<\varepsilon|\mathbf{x}-P|$$

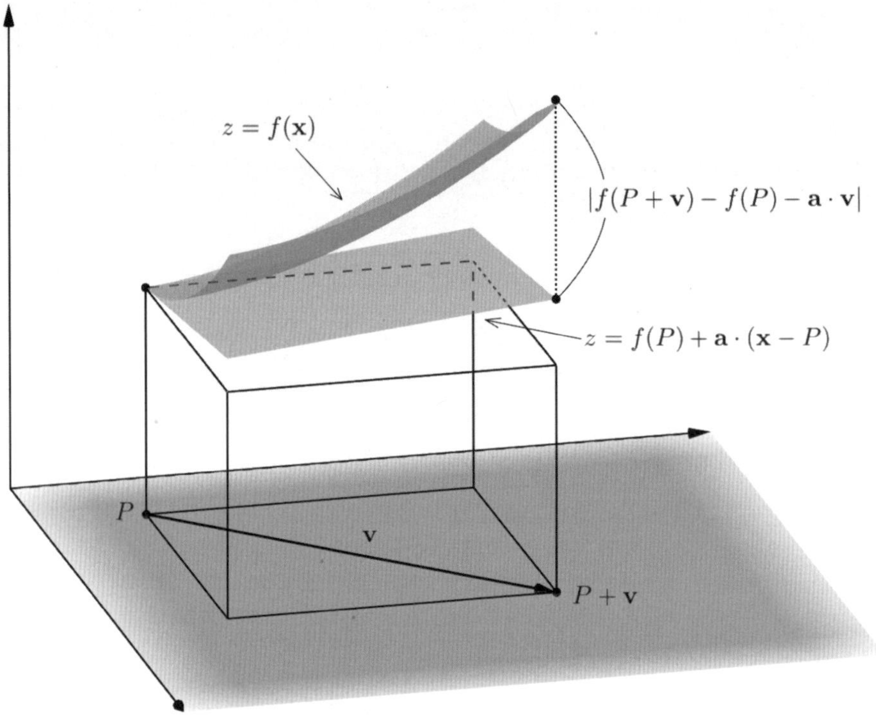

미분가능함수의 기하학적 의미

를 만족하는 양수 δ가 존재한다. 즉 점 $\mathbf{x}$가 점 P에 가까워질 때, 함수 $z = f(\mathbf{x})$의 그래프는 평면 $z = f(P) + \mathbf{a}\cdot(\mathbf{x}-P)$에 근사함을 의미하고, 함수의 그래프와 평면 사이의 오차가 줄어드는 속도는 $o(|\mathbf{x}-P|)$이다. 이때 평면

$$z = f(P) + \mathbf{a}\cdot(\mathbf{x}-P)$$

는 점 P에서 함수 f의 그래프에 접하는 접평면이 된다.

예제 1.6.2 정의 1.6.1을 이용하여 함수

$$f(x,y) = \sqrt{x^2+y^2}$$

이 원점에서 미분가능한지 판정하시오.

풀이 임의의 벡터 $\mathbf{a} = (a_1, a_2)$에 대하여 곡선 $X(t) = (a_2 t, -a_1 t)$를 따라 다음 극한

값을 계산하면

$$\lim_{\substack{\mathbf{v}\to\mathbf{0} \\ \text{along } X}} \frac{|f(O+\mathbf{v}) - f(O) - \mathbf{a}\cdot\mathbf{v}|}{|\mathbf{v}|} = \lim_{t\to 0} \frac{|f(a_2 t, -a_1 t) - f(0,0) - (a_1, a_2)\cdot(a_2 t, -a_1 t)|}{\sqrt{(a_1 t)^2 + (-a_2 t)^2}}$$

$$= \lim_{t\to 0} \frac{|t|\sqrt{a_1^2 + a_2^2}}{|t|\sqrt{a_1^2 + a_2^2}} = 1 \neq 0$$

이므로 함수 f 는 원점에서 미분가능하지 않다. □

3 절에서 다변수함수의 미분은 접평면의 기울기 벡터로 이해할 수 있음을 배웠다. 또한 함수 f 의 기울기 벡터를

$$\operatorname{grad} f(P) = \big(D_1 f(P), D_2 f(P), \cdots, D_n f(P)\big)$$

와 같이 정의하였다. 그러나 위의 벡터가 왜 접평면의 기울기 벡터가 되는지 이유를 밝히지 않았다. 다음 정리는 점 P 에서의 접평면의 기울기 벡터가 $\operatorname{grad} f(P)$ 임을 말해 준다. 이것은 $\operatorname{grad} f(P)$ 를 기울기 벡터라고 부르는 이유이기도 하다.

정리 1.6.3 $\mathbb{R}^n$ 의 열린 집합 U 에서 정의된 함수 $f: U \to \mathbb{R}$ 가 점 $P \in U$ 에서 미분가능할 필요충분조건은 $\operatorname{grad} f(P)$ 가 존재하고

$$\lim_{\mathbf{v}\to\mathbf{0}} \frac{|f(P+\mathbf{v}) - f(P) - \operatorname{grad} f(P)\cdot\mathbf{v}|}{|\mathbf{v}|} = 0$$

이다.

정리 1.6.3 으로부터 점 P 에서의 함수 f 의 접평면은

$$z = f(P) + \operatorname{grad} f(P)\cdot(\mathbf{x} - P)$$

임을 안다.

예제 1.6.4 원점에서 함수

$$z = f(x,y) = x\cos y - ye^x$$

의 접평면의 방정식을 구하시오.

풀이 함수 f 의 편도함수는

$$\frac{\partial f}{\partial x}(x,y) = \cos y - ye^x, \qquad \frac{\partial f}{\partial y}(x,y) = -x\sin y - e^x$$

이므로

$$\frac{\partial f}{\partial x}(0,0) = 1, \qquad \frac{\partial f}{\partial y}(0,0) = -1$$

이다. 따라서 접평면의 방정식은

$$z = f(0,0) + \operatorname{grad} f(0,0)\cdot(x,y) = x - y$$

이다. □

일변수함수의 미적분 이론에서 미분가능한 함수는 연속함수임을 배웠다. 이와 같은 사실은 다변수함수에서도 성립한다.

정리 1.6.5 $\mathbb{R}^n$ 의 열린 집합 U 에서 정의된 함수 $f : U \to \mathbb{R}$ 가 점 $P \in U$ 에서 미분가능하면, f 는 점 P 에서 연속이다.

정리 1.6.5 의 대우를 생각하면 연속이 아닌 함수는 미분가능하지 않음을 알 수 있다. 또한 정리 1.6.5 의 역은 성립하지 않는다. 예를 들면 함수 $f(x,y) = \sqrt{x^2+y^2}$ 은 원점에서 연속이지만, 미분가능하지 않다.

예제 1.6.6 좌표평면에서 정의된 함수

$$f(x,y) = \begin{cases} \dfrac{x^3y - xy^3}{x^2+y^2} & (x,y) \neq (0,0) \\ 0 & (x,y) = (0,0) \end{cases}$$

가 원점에서 미분가능한지 판정하시오.

풀이 방향미분계수의 정의에 의해

$$D_1 f(0,0) = \lim_{t\to 0} \frac{f\big((0,0)+t(1,0)\big) - f(0,0)}{t} = \lim_{t\to 0}\frac{f(t,0)-f(0,0)}{t} = \lim_{t\to 0}\frac{0}{t} = 0,$$
$$D_2 f(0,0) = \lim_{t\to 0} \frac{f\big((0,0)+t(0,1)\big) - f(0,0)}{t} = \lim_{t\to 0}\frac{f(0,t)-f(0,0)}{t} = \lim_{t\to 0}\frac{0}{t} = 0$$

이므로 $\operatorname{grad} f(0,0) = (0,0)$ 이다. 이제 $\mathbf{v} = (a,b)$ 라 두면, 정리 1.6.3 에 의해 함수 f 의 원점에서 미분가능성은 다음 극한값이 0 인지 확인해 보면 알 수 있다.

$$\lim_{\mathbf{v}\to\mathbf{0}} \frac{|f(\mathbf{v}) - f(0,0) - \operatorname{grad} f(0,0)\cdot\mathbf{v}|}{|\mathbf{v}|} = \lim_{(a,b)\to(0,0)} \frac{|ab(a^2-b^2)|}{(a^2+b^2)^{3/2}}.$$

부등식 $(|a|-|b|)^2 \geq 0$ 을 이용하면,

$$\frac{|ab|}{a^2+b^2} \leq \frac{1}{2} \qquad (a^2+b^2 \neq 0)$$

이므로

$$\frac{|ab(a^2-b^2)|}{(a^2+b^2)^{3/2}} \leq \frac{|ab|}{a^2+b^2} \times \frac{a^2+b^2}{(a^2+b^2)^{1/2}} \leq \frac{1}{2}(a^2+b^2)^{1/2}$$

이다. 한편

$$\lim_{(a,b)\to(0,0)} \frac{1}{2}(a^2+b^2)^{1/2} = 0$$

이므로 샌드위치 정리에 의해

$$\lim_{(a,b)\to(0,0)} \frac{|ab(a^2-b^2)|}{(a^2+b^2)^{3/2}} = 0$$

이 되어 함수 f 는 원점에서 미분가능하다. □

예제 1.6.7 양의 실수 $p_1, p_2, \cdots, p_n$ 에 대하여 $\mathbb{R}^n$ 에서 정의된 함수

$$f(\mathbf{x}) = \begin{cases} \dfrac{|x_1|^{p_1}|x_2|^{p_2}\times\cdots\times|x_n|^{p_n}}{|\mathbf{x}|^2} & (\mathbf{x}\neq O) \\ 0 & (\mathbf{x}=O) \end{cases}$$

가 원점에서 미분가능하기 위한 필요충분조건은 $p_1+p_2+\cdots+p_n > 3$ 임을 보이시오.

풀이 각 $k = 1, 2, \cdots, n$ 에 대하여

$$D_k f(O) = \lim_{t\to0} \frac{f(O+t\mathbf{e}_k) - f(O)}{t} = \lim_{t\to0} \frac{0}{t} = 0$$

이므로 원점에서 기울기 벡터는 $\operatorname{grad} f(O) = \mathbf{0}$ 임을 알 수 있다. 따라서 정리 1.6.3 에 의해 함수 f 가 원점에서 미분가능하기 위한 필요충분조건은 벡터 $\mathbf{v} = (v_1, v_2, \cdots, v_n)$ 에 대하여 다음이 성립하는 것이다.

$$\lim_{\mathbf{v}\to\mathbf{0}} \frac{|f(O+\mathbf{v}) - f(O) - \operatorname{grad} f(O)\cdot\mathbf{v}|}{|\mathbf{v}|} = \lim_{\mathbf{v}\to\mathbf{0}} \frac{|v_1|^{p_1}|v_2|^{p_2}\times\cdots\times|v_n|^{p_n}}{|\mathbf{v}|^3} = 0.$$

부등식

$$|v_k| \le |\mathbf{v}| \quad (k = 1, 2, \cdots, n)$$

를 이용하면

$$\frac{|v_1|^{p_1}|v_2|^{p_2} \times \cdots \times |v_n|^{p_n}}{|\mathbf{v}|^3} \le \frac{|\mathbf{v}|^{p_1}|\mathbf{v}|^{p_2} \times \cdots \times |\mathbf{v}|^{p_n}}{|\mathbf{v}|^3} = |\mathbf{v}|^{p_1+p_2+\cdots+p_n-3}$$

임을 안다. 만일 $p_1 + p_2 + \cdots + p_n > 3$ 이면

$$\lim_{\mathbf{v}\to\mathbf{0}} |\mathbf{v}|^{p_1+p_2+\cdots+p_n-3} = 0$$

이므로 샌드위치 정리에 의해

$$\lim_{\mathbf{v}\to\mathbf{0}} \frac{|v_1|^{p_1}|v_2|^{p_2} \times \cdots \times |v_n|^{p_n}}{|\mathbf{v}|^3} = 0$$

이 되어 함수 f 는 원점에서 미분가능하다. 한편 $p_1 + p_2 + \cdots + p_n \le 3$ 이면 직선

$$X(t) = t(\mathbf{e}_1 + \mathbf{e}_2 + \cdots + \mathbf{e}_n)$$

에 대하여

$$\begin{aligned}\lim_{\substack{\mathbf{v}\to\mathbf{0}\\ \text{along } X}} \frac{|v_1|^{p_1}|v_2|^{p_2} \times \cdots \times |v_n|^{p_n}}{|\mathbf{v}|^3} &= \lim_{t\to 0} \frac{|t|^{p_1+p_2+\cdots+p_n}}{n^{3/2}|t|^3} \\ &= \begin{cases} n^{-3/2} & (p_1 + p_2 + \cdots + p_n = 3) \\ \infty & (p_1 + p_2 + \cdots + p_n < 3) \end{cases}\end{aligned}$$

이므로 함수 f 는 원점에서 미분가능하지 않다. 따라서 함수 f 가 원점에서 미분가능할 필요충분조건은 $p_1 + p_2 + \cdots + p_n > 3$ 이다. □

예제 1.6.7 의 결과로부터 양의 실수 p, q 에 대하여 좌표평면에서 정의된 함수

$$f(x, y) = \begin{cases} \dfrac{|x|^p|y|^q}{x^2 + y^2} & (x, y) \ne (0, 0) \\ 0 & (x, y) = (0, 0) \end{cases}$$

가 원점에서 미분가능하기 위한 필요충분조건은 $p + q > 3$ 임을 안다.

다변수함수의 모든 방향미분계수가 존재한다 할지라도 미분가능하지 않을 수도 있다. 모든 직선 경로의 연속성이 함수의 연속성을 보장하지 못했던 것처럼 미분의 경우도 방향미분 개념만으로는 미분가능성을 보장해 주지 못한다. 다음 예제는 모든 방향의 방향미분계수가 존재하지만 미분불가능한 함수인 예이다.

예제 1.6.8 함수

$$f(x,y,z) = \begin{cases} \dfrac{y^2z^3\sqrt{x^2+y^2+z^2}}{x^2+y^4+z^6} & (x,y,z) \neq (0,0,0) \\ 0 & (x,y,z) = (0,0,0) \end{cases}$$

에 대하여 다음에 답하시오.

(1) f가 원점에서 연속인지 판정하시오.

(2) 영이 아닌 벡터 $\mathbf{v} = (a,b,c)$에 대하여 $D_{\mathbf{v}}f(0,0,0)$를 구하시오.

(3) f가 원점에서 미분가능한지 판정하시오.

풀이 (1) 부등식

$$(y^2 - |z|^3)^2 \geq 0$$

을 이용하면, $(x,y,z) \neq (0,0,0)$일 때

$$2y^2|z|^3 \leq y^4 + z^6 \leq x^2 + y^4 + z^6 \quad \Longrightarrow \quad \frac{y^2|z|^3}{x^2+y^4+z^6} \leq \frac{1}{2}$$

이므로

$$|f(x,y,z)| = \frac{y^2|z|^3\sqrt{x^2+y^2+z^2}}{x^2+y^4+z^6} \leq \frac{1}{2}\sqrt{x^2+y^2+z^2}$$

이다. 한편

$$\lim_{(x,y,z)\to(0,0,0)} \frac{1}{2}\sqrt{x^2+y^2+z^2} = 0$$

이므로 샌드위치 정리에 의해

$$\lim_{(x,y,z)\to(0,0,0)} f(x,y,z) = 0 = f(0,0,0)$$

이 되어 원점에서 연속이다.

(2) 방향미분계수의 정의에 의해

$$
\begin{aligned}
D_{\mathbf{v}}f(0,0,0) &= \lim_{t\to 0}\frac{f(at,bt,ct)-f(0,0,0)}{t} = \lim_{t\to 0}\frac{b^2c^3t^5\sqrt{t^2(a^2+b^2+c^2)}}{t(a^2t^2+b^4t^4+c^6t^6)} \\
&= \lim_{t\to 0}\frac{b^2c^3t^2|t|\sqrt{a^2+b^2+c^2}}{a^2+b^4t^2+c^6t^4} \\
&= \begin{cases} 0 & (a\neq 0) \\ \displaystyle\lim_{t\to 0}\frac{b^2c^3|t|\sqrt{b^2+c^2}}{b^4+c^6t^2} & (a=0) \end{cases} \\
&= \begin{cases} 0 & (a\neq 0) \\ 0 & (a=0,\ b\neq 0) \\ 0 & (a=0,\ b=0) \end{cases}
\end{aligned}
$$

이다.

(3) (2)의 결과에 의해 $\operatorname{grad} f(0,0,0) = \mathbf{0}$ 이고, 따라서 다음 극한값이 0 인지 확인해 보면 알 수 있다.

$$
\lim_{\mathbf{v}\to\mathbf{0}}\frac{|f(\mathbf{v})-f(0,0,0)-\operatorname{grad} f(0,0,0)\cdot\mathbf{v}|}{|\mathbf{v}|} = \lim_{(a,b,c)\to(0,0)}\frac{|b^2c^3|}{a^2+b^4+c^6}.
$$

한편 곡선 $X(t)=(0,t^3,t^2)$ 을 따라 극한을 계산하면

$$
\lim_{\substack{(a,b,c)\to(0,0,0)\\ \text{along } X}}\frac{|b^2c^3|}{a^2+b^4+c^6} = \lim_{t\to 0}\frac{t^{12}}{t^{12}+t^{12}} = \frac{1}{2}\neq 0
$$

이므로 함수 f 는 원점에서 미분가능하지 않다. □

일차함수 $f(\mathbf{x})=\mathbf{a}\cdot\mathbf{x}+b$ 의 기울기 벡터는 $\operatorname{grad} f(\mathbf{x})=\mathbf{a}$ 이고 정리 1.1.8 로부터 일차함수 f 의 $\mathbf{v}$-방향 기울기는 $\operatorname{grad} f(\mathbf{x})\cdot\mathbf{v}$ 임을 안다. 다음 정리로부터 일반적인 함수에 대해서도 같은 결과가 성립함을 알 수 있으며, 방향미분의 값을 정의를 이용하여 구하는 것보다 상대적으로 쉽게 계산할 수 있다.

정리 1.6.9 $\mathbb{R}^n$ 의 열린 집합 U 에서 정의된 함수 $f:U\to\mathbb{R}$ 가 미분가능하면 임의의 벡터 $\mathbf{v}$ 에 대하여 $\mathbf{v}$-방향미분계수가 존재하고 다음이 성립한다.

$$
D_{\mathbf{v}}f(\mathbf{x}) = \operatorname{grad} f(\mathbf{x})\cdot\mathbf{v} \quad (\mathbf{x}\in U).
$$

정리 1.6.9 로부터 다음을 얻는다.

따름정리 1.6.10 $\mathbb{R}^n$ 의 열린 집합 U 에서 정의된 함수 $f : U \to \mathbb{R}$ 가 미분가능하면 임의의 두 벡터 $\mathbf{v}, \mathbf{w}$ 와 상수 c_1, c_2 에 대하여 다음이 성립한다.

$$D_{c_1\mathbf{v}+c_2\mathbf{w}} f(\mathbf{x}) = c_1 D_{\mathbf{v}} f(\mathbf{x}) + c_2 D_{\mathbf{w}} f(\mathbf{x}) \quad (\mathbf{x} \in U).$$

예제 1.6.11 $\mathbb{R}^2$ 의 열린 집합 U 에서 정의된 미분가능함수 $f : U \to \mathbb{R}$ 와 점 $(a, b) \in U$ 에 대하여

$$D_{(3,-2)} f(a,b) = 5, \qquad D_{(-2,1)} f(a,b) = -3$$

이라고 할 때, 다음에 답하시오.

(1) $D_{(1,-1)} f(a,b)$ 를 구하시오. (2) $\operatorname{grad} f(a,b)$ 를 구하시오.

풀이 (1) $(1,-1) = (3,-2) + (-2,1)$ 이므로

$$D_{(1,-1)} f(a,b) = D_{(3,-2)} f(a,b) + D_{(-2,1)} f(a,b) = 5 + (-3) = 2$$

이다.

(2) $(1,0) = -(3,-2) - 2(-2,1)$, $(0,1) = -2(3,-2) - 3(-2,1)$ 이므로

$$D_{(1,0)} f(a,b) = -D_{(3,-2)} f(a,b) - 2D_{(-2,1)} f(a,b) = 1,$$
$$D_{(0,1)} f(a,b) = -2D_{(3,-2)} f(a,b) - 3D_{(-2,1)} f(a,b) = -1$$

이고 따라서 $\operatorname{grad} f(a,b) = (1,-1)$ 을 얻는다. □

정리 1.6.9 는 함수 f 가 미분가능하기 위한 필요조건이므로 이 정리의 대우에 의해

$$D_{\mathbf{v}} f(P) \neq \operatorname{grad} f(P) \cdot \mathbf{v}$$

가 되는 벡터 $\mathbf{v}$ 가 존재하면, 함수 f 는 점 P 에서 미분가능하지 않음을 알 수 있다.

예제 1.6.12 좌표평면에서 정의된 함수

$$f(x,y) = \begin{cases} \dfrac{x^2 y}{x^2 + y^2} & (x,y) \neq (0,0) \\ 0 & (x,y) = (0,0) \end{cases}$$

가 원점에서 미분가능한지 판정하시오.

풀이 영이 아닌 벡터 $\mathbf{v} = (a, b)$ 에 대하여

$$D_{\mathbf{v}} f(0,0) = \lim_{t \to 0} \frac{f(at, bt) - f(0,0)}{t} = \lim_{t \to 0} \frac{a^2 b t^3}{t^3(a^2 + b^2)} = \frac{a^2 b}{a^2 + b^2}$$

이므로

$$D_{(1,1)} f(0,0) = \frac{1}{2}, \qquad \operatorname{grad} f(0,0) = \big(D_{(1,0)} f(0,0), D_{(0,1)} f(0,0)\big) = (0,0)$$

이다. 그러나

$$D_{(1,1)} f(0,0) = \frac{1}{2} \neq 0 = \operatorname{grad} f(0,0) \cdot (1,1)$$

이므로 f 는 원점에서 미분가능하지 않다. □

1.7 일급 함수

앞 절에서 우리는 다변수함수 f 가 정의역의 모든 변수에 대해 편미분 가능하더라도 미분가능함수가 아닌 예를 살펴보았다. 이 절에서는 편도함수의 연속성이 함수의 미분가능성을 보장함을 공부한다.

정의 1.7.1 $\mathbb{R}^n$ 의 열린 집합 U 에서 정의된 n-변수함수 $f : U \to \mathbb{R}$ 의 각 편도함수

$$\frac{\partial f}{\partial x_1}, \quad \frac{\partial f}{\partial x_2}, \quad \cdots, \quad \frac{\partial f}{\partial x_n}$$

가 모두 연속함수일 때, 함수 f 를 일급 함수라 하고 기호로 $f \in C^1(U)$ 로 나타낸다.

예제 1.7.2 좌표평면에서 정의된 함수

$$f(x,y) = \begin{cases} \dfrac{x \sin(xy^2)}{x^2 + y^2} & (x,y) \neq (0,0) \\ 0 & (x,y) = (0,0) \end{cases}$$

에 대하여 다음에 답하시오.

(1) $\operatorname{grad} f(0,0)$ 을 구하시오.

(2) 함수 f 가 일급 함수임을 보이시오.

풀이 (1) 방향미분계수의 정의에 의해

$$D_1 f(0,0) = \lim_{t\to 0} \frac{f\big((0,0)+t(1,0)\big) - f(0,0)}{t} = \lim_{t\to 0} \frac{f(t,0)-f(0,0)}{t} = \lim_{t\to 0} \frac{0}{t} = 0,$$
$$D_2 f(0,0) = \lim_{t\to 0} \frac{f\big((0,0)+t(0,1)\big) - f(0,0)}{t} = \lim_{t\to 0} \frac{f(0,t)-f(0,0)}{t} = \lim_{t\to 0} \frac{0}{t} = 0$$

이므로

$$\operatorname{grad} f(0,0) = (0,0)$$

이다.

(2) 다음 부등식

$$|\sin(xy^2)| \le |xy^2|, \qquad 2|xy| \le x^2 + y^2$$

을 이용하면, 샌드위치 정리에 의해

$$\begin{aligned}
&\lim_{(x,y)\to(0,0)} |D_1 f(x,y) - D_1 f(0,0)| \\
&= \lim_{(x,y)\to(0,0)} \left| \frac{(y^2-x^2)\sin(xy^2) + xy^2(x^2+y^2)\cos(xy^2)}{(x^2+y^2)^2} \right| \\
&\le \lim_{(x,y)\to(0,0)} \frac{(x^2+y^2)|xy^2| + |xy^2|(x^2+y^2)}{(x^2+y^2)^2} \\
&\le \lim_{(x,y)\to(0,0)} |y| \\
&= 0
\end{aligned}$$

이므로 $D_1 f(x,y)$ 는 연속함수이다. 또한

$$\begin{aligned}
&\lim_{(x,y)\to(0,0)} |D_2 f(x,y) - D_2 f(0,0)| \\
&= \lim_{(x,y)\to(0,0)} \left| \frac{2x^2y(x^2+y^2)\cos(xy^2) - 2xy\sin(xy^2)}{(x^2+y^2)^2} \right| \\
&= \lim_{(x,y)\to(0,0)} \frac{2|x^2y|(x^2+y^2) + 2|xy||xy^2|}{(x^2+y^2)^2} \\
&\le \lim_{(x,y)\to(0,0)} \left(|x| + \frac{1}{2}|y| \right) \\
&= 0
\end{aligned}$$

이므로 $D_2 f(x,y)$ 도 연속함수가 되어 함수 f 가 일급 함수임을 안다. □

정리 1.7.3 $\mathbb{R}^n$의 열린 집합 U에서 정의된 일급 함수 $f : U \to \mathbb{R}$는 미분가능하다.

정리 1.7.3에 의해 예제 1.7.2의 함수 f는 미분가능함을 알 수 있다. 정리 1.6.3을 이용하여 함수 f가 미분가능함수임을 보이는 것은 각자의 연습문제로 남긴다.

미분가능함수의 편도함수가 반드시 연속일 필요는 없다. 다음 예제는 미분가능하지만 일급 함수가 아닌 함수의 예이다.

예제 1.7.4 좌표평면에서 정의된 함수

$$f(x,y) = \begin{cases} (x^2+y^2)\sin\dfrac{1}{\sqrt{x^2+y^2}} & (x,y) \neq (0,0) \\ 0 & (x,y) = (0,0) \end{cases}$$

에 대하여 함수 f가 원점에서 미분가능하지만 일급 함수가 아님을 보이시오.

풀이 방향미분계수의 정의에 의해

$$\begin{aligned} D_1 f(0,0) &= \lim_{t\to 0} \frac{f\big((0,0)+t(1,0)\big) - f(0,0)}{t} \\ &= \lim_{t\to 0} \frac{f(t,0)-f(0,0)}{t} \\ &= \lim_{t\to 0} t\sin\frac{1}{|t|} \\ &= 0, \end{aligned}$$

$$\begin{aligned} D_2 f(0,0) &= \lim_{t\to 0} \frac{f\big((0,0)+t(0,1)\big) - f(0,0)}{t} \\ &= \lim_{t\to 0} \frac{f(0,t)-f(0,0)}{t} \\ &= \lim_{t\to 0} t\sin\frac{1}{|t|} \\ &= 0 \end{aligned}$$

이므로

$$\operatorname{grad} f(0,0) = (0,0)$$

이다. 이제 $\mathbf{v} = (a, b)$ 라 두고 다음 극한값이 0 인지 확인해 보면 알 수 있다.

$$\lim_{\mathbf{v}\to\mathbf{0}} \frac{|f(\mathbf{v}) - f(0,0) - \operatorname{grad} f(0,0)\cdot\mathbf{v}|}{|\mathbf{v}|} = \lim_{(a,b)\to(0,0)} \sqrt{a^2+b^2}\left|\sin\frac{1}{\sqrt{a^2+b^2}}\right|.$$

그런데

$$0 \le \sqrt{a^2+b^2}\left|\sin\frac{1}{\sqrt{a^2+b^2}}\right| \le \sqrt{a^2+b^2}$$

이고

$$\lim_{(a,b)\to(0,0)} \sqrt{a^2+b^2} = 0$$

이므로 샌드위치 정리에 의해

$$\lim_{(a,b)\to(0,0)} \sqrt{a^2+b^2}\left|\sin\frac{1}{\sqrt{a^2+b^2}}\right| = 0$$

이다. 따라서 함수 f 는 원점에서 미분가능하다. 한편 $(x, y) \neq (0, 0)$ 이면

$$D_1 f(x,y) = 2x\sin\frac{1}{\sqrt{x^2+y^2}} - \frac{x}{\sqrt{x^2+y^2}}\cos\frac{1}{\sqrt{x^2+y^2}}$$

이고

$$\begin{aligned}
&\lim_{\substack{(x,y)\to(0,0)\\ \text{along } y=0}} D_1 f(x,y)\\
&= \lim_{\substack{(x,y)\to(0,0)\\ \text{along } y=0}} \left(2x\sin\frac{1}{\sqrt{x^2+y^2}} - \frac{x}{\sqrt{x^2+y^2}}\cos\frac{1}{\sqrt{x^2+y^2}}\right)\\
&= \lim_{x\to 0}\left(2x\sin\frac{1}{|x|} - \frac{x}{|x|}\cos\frac{1}{|x|}\right)\\
&\neq 0\\
&= D_1 f(0,0)
\end{aligned}$$

이므로 $D_1 f$ 는 원점에서 연속이 아니다. 따라서 함수 f 는 일급 함수가 아니다. □

1.8 연쇄법칙

이 절의 목적은 일변수함수에서의 연쇄법칙

$$\frac{d}{dx}(f\circ g)(x) = f'\big(g(x)\big)g'(x), \qquad \frac{dy}{dx} = \frac{dy}{du}\frac{du}{dx}$$

를 다변수함수로 확장하는 것이다.

정리 1.8.1 (연쇄법칙) $\mathbb{R}^n$ 의 열린 집합 U 에서 정의된 미분가능한 함수 f 에 대하여 다음이 성립한다.

(i) 구간 I 에서 정의된 미분가능한 곡선 $X : I \to U$ 에 대하여 다음이 성립한다.

$$\frac{d}{dt}(f\circ X)(t) = \operatorname{grad} f\big(X(t)\big)\cdot X'(t).$$

곡선 X 의 매개화가 $X(t) = \big(x_1(t), x_2(t), \cdots, x_n(t)\big)$ 일 때, 이 식을 라이프니츠 표기법을 이용하여 나타내면 다음과 같다.

$$\frac{df}{dt} = \frac{\partial f}{\partial x_1}\frac{dx_1}{dt} + \frac{\partial f}{\partial x_2}\frac{dx_2}{dt} + \cdots + \frac{\partial f}{\partial x_n}\frac{dx_n}{dt}.$$

(ii) $\mathbb{R}^2$ 의 열린 집합 D 에서 정의된 미분가능한 함수 $G : D \to U$ 에 대하여

$$\begin{aligned} G(u,v) &= \big(x_1(u,v), x_2(u,v), \cdots, x_n(u,v)\big),\\ \frac{\partial G}{\partial u}(u,v) &= \left(\frac{\partial x_1}{\partial u}(u,v), \frac{\partial x_2}{\partial u}(u,v), \cdots, \frac{\partial x_n}{\partial u}(u,v)\right),\\ \frac{\partial G}{\partial v}(u,v) &= \left(\frac{\partial x_1}{\partial v}(u,v), \frac{\partial x_2}{\partial v}(u,v), \cdots, \frac{\partial x_n}{\partial v}(u,v)\right) \end{aligned}$$

라 두면 다음이 성립한다.

$$\begin{aligned} \frac{\partial}{\partial u}(f\circ G)(u,v) &= \operatorname{grad} f\big(G(u,v)\big)\cdot\frac{\partial G}{\partial u}(u,v),\\ \frac{\partial}{\partial v}(f\circ G)(u,v) &= \operatorname{grad} f\big(G(u,v)\big)\cdot\frac{\partial G}{\partial v}(u,v). \end{aligned}$$

이 식을 라이프니츠 표기법을 이용하여 나타내면 다음과 같다.

$$\begin{aligned} \frac{\partial f}{\partial u} &= \frac{\partial f}{\partial x_1}\frac{\partial x_1}{\partial u} + \frac{\partial f}{\partial x_2}\frac{\partial x_2}{\partial u} + \cdots + \frac{\partial f}{\partial x_n}\frac{\partial x_n}{\partial u},\\ \frac{\partial f}{\partial v} &= \frac{\partial f}{\partial x_1}\frac{\partial x_1}{\partial v} + \frac{\partial f}{\partial x_2}\frac{\partial x_2}{\partial v} + \cdots + \frac{\partial f}{\partial x_n}\frac{\partial x_n}{\partial v}. \end{aligned}$$

곡선 X 위의 점 $P = X(t_0)$ 와 접벡터 $\mathbf{v} = X'(t_0)$ 에 대하여 연쇄법칙은 기하학적으로 점 P 에서 함수 f 의 $\mathbf{v}$-방향미분계수를 의미한다.

$$\begin{aligned}\left.\frac{d}{dt}\right|_{t=t_0} f\big(X(t)\big) &= \operatorname{grad} f\big(X(t_0)\big) \cdot X'(t_0) \\ &= \operatorname{grad} f(P) \cdot \mathbf{v} \\ &= D_{\mathbf{v}} f(P)\end{aligned}$$

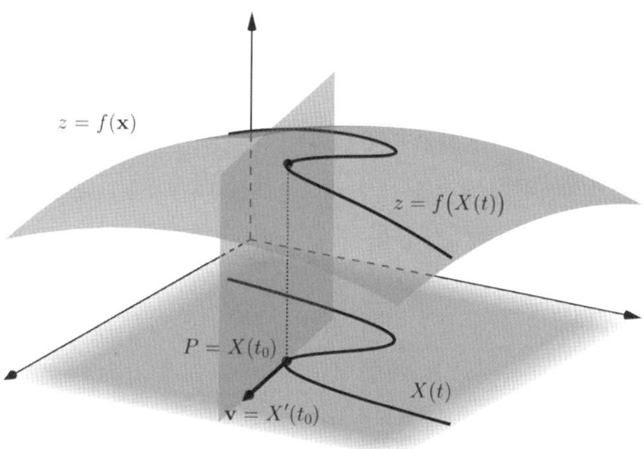

연쇄법칙의 기하학적 의미

특히 f 가 일변수함수일 경우

$$\begin{aligned}\frac{\partial}{\partial u}(f \circ G)(u, v) &= f'\big(G(u, v)\big)\frac{\partial G}{\partial u}(u, v), \\ \frac{\partial}{\partial v}(f \circ G)(u, v) &= f'\big(G(u, v)\big)\frac{\partial G}{\partial v}(u, v)\end{aligned}$$

이다.

예제 1.8.2 다음 편도함수를 구하시오.

$$\frac{\partial}{\partial u}\int_{2u+v^3}^{\arccos uv} \frac{\sin t}{t}\, dt, \qquad \frac{\partial}{\partial v}\int_{2u+v^3}^{\arccos uv} \frac{\sin t}{t}\, dt.$$

풀이 함수

$$f(x) = \int_0^x \frac{\sin t}{t}\, dt$$

에 대하여

$$\int_{2u+v^3}^{\arccos uv} \frac{\sin t}{t}\,dt = f(\arccos uv) - f(2u+v^3), \qquad f'(x) = \frac{\sin x}{x}$$

이므로 연쇄법칙에 의해

$$\begin{aligned}
\frac{\partial}{\partial u}\int_{2u+v^3}^{\arccos uv} \frac{\sin t}{t}\,dt &= f'(\arccos uv)\cdot\left(-\frac{v}{\sqrt{1-u^2v^2}}\right) - f'(2u+v^3)\cdot 2 \\
&= -\frac{v}{\arccos uv} - \frac{2\sin(2u+v^3)}{2u+v^3}, \\
\frac{\partial}{\partial v}\int_{2u+v^3}^{\arccos uv} \frac{\sin t}{t}\,dt &= f'(\arccos uv)\cdot\left(-\frac{u}{\sqrt{1-u^2v^2}}\right) - f'(2u+v^3)\cdot 3v^2 \\
&= -\frac{u}{\arccos uv} - \frac{3v^2\sin(2u+v^3)}{2u+v^3}
\end{aligned}$$

을 얻는다. □

예제 1.8.3 함수

$$f(x,y) = x^2y + 3xy^4$$

와 곡선

$$X(t) = (\sin 2t, \cos t)$$

에 대하여

$$\frac{d}{dt}f\big(X(t)\big)$$

를 구하시오.

풀이 함수 f 의 기울기 벡터와 곡선 X 의 속도 벡터는 각각

$$\operatorname{grad} f(x,y) = (2xy + 3y^4, x^2 + 12xy^3), \qquad X'(t) = (2\cos 2t, -\sin t)$$

이므로 연쇄법칙에 의해

$$\begin{aligned}
\frac{d}{dt}f\big(X(t)\big) &= \operatorname{grad} f\big(X(t)\big)\cdot X'(t) \\
&= (2\sin 2t\cos t + 3\cos^4 t, \sin^2 2t + 12\sin 2t\cos^3 t)\cdot(2\cos 2t, -\sin t) \\
&= 4\sin 2t\cos 2t\cos t + 6\cos 2t\cos^4 t - \sin^2 2t\sin t - 12\sin 2t\sin t\cos^3 t
\end{aligned}$$

를 얻는다. □

예제 1.8.4 함수 f 의 u, v 에 대한 편도함수를 구하시오.

$$f(x,y) = xe^y, \qquad x = uv, \qquad y = u^2 - v^2.$$

풀이 연쇄법칙에 의해

$$\begin{aligned}\frac{\partial f}{\partial u} &= \frac{\partial f}{\partial x}\frac{\partial x}{\partial u} + \frac{\partial f}{\partial y}\frac{\partial y}{\partial u} = e^y \cdot v + xe^y \cdot 2u = v(1+2u^2)e^{u^2-v^2} \\ \frac{\partial f}{\partial v} &= \frac{\partial f}{\partial x}\frac{\partial x}{\partial v} + \frac{\partial f}{\partial y}\frac{\partial y}{\partial v} = e^y \cdot u - xe^y \cdot 2v = u(1-2v^2)e^{u^2-v^2}\end{aligned}$$

이다. □

예제 1.8.5 두 함수

$$f(x,y,z) = \frac{x \log z}{y}, \qquad G(u,v) = (u \sin v, v \cos u, e^{uv^2})$$

에 대하여

$$\frac{\partial}{\partial u}(f \circ G), \qquad \frac{\partial}{\partial v}(f \circ G)$$

를 구하시오.

풀이 함수 f 의 기울기 벡터와 함수 G 의 편도함수는 각각

$$\begin{aligned}\operatorname{grad} f(x,y,z) &= \left(\frac{\log z}{y}, -\frac{x \log z}{y^2}, \frac{x}{yz}\right) \\ \frac{\partial G}{\partial u}(u,v) &= (\sin v, -v \sin u, v^2 e^{uv^2}) \\ \frac{\partial G}{\partial v}(u,v) &= (u \cos v, \cos u, 2uve^{uv^2})\end{aligned}$$

이므로 연쇄법칙에 의해

$$\begin{aligned}\frac{\partial}{\partial u}(f \circ G)(u,v) &= \operatorname{grad} f\big(G(u,v)\big) \cdot \frac{\partial G}{\partial u}(u,v) \\ &= \left(\frac{uv}{\cos u}, -\frac{u^2 \sin v}{\cos^2 u}, \frac{u \sin v}{ve^{uv^2} \cos u}\right) \cdot (\sin v, -v \sin u, v^2 e^{uv^2}) \\ &= \frac{uv \sin v(2 \cos u + u \sin u)}{\cos^2 u},\end{aligned}$$

$$\begin{aligned}\frac{\partial}{\partial v}(f\circ G)(u,v) &= \operatorname{grad} f\big(G(u,v)\big)\cdot\frac{\partial G}{\partial v}(u,v)\\ &= \left(\frac{uv}{\cos u}, -\frac{u^2\sin v}{\cos^2 u}, \frac{u\sin v}{ve^{uv^2}\cos u}\right)\cdot(u\cos v, \cos u, 2uve^{uv^2})\\ &= \frac{u^2(v\cos v+\sin v)}{\cos u}\end{aligned}$$

이다. □

예제 1.8.6 미분가능함수 $f(x,y)$와 $g(x,y,z)$에 대하여 다음에 답하시오.

(1) 극좌표계 (r,θ)에 대하여 벡터 $\left(\dfrac{\partial f}{\partial r}, \dfrac{1}{r}\dfrac{\partial f}{\partial \theta}\right)$를 원점 중심으로 θ만큼 회전시킨 벡터는 $\operatorname{grad} f$임을 보이고, 이로부터

$$|\operatorname{grad} f|^2 = \left(\frac{\partial f}{\partial r}\right)^2 + \frac{1}{r^2}\left(\frac{\partial f}{\partial \theta}\right)^2$$

임을 보이시오.

(2) 구면좌표계 (ρ,φ,θ)에 대하여

$$|\operatorname{grad} g|^2 = \left(\frac{\partial g}{\partial \rho}\right)^2 + \frac{1}{\rho^2}\left(\frac{\partial g}{\partial \varphi}\right)^2 + \frac{1}{\rho^2\sin^2\varphi}\left(\frac{\partial g}{\partial \theta}\right)^2$$

임을 보이시오.

풀이 (1) $x = r\cos\theta$, $y = r\sin\theta$이므로 연쇄법칙에 의해

$$\begin{aligned}\frac{\partial f}{\partial r} &= \frac{\partial f}{\partial x}\frac{\partial x}{\partial r} + \frac{\partial f}{\partial y}\frac{\partial y}{\partial r} = \frac{\partial f}{\partial x}\cos\theta + \frac{\partial f}{\partial y}\sin\theta,\\ \frac{\partial f}{\partial \theta} &= \frac{\partial f}{\partial x}\frac{\partial x}{\partial \theta} + \frac{\partial f}{\partial y}\frac{\partial y}{\partial \theta} = \frac{\partial f}{\partial x}(-r\sin\theta) + \frac{\partial f}{\partial y}(r\cos\theta)\end{aligned}$$

이다. 따라서

$$\begin{pmatrix} f_r \\ r^{-1}f_\theta \end{pmatrix} = \begin{pmatrix} \cos\theta & \sin\theta \\ -\sin\theta & \cos\theta \end{pmatrix}\begin{pmatrix} f_x \\ f_y \end{pmatrix} \implies \begin{aligned}\begin{pmatrix} f_x \\ f_y \end{pmatrix} &= \begin{pmatrix} \cos\theta & \sin\theta \\ -\sin\theta & \cos\theta \end{pmatrix}^{-1}\begin{pmatrix} f_r \\ r^{-1}f_\theta \end{pmatrix}\\ &= \begin{pmatrix} \cos\theta & -\sin\theta \\ \sin\theta & \cos\theta \end{pmatrix}\begin{pmatrix} f_r \\ r^{-1}f_\theta \end{pmatrix}\end{aligned}$$

이므로 벡터 $\left(\frac{\partial f}{\partial r}, \frac{1}{r}\frac{\partial f}{\partial \theta}\right)$를 원점 중심으로 θ만큼 회전시킨 벡터는 $\operatorname{grad} f$임을 안다. 한편 회전변환은 등장변환이므로

$$|\operatorname{grad} f|^2 = \left|\left(\frac{\partial f}{\partial r}, \frac{1}{r}\frac{\partial f}{\partial \theta}\right)\right|^2 = \left(\frac{\partial f}{\partial r}\right)^2 + \frac{1}{r^2}\left(\frac{\partial f}{\partial \theta}\right)^2$$

을 얻는다.

(2) $x = \rho\sin\varphi\cos\theta,\ y = \rho\sin\varphi\sin\theta,\ z = \rho\cos\varphi$이므로 연쇄법칙에 의해

$$\begin{aligned}
\frac{\partial g}{\partial \rho} &= \frac{\partial g}{\partial x}\frac{\partial x}{\partial \rho} + \frac{\partial g}{\partial y}\frac{\partial y}{\partial \rho} + \frac{\partial g}{\partial z}\frac{\partial z}{\partial \rho} = \frac{\partial g}{\partial x}\sin\varphi\cos\theta + \frac{\partial g}{\partial y}\sin\varphi\sin\theta + \frac{\partial g}{\partial z}\cos\varphi,\\
\frac{\partial g}{\partial \varphi} &= \frac{\partial g}{\partial x}\frac{\partial x}{\partial \varphi} + \frac{\partial g}{\partial y}\frac{\partial y}{\partial \varphi} + \frac{\partial g}{\partial z}\frac{\partial z}{\partial \varphi} = \frac{\partial g}{\partial x}(\rho\cos\varphi\cos\theta) + \frac{\partial g}{\partial y}(\rho\cos\varphi\sin\theta) - \frac{\partial g}{\partial z}(\rho\sin\varphi),\\
\frac{\partial g}{\partial \theta} &= \frac{\partial g}{\partial x}\frac{\partial x}{\partial \theta} + \frac{\partial g}{\partial y}\frac{\partial y}{\partial \theta} + \frac{\partial g}{\partial z}\frac{\partial z}{\partial \theta} = -\frac{\partial g}{\partial x}(\rho\sin\varphi\sin\theta) + \frac{\partial g}{\partial y}(\rho\sin\varphi\cos\theta)
\end{aligned}$$

이다. 이제

$$\begin{aligned}
\mathbf{u} &:= (\sin\varphi\cos\theta, \cos\varphi\cos\theta, -\sin\theta),\\
\mathbf{v} &:= (\sin\varphi\sin\theta, \cos\varphi\sin\theta, \cos\theta),\\
\mathbf{w} &:= (\cos\varphi, -\sin\varphi, 0)
\end{aligned}$$

이라 두면, 세 벡터 $\mathbf{u}, \mathbf{v}, \mathbf{w}$는 서로 수직인 단위벡터이고

$$\frac{\partial g}{\partial x}\mathbf{u} + \frac{\partial g}{\partial y}\mathbf{v} + \frac{\partial g}{\partial z}\mathbf{w} = \left(\frac{\partial g}{\partial \rho}, \frac{1}{\rho}\frac{\partial g}{\partial \varphi}, \frac{1}{\rho\sin\varphi}\frac{\partial g}{\partial \theta}\right)$$

이므로

$$|\operatorname{grad} g|^2 = \left(\frac{\partial g}{\partial \rho}\right)^2 + \frac{1}{\rho^2}\left(\frac{\partial g}{\partial \varphi}\right)^2 + \frac{1}{\rho^2\sin^2\varphi}\left(\frac{\partial g}{\partial \theta}\right)^2$$

을 얻는다. □

예제 1.8.7 함수 $f : \mathbb{R}^n \to \mathbb{R}$가 자연수 k에 대하여

$$f(t\mathbf{x}) = t^k f(\mathbf{x}) \quad (\mathbf{x} \in \mathbb{R}^n,\ t \in \mathbb{R})$$

를 만족하면, f를 k차 동차함수라고 한다. 다음에 답하시오.

(1) k차 동차함수 $f : \mathbb{R}^n \to \mathbb{R}$가 미분가능하면, 모든 $\mathbf{x} \in \mathbb{R}^n$에 대하여 $D_{\mathbf{x}} f(\mathbf{x}) = kf(\mathbf{x})$임을 보이시오.

(2) k차 동차함수 $f : \mathbb{R}^2 \to \mathbb{R}$ 와 $g : \mathbb{R}^2 \to \mathbb{R}$ 가 미분방정식

$$f(x,y)\frac{dy}{dx} + g(x,y) = 0$$

을 만족하면 적분상수 C에 대하여

$$\log|x| = C - \int \frac{f(1,z)}{zf(1,z) + g(1,z)}\, dz, \quad z = \frac{y}{x}$$

임을 보이시오.

(3) 미분방정식

$$3xy^2\frac{dy}{dx} - x^3 - y^3 = 0 \ (x > 0), \qquad y(1) = 0$$

의 해를 구하시오.

풀이 (1) $f(t\mathbf{x}) = t^k f(\mathbf{x})$를 양변 t에 대하여 미분하면 연쇄법칙에 의해

$$\operatorname{grad} f(t\mathbf{x}) \cdot \mathbf{x} = kt^{k-1} f(\mathbf{x})$$

이므로 $t = 1$을 대입하여

$$D_{\mathbf{x}} f(\mathbf{x}) = \operatorname{grad} f(\mathbf{x}) \cdot \mathbf{x} = kf(\mathbf{x})$$

를 얻는다.

(2) f와 g가 k차 동차함수이므로 주어진 미분방정식을 양변 x^k로 나누어 정리하면

$$\frac{dy}{dx} = -\frac{g(1,z)}{f(1,z)} \tag{$\star$}$$

이다. 한편

$$\frac{dz}{dx} = \frac{1}{x}\frac{dy}{dx} - \frac{y}{x^2} \qquad \Longrightarrow \qquad \frac{dy}{dx} = z + x\frac{dz}{dx}$$

이므로 식 $(\star)$에 대입하면 역함수 정리에 의해

$$\frac{dz}{dx} = -\frac{1}{x}\left(z + \frac{g(1,z)}{f(1,z)}\right) \qquad \Longrightarrow \qquad \frac{dx}{dz} = -\frac{xf(1,z)}{zf(1,z) + g(1,z)}$$

이다. 이제 양변을 x로 나누고, z에 대하여 적분하면

$$\log|x| = C - \int \frac{f(1,z)}{zf(1,z)+g(1,z)}\,dz$$

를 얻는다.

(3) $f(x,y) = 3xy^2$, $g(x,y) = -x^3 - y^2$이라 두면 (2)의 결과에 의해

$$\log x = C - \int \frac{3z^2}{2z^3-1}\,dz = C - \frac{1}{2}\log|2z^3-1| = C - \frac{1}{2}\log\left|\frac{2y^3}{x^3}-1\right|$$

이고, 초기조건 $y(1)=0$에 의해 $C=0$이므로 구하는 해는

$$x^3 - 2y^3 = x \qquad \Longrightarrow \qquad y = \sqrt[3]{\frac{x^3-x}{2}}$$

이다. □

1.9 기울기 벡터의 성질

1.9.1 기울기 벡터의 기하학적 의미

이 절에서는 기울기 벡터 $\operatorname{grad} f(P)$의 기하학적 의미에 대해 공부한다.

정리 1.9.1 $\mathbb{R}^n$의 열린 집합 U에서 정의된 미분가능한 함수 $f: U \to \mathbb{R}$와 점 $P \in U$에 대하여 $\operatorname{grad} f(P) \neq \mathbf{0}$이면, $\operatorname{grad} f(P)$는 점 P에서 등위면

$$\{\mathbf{x} \in U \mid f(\mathbf{x}) = f(P)\}$$

에 수직이다.

여기서 주의할 점은 기울기 벡터는 함수의 그래프가 아니라 등위면에 수직이라는 점이다. 기울기 벡터는 그래프가 그려지는 차원보다 한 차원 낮으므로 그래프에 수직이라는 말 자체가 모순이다. 이를 강조하는 이유는 많은 이들이 기울기 벡터가 그래프에 수직이라고 착각하기 때문이다. 실제로 점 P에서 그래프에 수직인 벡터는 $\big(\operatorname{grad} f(P), -1\big)$이다.

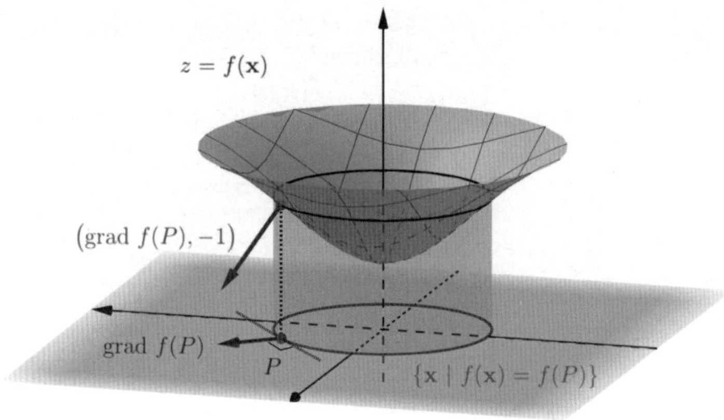

기울기 벡터와 등위면의 관계

예제 1.9.2 타원면

$$3x^2 + 2y^2 + z^2 = 9$$

에 대하여 점 $P = (1, 1, 2)$ 에서 접평면의 방정식을 구하시오.

풀이 $f(x, y, z) = 3x^2 + 2y^2 + z^2$ 이라 하자.

$$\operatorname{grad} f(x, y, z) = (6x, 4y, 2z)$$

이므로 $\operatorname{grad} f(P) = (6, 4, 4)$ 는 점 P 에서 함수 f 의 등위면

$$f^{-1}(9) = \{(x, y, z) \mid f(x, y, z) = 3x^2 + 2y^2 + z^2 = 9\}$$

에 수직이다. 따라서 구하는 접평면의 방정식은 점 P 를 지나고 $\operatorname{grad} f(P)$ 를 법선벡터로 가지는 평면이므로

$$6(x-1) + 4(y-1) + 4(z-2) = 0 \qquad \Longleftrightarrow \qquad 3x + 2y + 2z = 9$$

이다. □

6 절의 예제 1.6.4 의 접평면과 예제 1.9.2 의 접평면은 3 차원 공간의 평면임에는 동일하나, 구하는 방법에서 약간의 차이가 있다. 6 절에서는 양함수 $z = f(x, y)$ 로 주어진 이변수함수의 접평면을 구하는 반면, 예제 1.9.2 는 삼변수함수의 등위면으로 간주하여 음함수 $f(x, y, z) = c$ 로 주어진 함수의 접평면을 구하는 것이다. 예제 1.9.2 에서

양함수

$$z = \sqrt{9 - 3x^2 - 2y^2}$$

을 구하여 6 절의 방법을 적용하면 같은 결과를 얻을 수 있음을 각자 확인해 보길 바란다.

> **정리 1.9.3** 벡터 $\mathbf{v}$-방향으로 진행하던 빛이 매끄러운 곡면 위의 점 P에서 반사되어 나아가는 방향을 $\mathbf{v}_*$ 라 두면
>
> $$\mathbf{v}_* = \mathbf{v} - 2\,\frac{\mathbf{v}\cdot\mathbf{n}}{\mathbf{n}\cdot\mathbf{n}}\,\mathbf{n}, \qquad |\mathbf{v}_*| = |\mathbf{v}|$$
>
> 이다. 단, 벡터 $\mathbf{n}$은 점 P에서 곡면에 수직인 벡터이다.

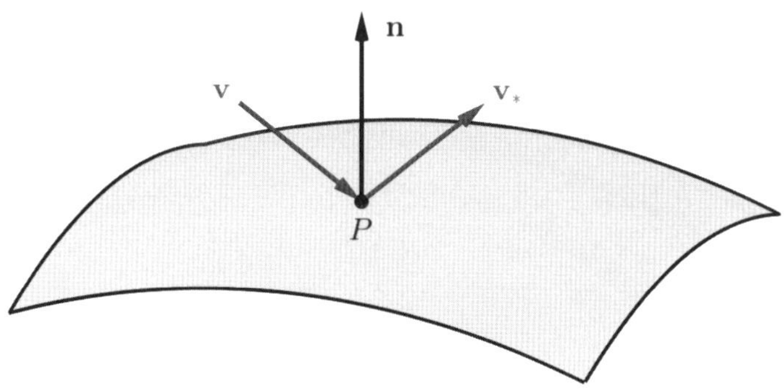

예제 1.9.4 3차원 공간에서 단위벡터 $\mathbf{v}$-방향으로 진행하던 빛이 입사각 $\pi/3$로 곡면

$$S : x^2 + 2y^2 + 3z^2 = 6$$

위의 점 $P = (1, 1, 1)$에서 반사되어 나아가는 방향의 단위벡터를 $\mathbf{v}_*$ 라 할 때, 함수

$$f(x, y, z) = x^2 + 2y^2 + 3z^2$$

에 대하여 $|D_{\mathbf{v}_*} f(P)|$ 의 값을 구하시오.

풀이 함수 $f(x, y, z) = x^2 + 2y^2 + 3z^2$ 의 기울기 벡터는 $\operatorname{grad} f(x, y, z) = (2x, 4y, 6z)$ 이므로 $\operatorname{grad} f(P) = (2, 4, 6)$ 이다. 이때 $\mathbf{n} = \operatorname{grad} f(P)$ 라 두면, f는 미분가능하므로 정리 1.6.9에 의해 $\mathbf{v}\cdot\mathbf{n} = D_{\mathbf{v}} f(P)$ 이고, 따라서 정리 1.9.3에 의해 반사되어 나아가는

방향 $\mathbf{v}_*$ 는

$$\mathbf{v}_* = \mathbf{v} - 2\,\frac{\mathbf{v}\cdot\mathbf{n}}{\mathbf{n}\cdot\mathbf{n}}\,\mathbf{n} = \mathbf{v} - 2\,\frac{D_{\mathbf{v}}f(P)}{|\mathrm{grad}\, f(P)|^2}\,\mathrm{grad}\, f(P) \qquad (\star)$$

이다. 식 $(\star)$의 양변을 $\mathbf{v}$로 내적하면

$$\mathbf{v}_*\cdot\mathbf{v} = 1 - 2\,\frac{\big(D_{\mathbf{v}}f(P)\big)^2}{|\mathrm{grad}\, f(P)|^2}$$

이고 $\mathbf{v}_*\cdot\mathbf{v} = |\mathbf{v}_*||\mathbf{v}|\cos(\pi/3) = 1/2$ 이므로

$$|D_{\mathbf{v}}f(P)| = \frac{1}{2}\,|\mathrm{grad}\, f(P)| = \sqrt{14}$$

이다. 한편 식 $(\star)$에 의해

$$\begin{aligned} D_{\mathbf{v}_*}f(P) &= \mathrm{grad}\, f(P)\cdot\mathbf{v}_* = \mathrm{grad}\, f(P)\cdot\left(\mathbf{v} - 2\,\frac{D_{\mathbf{v}}f(P)}{|\mathrm{grad}\, f(P)|^2}\,\mathrm{grad}\, f(P)\right) \\ &= \mathrm{grad}\, f(P)\cdot\mathbf{v} - 2D_{\mathbf{v}}f(P) = D_{\mathbf{v}}f(P) - 2D_{\mathbf{v}}f(P) = -D_{\mathbf{v}}f(P) \end{aligned}$$

이므로 $|D_{\mathbf{v}_*}f(P)| = |D_{\mathbf{v}}f(P)| = \sqrt{14}$를 얻는다.

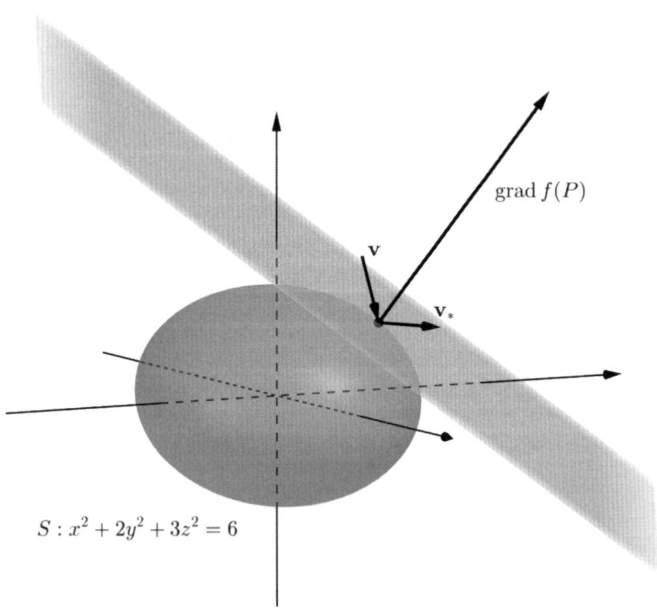

□

1.9.2 방향미분의 최댓값과 최솟값

곡면 S가 함수 $f(x,y)$의 그래프로 주어져 있을 때, 다음 그림과 같은 경사로를 따라 점 P에서 출발하여 곡면 S를 오른다고 가정해 보자. 그림에서 세 벡터 $\mathbf{u}, \mathbf{v}, \mathbf{w}$ 중 가장 경사로가 가파른 방향은 $\mathbf{v}$-방향이고, 벡터 $\mathbf{v}$는 등위선 $\{(x,y) \mid f(x,y) = f(P)\}$에 수직인 방향임을 알 수 있다. 앞 절에서 기울기 벡터 $\operatorname{grad} f(P)$와 등위선 $\{(x,y) \mid f(x,y) = f(P)\}$가 수직임을 보였으므로 $\mathbf{v}$와 기울기 벡터 $\operatorname{grad} f(P)$는 같은 방향임을 안다. 즉 함수 f가 점 P에서 가장 빨리 증가하는 방향은 기울기 벡터 $\operatorname{grad} f(P)$와 같은 방향임을 알 수 있다. 마찬가지로 기울기 벡터와 반대 방향으로 함수가 가장 빨리 감소한다.

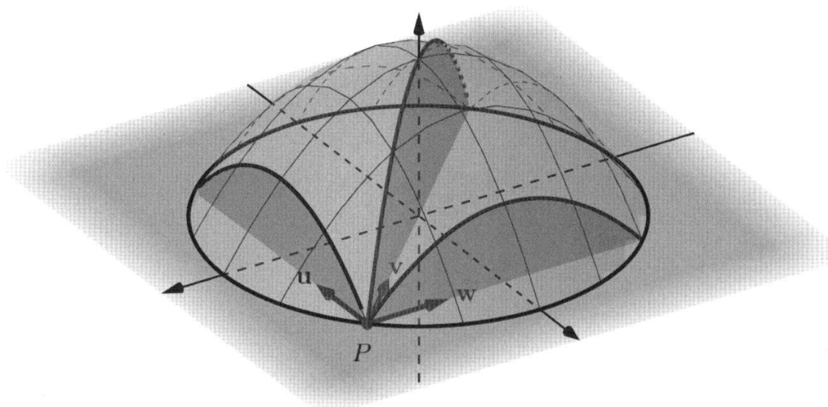

기울기 벡터와 함수의 변화율과의 관계

> **정리 1.9.5** $\mathbb{R}^n$의 열린 집합 U에서 정의된 미분가능한 함수 $f : U \to \mathbb{R}$와 단위벡터 $\mathbf{v}$ 및 점 $P \in U$에 대하여 다음이 성립한다.
>
> (i) $\mathbf{v}$가 $\operatorname{grad} f(P)$와 같은 방향일 때, $D_{\mathbf{v}} f(P)$는 최댓값 $|\operatorname{grad} f(P)|$을 가진다.
>
> (ii) $\mathbf{v}$가 $-\operatorname{grad} f(P)$와 같은 방향일 때, $D_{\mathbf{v}} f(P)$는 최솟값 $-|\operatorname{grad} f(P)|$을 가진다.

예제 1.9.6 점 $P = (3, 0, -2)$에서 함수 $f(x,y,z) = xe^y + z^2$이 가장 빨리 증가하는 방향의 단위벡터 $\mathbf{v}$와 이 방향에 대한 방향미분계수 $D_{\mathbf{v}} f(P)$를 구하시오.

풀이 함수 f의 기울기 벡터는

$$\operatorname{grad} f(x,y,z) = (e^y, xe^y, 2z)$$

이므로 $\operatorname{grad} f(P) = (1,3,-4)$이다. 정리 1.9.5에 의해 점 P에서 함수 f가 가장 빨리 증가하는 방향은 $\operatorname{grad} f(P)$와 같은 방향이므로

$$\mathbf{v} = \frac{\operatorname{grad} f(P)}{|\operatorname{grad} f(P)|} = \frac{(1,3,-4)}{\sqrt{26}}$$

이고, 이때 이 방향에 대한 방향미분계수는 $D_{\mathbf{v}} f(P) = |\operatorname{grad} f(P)| = \sqrt{26}$이다. □

예제 1.9.7 미분가능함수 $f(u,v)$와 $g(x,y,z)$에 대하여 좌표평면의 온도분포가 함수

$$h(u,v) = g\big(u, v, f(u,v)\big)$$

로 주어져 있다고 하자. 점 $P=(a,b)$와 $Q = \big(a, b, f(a,b)\big)$가

$$\operatorname{grad} f(P) = (2,-1), \qquad \operatorname{grad} g(Q) = (-1,3,2)$$

를 만족할 때, 다음에 답하시오.

(1) 점 P에서 가장 빨리 차가워지는 방향의 단위벡터 $\mathbf{v}$와 이 방향에 대한 온도의 순간변화율을 구하시오.

(2) 점 P에서 온도의 순간변화율이 0인 방향 $\mathbf{w}$를 단위벡터로 구하시오.

풀이 (1) 연쇄법칙에 의해

$$\begin{aligned}
\frac{\partial h}{\partial u}(u,v) &= \frac{\partial g}{\partial x}\big(u,v,f(u,v)\big)\frac{\partial}{\partial u}u + \frac{\partial g}{\partial y}\big(u,v,f(u,v)\big)\frac{\partial}{\partial u}v + \frac{\partial g}{\partial z}\big(u,v,f(u,v)\big)\frac{\partial f}{\partial u}(u,v) \\
&= \frac{\partial g}{\partial x}\big(u,v,f(u,v)\big) + \frac{\partial g}{\partial z}\big(u,v,f(u,v)\big)\frac{\partial f}{\partial u}(u,v), \\
\frac{\partial h}{\partial v}(u,v) &= \frac{\partial g}{\partial x}\big(u,v,f(u,v)\big)\frac{\partial}{\partial v}u + \frac{\partial g}{\partial y}\big(u,v,f(u,v)\big)\frac{\partial}{\partial v}v + \frac{\partial g}{\partial z}\big(u,v,f(u,v)\big)\frac{\partial f}{\partial v}(u,v) \\
&= \frac{\partial g}{\partial y}\big(u,v,f(u,v)\big) + \frac{\partial g}{\partial z}\big(u,v,f(u,v)\big)\frac{\partial f}{\partial v}(u,v)
\end{aligned}$$

이므로

$$\frac{\partial h}{\partial u}(P) = \frac{\partial g}{\partial x}(Q) + \frac{\partial g}{\partial z}(Q)\frac{\partial f}{\partial u}(P) = -1 + 2 \cdot 2 = 3,$$
$$\frac{\partial h}{\partial v}(P) = \frac{\partial g}{\partial y}(Q) + \frac{\partial g}{\partial z}(Q)\frac{\partial f}{\partial v}(P) = 3 + 2 \cdot (-1) = 1$$

이다. 정리 1.9.5에 의해 함수 h가 점 P에서 가장 빨리 차가워지는 방향 $\mathbf{v}$와 이 방향에 대한 h의 순간변화율은

$$\mathbf{v} = -\frac{\operatorname{grad} h(a,b)}{|\operatorname{grad} h(a,b)|} = \frac{(-3,-1)}{\sqrt{10}}, \qquad D_{\mathbf{v}}h(a,b) = -|\operatorname{grad} h(a,b)| = -\sqrt{10}$$

이다.

(2) 점 P에서 온도의 순간변화율이 0인 방향의 단위벡터 $\mathbf{w} = (w_1, w_2)$는 다음을 만족한다.

$$D_{\mathbf{w}}h(a,b) = \operatorname{grad} h(a,b) \cdot \mathbf{w} = 3w_1 + w_2 = 0, \qquad w_1^2 + w_2^2 = 1.$$

연립하면

$$\mathbf{w} = \frac{(-1,3)}{\sqrt{10}} \quad \text{또는} \quad \mathbf{w} = \frac{(1,-3)}{\sqrt{10}}$$

을 얻는다. □

예제 1.9.8 실수 x, y, z가 방정식

$$x^2 + 4y^2 + 9z^2 = 1$$

을 만족할 때, 다음 극한

$$\lim_{t\to 0} \frac{\left(3 + \cos(2ty + e^{9t^2z^2+18tz} - 1)\right)^{1/(2+tx)} - 2}{t}$$

가 최대가 되도록 하는 x, y, z와 이때의 극한값을 구하시오.

풀이 점 $P = (2, -1, 3)$과 벡터 $\mathbf{v} = (x, 2y, 3z)$ 및 함수

$$g(x,y,z) = \left(3 + \cos(y + e^{z^2-9})\right)^{1/x}$$

에 대하여 주어진 극한은 방향미분계수 정의에 의해

$$\begin{aligned}\lim_{t\to 0}\frac{\left(3+\cos(2ty+e^{9t^2z^2+18tz}-1)\right)^{1/(2+tx)}-2}{t} &= \lim_{t\to 0}\frac{g(P+t\mathbf{v})-g(P)}{t}\\ &= D_{\mathbf{v}}g(P)\end{aligned}$$

임을 안다. 한편 함수 g의 편도함수를 구하면

$$\begin{aligned}\frac{\partial g}{\partial x}(x,y,z) &= -\frac{\left(3+\cos(y+e^{z^2-9})\right)^{1/x}\log\left(3+\cos(y+e^{z^2-9})\right)}{x^2},\\ \frac{\partial g}{\partial y}(x,y,z) &= -\frac{\left(3+\cos(y+e^{z^2-9})\right)^{1/x-1}\sin(y+e^{z^2-9})}{x},\\ \frac{\partial g}{\partial z}(x,y,z) &= -\frac{2ze^{z^2-9}\left(3+\cos(y+e^{z^2-9})\right)^{1/x-1}\sin(y+e^{z^2-9})}{x}\end{aligned}$$

이므로 $\operatorname{grad} g(P) = (-\log 2, 0, 0)$ 이다. 조건 $x^2+4y^2+9z^2=1$로부터 벡터 $\mathbf{v}$는 단위벡터이고, 주어진 극한은 점 P에서 함수 g의 $\mathbf{v}$-방향미분계수이므로 정리 1.9.5 에 의해 $\mathbf{v}$가 $\operatorname{grad} g(P)$와 같은 방향 $\mathbf{v}=(-1,0,0)$ 일 때 최댓값

$$|\operatorname{grad} g(P)| = \log 2$$

를 가진다. 따라서

$$x=-1, \qquad y=0, \qquad z=0$$

이고 이때 극한값은 $\log 2$ 이다. □

제 2 장

미분의 응용

2.1 라이프니츠 정리

자연현상을 분석하여 얻은 함수 중에는 적분으로 표현되는 함수들이 존재한다. 예를 들면 반평면 $\{(x, y) \mid y \geq 0\}$ 에서 정의된 함수 f 의 경계조건이 $\phi(x)$ 인 디리클레 문제의 해는 다음과 같다.

$$f(x, y) = \frac{y}{\pi} \int_{-\infty}^{\infty} \frac{\phi(t)}{(x-t)^2 + y^2}\, dt.$$

또 다른 예로, 비국소 방정식을 연구하는 분야에서는 미분 연산자를

$$-(-\Delta)^{\alpha/2} f(x) = \frac{C(1, \alpha)}{2} \int_{-\infty}^{\infty} \frac{f(x-y) - 2f(x) + f(x+y)}{|y|^{1+\alpha}}\, dy$$

와 같이 적분 형태로 표현하고, 자연수에서 정의된 계승함수 $n \mapsto n!$ 을 양의 실수 집합으로 확장한 함수인 감마함수는 다음과 같은 적분 형태로 정의한다.

$$\Gamma(x) = \int_0^{\infty} e^{-t} t^{x-1}\, dt \quad (0 < x < \infty).$$

적분으로 정의된 함수를 초등함수로 표현할 수 있다면 미분을 하는 데 어려움이 없겠지만 일반적으로 그렇지 않다. 따라서 이러한 함수들의 현상을 연구할 때, 적분으로 정의되는 함수들의 미분법이 필요하다. 다음 정리는 적분으로 정의된 함수의 도함수를 구하는 방법을 제공한다.

정리 2.1.1 (라이프니츠 정리) 연속함수 $f : [a, b] \times [c, d] \to \mathbb{R}$ 의 편도함수

$$\frac{\partial f}{\partial x} : (a, b) \times [c, d] \to \mathbb{R}$$

가 존재하고 연속이면

$$\frac{d}{dx}\int_c^d f(x, y)\,dy = \int_c^d \frac{\partial}{\partial x} f(x, y)\,dy \quad (a < x < b)$$

가 성립한다.

예제 2.1.2 함수

$$f(x) = \int_0^1 \frac{x}{x^2 + y^2}\,dy \quad (x > 0)$$

에 대하여 $f'(x)$ 를 구하고 이를 이용하여

$$\arctan x + \arctan\frac{1}{x} = \frac{\pi}{2}$$

임을 보이시오.

풀이 라이프니츠 정리에 의해

$$\begin{aligned} f'(x) &= \int_0^1 \frac{\partial}{\partial x}\left(\frac{x}{x^2 + y^2}\right) dy = \int_0^1 \frac{y^2 - x^2}{(x^2 + y^2)^2}\,dy \\ &= \left[-\frac{y}{x^2 + y^2}\right]_{y=0}^{y=1} = -\frac{1}{x^2 + 1} \end{aligned}$$

을 얻고, 이 식을 양변 적분하면 $f(x) = -\arctan x + C$ 가 된다. 또한

$$f(x) = \int_0^1 \frac{x}{x^2 + y^2}\,dy = \left[\arctan\frac{y}{x}\right]_{y=0}^{y=1} = \arctan\frac{1}{x}$$

이므로

$$\arctan\frac{1}{x} = -\arctan x + C$$

가 된다. 이 식에 $x = 1$ 을 대입하면 $C = \pi/2$ 가 되어 원하는 결론을 얻는다. □

예제 2.1.3 양의 실수 x, y에 대하여 다음 적분을 구하시오.

$$\int_0^{\pi/2} \frac{1}{(x\cos^2 t + y\sin^2 t)^2}\,dt.$$

풀이 임의의 양의 실수 x, y에 대하여

$$\begin{aligned}
\int_0^{\pi/2} \frac{1}{x\cos^2 t + y\sin^2 t}\,dt &= \int_0^{\pi/2} \frac{\sec^2 t}{x + y\tan^2 t}\,dt \\
&= \frac{1}{\sqrt{xy}}\int_0^{\infty} \frac{1}{1+u^2}\,du \qquad \left(\because \tan t = \sqrt{\frac{x}{y}}u\right) \\
&= \frac{1}{\sqrt{xy}}\Big[\arctan u\Big]_0^{\infty} \\
&= \frac{\pi}{2\sqrt{xy}}
\end{aligned}$$

이므로, 이 식을 양변 x와 y에 대하여 각각 편미분하면 라이프니츠 정리에 의해

$$\int_0^{\pi/2} \frac{\cos^2 t}{(x\cos^2 t + y\sin^2 t)^2}\,dt = \frac{\pi}{4\sqrt{x^3 y}},$$
$$\int_0^{\pi/2} \frac{\sin^2 t}{(x\cos^2 t + y\sin^2 t)^2}\,dt = \frac{\pi}{4\sqrt{xy^3}}$$

이다. 따라서

$$\begin{aligned}
&\int_0^{\pi/2} \frac{1}{(x\cos^2 t + y\sin^2 t)^2}\,dt \\
&= \int_0^{\pi/2} \frac{\cos^2 t}{(x\cos^2 t + y\sin^2 t)^2}\,dt + \int_0^{\pi/2} \frac{\sin^2 t}{(x\cos^2 t + y\sin^2 t)^2}\,dt \\
&= \frac{\pi}{4\sqrt{x^3 y}} + \frac{\pi}{4\sqrt{xy^3}} = \frac{\pi}{4\sqrt{xy}}\left(\frac{1}{x} + \frac{1}{y}\right)
\end{aligned}$$

을 얻는다. □

예제 2.1.4 곡선

$$X(t) = (a\cos t, b\sin t) \qquad \left(0 \le t \le \frac{\pi}{2}\right)$$

의 곡률 κ에 대하여 선적분

$$\int_X \kappa^{5/3}\,ds$$

를 구하시오. (단, a, b는 양의 실수이다.)

풀이 곡선 X 의 속력과 곡률은

$$\begin{aligned}|X'(t)| &= (a^2\sin^2 t + b^2\cos^2 t)^{1/2},\\ \kappa(t) &= \frac{\left|\det\big(X'(t), X''(t)\big)\right|}{|X'(t)|^3} = \frac{ab}{(a^2\sin^2 t + b^2\cos^2 t)^{3/2}}\end{aligned}$$

이므로 예제 2.1.3 의 결과에 의해

$$\begin{aligned}\int_X \kappa^{5/3}\, ds &= \int_0^{\pi/2} \big(\kappa(t)\big)^{5/3}|X'(t)|\, dt\\ &= (ab)^{5/3}\int_0^{\pi/2} \frac{1}{(a^2\sin^2 t + b^2\cos^2 t)^2}\, dt\\ &= \frac{\pi\sqrt[3]{a^2b^2}}{4}\left(\frac{1}{a^2}+\frac{1}{b^2}\right)\end{aligned}$$

을 얻는다. □

라이프니츠 정리의 적분 범위를 x 에 대한 함수로 일반화하면 다음과 같다.

정리 2.1.5 구간 $[a,b]$ 에서 정의된 일급 함수 $g(x), h(x)$ 에 대하여 $\mathbb{R}^2$ 의 열린 집합 U 가 집합

$$\{(x,y) \mid g(x) \le y \le h(x),\ a \le x \le b\}$$

를 포함할 때, 연속함수 $f : U \to \mathbb{R}$ 의 편도함수

$$\frac{\partial f}{\partial x} : U \to \mathbb{R}$$

가 존재하고 연속이면

$$\frac{d}{dx}\int_{g(x)}^{h(x)} f(x,y)\, dy = f\big(x, h(x)\big)h'(x) - f\big(x, g(x)\big)g'(x) + \int_{g(x)}^{h(x)} \frac{\partial}{\partial x} f(x,y)\, dy$$

가 성립한다.

증명 $F(x_1, x_2, x_3) = \displaystyle\int_{x_1}^{x_2} f(x_3, y)\, dy$ 라 하면

$$\int_{g(x)}^{h(x)} f(x,y)\, dy = F\big(g(x), h(x), x\big)$$

이다. 이 식을 양변 x에 대하여 미분하면 연쇄법칙에 의해

$$\frac{d}{dx}\int_{g(x)}^{h(x)} f(x,y)\,dy = D_1F\big(g(x),h(x),x\big)g'(x) + D_2F\big(g(x),h(x),x\big)h'(x) + D_3F\big(g(x),h(x),x\big)$$

이고 미적분학의 기본정리에 의해

$$D_1F(x_1,x_2,x_3) = -f(x_3,x_1), \qquad D_2F(x_1,x_2,x_3) = f(x_3,x_2)$$

이다. 또한 라이프니츠 정리에 의해

$$D_3F(x_1,x_2,x_3) = \int_{x_1}^{x_2} \frac{\partial}{\partial x} f(x_3,y)\,dy$$

를 얻는다. 따라서

$$\frac{d}{dx}\int_{g(x)}^{h(x)} f(x,y)\,dy = f\big(x,h(x)\big)h'(x) - f\big(x,g(x)\big)g'(x) + \int_{g(x)}^{h(x)} \frac{\partial}{\partial x} f(x,y)\,dy$$

를 얻는다. □

예제 2.1.6 함수

$$f(x,y) = \int_{\arcsin y}^{x^3} \frac{5e^{xt^5}}{t}\,dt$$

의 기울기 벡터를 구하시오.

풀이 라이프니츠 정리에 의해

$$\begin{aligned}\frac{\partial f}{\partial x}(x,y) &= \frac{5e^{x^{16}}}{x^3} \times 3x^2 + \int_{\arcsin y}^{x^3} \frac{\partial}{\partial x}\left(\frac{5e^{xt^5}}{t}\right) dt \\ &= \frac{15e^{x^{16}}}{x} + \int_{\arcsin y}^{x^3} 5t^4 e^{xt^5}\,dt = \frac{16e^{x^{16}} - e^{x \arcsin^5 y}}{x}\end{aligned}$$

이고 미적분학의 기본정리에 의해

$$\frac{\partial f}{\partial y}(x,y) = -\frac{5e^{x\arcsin^5 y}}{\arcsin y} \times \frac{1}{\sqrt{1-y^2}} = -\frac{5e^{x\arcsin^5 y}}{\sqrt{1-y^2}\arcsin y}$$

이다. 따라서

$$\operatorname{grad} f = \left(\frac{16e^{x^{16}} - e^{x \arcsin^5 y}}{x}, -\frac{5e^{x \arcsin^5 y}}{\sqrt{1-y^2} \arcsin y} \right)$$

를 얻는다. □

2.2 고계 미분과 편미분방정식

이계 이상의 편도함수를 고계 편도함수라고 한다. 고계 편도함수의 미분가능성은 이계 편도함수의 미분가능성을 알면 귀납적으로 정의할 수 있으므로 여기에서는 이계 편도함수의 미분가능성만을 언급하도록 한다.

정의 2.2.1 $\mathbb{R}^n$ 의 열린 집합 U 에서 정의된 함수 $f : U \to \mathbb{R}$ 에 대하여

(i) $D_1 f, D_2 f, \cdots, D_n f$ 가 미분가능하면, f 는 두 번 미분가능하다고 한다.

(ii) $D_1 f, D_2 f, \cdots, D_n f$ 가 일급 함수이면, f 를 이급 함수라고 하고 기호로 $f \in C^2(U)$ 로 표기한다.

다음은 이 책에서 주로 다루게 될 이변수함수에 대한 이계 편도함수의 표기법이다.

표기법 2.2.2 이변수함수 $z = f(x, y)$ 에 대하여 이계 편도함수를

$$\begin{aligned}
D_1^2 f = f_{xx} = \partial_x^2 f &= \frac{\partial}{\partial x}\left(\frac{\partial f}{\partial x}\right) = \frac{\partial^2 f}{\partial x^2} = \frac{\partial^2 z}{\partial x^2}, \\
D_2^2 f = f_{yy} = \partial_y^2 f &= \frac{\partial}{\partial y}\left(\frac{\partial f}{\partial y}\right) = \frac{\partial^2 f}{\partial y^2} = \frac{\partial^2 z}{\partial y^2}, \\
D_1 D_2 f = f_{yx} = \partial_x \partial_y f &= \frac{\partial}{\partial x}\left(\frac{\partial f}{\partial y}\right) = \frac{\partial^2 f}{\partial x \partial y} = \frac{\partial^2 z}{\partial x \partial y}, \\
D_2 D_1 f = f_{xy} = \partial_y \partial_x f &= \frac{\partial}{\partial y}\left(\frac{\partial f}{\partial x}\right) = \frac{\partial^2 f}{\partial y \partial x} = \frac{\partial^2 z}{\partial y \partial x}
\end{aligned}$$

와 같이 표기한다.

삼계 이상의 편도함수에 대해서도 같은 표기법을 사용한다. 예를 들면 삼변수함수 $w = f(x, y, z)$ 에 대하여

$$D_1^2 D_2 D_3 f = f_{zyxx} = \partial_x^2 \partial_y \partial_z f = \frac{\partial^4 f}{\partial x^2 \partial y \partial z} = \frac{\partial^4 w}{\partial x^2 \partial y \partial z}$$

와 같이 표기한다.

예제 2.2.3 함수

$$f(x,y) = x\cos y + ye^x$$

의 모든 이계 편도함수를 구하시오.

풀이 먼저 함수 f 의 일계 편도함수를 구하면 다음과 같다.

$$\frac{\partial f}{\partial x} = \cos y + ye^x, \qquad \frac{\partial f}{\partial y} = -x\sin y + e^x.$$

위의 편도함수를 다시 x, y 로 각각 편미분하면

$$\begin{aligned} \frac{\partial^2 f}{\partial x^2} &= \frac{\partial}{\partial x}\left(\frac{\partial f}{\partial x}\right) = ye^x, & \frac{\partial^2 f}{\partial y \partial x} &= \frac{\partial}{\partial y}\left(\frac{\partial f}{\partial x}\right) = -\sin y + e^x, \\ \frac{\partial^2 f}{\partial x \partial y} &= \frac{\partial}{\partial x}\left(\frac{\partial f}{\partial y}\right) = -\sin y + e^x, & \frac{\partial^2 f}{\partial y^2} &= \frac{\partial}{\partial y}\left(\frac{\partial f}{\partial y}\right) = -x\cos y \end{aligned}$$

를 얻는다. □

예제 2.2.3 에서

$$\frac{\partial^2 f}{\partial x \partial y} = \frac{\partial^2 f}{\partial y \partial x}$$

임을 확인할 수 있는데 일반적으로 이계 편미분에 대해서 다음이 성립한다.

> **정리 2.2.4 (편미분 교환법칙)** $\mathbb{R}^n$ 의 열린 집합 U 에서 정의된 함수 f 가 이급 함수이면, 모든 $i, j = 1, 2, \cdots n$ 에 대하여
>
> $$D_i D_j f(\mathbf{x}) = D_j D_i f(\mathbf{x}) \quad (\mathbf{x} \in U)$$
>
> 가 성립한다.

예제 2.2.5 이급 함수 $f(x,y)$ 와 극좌표계 (r,θ) 에 대하여

$$f_{xx} + f_{yy} = f_{rr} + \frac{1}{r}f_r + \frac{1}{r^2}f_{\theta\theta}$$

임을 보이시오.

풀이 우변을 계산하여 좌변과 일치함을 보인다. $x = r\cos\theta$, $y = r\sin\theta$ 이므로

$$\frac{\partial x}{\partial r} = \cos\theta, \quad \frac{\partial x}{\partial \theta} = -r\sin\theta, \quad \frac{\partial y}{\partial r} = \sin\theta, \quad \frac{\partial y}{\partial \theta} = r\cos\theta$$

이고 함수 f를 r에 대하여 편미분하면 연쇄법칙에 의해

$$f_r = \frac{\partial f}{\partial x}\frac{\partial x}{\partial r} + \frac{\partial f}{\partial y}\frac{\partial y}{\partial r} = (\cos\theta)f_x + (\sin\theta)f_y$$

를 얻는다. 이 식을 다시 r에 대하여 편미분하면 f는 이급이므로 편미분 교환법칙에 의해

$$\begin{aligned} f_{rr} &= \partial_r\big((\cos\theta)f_x + (\sin\theta)f_y\big) \\ &= \cos\theta\left(f_{xx}\frac{\partial x}{\partial r} + f_{xy}\frac{\partial y}{\partial r}\right) + \sin\theta\left(f_{xy}\frac{\partial x}{\partial r} + f_{yy}\frac{\partial y}{\partial r}\right) \\ &= (\cos^2\theta)f_{xx} + 2(\sin\theta\cos\theta)f_{xy} + (\sin^2\theta)f_{yy} \end{aligned}$$

이다. 또한 함수 f를 θ에 대하여 편미분하면 연쇄법칙에 의해

$$f_\theta = \frac{\partial f}{\partial x}\frac{\partial y}{\partial \theta} + \frac{\partial f}{\partial x}\frac{\partial y}{\partial \theta} = -r(\sin\theta)f_x + r(\cos\theta)f_y$$

이고, 이 식을 다시 θ에 대하여 편미분하면

$$\begin{aligned} f_{\theta\theta} &= \partial_\theta\big(-r(\sin\theta)f_x + r(\cos\theta)f_y\big) \\ &= -r(\cos\theta)f_x - r\sin\theta\left(f_{xx}\frac{\partial x}{\partial \theta} + f_{xy}\frac{\partial y}{\partial \theta}\right) \\ &\qquad - r(\sin\theta)f_y + r\cos\theta\left(f_{xy}\frac{\partial x}{\partial \theta} + f_{yy}\frac{\partial y}{\partial \theta}\right) \\ &= -r(\cos\theta)f_x + r^2(\sin^2\theta)f_{xx} - 2r^2(\sin\theta\cos\theta)f_{xy} \\ &\qquad - r(\sin\theta)f_y + r^2(\cos^2\theta)f_{yy} \end{aligned}$$

이므로

$$\begin{aligned} &f_{rr} + \frac{1}{r}f_r + \frac{1}{r^2}f_{\theta\theta} \\ &\quad = (\cos^2\theta)f_{xx} + 2(\sin\theta\cos\theta)f_{xy} + (\sin^2\theta)f_{yy} + \frac{1}{r}\big((\cos\theta)f_x + (\sin\theta)f_y\big) \\ &\qquad + \frac{1}{r^2}\Big[-r(\cos\theta)f_x + r^2(\sin^2\theta)f_{xx} - 2r^2(\sin\theta\cos\theta)f_{xy} \\ &\qquad\qquad - r(\sin\theta)f_y + r^2(\cos^2\theta)f_{yy}\Big] \\ &\quad = f_{xx} + f_{yy} \end{aligned}$$

를 얻는다. □

예제 2.2.6 $\mathbb{R}^2 \setminus \{(0,0)\}$ 에서 정의된 함수

$$f(x,y) = (x^2+y^2)^{3/2} e^{-\frac{1}{\sqrt{x^2+y^2}}}$$

에 대하여 $f_{xx}+f_{yy}$ 를 구하시오.

풀이 직교좌표계와 극좌표계에서의 라플라스 작용소 관계식

$$f_{xx}+f_{yy} = f_{rr} + \frac{1}{r}f_r + \frac{1}{r^2}f_{\theta\theta}$$

을 이용하면, $f(x,y) = f(r\cos\theta, r\sin\theta) = r^3 e^{-1/r}$ 이므로 $f_{\theta\theta}=0$ 이고 따라서

$$\begin{aligned} f_{xx}+f_{yy} &= f_{rr} + \frac{1}{r}f_r + \frac{1}{r^2}f_{\theta\theta} = \frac{6r^2+4r+1}{r}e^{-1/r} + \frac{1}{r}\times(3r^2+r)e^{-1/r} \\ &= \left(5 + \frac{1+9(x^2+y^2)}{\sqrt{x^2+y^2}}\right) e^{-\frac{1}{\sqrt{x^2+y^2}}} \end{aligned}$$

을 얻는다. □

예제 2.2.7 좌표평면에서 정의된 이급 함수 $f(x,y)$ 가 $f_{xx}+f_{yy}=0$ 을 만족할 때, 변환

$$x = u^3 - 3uv^2, \qquad y = 3u^2v - v^3$$

에 대하여 $f_{uu}+f_{vv}=0$ 임을 보이시오.

풀이 연쇄법칙에 의해

$$\frac{\partial f}{\partial u} = \frac{\partial f}{\partial x}\frac{\partial x}{\partial u} + \frac{\partial f}{\partial y}\frac{\partial y}{\partial u} = 3(u^2-v^2)\frac{\partial f}{\partial x} + 6uv\frac{\partial f}{\partial y}$$

이고, 이 식을 다시 u 로 편미분하면

$$\begin{aligned} \frac{\partial^2 f}{\partial u^2} &= \frac{\partial}{\partial u}\left(3(u^2-v^2)\frac{\partial f}{\partial x} + 6uv\frac{\partial f}{\partial y}\right) \\ &= 6u\frac{\partial f}{\partial x} + 3(u^2-v^2)\left(\frac{\partial^2 f}{\partial x^2}\frac{\partial x}{\partial u} + \frac{\partial^2 f}{\partial x\partial y}\frac{\partial y}{\partial u}\right) \\ &\qquad\qquad + 6v\frac{\partial f}{\partial y} + 6uv\left(\frac{\partial^2 f}{\partial x\partial y}\frac{\partial x}{\partial u} + \frac{\partial^2 f}{\partial y^2}\frac{\partial y}{\partial u}\right) \\ &= 6u\frac{\partial f}{\partial x} + 6v\frac{\partial f}{\partial y} + 9(u^2-v^2)^2\frac{\partial^2 f}{\partial x^2} + 36uv(u^2-v^2)\frac{\partial^2 f}{\partial x\partial y} + 36u^2v^2\frac{\partial^2 f}{\partial y^2} \end{aligned}$$

를 얻는다. 같은 방법으로 연쇄법칙에 의해

$$\frac{\partial f}{\partial v} = \frac{\partial f}{\partial x}\frac{\partial x}{\partial v} + \frac{\partial f}{\partial y}\frac{\partial y}{\partial v} = -6uv\frac{\partial f}{\partial x} + 3(u^2 - v^2)\frac{\partial f}{\partial y}$$

이고, 이 식을 다시 v로 편미분하면

$$\begin{aligned}\frac{\partial^2 f}{\partial v^2} &= \frac{\partial}{\partial v}\left(-6uv\frac{\partial f}{\partial x} + 3(u^2 - v^2)\frac{\partial f}{\partial y}\right)\\ &= -6u\frac{\partial f}{\partial x} - 6uv\left(\frac{\partial^2 f}{\partial x^2}\frac{\partial x}{\partial v} + \frac{\partial^2 f}{\partial x \partial y}\frac{\partial y}{\partial v}\right)\\ &\qquad - 6v\frac{\partial f}{\partial y} + 3(u^2 - v^2)\left(\frac{\partial^2 f}{\partial x \partial y}\frac{\partial x}{\partial v} + \frac{\partial^2 f}{\partial y^2}\frac{\partial y}{\partial v}\right)\\ &= -6u\frac{\partial f}{\partial x} - 6v\frac{\partial f}{\partial y} + 36u^2v^2\frac{\partial^2 f}{\partial x^2} - 36uv(u^2 - v^2)\frac{\partial^2 f}{\partial x \partial y} + 9(u^2 - v^2)^2\frac{\partial^2 f}{\partial y^2}\end{aligned}$$

를 얻고

$$\begin{aligned}&\frac{\partial^2 f}{\partial u^2} + \frac{\partial^2 f}{\partial v^2}\\ &= \left(6u\frac{\partial f}{\partial x} + 6v\frac{\partial f}{\partial y} + 9(u^2 - v^2)^2\frac{\partial^2 f}{\partial x^2} + 36uv(u^2 - v^2)\frac{\partial^2 f}{\partial x \partial y} + 36u^2v^2\frac{\partial^2 f}{\partial y^2}\right)\\ &\quad + \left(-6u\frac{\partial f}{\partial x} - 6v\frac{\partial f}{\partial y} + 36u^2v^2\frac{\partial^2 f}{\partial x^2} - 36uv(u^2 - v^2)\frac{\partial^2 f}{\partial x \partial y} + 9(u^2 - v^2)^2\frac{\partial^2 f}{\partial y^2}\right)\\ &= \big(9(u^2 - v^2)^2 + 36u^2v^2\big)\frac{\partial^2 f}{\partial x^2} + \big(9(u^2 - v^2)^2 + 36u^2v^2\big)\frac{\partial^2 f}{\partial y^2}\\ &= \big(9(u^2 - v^2)^2 + 36u^2v^2\big)\left(\frac{\partial^2 f}{\partial x^2} + \frac{\partial^2 f}{\partial y^2}\right) = 0\end{aligned}$$

이 되어 원하는 결론을 얻는다. □

다음 예제는 함수 f가 이급 함수가 아닐 때 편미분 교환법칙이 성립하지 않는 예를 보여 준다.

예제 2.2.8 좌표평면에서 정의된 함수

$$f(x, y) = \begin{cases} \dfrac{x^3y - xy^3}{x^2 + y^2} & (x, y) \neq (0, 0) \\ 0 & (x, y) = (0, 0) \end{cases}$$

에 대하여 다음에 답하시오.

(1) $D_1 f(0,y) = -y,\ D_2 f(x,0) = x$ 임을 보이시오.

(2) $D_1 D_2 f(0,0) \neq D_2 D_1 f(0,0)$ 임을 보이시오.

(3) f 가 원점에서 두 번 미분가능한지 판정하시오.

풀이 (1) 편미분계수의 정의에 의해

$$\begin{aligned} D_1 f(0,y) &= \lim_{t\to 0} \frac{f(t,y)-f(0,y)}{t} = \lim_{t\to 0} \frac{t^3y - ty^3}{t(t^2+y^2)} = \lim_{t\to 0} \frac{t^2y-y^3}{t^2+y^2} = -y, \\ D_2 f(x,0) &= \lim_{t\to 0} \frac{f(x,t)-f(x,0)}{t} = \lim_{t\to 0} \frac{x^3t - xt^3}{t(x^2+t^2)} = \lim_{t\to 0} \frac{x^3-xt^2}{x^2+t^2} = x \end{aligned}$$

이다.

(2) (1)에 의해

$$\begin{aligned} D_1 D_2 f(0,0) &= \lim_{t\to 0} \frac{D_2 f(t,0) - D_2 f(0,0)}{t} = \lim_{t\to 0} \frac{t}{t} = 1, \\ D_2 D_1 f(0,0) &= \lim_{t\to 0} \frac{D_1 f(0,t) - D_1 f(0,0)}{t} = \lim_{t\to 0} \frac{-t}{t} = -1 \end{aligned}$$

이므로 $D_1 D_2 f(0,0) \neq D_2 D_1 f(0,0)$ 이다.

(3) 먼저 편도함수

$$D_1 f(x,y) = \begin{cases} \dfrac{x^4y + 4x^2y^3 - y^5}{(x^2+y^2)^2} & (x,y) \neq (0,0) \\ 0 & (x,y) = (0,0) \end{cases}$$

의 원점에서 미분가능성을 조사한다. $D_1 f$ 의 원점에서 기울기 벡터는

$$\operatorname{grad} D_1 f(0,0) = \big(D_1^2 f(0,0), D_2 D_1 f(0,0)\big) = (0,-1)$$

이고, 따라서 다음 극한값이 0 인지 확인해 보면 알 수 있다.

$$\lim_{\mathbf{v}\to \mathbf{0}} \frac{|D_1 f(\mathbf{v}) - D_1 f(0,0) - \operatorname{grad} D_1 f(0,0)\cdot \mathbf{v}|}{|\mathbf{v}|} = \lim_{(a,b)\to(0,0)} \frac{|2a^4b + 6a^2b^3|}{(a^2+b^2)^{5/2}}.$$

한편 곡선 $X(t) = (t, t)$를 따라 극한을 계산하면,

$$\lim_{\substack{(a,b)\to(0,0)\\ \text{along } X}} \frac{|2a^4b + 6a^2b^3|}{(a^2+b^2)^{5/2}} = \lim_{t\to 0} \frac{8|t|^5}{2^{5/2}|t|^5} = \sqrt{2} \neq 0$$

이므로 함수 $D_1 f$는 원점에서 미분가능하지 않고, 따라서 f는 원점에서 두 번 미분가능하지 않다. □

편미분 교환법칙은 다음과 같이 일반화된다.

따름정리 2.2.9 $\mathbb{R}^n$의 열린 집합 U에서 정의된 함수 f가 k급 함수이면, 모든 k-치환 $\sigma, \tau \in S_k$에 대하여

$$D_{\sigma(1)}D_{\sigma(2)}\cdots D_{\sigma(k)}f(\mathbf{x}) = D_{\tau(1)}D_{\tau(2)}\cdots D_{\tau(k)}f(\mathbf{x}) \quad (\mathbf{x} \in U)$$

가 성립한다.

편도함수는 물리법칙을 설명하는 편미분방정식에서 발생한다. 예를 들면 편미분방정식

$$\frac{\partial^2 u}{\partial t^2} = c^2 \frac{\partial^2 u}{\partial x^2}$$

은 시간의 흐름에 따라 에너지의 전파인 파동의 움직임을 설명하는 방정식이다. 이러한 방정식을 파동방정식이라고 부른다. 다음 예제는 파동방정식을 만족하는 특수해를 보여 준다.

예제 2.2.10 함수 $u(x,t) = a\sin(x+ct) + b\cos(x-ct)$에 대하여

$$\frac{\partial^2 u}{\partial t^2} = c^2 \frac{\partial^2 u}{\partial x^2}$$

임을 보이시오. (단, a, b는 임의의 실수이다.)

풀이 함수 u의 일계 편도함수를 구하면 다음과 같다.

$$\frac{\partial u}{\partial t} = ac\cos(x+ct) + bc\sin(x-ct), \qquad \frac{\partial u}{\partial x} = a\cos(x+ct) - b\sin(x-ct)$$

이므로

$$\frac{\partial^2 u}{\partial t^2} = -ac^2\sin(x+ct) - bc^2\cos(x-ct), \qquad \frac{\partial^2 u}{\partial x^2} = -a\sin(x+ct) - b\cos(x-ct)$$

이고, 따라서

$$\frac{\partial^2 u}{\partial t^2} = -ac^2 \sin(x+ct) - bc^2 \cos(x-ct) = c^2 \frac{\partial^2 u}{\partial x^2}$$

이다. □

예제 2.2.10에서 파동방정식의 해 u가 파동방정식의 모든 해를 표현한다는 의미는 아니다. 예를 들어

$$u_p(x,t) = x^2 + c^2t^2$$

도 파동방정식을 만족함을 쉽게 보일 수 있다. 그러나 이 해는 파동의 움직임을 설명하는 데 적절한 해가 아니므로 몇몇 편미분방정식은 일반해를 구하는 것이 아니라 특수해를 구하는 것에 주로 관심이 있다. 일반적으로 편미분방정식의 일반해를 구하는 것은 매우 어렵다. n-계 편미분방정식의 일반해란 임의의 함수 n개를 이용하여 표현한 해를 의미한다. 다음 예제는 임의의 함수 1개를 이용하여 표현한 함수가 일계 편미분방정식을 만족함을 보여 준다.

예제 2.2.11 미분가능함수 f와 자연수 k에 대하여 함수

$$u(x,y,z) = x^k f\left(\frac{y}{x}, \frac{z}{x}\right)$$

가 다음 편미분방정식의 해임을 보이시오.

$$x\frac{\partial u}{\partial x} + y\frac{\partial u}{\partial y} + z\frac{\partial u}{\partial z} = ku.$$

풀이 임의의 실수 t에 대하여

$$u(tx,ty,tz) = (tx)^k f\left(\frac{ty}{tx}, \frac{tz}{tx}\right) = t^k x^k f\left(\frac{y}{x}, \frac{z}{x}\right) = t^k u(x,y,z)$$

이므로 함수 u는 k차 동차함수이다. 예제 1.8.7의 (1)로부터

$$x\frac{\partial u}{\partial x} + y\frac{\partial u}{\partial y} + z\frac{\partial u}{\partial z} = D_{(x,y,z)}u(x,y,z) = ku$$

임을 안다. □

예제 2.2.11은 주어진 일반해가 편미분방정식을 만족함을 보이는 문제로 일반해를 구하는 방법은 알 수 없다. 다음 예제는 이계 편미분방정식이 주어졌을 때 일반해를 구하는 예이다.

예제 2.2.12 파동방정식

$$\frac{\partial^2 u}{\partial t^2} = c^2 \frac{\partial^2 u}{\partial x^2}$$

의 일반해를 구하시오.

풀이 변수 x, y를 다음과 같이 치환하자.

$$\xi = x - ct, \quad \eta = x + ct \qquad \Longleftrightarrow \qquad x = \frac{1}{2}(\eta + \xi), \quad t = \frac{1}{2c}(\eta - \xi)$$

연쇄법칙에 의해

$$\frac{\partial u}{\partial \xi} = \frac{\partial u}{\partial x}\frac{\partial x}{\partial \xi} + \frac{\partial u}{\partial t}\frac{\partial t}{\partial \xi} = \frac{1}{2}\frac{\partial u}{\partial x} - \frac{1}{2c}\frac{\partial u}{\partial t}$$

이다. 이 식을 다시 η로 편미분하면

$$\begin{aligned}
\frac{\partial^2 u}{\partial \xi \partial \eta} &= \frac{1}{2}\left(\frac{\partial^2 u}{\partial x^2}\frac{\partial x}{\partial \eta} + \frac{\partial^2 u}{\partial x \partial t}\frac{\partial t}{\partial \eta}\right) - \frac{1}{2c}\left(\frac{\partial^2 u}{\partial x \partial t}\frac{\partial x}{\partial \eta} + \frac{\partial^2 u}{\partial t^2}\frac{\partial t}{\partial \eta}\right) \\
&= \frac{1}{2}\left(\frac{1}{2}\frac{\partial^2 u}{\partial x^2} + \frac{1}{2c}\frac{\partial^2 u}{\partial x \partial t}\right) - \frac{1}{2c}\left(\frac{1}{2}\frac{\partial^2 u}{\partial x \partial t} + \frac{1}{2c}\frac{\partial^2 u}{\partial t^2}\right) \\
&= \frac{1}{4c^2}\left(c^2\frac{\partial^2 u}{\partial x^2} - \frac{\partial^2 u}{\partial t^2}\right) = 0
\end{aligned}$$

이므로 양변 ξ에 대하여 편적분하면, 임의의 함수 $h : \mathbb{R} \to \mathbb{R}$에 대하여

$$\frac{\partial u}{\partial \eta} = h(\eta)$$

를 만족한다. 이 식을 다시 양변 η에 대하여 편적분하면, 임의의 함수 $g : \mathbb{R} \to \mathbb{R}$에 대하여

$$u = \int h(\eta)\, d\eta + g(\xi)$$

를 만족한다. 이제 $f(\eta) = \displaystyle\int h(\eta)\, d\eta$라 두고 $\xi = x - ct, \eta = x + ct$를 대입하면

$$u(x, t) = f(x + ct) + g(x - ct) \quad (f, g\text{는 임의의 함수})$$

를 얻는다. □

예제 2.2.12에서 $f(x) = a\sin x,\ g(x) = b\cos x$라 두면 예제 2.2.10에서 다루었던 특수해

$$u_p(x, t) = a\sin(x + ct) + b\cos(x - ct)$$

를 얻고 $f(x) = x^2/2 = g(x)$ 라 두면 특수해

$$u_p(x,t) = \frac{1}{2}(x+ct)^2 + \frac{1}{2}(x-ct)^2 = x^2 + c^2t^2$$

을 얻는다.

예제 2.2.13 편미분방정식

$$z\frac{\partial^2 z}{\partial x \partial y} - \frac{\partial z}{\partial x}\frac{\partial z}{\partial y} = 0$$

의 일반해를 구하시오.

풀이 주어진 편미분방정식으로부터

$$\frac{\dfrac{\partial^2 z}{\partial x \partial y}}{\dfrac{\partial z}{\partial y}} = \frac{\dfrac{\partial z}{\partial x}}{z}$$

이고 양변 x에 대하여 편적분하면, 임의의 함수 $h : \mathbb{R} \to \mathbb{R}$에 대하여

$$\log \frac{\partial z}{\partial y} = \log z + h(y)$$

를 만족한다. 이 식으로부터

$$\frac{\dfrac{\partial z}{\partial y}}{z} = e^{h(y)}$$

이고 양변 y에 대하여 편적분하면, 임의의 함수 $k : \mathbb{R} \to \mathbb{R}$에 대하여

$$\log z = \int e^{h(y)}\, dy + k(x)$$

를 만족한다. 이제

$$f(x) = e^{k(x)}, \qquad g(x) = e^{\int e^{h(y)}\, dy}$$

라 두면 $z = f(x)g(y)$를 얻는다. (여기서 f, g는 임의의 함수이다.) □

2.3 방향미분 작용소

일변수함수의 테일러 전개 이론을 다변수함수로 확장하려고 한다. 다음 기호는 다변수함수의 테일러 전개에 유용하게 쓰인다.

정의 2.3.1 $\mathbb{R}^n$ 의 열린 집합 U 에서 정의된 미분가능한 함수 $f : U \to \mathbb{R}$ 와 벡터 $\mathbf{v} = (v_1, v_2, \cdots, v_n)$ 에 대하여

$$D_{\mathbf{v}}f(\mathbf{x}) = \operatorname{grad} f(\mathbf{x}) \cdot \mathbf{v} = v_1 D_1 f(\mathbf{x}) + v_2 D_2 f(\mathbf{x}) + \cdots + v_n D_n f(\mathbf{x}) \quad (\mathbf{x} \in U)$$

이다. 이 식을 기호로

$$D_{\mathbf{v}} = v_1 D_1 + v_2 D_2 + \cdots + v_n D_n$$

으로 표기하고, 방향미분 작용소라고 한다.

두 번 미분가능한 함수 $f : U \to \mathbb{R}$ 와 두 벡터

$$\mathbf{v} = (v_1, v_2, \cdots, v_n), \quad \mathbf{w} = (w_1, w_2, \cdots, w_n)$$

에 대하여

$$D_{\mathbf{v}} D_{\mathbf{w}} f(\mathbf{x}) = \sum_{i=1}^{n} v_i D_i \left(\sum_{j=1}^{n} w_j D_j f(\mathbf{x}) \right) = \sum_{i=1}^{n} \sum_{j=1}^{n} v_i w_j D_i D_j f(\mathbf{x}) \quad (\mathbf{x} \in U)$$

이다. 같은 방법으로 k 번 미분가능한 함수 f 의 k 계 방향미분계수를 구할 수 있다. 방향미분 작용소를 이용하면 고계 방향미분계수의 계산을 다항식처럼 다룰 수 있어 계산이 좀 더 직관적이고 편리하다.

예제 2.3.2 함수

$$f(x, y) = \log(1 + x + y)$$

와 벡터 $\mathbf{v} = (a, b)$ 에 대하여 $D_{\mathbf{v}}^4 f(0, 0)$ 을 구하시오.

풀이 함수 f 는 원점에서 무한급 함수이므로 편미분 교환법칙에 의해

$$D_{\mathbf{v}}^4 = (aD_1 + bD_2)^4 = a^4 D_1^4 + 4a^3 b D_1^3 D_2 + 6a^2 b^2 D_1^2 D_2^2 + 4ab^3 D_1 D_2^3 + b^4 D_2^4$$

이다. 함수 f 의 4 계 편도함수를 구하면

$$\begin{aligned} D_1^4 f(x,y) &= -\frac{6}{(1+x+y)^4}, \\ D_2^4 f(x,y) &= -\frac{6}{(1+x+y)^4}, \\ D_1^3 D_2 f(x,y) &= -\frac{6}{(1+x+y)^4}, \\ D_1^2 D_2^2 f(x,y) &= -\frac{6}{(1+x+y)^4}, \\ D_1 D_2^3 f(x,y) &= -\frac{6}{(1+x+y)^4} \end{aligned}$$

이므로

$$\begin{aligned} D_{\mathbf{v}}^4 f(0,0) &= \left(a^4 D_1^4 + 4a^3 b D_1^3 D_2 + 6a^2 b^2 D_1^2 D_2^2 + 4ab^3 D_1 D_2^3 + b^4 D_2^4\right) f(0,0) \\ &= a^4 D_1^4 f(0,0) + 4a^3 b D_1^3 D_2 f(0,0) + 6a^2 b^2 D_1^2 D_2^2 f(0,0) \\ &\qquad + 4ab^3 D_1 D_2^3 f(0,0) + b^4 D_2^4 f(0,0) \\ &= -6(a+b)^4 \end{aligned}$$

을 얻는다. □

예제 2.3.3 $\mathbb{R}^n$ 의 열린 집합 U 에서 정의된 함수 $f \in C^3(U)$ 와 점 $P \in U$ 에 대하여

$$D_{\mathbf{v}}^3 f(P) = 1, \quad D_{\mathbf{v}}^2 D_{\mathbf{w}} f(P) = 2, \quad D_{\mathbf{v}} D_{\mathbf{w}}^2 f(P) = 3, \quad D_{\mathbf{w}}^3 f(P) = 4$$

일 때, $D_{2\mathbf{v}-\mathbf{w}}^3 f(P)$ 를 구하시오.

풀이 $f \in C^3(U)$ 이므로 편미분 교환법칙에 의해

$$D_{\mathbf{v}} D_{\mathbf{w}} = D_{\mathbf{w}} D_{\mathbf{v}}, \quad D_{\mathbf{v}}^2 D_{\mathbf{w}} = D_{\mathbf{v}} D_{\mathbf{w}} D_{\mathbf{v}} = D_{\mathbf{w}} D_{\mathbf{v}}^2, \quad D_{\mathbf{v}} D_{\mathbf{w}}^2 = D_{\mathbf{w}} D_{\mathbf{v}} D_{\mathbf{w}} = D_{\mathbf{w}}^2 D_{\mathbf{v}}$$

이고, 따라서

$$\begin{aligned} D_{2\mathbf{v}-\mathbf{w}}^3 f(P) &= (2D_{\mathbf{v}} - D_{\mathbf{w}})^3 f(P) = (8D_{\mathbf{v}}^3 - 12D_{\mathbf{v}}^2 D_{\mathbf{w}} + 6D_{\mathbf{v}} D_{\mathbf{w}}^2 - D_{\mathbf{w}}^3) f(P) \\ &= 8D_{\mathbf{v}}^3 f(P) - 12D_{\mathbf{v}}^2 D_{\mathbf{w}} f(P) + 6D_{\mathbf{v}} D_{\mathbf{w}}^2 f(P) - D_{\mathbf{w}}^3 f(P) = -2 \end{aligned}$$

를 얻는다. □

일반적으로 k계 방향도함수는 다음과 같이 구한다.

예제 2.3.4 $\mathbb{R}^n$의 열린 집합 U에서 정의된 k번 미분가능한 함수 $f : U \to \mathbb{R}$와 k개의 벡터

$$\begin{aligned}\mathbf{v}_1 &= (v_{11}, v_{12}, \cdots, v_{1n}),\\ \mathbf{v}_2 &= (v_{21}, v_{22}, \cdots, v_{2n}),\\ &\vdots\\ \mathbf{v}_k &= (v_{k1}, v_{k2}, \cdots, v_{kn})\end{aligned}$$

에 대하여

$$D_{\mathbf{v}_1} D_{\mathbf{v}_2} \cdots D_{\mathbf{v}_k} f(\mathbf{x}) = \sum_{i_1=1}^{n} \sum_{i_2=1}^{n} \cdots \sum_{i_k=1}^{n} v_{1i_1} v_{2i_2} \cdots v_{ki_k} D_{i_1} D_{i_2} \cdots D_{i_k} f(\mathbf{x}) \quad (\mathbf{x} \in U)$$

임을 보이시오.

풀이 f가 k번 미분가능하므로 방향미분 작용소를 차례로 적용하면 임의의 $\mathbf{x} \in U$에 대하여

$$\begin{aligned}D_{\mathbf{v}_1} D_{\mathbf{v}_2} \cdots D_{\mathbf{v}_k} f(\mathbf{x}) &= D_{\mathbf{v}_1} D_{\mathbf{v}_2} \cdots D_{\mathbf{v}_{k-1}} \sum_{i_k=1}^{n} v_{ki_k} D_{i_k} f(\mathbf{x})\\ &= D_{\mathbf{v}_1} D_{\mathbf{v}_2} \cdots D_{\mathbf{v}_{k-2}} \sum_{i_{k-1}=1}^{n} \sum_{i_k=1}^{n} v_{(k-1)i_{k-1}} v_{ki_k} D_{i_{k-1}} D_{i_k} f(\mathbf{x})\\ &\vdots\\ &= \sum_{i_1=1}^{n} \sum_{i_2=1}^{n} \cdots \sum_{i_k=1}^{n} v_{1i_1} v_{2i_2} \cdots v_{ki_k} D_{i_1} D_{i_2} \cdots D_{i_k} f(\mathbf{x})\end{aligned}$$

이다. □

다항 정리

$$(x_1 + x_2 + \cdots + x_n)^k = \sum_{\alpha_1+\alpha_2+\cdots+\alpha_n=k} \frac{k!}{\alpha_1! \alpha_2! \cdots \alpha_n!} x_1^{\alpha_1} x_2^{\alpha_2} \cdots x_n^{\alpha_n}$$

을 이용하면, 함수 $f \in C^k(U)$ 의 k 계 $\mathbf{v} = (v_1, v_2, \cdots, v_n)$-방향도함수는 편미분 교환 법칙에 의해

$$\begin{aligned} D_{\mathbf{v}}^k f(\mathbf{x}) &= (v_1 D_1 + v_2 D_2 + \cdots v_n D_n)^k f(\mathbf{x}) \\ &= \left(\sum_{\alpha_1+\alpha_2+\cdots+\alpha_n=k} \frac{k!}{\alpha_1!\alpha_2!\cdots\alpha_n!} (v_1 D_1)^{\alpha_1} (v_2 D_2)^{\alpha_2} \cdots (v_n D_n)^{\alpha_n} \right) f(\mathbf{x}) \\ &= \sum_{\alpha_1+\alpha_2+\cdots+\alpha_n=k} \frac{k!}{\alpha_1!\alpha_2!\cdots\alpha_n!} v_1^{\alpha_1} v_2^{\alpha} \cdots v_n^{\alpha_n} D_1^{\alpha_1} D_2^{\alpha_2} \cdots D_n^{\alpha_n} f(\mathbf{x}) \end{aligned}$$

와 같이 표현 가능하다. 특히 $n = 2$ 인 경우

$$D_{(v_1,v_2)}^k f(x, y) = \sum_{i=0}^{k} \binom{k}{i} v_1^i v_2^{k-i} D_1^i D_2^{k-i} f(x, y)$$

이다.

다음 정리는 다변수함수를 $\mathbf{v}$-방향으로 제한했을 때, 함수의 오목·볼록성에 대한 판정법이다. 일변수함수와는 달리 다변수함수에서는 방향에 따라 오목성과 볼록성을 동시에 가질 수 있다. 예를 들면 이변수함수

$$f(x, y) = x^2 - y^2$$

은 원점에서 $\mathbf{e}_1$-방향으로 볼록이고, $\mathbf{e}_2$-방향으로 오목이다. 일반적인 오목·볼록 판정법은 헤세 판정법에서 다룬다.

정리 2.3.5 $\mathbb{R}^n$ 의 열린 집합 U 에서 정의된 함수 f 가 이급 함수이면, 점 $P \in U$ 와 벡터 $\mathbf{v}$ 에 대하여 다음이 성립한다.

(i) $D_{\mathbf{v}}^2 f(P) > 0$ 이면, f 는 점 P 에서 $\mathbf{v}$-방향으로 볼록이다.

(ii) $D_{\mathbf{v}}^2 f(P) < 0$ 이면, f 는 점 P 에서 $\mathbf{v}$-방향으로 오목이다.

예제 2.3.6 $\mathbb{R}^3$ 의 영이 아닌 벡터 $\mathbf{v}$ 에 대하여 함수

$$f(x, y, z) = \log(1 + xyz)$$

가 점 $P = (\sqrt[3]{2}, \sqrt[3]{2}, \sqrt[3]{2})$ 에서 $\mathbf{v}$-방향으로 오목일 필요충분조건은 임의의 실수 a 에 대하여 $\mathbf{v} \neq (a, a, a)$ 임을 보이시오.

풀이 함수 f 의 일계 편도함수는

$$\begin{aligned} D_1 f(x,y,z) &= \frac{yz}{1+xyz}, \\ D_2 f(x,y,z) &= \frac{zx}{1+xyz}, \\ D_3 f(x,y,z) &= \frac{xy}{1+xyz} \end{aligned}$$

이고, 이계 편도함수는

$$\begin{aligned} D_1^2 f(x,y,z) &= -\frac{y^2z^2}{(1+xyz)^2}, \\ D_2^2 f(x,y,z) &= -\frac{z^2x^2}{(1+xyz)^2}, \\ D_3^2 f(x,y,z) &= -\frac{x^2y^2}{(1+xyz)^2}, \\ D_1D_2 f(x,y,z) &= \frac{z}{(1+xyz)^2}, \\ D_2D_3 f(x,y,z) &= \frac{x}{(1+xyz)^2}, \\ D_3D_1 f(x,y,z) &= \frac{y}{(1+xyz)^2} \end{aligned}$$

이므로 $\mathbf{v} = (v_1, v_2, v_3)$ 라 두면, 편미분 교환법칙에 의해

$$\begin{aligned} D_{\mathbf{v}}^2 f(P) &= (v_1D_1 + v_2D_2 + v_3D_3)^2 f(P) \\ &= (v_1^2D_1^2 + v_2^2D_2^2 + v_3^2D_3^2 + 2v_1v_2D_1D_2 + 2v_2v_3D_2D_3 + 2v_3v_1D_3D_1) f(P) \\ &= v_1^2D_1^2 f(P) + v_2^2D_2^2 f(P) + v_3^2D_3^2 f(P) \\ &\qquad + 2v_1v_2D_1D_2 f(P) + 2v_2v_3D_2D_3 f(P) + 2v_3v_1D_3D_1 f(P) \\ &= -\frac{2\sqrt[3]{2}}{9}(v_1^2 + v_2^2 + v_3^2 - v_1v_2 - v_2v_3 - v_3v_1) \\ &= -\frac{\sqrt[3]{2}}{9}\left((v_1 - v_2)^2 + (v_2 - v_3)^2 + (v_3 - v_1)^2\right) \end{aligned}$$

이다. 임의의 실수 a 에 대하여 $\mathbf{v} \neq (a,a,a)$ 이면 $D_{\mathbf{v}}^2 f(P) < 0$ 이므로 정리 2.3.5 에 의해 함수 f 는 점 P 에서 $\mathbf{v}$-방향으로 오목이다. 한편 영이 아닌 실수 a 에 대하여 $\mathbf{v} = (a,a,a)$ 이면 함수 f 를 직선

$$X(t) = (\sqrt[3]{2} + at,\ \sqrt[3]{2} + at,\ \sqrt[3]{2} + at)$$

로 제한한 함수

$$g(t) := f(\sqrt[3]{2}+at, \sqrt[3]{2}+at, \sqrt[3]{2}+at) = \log\left(1+(\sqrt[3]{2}+at)^3\right)$$

에 대하여 $t=0$의 좌우에서 함수 g의 이계 도함수

$$g''(t) = \frac{3a^2(\sqrt[3]{2}+at)\left(2-(\sqrt[3]{2}+at)^3\right)}{\left(1+(\sqrt[3]{2}+at)^3\right)^2}$$

의 부호는 a의 부호에 따라 양에서 음 또는 음에서 양으로 변하므로 f는 점 P에서 $\mathbf{v}$-방향으로 오목이 아니다. □

2.4 다변수함수의 테일러 전개

이 절에서는 일변수함수의 테일러 전개 이론을 다변수함수로 확장한다. 다변수함수 f의 근사다항식 T_kf가 f에 근사한다는 말은 오차 $|f-T_kf|$의 값을 충분히 작게 할 수 있다는 의미이다. 테일러 정리가 말해 주는 것은 오차 $|f-T_kf|$를 정확하게 구할 수 있으며, 그 모습이 근사다항식의 다음에 나올 항을 닮았다는 것이다.

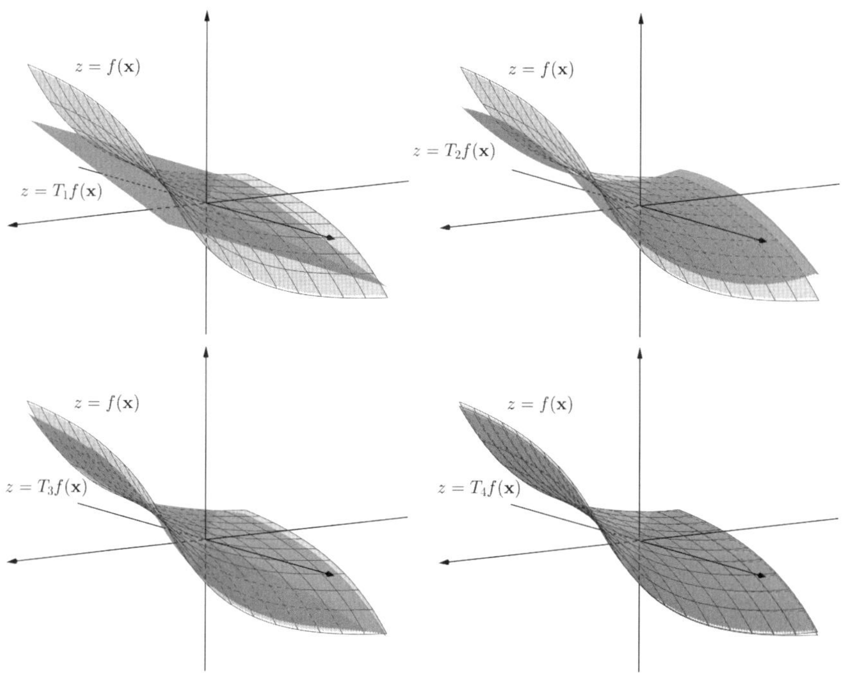

정리 2.4.1 (다변수함수의 테일러 정리) $\mathbb{R}^n$의 열린 집합 U에서 정의된 함수 $f: U \to \mathbb{R}$와 점 $P \in U$ 및 벡터 $\mathbf{v}$에 대하여 다음이 성립한다.

(i) 함수 f가 $(k+1)$번 미분가능하고 $\{P + t\mathbf{v} \mid t \in [0,1]\} \subset U$이면, 다음 식을 만족하는 $t^* \in (0,1)$가 존재한다.

$$\begin{aligned} f(P+\mathbf{v}) &= \sum_{i=0}^{k} \frac{1}{i!} D_{\mathbf{v}}^i f(P) + \frac{1}{(k+1)!} D_{\mathbf{v}}^{k+1} f(P + t^*\mathbf{v}) \\ &= f(P) + D_{\mathbf{v}} f(P) + \frac{1}{2!} D_{\mathbf{v}}^2 f(P) + \cdots + \frac{1}{k!} D_{\mathbf{v}}^k f(P) \\ &\qquad + \frac{1}{(k+1)!} D_{\mathbf{v}}^{k+1} f(P + t^*\mathbf{v}). \end{aligned}$$

여기서 $D_{\mathbf{v}}^0 f(P) := f(P)$이며,

$$T_k^P f(\mathbf{x}) := \sum_{i=0}^{k} \frac{1}{i!} D_{\mathbf{v}}^i f(P) \Big|_{\mathbf{v} = \mathbf{x} - P}$$

를 점 P에서 $f(\mathbf{x})$의 k차 근사다항식이라고 한다.

(ii) $f \in C^{k+1}(U)$이면

$$M_{k+1} := \max_{t \in [0,1]} \left\{ \left| D_{i_1} \cdots D_{i_{k+1}} f\big(P + t(\mathbf{x} - P)\big) \right| : 1 \le i_1, \cdots, i_{k+1} \le n \right\}$$

과 점 P에서 $f(\mathbf{x})$의 k차 나머지항 $R_k^P f(\mathbf{x}) := f(\mathbf{x}) - T_k^P f(\mathbf{x})$는 다음 부등식

$$|R_k^P f(\mathbf{x})| \le \frac{M_{k+1}}{(k+1)!} \left(\sum_{i=1}^{n} |x_i - p_i| \right)^{k+1}$$

을 만족한다. 여기서 $\mathbf{x} = (x_1, \cdots, x_n), P = (p_1, \cdots, p_n)$이다.

특히 점 P가 원점일 경우 함수 $f(\mathbf{x})$의 k차 근사다항식과 나머지항은 간단히

$$T_k f(\mathbf{x}) := T_k^O f(\mathbf{x}), \qquad R_k f(\mathbf{x}) := R_k^O f(\mathbf{x})$$

로 표기한다.

점 $P \in U$ 근방에서 정의된 함수 $f(\mathbf{x})$의 k차 근사다항식 $T_k^P f(\mathbf{x})$는

$$f(\mathbf{x}) = T_k^P f(\mathbf{x}) + o\big(|\mathbf{x} - P|^k\big)$$

를 만족한다. 이를 이용하면 예제 1.4.10은 다음과 같이 풀 수도 있다.

$$g(x,y) = e^{x+xy}\log(1-xy)$$

라 두면, $T_3 g(x,y) = -xy - x^2y$이므로

$$\lim_{(x,y)\to(0,0)} \frac{|e^{x+xy}\log(1-xy) + xy + x^2y|}{(x^2+y^2)^{3/2}} = \lim_{(x,y)\to(0,0)} \frac{|g(x,y) - T_3 g(x,y)|}{|(x,y)|^3} = 0$$

이고, 따라서 함수 f는 원점에서 연속이다.

예제 2.4.2 원점에서 다음 함수의 2차 근사다항식을 구하시오.

$$f(x,y) = e^{x+y} + \sin(xy).$$

풀이 함수 f의 일계 편도함수는

$$D_1 f(x,y) = e^{x+y} + y\cos(xy), \qquad D_2 f(x,y) = e^{x+y} + x\cos(xy)$$

이고, 이계 편도함수는

$$\begin{aligned} D_1^2 f(x,y) &= e^{x+y} - y^2\sin(xy), \\ D_2^2 f(x,y) &= e^{x+y} - x^2\sin(xy), \\ D_1D_2 f(x,y) &= e^{x+y} + \cos(xy) - xy\sin(xy) \end{aligned}$$

이다. 한편 $\mathbf{v} = (v_1, v_2)$라 두면,

$$\begin{aligned} \sum_{i=0}^{2} \frac{1}{i!} D_{\mathbf{v}}^i f(0,0) &= f(0,0) + (v_1D_1 + v_2D_2)f(0,0) + \frac{1}{2}(v_1D_1 + v_2D_2)^2 f(0,0) \\ &= f(0,0) + v_1D_1f(0,0) + v_2D_2f(0,0) \\ &\qquad + \frac{1}{2}\left(v_1^2D_1^2f(0,0) + 2v_1v_2D_1D_2f(0,0) + v_2^2D_2^2f(0,0)\right) \\ &= 1 + v_1 + v_2 + \frac{1}{2}(v_1^2 + 4v_1v_2 + v_2^2) \end{aligned}$$

이므로 2차 근사다항식은

$$T_2 f(x,y) = \sum_{i=0}^{2} \frac{1}{i!} D_{\mathbf{v}}^i f(0,0)\Big|_{v_1=x,\, v_2=y} = 1 + x + y + \frac{1}{2}(x^2 + 4xy + y^2)$$

이다. □

예제 2.4.3 점 $P = (2,-1)$에서 다음 함수의 2차 근사다항식을 구하시오.

$$f(x,y) = \sin(5e^{x-2} + 2y^3 - 3).$$

풀이 함수 f의 일계 편도함수는

$$\begin{aligned} D_1 f(x,y) &= 5e^{x-2}\cos(5e^{x-2} + 2y^3 - 3), \\ D_2 f(x,y) &= 6y^2 \cos(5e^{x-2} + 2y^3 - 3) \end{aligned}$$

이고, 이계 편도함수는

$$\begin{aligned} D_1^2 f(x,y) &= 5e^{x-2}\cos(5e^{x-2} + 2y^3 - 3) - 25e^{2x-4}\sin(5e^{x-2} + 2y^3 - 3), \\ D_2^2 f(x,y) &= 12y\cos(5e^{x-2} + 2y^3 - 3) - 36y^4 \sin(5e^{x-2} + 2y^3 - 3), \\ D_1 D_2 f(x,y) &= -30y^2 e^{x-2}\sin(5e^{x-2} + 2y^3 - 3) \end{aligned}$$

이므로

$$D_1 f(2,-1) = 5, \qquad D_2 f(2,-1) = 6,$$

$$D_1^2 f(2,-1) = 5, \quad D_2^2 f(2,-1) = -12, \quad D_1 D_2 f(2,-1) = 0$$

이다. 한편 $\mathbf{v} = (v_1, v_2)$라 두면,

$$\begin{aligned} \sum_{i=0}^{2} \frac{1}{i!} D_{\mathbf{v}}^i f(2,-1) &= f(2,-1) + (v_1 D_1 + v_2 D_2) f(2,-1) + \frac{1}{2}(v_1 D_1 + v_2 D_2)^2 f(2,-1) \\ &= f(2,-1) + v_1 D_1 f(2,-1) + v_2 D_2 f(2,-1) \\ &\qquad + \frac{1}{2}\left(v_1^2 D_1^2 f(2,-1) + 2v_1 v_2 D_1 D_2 f(2,-1) + v_2^2 D_2^2 f(2,-1)\right) \\ &= 5v_1 + 6v_2 + \frac{5}{2}v_1^2 - 6v_2^2 \end{aligned}$$

이므로 구하는 2차 근사다항식은

$$\begin{aligned} T_2^P f(x,y) &= \sum_{i=0}^{2} \frac{1}{i!} D_{\mathbf{v}}^i f(2,-1) \Big|_{v_1=x-2,\, v_2=y+1} \\ &= 5(x-2) + 6(y+1) + \frac{5}{2}(x-2)^2 - 6(y+1)^2 \end{aligned}$$

이다. □

편미분에 의해 고차 근사다항식을 구하는 것은 매우 번거로운 일이다. 예를 들면, 이변수함수에서 3차 근사다항식은 총 9개의 편미분을 계산하고, 4차 근사다항식은 총 14개의 편미분을 계산해야 한다. 다음 정리는 근사다항식을 구하는 것은 방법에 의존하지 않음을 보여 준다. 즉 함수 f와의 차가 $o(|\mathbf{x}|^k)$ 인 k차 다항식을 어떠한 방법을 이용해서라도 찾기만 한다면, 그것은 우리가 찾는 근사다항식임을 보장한다. 다변수함수의 고차 근사다항식을 찾는 방법 중 가장 많이 사용하는 방법은 우리에게 이미 익숙한 일변수함수의 테일러 전개를 이용하는 것이다.

정리 2.4.4 (근사다항식의 유일성) $\mathbb{R}^n$ 의 열린 집합 U 에서 정의된 k급 함수 $f: U \to \mathbb{R}$와 점 $P \in U$ 에 대하여 k차 이하 다항식 $p(\mathbf{x})$ 가

$$f(\mathbf{x}) = p(\mathbf{x}) + o\big(|\mathbf{x} - P|^k\big)$$

를 만족하면 $p(\mathbf{x}) = T_k^P f(\mathbf{x})$ 이다.

예제 2.4.5 원점에서 함수

$$f(x,y) = \cos x \sin y$$

의 4차 근사다항식을 구하시오.

풀이 일변수함수에서의 테일러 전개로부터,

$$\begin{aligned} \cos x &= 1 - \frac{1}{2!}x^2 + \frac{1}{4!}x^4 + o(x^4), \\ \sin y &= y - \frac{1}{3!}y^3 + o(y^4) \end{aligned}$$

이므로 다음을 얻는다.

$$\begin{aligned}\cos x \sin y &= \left(1 - \frac{1}{2!}x^2 + \frac{1}{4!}x^4 + o(x^4)\right)\left(y - \frac{1}{3!}y^3 + o(y^4)\right) \\ &= y - \frac{1}{2}x^2 y - \frac{1}{6}y^3 + \frac{1}{12}x^2y^3 + \frac{1}{24}x^4 y - \frac{1}{144}x^4y^3 \\ &\quad + \left(y - \frac{1}{3!}y^3\right)o(x^4) + \left(1 - \frac{1}{2!}x^2 + \frac{1}{4!}x^4\right)o(y^4) + o(x^4)o(y^4).\end{aligned}$$

그런데

$$\begin{aligned}&\lim_{(x,y)\to(0,0)} \frac{\frac{x^2y^3}{12} + \frac{x^4y}{24} - \frac{x^4y^3}{144} + \left(y - \frac{y^3}{3!}\right)o(x^4) + \left(1 - \frac{x^2}{2!} + \frac{x^4}{4!}\right)o(y^4) + o(x^4)o(y^4)}{(x^2+y^2)^2} \\ &= \lim_{(x,y)\to(0,0)} \left(\frac{\frac{1}{12}x^2y^3 + \frac{1}{24}x^4y - \frac{1}{144}x^4y^3}{(x^2+y^2)^2} + \frac{x^4\left(y - \frac{1}{3!}y^3\right)}{(x^2+y^2)^2}\frac{o(x^4)}{x^4} \right. \\ &\qquad \left. + \frac{y^4\left(1 - \frac{1}{2!}x^2 + \frac{1}{4!}x^4\right)}{(x^2+y^2)^2}\frac{o(y^4)}{y^4} + \frac{x^4y^4}{(x^2+y^2)^2}\frac{o(x^4)}{x^4}\frac{o(y^4)}{y^4} \right) \\ &= 0\end{aligned}$$

이므로

$$\cos x \sin y = y - \frac{1}{2}x^2y - \frac{1}{6}y^3 + o\left((x^2+y^2)^2\right)$$

이고, 근사다항식의 유일성에 의해

$$T_4 f(x,y) = y - \frac{1}{2}x^2y - \frac{1}{6}y^3$$

임을 안다. □

예제 2.4.6 $x, y \in [0,1]$ 일 때, 다음 부등식이 성립함을 보이시오.

$$\left| e^x \log(1+y) - \left(y - \frac{1}{2}y^2 + xy - \frac{1}{2}xy^2 + \frac{1}{2}x^2y + \frac{1}{3}y^3\right) \right| \le \frac{e^x}{4}(x+y)^4.$$

풀이 $f(x) = e^x \log(1+y)$ 라 하자. 일변수함수에서의 테일러 전개로부터,

$$e^x = 1 + x + \frac{1}{2}x^2 + o(x^2),$$
$$\log(1+y) = y - \frac{1}{2}y^2 + \frac{1}{3}y^3 + o(y^3)$$

이므로

$$\begin{aligned} e^x \log(1+y) &= \left(1 + x + \frac{1}{2}x^2 + o(x^2)\right)\left(y - \frac{1}{2}y^2 + \frac{1}{3}y^3 + o(y^3)\right) \\ &= y - \frac{1}{2}y^2 + xy - \frac{1}{2}xy^2 + \frac{1}{2}x^2y + \frac{1}{3}y^3 \\ &\qquad + \frac{1}{3}xy^3 - \frac{1}{4}x^2y^2 + \frac{1}{6}x^2y^3 + \left(1 + x + \frac{1}{2}x^2\right)o(y^3) \\ &\qquad\qquad + \left(y - \frac{1}{2}y^2 + \frac{1}{3}y^3\right)o(x^2) + o(x^2)o(y^3) \end{aligned}$$

이다. 그런데

$$\begin{aligned} &\lim_{(x,y)\to(0,0)} \frac{\dfrac{xy^3}{3} - \dfrac{x^2y^2}{4} + \dfrac{x^2y^3}{6} + \left(1 + x + \dfrac{x^2}{2}\right)o(y^3) + \left(y - \dfrac{y^2}{2} + \dfrac{y^3}{3}\right)o(x^2) + o(x^2)o(y^3)}{(x^2+y^2)^{3/2}} \\ &= \lim_{(x,y)\to(0,0)} \left(\frac{\frac{1}{3}xy^3 - \frac{1}{4}x^2y^2 + \frac{1}{6}x^2y^3}{(x^2+y^2)^{3/2}} + \frac{y^3\left(1 + x + \frac{1}{2}x^2\right)}{(x^2+y^2)^{3/2}}\frac{o(y^3)}{y^3} \right. \\ &\qquad \left. + \frac{x^2\left(y - \frac{1}{2}y^2 + \frac{1}{3}y^3\right)}{(x^2+y^2)^{3/2}}\frac{o(x^2)}{x^2} + \frac{x^2y^3}{(x^2+y^2)^{3/2}}\frac{o(x^2)}{x^2}\frac{o(y^3)}{y^3} \right) \\ &= 0 \end{aligned}$$

이므로

$$e^x \log(1+y) = y - \frac{1}{2}y^2 + xy - \frac{1}{2}xy^2 + \frac{1}{2}x^2y + \frac{1}{3}y^3 + o\left((x^2+y^2)^{3/2}\right)$$

이고, 근사다항식의 유일성에 의해

$$T_3 f(x,y) = y - \frac{1}{2}y^2 + xy - \frac{1}{2}xy^2 + \frac{1}{2}x^2y + \frac{1}{3}y^3$$

임을 안다. 한편 함수 f 의 4계 편도함수와 각 편도함수의 절댓값의 상계를 구하면

$$\begin{cases} D_1^4 f(x,y) = e^x \log(1+y) \\ D_2^4 f(x,y) = -\dfrac{6e^x}{(1+y)^4} \\ D_1^3 D_2 f(x,y) = \dfrac{e^x}{1+y} \\ D_1^2 D_2^2 f(x,y) = -\dfrac{e^x}{(1+y)^2} \\ D_1 D_2^3 f(x,y) = \dfrac{2e^x}{(1+y)^3} \end{cases} \implies \begin{cases} |D_1^4 f(tx,ty)| = e^{tx}\log(1+ty) \le e^x \\ |D_2^4 f(tx,ty)| = \dfrac{6e^{tx}}{(1+ty)^4} \le 6e^x \\ |D_1^3 D_2 f(tx,ty)| = \dfrac{e^{tx}}{1+ty} \le e^x \\ |D_1^2 D_2^2 f(tx,ty)| = \dfrac{e^{tx}}{(1+ty)^2} \le e^x \\ |D_1 D_2^3 f(tx,ty)| = \dfrac{2e^{tx}}{(1+ty)^3} \le 2e^x \end{cases}$$

이므로

$$M_4 = \max_{t\in[0,1]} \left\{ |D_i D_j D_k D_l f(tx,ty)| : 1 \le i,j,k,l \le 2 \right\} \le 6e^x$$

이고, 따라서 정리 2.4.1 에 의해

$$\begin{aligned} &\left| e^x \log(1+y) - \left(y - \frac{1}{2}y^2 + xy - \frac{1}{2}xy^2 + \frac{1}{2}x^2 y + \frac{1}{3}y^3 \right) \right| \\ &= |R_3 f(x,y)| \\ &\le \frac{e^x}{4}(x+y)^4 \end{aligned}$$

을 얻는다. □

예제 2.4.6 에서 $x = 0.1$, $y = 0.2$ 로 두면,

$$\left| e^{0.1} \log 1.2 - \frac{121}{600} \right| \le \frac{e^{0.1}}{4}(0.1+0.2)^4 < 2.24 \times 10^{-3}$$

이므로

$$e^{0.1} \log 1.2 \approx \frac{121}{600}$$

임을 안다. 실제로

$$e^{0.1} \log 1.2 \approx 0.201496, \qquad \frac{121}{600} = 0.201\dot{6} \approx 0.201667$$

이다.

정의 2.4.7 (테일러 급수) 원점 근방에서 정의된 무한 번 미분가능한 함수 $f(\mathbf{x})$에 대하여 다음 거듭제곱급수

$$Tf(\mathbf{x}) = \sum_{k=0}^{\infty} \frac{1}{k!} D_{\mathbf{v}}^k f(O) \bigg|_{\mathbf{v}=\mathbf{x}}$$

를 원점에서 함수 $f(\mathbf{x})$의 테일러 급수라고 부른다.

예제 2.4.8 $\mathbb{R}^n$에서 정의된 m차 다항함수

$$p(\mathbf{x}) = \sum_{k=0}^{m} \sum_{\alpha_1+\alpha_2+\cdots+\alpha_n=k} c_\alpha x_1^{\alpha_1} x_2^{\alpha_2} \cdots x_n^{\alpha_n}$$

에 대하여 원점에서 $p(\mathbf{x})$의 테일러 급수를 구하시오.

풀이 함수 $p(\mathbf{x})$는 m차 다항함수이므로 $k > m$이면 임의의 벡터 $\mathbf{v} = (v_1, v_2, \cdots, v_n)$에 대하여 $D_{\mathbf{v}}^k p(\mathbf{x}) = 0$이다. 또한 음이 아닌 정수 $\alpha_1, \alpha_2, \cdots, \alpha_n$에 대하여

$$\alpha_1 + \alpha_2 + \cdots + \alpha_n \le m$$

이면

$$D_1^{\alpha_1} D_2^{\alpha_2} \cdots D_n^{\alpha_n} p(O) = \alpha_1! \alpha_2! \cdots \alpha_n! c_\alpha$$

임을 안다. 따라서

$$\begin{aligned}
\sum_{k=0}^{\infty} \frac{1}{k!} D_{\mathbf{v}}^k p(O) &= \sum_{k=0}^{m} \frac{1}{k!} D_{\mathbf{v}}^k p(O) = \sum_{k=0}^{m} \frac{1}{k!} (v_1 D_1 + v_2 D_2 + \cdots + v_n D_n)^k p(O) \\
&= \sum_{k=0}^{m} \frac{1}{k!} \left(\sum_{\alpha_1+\alpha_2+\cdots+\alpha_n=k} \frac{k!}{\alpha_1! \alpha_2! \cdots \alpha_n!} (v_1 D_1)^{\alpha_1} (v_2 D_2)^{\alpha_2} \cdots (v_n D_n)^{\alpha_n} \right) p(O) \\
&= \sum_{k=0}^{m} \sum_{\alpha_1+\alpha_2+\cdots+\alpha_n=k} \frac{1}{\alpha_1! \alpha_2! \cdots \alpha_n!} v_1^{\alpha_1} v_2^{\alpha_2} \cdots v_n^{\alpha_n} D_1^{\alpha_1} D_2^{\alpha_2} \cdots D_n^{\alpha_n} p(O) \\
&= \sum_{k=0}^{m} \sum_{\alpha_1+\alpha_2+\cdots+\alpha_n=k} \frac{1}{\alpha_1! \alpha_2! \cdots \alpha_n!} v_1^{\alpha_1} v_2^{\alpha_2} \cdots v_n^{\alpha_n} \alpha_1! \alpha_2! \cdots \alpha_n! c_\alpha \\
&= \sum_{k=0}^{m} \sum_{\alpha_1+\alpha_2+\cdots+\alpha_n=k} c_\alpha v_1^{\alpha_1} v_2^{\alpha_2} \cdots v_n^{\alpha_n}
\end{aligned}$$

이므로 테일러 급수는

$$Tp(\mathbf{x}) = \sum_{k=0}^{\infty} \frac{1}{k!} D_{\mathbf{v}}^k p(O)\Big|_{\mathbf{v}=\mathbf{x}} = \sum_{k=0}^{m} \sum_{\alpha_1+\alpha_2+\cdots+\alpha_n=k} c_\alpha x_1^{\alpha_1} x_2^{\alpha_2} \cdots x_n^{\alpha_n} = p(\mathbf{x})$$

이다. □

2.5 최대최소 정리와 임계점 정리

이 장의 남은 부분(2장 5절 - 2장 7절)은 $\mathbb{R}^n$의 부분집합 U에서 정의된 연속함수 $f : U \to \mathbb{R}$의 최댓값과 최솟값을 찾는 방법을 다룬다. 최대최소 문제를 다루기 앞서 함수 f의 최댓값과 최솟값의 존재성을 보장해야 한다. 다음 예제는 최댓값과 최솟값이 존재하지 않는 함수의 예이다.

예제 2.5.1 함수

$$f(x, y, z) = 4x^3y^2z^2 - 2x^4z - 3x^2yz + 5xyz^3$$

의 최댓값과 최솟값이 존재하지 않음을 보이시오.

풀이 함수 f를 영역 $D = \{(x, y) \mid x = 1, y = 0\}$로 제한하면, $f(1, 0, z) = -2z$ 이므로

$$\lim_{z\to\infty} f(1, 0, z) = -\infty, \qquad \lim_{z\to\infty} f(1, 0, z) = \infty$$

이고, 따라서 함수 f의 최댓값과 최솟값은 존재하지 않는다. □

다음 정리는 연속함수의 중요한 성질로, 연속함수가 최댓값과 최솟값을 가질 조건을 말해 주는 정리이다.

> **정리 2.5.2 (최대최소 정리)** $\mathbb{R}^n$의 유계이면서 닫힌 부분집합 K에서 정의된 연속함수 $f : K \to \mathbb{R}$은 최댓값과 최솟값을 가진다.

유계 닫힌 집합 K에서 정의된 연속함수 $f : K \to \mathbb{R}$는 최댓값과 최솟값의 존재성이 보장되므로 이제 그 값을 구하기만 하면 되는데, 문제는 비교 대상이 되는 함숫값들은 함수 f의 치역 $f(K) = \{f(\mathbf{x}) \mid x \in K\}$의 모든 점들이기 때문에 너무 많다는 것이다. 무한개의 값을 비교하는 것은 사실상 불가능하므로 우리는 최대점과 최소점의 후보를 선별하여 이 문제를 해결한다. 함수의 최댓값과 최솟값은 정의역의 내부와 경계에서 발생할 수 있는데 우선 정의역의 내부에서 발생하는 경우부터 고려한다.

이때 정의역의 내부에서 최대점과 최소점의 후보를 선별하기 위한 개념이 바로 극값이다. 다음 그림에서 점 A와 점 B는 각각 그 점 근방에서 함수 f가 최대이므로 이 두 점에서 함숫값을 비교하면 정의역의 내부에서 발생하는 함수 f의 최댓값을 찾을 수 있다. 이와 같이 그 점 근방에서 최대가 되는 점을 극대점이라고 한다. 마찬가지로 극소점은 그 점 근방에서 최소가 되는 점이다. 극대점과 극소점을 통틀어 극점이라고 한다. 미분가능한 함수의 극점에서 접평면은 xy-평면과 평행하므로 기울기 벡터가 그 점에서 영벡터임을 알 수 있다. 이제 점 D를 주목하면, 이 점은 극소점이자 최소점이지만 접평면을 갖지 않으므로 미분가능하지 않은 점이다. 이처럼 극점에서는 미분이 불가능할 수도 있다.

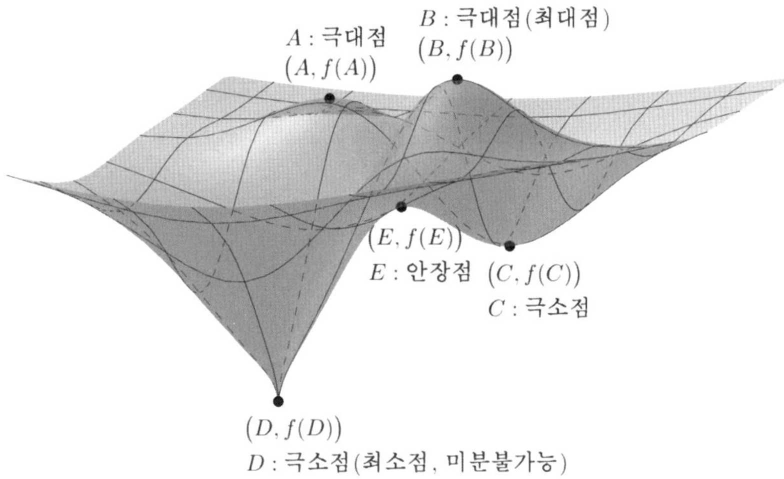

점 E에서는 보는 방향에 따라 극대·극소의 성질을 모두 갖고 있는데, 이와 같이 기울기 벡터가 영벡터가 되는 점 중에서 극점이 아닌 점을 안장점이라고 한다.

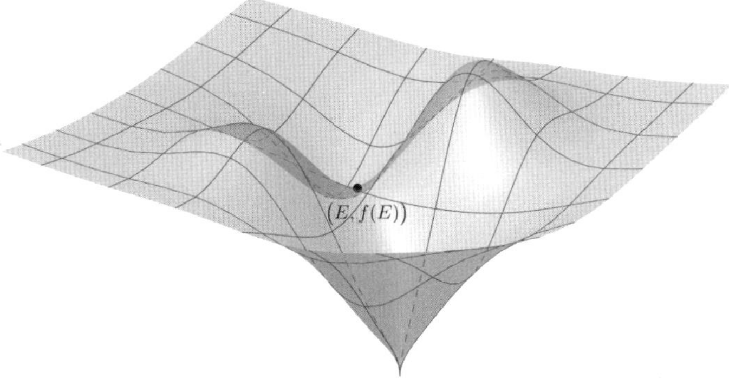

지금까지 최대점과 최소점의 후보들이 만족하는 성질들을 확인하였다. 이와 같은 성질을 만족하는 점을 임계점이라고 부른다.

정의 2.5.3 $\mathbb{R}^n$의 열린 집합 U에서 정의된 함수 $f : U \to \mathbb{R}$와 점 $P \in U$에 대하여 $\operatorname{grad} f(P) = \mathbf{0}$이거나 존재하지 않으면 점 P를 f의 임계점이라고 부른다.

다음 정리는 극점들의 집합이 임계점들의 집합의 부분집합임을 말해 준다. 즉 임계점을 모두 찾으면 그 안에 극점이 모두 있다는 의미이다. 임계점의 판별(극소점, 극대점, 안장점의 구분)은 다음 절에서 다룬다.

정리 2.5.4 (임계점 정리) $\mathbb{R}^n$의 열린 집합 U에서 정의된 미분가능한 함수 $f : U \to \mathbb{R}$의 극점은 임계점이다.

예제 2.5.5 다음 함수의 임계점을 구하시오.

(1) $f(x, y) = 2x^2 - 2xy + y^2 - 2y + 2$ (2) $f(x, y) = x^2y^3$

(3) $f(x, y, z) = x - y\sin x + ze^z$

풀이 (1) 함수 f는 미분가능하므로 임계점은 다음 방정식의 해이다.

$$\operatorname{grad} f(x, y) = (4x - 2y, -2x + 2y - 2) = (0, 0).$$

따라서 임계점은 $(1, 2)$이다.

(2) 함수 f는 미분가능하므로 임계점은 다음 방정식의 해이다.

$$\operatorname{grad} f(x, y) = (2xy^3, 3x^2y^2) = (0, 0).$$

따라서 임계점은 x-축 위의 점이거나 y-축 위의 점이다.

(3) 함수 f는 미분가능하므로 임계점은 다음 방정식의 해이다.

$$\operatorname{grad} f(x, y, z) = \big(1 - y\cos x, -\sin x, (z + 1)e^z\big) = (0, 0, 0).$$

따라서 임계점은 각 정수 n에 대하여 $\big(n\pi, (-1)^n, -1\big)$이다. □

다음 예제는 원점에서 모든 직선 방향으로 극소이지만, 원점이 극소점이 아닌 함수의 예이다.

예제 2.5.6 함수

$$f(x,y) = 2x^2 - 5xy^2 + 2y^4$$

에 대하여 다음에 답하시오.

(1) 함수 f 의 임계점을 구하시오.

(2) 함수 f 를 원점을 지나는 직선으로 제한하면 원점이 항상 극소점임을 보이시오.

(3) 원점은 f 의 극소점이 아님을 보이시오.

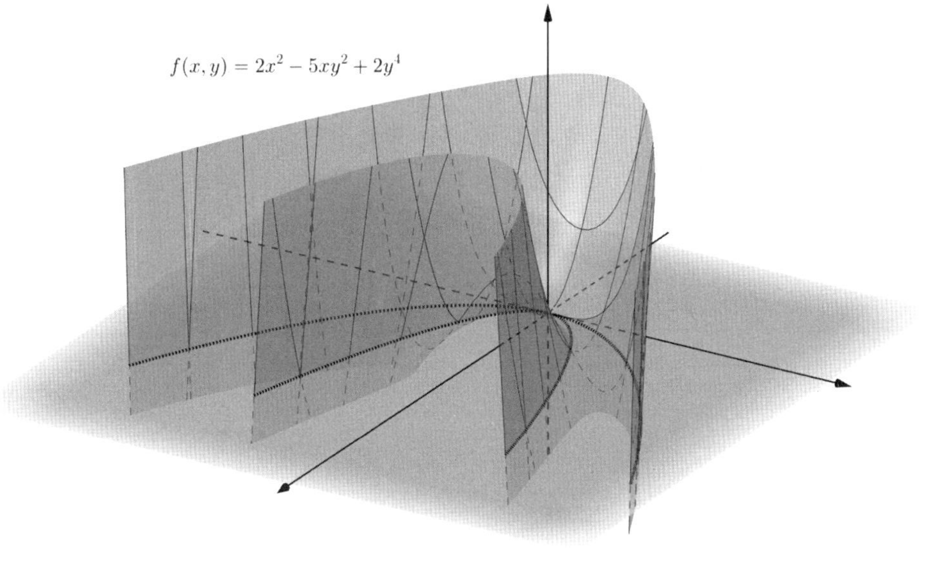

풀이 (1) 함수 f 는 미분가능하므로 임계점은 다음 방정식의 해이다.

$$\text{grad} f(x,y) = (4x - 5y^2, 8y^3 - 10xy) = (0,0) \qquad \Longleftrightarrow \qquad (x,y) = (0,0)$$

따라서 임계점은 원점뿐이다.

(2) 영이 아닌 벡터 $\mathbf{v} = (a,b)$ 에 대하여 직선

$$X(t) = (at, bt) \quad (-\infty < t < \infty)$$

로 함수 f를 제한한 함수를

$$g(t) := f(at, bt) = 2a^2t^2 - 5ab^2t^3 + 2b^4t^4$$

라 두면 $g''(0) = 4a^2$ 이다. 따라서

(i) $a = 0$ 일 경우, $g(t) = 2b^4t^4$ $(b \neq 0)$ 이 되어 $t = 0$ 에서 극소이다.

(ii) $a \neq 0$ 일 경우, $g''(0) = 4a^2 > 0$ 이므로 마찬가지로 $t = 0$ 에서 극소이다.

(3) 함수 f를 곡선 $x = y^2$로 제한하면 $f(y^2, y) = -y^4$ 이므로 이 곡선 위에서는 원점이 극대점이다. 따라서 원점은 f의 극소점이 아니다. □

2.6 헤세 판정법

일변수함수의 미적분 이론에서 이계 미분을 이용하여 임계점이 극대점인지 극소점인지 판정할 수 있었다. 이 절에서는 다변수함수에서 이계 미분(헤세 행렬)을 정의하고 임계점에 대한 판정을 공부한다. 미분가능한 함수의 임계점은 극대점, 극소점, 안장점 등을 포함하고 있는데, 헤세 판정법은 이 점들을 분류하는 방법을 제시한다.

정의 2.6.1 (헤세 행렬) $\mathbb{R}^n$ 의 열린 집합 U 에서 정의된 이급 함수 $f : U \to \mathbb{R}$ 에 대하여

$$f''(\mathbf{x}) = \begin{pmatrix} D_1D_1f(\mathbf{x}) & D_1D_2f(\mathbf{x}) & \cdots & D_1D_nf(\mathbf{x}) \\ D_2D_1f(\mathbf{x}) & D_2D_2f(\mathbf{x}) & \cdots & D_2D_nf(\mathbf{x}) \\ \vdots & \vdots & \ddots & \vdots \\ D_nD_1f(\mathbf{x}) & D_nD_2f(\mathbf{x}) & \cdots & D_nD_nf(\mathbf{x}) \end{pmatrix}$$

를 f의 헤세 행렬이라고 부른다.

편미분 교환법칙에 의해 헤세 행렬은 대칭행렬임을 알 수 있다. 특히 이변수함수 $z = f(x, y)$ 에 대한 헤세 행렬은 다음과 같다.

$$f''(x, y) = \begin{pmatrix} D_1D_1f(x, y) & D_1D_2f(x, y) \\ D_2D_1f(x, y) & D_2D_2f(x, y) \end{pmatrix}.$$

예제 2.6.2 함수 $f(x, y) = 10xye^{-(x^2+y^2)}$ 의 헤세 행렬을 구하시오.

풀이 이계 편도함수를 구하면

$$\frac{\partial^2 f}{\partial x^2}(x,y) = -20xy(3-2x^2)e^{-(x^2+y^2)},$$
$$\frac{\partial^2 f}{\partial y^2}(x,y) = -20xy(3-2y^2)e^{-(x^2+y^2)},$$
$$\frac{\partial^2 f}{\partial x \partial y}(x,y) = 10(1-2x^2)(1-2y^2)e^{-(x^2+y^2)}$$

이므로 헤세 행렬은

$$f''(x,y) = 10e^{-(x^2+y^2)}\begin{pmatrix} -2xy(3-2x^2) & (1-2x^2)(1-2y^2) \\ (1-2x^2)(1-2y^2) & -2xy(3-2y^2) \end{pmatrix}$$

이다. □

일변수함수의 경우 임계점에서 이계 미분계수의 부호에 따라 임계점을 극소점과 극대점으로 분류하였다. 다변수함수인 경우 이계 미분이 행렬이므로 일변수함수의 이계 미분 판정법을 다변수함수인 경우로 확장하기 위해서는 행렬의 부호를 정의할 필요가 있다.

정의 2.6.3 행렬 $A = (a_{ij})$를 $n \times n$ 대칭행렬이라 하자.

(i) 모든 벡터 $\mathbf{x} \in \mathbb{R}^n \setminus \{\mathbf{0}\}$에 대하여

$$\mathbf{x}^t A\mathbf{x} = \sum_{i=1}^{n}\sum_{j=1}^{n} a_{ij}x_i x_j > 0$$

을 만족하면, A를 양행렬이라 하고 기호로 $A > O$로 표기한다.

(ii) 모든 벡터 $\mathbf{x} \in \mathbb{R}^n \setminus \{\mathbf{0}\}$에 대하여

$$\mathbf{x}^t A\mathbf{x} = \sum_{i=1}^{n}\sum_{j=1}^{n} a_{ij}x_i x_j < 0$$

을 만족하면, A를 음행렬이라 하고 기호로 $A < O$로 표기한다.

예를 들면 행렬 $A = \begin{pmatrix} 2 & -1 & 0 \\ -1 & 2 & -1 \\ 0 & -1 & 2 \end{pmatrix}$는 양행렬이다. 왜냐하면 영벡터가 아닌 임

의의 열벡터 $\mathbf{x} = (x_1\ x_2\ x_3)^t$ 에 대하여

$$\mathbf{x}^t A\mathbf{x} = (x_1\ x_2\ x_3)\begin{pmatrix} 2 & -1 & 0 \\ -1 & 2 & -1 \\ 0 & -1 & 2 \end{pmatrix}\begin{pmatrix} x_1 \\ x_2 \\ x_3 \end{pmatrix} = x_1^2 + (x_1 - x_2)^2 + (x_2 - x_3)^2 + x_3^2 > 0$$

이기 때문이다.

n 차 정사각행렬 A 에 대하여

$$A\mathbf{x} = \lambda\mathbf{x}$$

를 만족하는 영이 아닌 $\mathbb{R}^n$ 의 벡터 $\mathbf{x}$ 와 실수 λ 가 존재할 때, $\mathbf{x}$ 를 A 의 고유벡터라고 하고, λ 를 $\mathbf{x}$ 에 대응하는 고윳값이라고 한다. 만일 $A > O$ 이면, A 의 고유벡터 $\mathbf{x}$ 와 고윳값 λ 에 대하여

$$\mathbf{x}^t A\mathbf{x} = \lambda|\mathbf{x}|^2 > 0$$

이므로 $\lambda > 0$ 임을 알 수 있다. 또한 λ 는 t 에 관한 n 차 방정식

$$\phi(t) = \det(tI - A) = 0$$

의 해임을 알 수 있다. 이때 다항식 ϕ 를 A 의 특성다항식이라고 부른다.

예제 2.6.4 $\mathbb{R}^n$ 의 열린 집합 U 에서 정의된 이급 함수 $f : U \to \mathbb{R}$ 와 점 $P \in U$ 에 대하여 단위벡터 $\mathbf{v}$ 를 헤세 행렬 $f''(P)$ 의 고유벡터, λ 를 $\mathbf{v}$ 에 대응하는 고윳값이라 할 때,

$$\lambda = D_{\mathbf{v}}^2 f(P)$$

임을 보이시오.

풀이 $\mathbf{v} = (v_1, v_2, \cdots, v_n)$ 이라 두면

$$\mathbf{v}^t f''(P)\mathbf{v} = \sum_{i=1}^{n}\sum_{j=1}^{n} v_i v_j D_i D_j f(P) = D_{\mathbf{v}}^2 f(P)$$

이다. 한편 λ 는 $\mathbf{v}$ 에 대응하는 고윳값이므로

$$\mathbf{v}^t f''(P)\mathbf{v} = \mathbf{v}^t(\lambda\mathbf{v}) = \lambda|\mathbf{v}|^2 = \lambda$$

이고, 따라서 $\lambda = D_{\mathbf{v}}^2 f(P)$ 를 얻는다. □

일반적으로 다음과 같은 사실이 알려져 있다.

정리 2.6.5 $n \times n$ 대칭행렬 $A = (a_{ij})$와 단위행렬 I에 대하여

(i) $A > O$일 필요충분조건은, 방정식 $\phi(t) = \det(tI - A) = 0$의 해가 모두 양의 실수이다.

(ii) $A < O$일 필요충분조건은, 방정식 $\phi(t) = \det(tI - A) = 0$의 해가 모두 음의 실수이다.

우리는 이변수함수에 대해 다룰 예정이므로 특별히 이차 대칭행렬

$$A = \begin{pmatrix} a & b \\ b & c \end{pmatrix}$$

가 양행렬과 음행렬이 되기 위한 조건을 구하면 다음과 같다.

정리 2.6.6 (이차 대칭행렬의 부호) 이차 대칭행렬 $A = \begin{pmatrix} a & b \\ b & c \end{pmatrix}$에 대하여

(i) $A > O$일 필요충분조건은, $a > 0$이고 $\det A > 0$이다.

(ii) $A < O$일 필요충분조건은, $a < 0$이고 $\det A > 0$이다.

이변수함수의 이계 미분 판정법을 다루기 위한 준비가 다 되었다. 다음 정리는 이변수함수의 임계점을 분류할 때 유용하다.

정리 2.6.7 (헤세 판정법) $\mathbb{R}^2$의 열린 집합 U에서 정의된 이급 함수 $f : U \to \mathbb{R}$와 f의 임계점 $P \in U$에 대하여 다음이 성립한다.

(i) $f''(P) > O$이면, P는 극소점이다.

(ii) $f''(P) < O$이면, P는 극대점이다.

(iii) $\det f''(P) < 0$이면, P는 안장점이다.

예제 2.6.8 다음 함수의 임계점을 모두 구하고, 각 임계점을 극대점, 극소점, 안장점으로 분류하시오.

(1) $f(x, y) = \dfrac{2}{x} + 3xy + \dfrac{4}{y}$ (2) $f(x, y) = x^3 - y^3 + 3x^2 + 3y^2 - 24x + 9y$

풀이 (1) 함수 f 는 $U = \{(x, y) \in \mathbb{R}^2 \mid x \neq 0,\, y \neq 0\}$ 에서 미분가능하므로 임계점은 다음 방정식의 해이다.

$$\operatorname{grad} f(x, y) = \left(-\frac{2}{x^2} + 3y, 3x - \frac{4}{y^2}\right) = (0, 0).$$

따라서 임계점은 $\left(\frac{1}{\sqrt[3]{3}}, \frac{2}{\sqrt[3]{3}}\right)$ 이다. 헤세 행렬을 구하면

$$f''(x, y) = \begin{pmatrix} 4/x^3 & 3 \\ 3 & 8/y^3 \end{pmatrix}, \qquad f''\left(\frac{1}{\sqrt[3]{3}}, \frac{2}{\sqrt[3]{3}}\right) = \begin{pmatrix} 12 & 3 \\ 3 & 3 \end{pmatrix} > O$$

이므로 헤세 판정법에 의해 임계점 $\left(\frac{1}{\sqrt[3]{3}}, \frac{2}{\sqrt[3]{3}}\right)$ 는 극소점이다.

(2) 함수 f 는 미분가능하므로 임계점은 다음 방정식의 해이다.

$$\operatorname{grad} f(x, y) = (3x^2 + 6x - 24, -3y^2 + 6y + 9) = (0, 0).$$

따라서 임계점은

$$(2, 3), \qquad (2, -1), \qquad (-4, 3), \qquad (-4, -1)$$

이다. 헤세 행렬을 구하면

$$f''(x, y) = \begin{pmatrix} 6x + 6 & 0 \\ 0 & -6y + 6 \end{pmatrix}$$

이므로 헤세 판정법에 의해 다음을 얻는다.

(i) $f''(2, 3) = \begin{pmatrix} 18 & 0 \\ 0 & -12 \end{pmatrix}$, $\det f''(2, 3) < 0 \quad \Longrightarrow \quad (2, 3)$ 은 안장점

(ii) $f''(2, -1) = \begin{pmatrix} 18 & 0 \\ 0 & 12 \end{pmatrix} > O \quad \Longrightarrow \quad (2, -1)$ 은 극소점

(iii) $f''(-4, 3) = \begin{pmatrix} -18 & 0 \\ 0 & -12 \end{pmatrix} < O \quad \Longrightarrow \quad (-4, 3)$ 은 극대점

(iv) $f''(-4, -1) = \begin{pmatrix} -18 & 0 \\ 0 & 12 \end{pmatrix}$, $\det f''(-4, -1) < 0 \quad \Longrightarrow \quad (-4, -1)$ 은 안장점

□

다음 예제는 헤세 판정법이 불가능할 때, 임계점을 분류하는 방법이다.

예제 2.6.9 다음 함수의 임계점을 모두 구하고, 각 임계점을 극대점, 극소점, 안장점으로 분류하시오.

(1) $f(x,y) = x^3 - 2xy^2$　　　　(2) $f(x,y) = 2x^3y - 3xy^3$

풀이 (1) 함수 f는 미분가능하므로 임계점은 다음 방정식의 해이다.

$$\operatorname{grad} f(x,y) = (3x^2 - 2y^2, -4xy) = (0,0) \qquad \Longleftrightarrow \qquad (x,y) = (0,0).$$

따라서 임계점은 원점뿐이다. 그러나 원점에서 헤세 행렬이 영행렬이므로 헤세 판정을 할 수 없다. 함수의 그래프를 직선 $y = x$로 제한하면 $f(x,x) = -x^3$이므로 원점은 극대점도 극소점도 아니다. 즉 안장점이다.

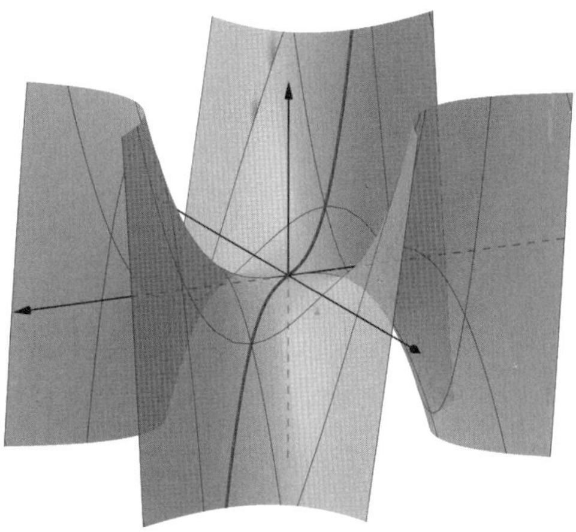

함수 $f(x,y) = x^3 - 2xy^2$과 곡선 $X(t) = (t, t, -t^3)$

(2) 함수 f는 미분가능하므로 임계점은 다음 방정식의 해이다.

$$\operatorname{grad} f(x,y) = (6x^2y - 3y^3, 2x^3 - 9xy^2) = (0,0) \qquad \Longleftrightarrow \qquad (x,y) = (0,0).$$

따라서 임계점은 원점뿐이다. 그러나 원점에서 헤세 행렬이 영행렬이므로 헤세 판정을 할 수 없다. 함수의 그래프를 직선 $y = x$로 제한하면 $f(x,x) = -x^4$이고, 직선 $y = -x$로 제한하면 $f(x,-x) = x^4$이므로 원점은 극대점도 극소점도 아니다. 즉 안장점이다.

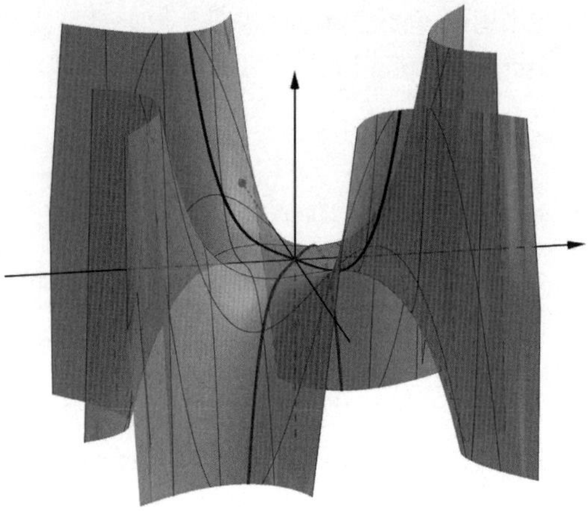

함수 $f(x,y) = 2x^3y - 3xy^3$ 과 두 곡선 $X(t) = (t, t, -t^4)$, $Y(t) = (t, -t, t^4)$

□

헤세 판정법은 일반적으로 n-변수함수에 대해서도 성립한다.

정리 2.6.10 $\mathbb{R}^n$ 의 열린 집합 U 에서 정의된 이급 함수 $f : U \to \mathbb{R}$ 와 f 의 임계점 $P \in U$ 에 대하여

(i) $f''(P) > O$ 이면, P 는 극소점이다.

(ii) $f''(P) < O$ 이면, P 는 극대점이다.

(iii) t 에 관한 n 차 방정식 $\det\big(tI - f''(P)\big) = 0$ 이 양의 실근과 음의 실근을 모두 가지면, P 는 안장점이다.

예제 2.6.11 함수

$$f(x,y,z) = x^2 + y^2 + z^2 + kyz$$

에 대하여 다음에 답하시오.

(1) 원점이 f 의 임계점임을 보이시오.

(2) 원점이 f 의 극소점이 되기 위한 실수 k 의 범위를 구하시오.

(3) 원점이 f 의 안장점이 되기 위한 실수 k 의 범위를 구하시오.

풀이 (1) 기울기 벡터를 구하면

$$\operatorname{grad} f(x,y,z) = (2x, 2y+kz, 2z+ky)$$

이므로

$$\operatorname{grad} f(0,0,0) = (0,0,0)$$

이다. 따라서 원점은 함수 f 의 임계점이다.

(2) 헤세 행렬을 구하면

$$\begin{aligned} f''(x,y,z) &= \begin{pmatrix} D_1D_1f(x,y,z) & D_1D_2f(x,y,z) & D_1D_3f(x,y,z) \\ D_2D_1f(x,y,z) & D_2D_2f(x,y,z) & D_2D_3f(x,y,z) \\ D_3D_1f(x,y,z) & D_3D_2f(x,y,z) & D_3D_3f(x,y,z) \end{pmatrix} \\ &= \begin{pmatrix} 2 & 0 & 0 \\ 0 & 2 & k \\ 0 & k & 2 \end{pmatrix} \end{aligned}$$

이므로 특성다항식은

$$\begin{aligned} \det\big(tI - f''(0,0,0)\big) &= \begin{pmatrix} t-2 & 0 & 0 \\ 0 & t-2 & -k \\ 0 & -k & t-2 \end{pmatrix} \\ &= (t-2)(t-2-k)(t-2+k) \end{aligned}$$

이다. 원점이 f 의 극소점이 되려면 3차 방정식

$$(t-2)(t-2-k)(t-2+k) = 0$$

이 모두 양의 실근을 가지므로

$$-2 < k < 2$$

이다. 또한 $k = \pm 2$ 일 경우

$$f(x,y,z) = x^2 + (y \pm z)^2$$

이므로 원점에서 극소이다. 따라서 구하는 k의 조건은

$$-2 \leq k \leq 2$$

이다.

(3) 원점이 f의 안장점이 되려면 3차 방정식

$$(t-2)(t-2-k)(t-2+k)=0$$

의 근

$$2-k, \qquad 2+k$$

중 적어도 하나는 음의 실근이므로

$$|k|>2$$

이면 원점은 안장점이다. □

예제 2.6.12 함수

$$f(x,y,z)=x^2+y^2+z^2+2xyz$$

의 임계점을 모두 구하고, 각 임계점을 극대점, 극소점, 안장점으로 분류하시오.

풀이 기울기 벡터를 구하면

$$\text{grad} f(x,y,z)=(2x+2yz, 2y+2xz, 2z+2xy)$$

이므로 임계점은

$$(0,0,0), \quad (-1,1,1), \quad (1,-1,1), \quad (1,1,-1), \quad (-1,-1,-1)$$

이다. 한편 함수 f의 헤세 행렬은

$$f''(x,y,z)=\begin{pmatrix} 2 & 2z & 2y \\ 2z & 2 & 2x \\ 2y & 2x & 2 \end{pmatrix}$$

이므로

$$\det\big(tI - f''(x,y,z)\big) = (t-2)^3 - 4(x^2+y^2+z^2)(t-2) - 16xyz$$

를 얻는다. 이때 방정식

$$\det\big(tI - f''(0,0,0)\big) = (t-2)^3 = 0$$

의 모든 해가 모두 양의 실수이므로 $f''(0,0,0) > O$ 이다. 또한 방정식

$$\begin{aligned}
\det\big(tI - f''(-1,1,1)\big) &= (t-4)^2(t+2) = 0,\\
\det\big(tI - f''(1,-1,1)\big) &= (t-4)^2(t+2) = 0,\\
\det\big(tI - f''(1,1,-1)\big) &= (t-4)^2(t+2) = 0,\\
\det\big(tI - f''(-1,-1,-1)\big) &= (t-4)^2(t+2) = 0
\end{aligned}$$

은 모두 양의 실근 4와 음의 실근 -2를 가지므로 헤세 판정법에 의해 원점은 극소점이고 나머지 임계점은 모두 안장점이다. □

일변수함수의 미적분 이론에서 이계 미분계수의 또 다른 응용으로 오목·볼록 판정법이 있다. 우리는 이미 3절에서 이계 방향미분 계수를 이용하여 함수의 $\mathbf{v}$-방향으로 오목·볼록성에 대하여 학습하였다. 이는 특수한 경우를 다룬 것이므로 이 절에서는 다변수함수의 오목·볼록을 정의하고 판정하는 법을 공부한다. 다변수함수의 경우 헤세 행렬을 이용하여 함수의 오목·볼록성을 판정할 수 있다.

정의 2.6.13 (함수의 오목과 볼록) $\mathbb{R}^n$의 볼록 부분집합 U에서 정의된 함수 $f: U \to \mathbb{R}$에 대하여

(i) 임의의 $\mathbf{x}_1, \mathbf{x}_2 \in U$와 $0 \le t \le 1$인 임의의 실수 t에 대하여

$$f\big(t\mathbf{x}_1 + (1-t)\mathbf{x}_2\big) \le tf(\mathbf{x}_1) + (1-t)f(\mathbf{x}_2)$$

를 만족할 때, f를 볼록함수라고 한다.

(ii) 임의의 $\mathbf{x}_1, \mathbf{x}_2 \in U$와 $0 \le t \le 1$인 임의의 실수 t에 대하여

$$f\big(t\mathbf{x}_1 + (1-t)\mathbf{x}_2\big) \ge tf(\mathbf{x}_1) + (1-t)f(\mathbf{x}_2)$$

를 만족할 때, f를 오목함수라고 한다.

표기법 2.6.14 $n \times n$ 행렬 A에 대하여

(i) 방정식 $\det(tI - A) = 0$의 해가 모두 음이 아닌 실수이면, $A \geq O$로 표기한다.

(ii) 방정식 $\det(tI - A) = 0$의 해가 모두 양이 아닌 실수이면, $A \leq O$로 표기한다.

정리 2.6.15 $\mathbb{R}^n$의 볼록 열린 집합 U에서 정의된 이급 함수 $f : U \to \mathbb{R}$에 대하여

(i) f가 볼록함수일 필요충분조건은 모든 $\mathbf{x} \in U$에 대하여 $f''(\mathbf{x}) \geq O$이다.

(ii) f가 오목함수일 필요충분조건은 모든 $\mathbf{x} \in U$에 대하여 $f''(\mathbf{x}) \leq O$이다.

예제 2.6.16 다음 함수의 오목·볼록성을 판정하시오.

(1) $f(x, y) = x^2 + xy + y^2$ (2) $f(x_1, x_2, \cdots, x_n) = x_1^4 + x_2^4 + \cdots + x_n^4$

풀이 (1) 함수 $f(x, y) = x^2 + xy + y^2$의 헤세 행렬은

$$f''(x, y) = \begin{pmatrix} 2 & 1 \\ 1 & 2 \end{pmatrix} > O$$

이므로 함수 f는 $\mathbb{R}^2$에서 볼록함수이다.

(2) 함수 $f(x_1, x_2, \cdots, x_n) = x_1^4 + x_2^4 + \cdots + x_n^4$의 헤세 행렬은

$$f''(x_1, x_2, \cdots, x_n) = \begin{pmatrix} 12x_1^2 & 0 & \cdots & 0 \\ 0 & 12x_2^2 & \cdots & 0 \\ \vdots & \vdots & \ddots & \vdots \\ 0 & 0 & \cdots & 12x_n^2 \end{pmatrix}$$

이고 방정식

$$\det\big(tI - f''(x_1, x_2, \cdots, x_n)\big) = (t - 12x_1^2)(t - 12x_2^2)\cdots(t - 12x_n^2) = 0$$

의 해는

$$t = 12x_1^2,\ 12x_2^2,\ \cdots,\ 12x_n^2$$

이므로 모두 음이 아닌 실수이다. 따라서 모든 $(x_1, x_2, \cdots, x_n) \in \mathbb{R}^n$ 에 대하여

$$f''(x_1, x_2, \cdots, x_n) \geq O$$

이므로 함수 f 는 $\mathbb{R}^n$ 에서 볼록함수이다. □

예제 2.6.17 $\mathbb{R}^n$ 의 볼록 부분집합 U 에서 정의된 함수 $f_1, f_2 : U \to \mathbb{R}$ 에 대하여 다음에 답하시오.

(1) 양의 실수 c_1, c_2 에 대하여 함수

$$c_1 f_1 + c_2 f_2$$

가 볼록함수임을 보이시오.

(2) 함수

$$f(x, y, z) = x^4 + y^4 + z^4 + x^2 + y^2 + z^2 - xy + yz$$

가 $\mathbb{R}^3$ 에서 볼록함수임을 보이시오.

풀이 (1) 함수 $f : U \to \mathbb{R}$ 를

$$f(\mathbf{x}) = c_1 f_1(\mathbf{x}) + c_2 f_2(\mathbf{x})$$

라 두자. 임의의 $\mathbf{x}_1, \mathbf{x}_2 \in U$ 와 $0 \leq t \leq 1$ 인 실수 t 에 대하여 f_1 과 f_2 가 볼록이므로

$$\begin{aligned} f\big(t\mathbf{x}_1 + (1-t)\mathbf{x}_2\big) &= c_1 f_1\big(t\mathbf{x}_1 + (1-t)\mathbf{x}_2\big) + c_2 f_2\big(t\mathbf{x}_1 + (1-t)\mathbf{x}_2\big) \\ &\leq c_1\big(tf_1(\mathbf{x}_1) + (1-t)f_1(\mathbf{x}_2)\big) + c_2\big(tf_2(\mathbf{x}_1) + (1-t)f_2(\mathbf{x}_2)\big) \\ &= t\big(c_1 f_1(\mathbf{x}_1) + c_2 f_2(\mathbf{x}_1)\big) + (1-t)\big(c_1 f_1(\mathbf{x}_2) + c_2 f_2(\mathbf{x}_2)\big) \\ &= tf(\mathbf{x}_1) + (1-t)f(\mathbf{x}_2) \end{aligned}$$

이다. 따라서 f 는 볼록함수이다.

(2) 함수 $f_1, f_2 : \mathbb{R}^3 \to \mathbb{R}$ 를

$$f_1(x, y, z) = x^4 + y^4 + z^4, \qquad f_2(x, y, z) = x^2 + y^2 + z^2 - xy + yz$$

라 두자. 예제 2.6.16 으로부터 f_1 이 볼록함수임을 안다. 한편 f_2 의 헤세 행렬은

$$f_2''(x,y,z) = \begin{pmatrix} 2 & -1 & 0 \\ -1 & 2 & 1 \\ 0 & 1 & 2 \end{pmatrix}$$

이므로

$$\det\left(tI - f_2''(x,y,z)\right) = (t-2)(t^2-4t+2) = 0$$

이고 이 방정식의 세 실근은

$$2, \quad 2 \pm \sqrt{2}$$

이므로 모두 양수이다. 즉

$$f_2''(x,y,z) > O$$

이므로 정리 2.6.15 에 의해 f_2 는 볼록함수이다. 또한

$$f = f_1 + f_2$$

이므로 (1)에 의해 f 는 볼록함수이다. □

2.7 라그랑주 승수법

우리는 지금까지 정의역 내부에서의 임계점을 분류하는 방법에 대해 공부했다. 일변수함수에서는 경계의 점이 2 개(구간의 양 끝점)뿐이므로 정의역 내부에서의 임계점과 경계에서의 함숫값을 비교하여 최댓값과 최솟값을 얻었다. 그러나 다변수함수에서는 경계의 점이 무한히 많기 때문에 경계에서 함숫값들을 비교하는 방법이 필요하다. 라그랑주 승수법은 정의역의 경계에서 함수의 최대점과 최소점의 후보를 선별하는 방법을 제시한다.

다음 그림은 내부에서 발생하는 함수 f 의 극점과 f 를 경계로 제한한 함수에서 발생하는 극점을 보여 준다. 내부의 극점은 기울기 벡터가 영벡터이므로 쉽게 찾을 수 있으나 함수 f 의 그래프를 경계로 제한했을 때 생기는 곡선의 극점은 그 점에서 기울기 벡터가 영벡터가 아니므로 경계에서의 극점을 찾기 위한 방법이 필요하다. 이러한 경우, 라그랑수 승수법은 함수를 경계로 제한했을 때의 극점을 찾는 방법을 제공한다.

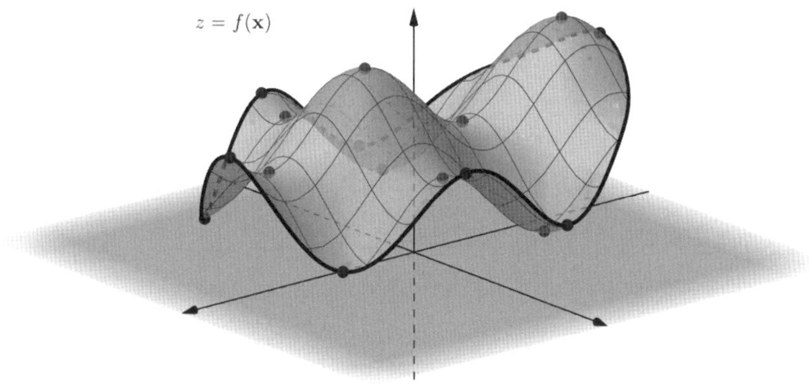

정리 2.7.1 (라그랑주 승수법) $\mathbb{R}^n$ 의 열린 집합 U 에서 정의된 일급 함수 $f, g : U \to \mathbb{R}$ 에 대하여 함수 f 를 $S = \{\mathbf{x} \in U \mid g(\mathbf{x}) = c\}$ 에 제한한 함수 $f|_S$ 의 극점이 P 일 때, $\operatorname{grad} g(P) \neq \mathbf{0}$ 이면 다음 등식을 만족하는 실수 λ 가 존재한다.

$$\operatorname{grad} f(P) = \lambda \operatorname{grad} g(P).$$

라그랑주 승수법의 기하학적 원리는 다음과 같다. 함수 f 를 $S = \{\mathbf{x} \in U \mid g(\mathbf{x}) = c\}$ 로 제한한 함수 $f|_S$ 의 극점을 P 라 하면, S 와 등위면 $T = \{\mathbf{x} \in U \mid f(\mathbf{x}) = f(P)\}$ 는 점 P 에서 접한다. 그런데 $\operatorname{grad} g(P)$ 와 $\operatorname{grad} f(P)$ 는 점 P 에서 각각 S 와 T 에 수직이므로 서로 평행하다.

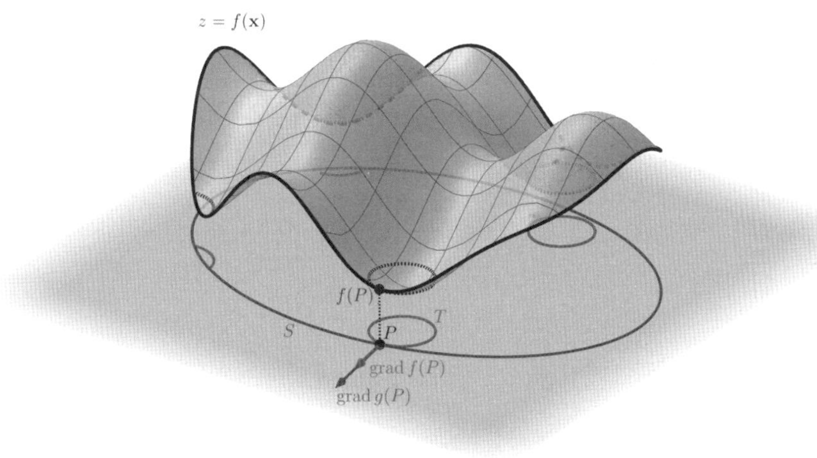

앞으로 $\mathbb{R}^n$ 의 영역 U 의 내부와 경계를 각각 기호로 $\operatorname{int} U$ 와 ∂U 로 표기한다.

예제 2.7.2 좌표평면의 영역 $U = \{(x, y) \mid x^2 + y^2 \le 9\}$ 에서 정의된 함수

$$f(x, y) = x^2 + y^2 + 4x - 4y$$

의 최댓값과 최솟값을 구하시오.

풀이 영역 U 는 유계 닫힌 집합이므로 최대최소 정리에 의해 연속함수 f 는 U 에서 최댓값과 최솟값을 가진다.

CASE 1 내부 $\operatorname{int} U = \{(x, y) \mid x^2 + y^2 < 9\}$ 에서 함수 f 의 임계점

$$\operatorname{grad} f(x, y) = (2x + 4, 2y - 4) = (0, 0) \qquad \Longleftrightarrow \qquad (x, y) = (-2, 2)$$

이므로 영역의 내부에서 발생하는 임계점은 $(-2, 2)$ 이다.

CASE 2 경계 $\partial U = \{(x, y) \mid x^2 + y^2 = 9\}$ 로 제한한 함수 $f|_{\partial U}$ 의 극점

$g(x, y) = x^2 + y^2$ 이라 하자. 그러면 $\operatorname{grad} g(x, y) = (2x, 2y) \neq \mathbf{0}$ 이므로 라그랑주 승수법에 의해 다음 방정식의 해집합은 경계로 제한한 함수 $f|_{\partial U}$ 의 극점을 포함한다.

$$\begin{cases} (2x + 4, 2y - 4) = \lambda(2x, 2y) \\ x^2 + y^2 = 9 \end{cases}$$

이 연립방정식의 해를 구하면,

$$\begin{cases} \lambda = 1 - \dfrac{2\sqrt{2}}{3} \\ x = -\dfrac{3}{\sqrt{2}} \\ y = \dfrac{3}{\sqrt{2}}, \end{cases} \qquad \begin{cases} \lambda = 1 + \dfrac{2\sqrt{2}}{3} \\ x = \dfrac{3}{\sqrt{2}} \\ y = -\dfrac{3}{\sqrt{2}} \end{cases}$$

이다.

이상으로 정리하면 영역 U 의 내부와 경계에서 발생하는 함수 f 의 최대점과 최소점의 후보는

$$\left\{(-2, 2), \left(-\frac{3}{\sqrt{2}}, \frac{3}{\sqrt{2}}\right), \left(\frac{3}{\sqrt{2}}, -\frac{3}{\sqrt{2}}\right)\right\}$$

이고 따라서 함수 f는 최댓값

$$f\left(\frac{3}{\sqrt{2}}, -\frac{3}{\sqrt{2}}\right) = 9 + 12\sqrt{2}$$

와 최솟값

$$f(-2, 2) = -8$$

을 가진다.

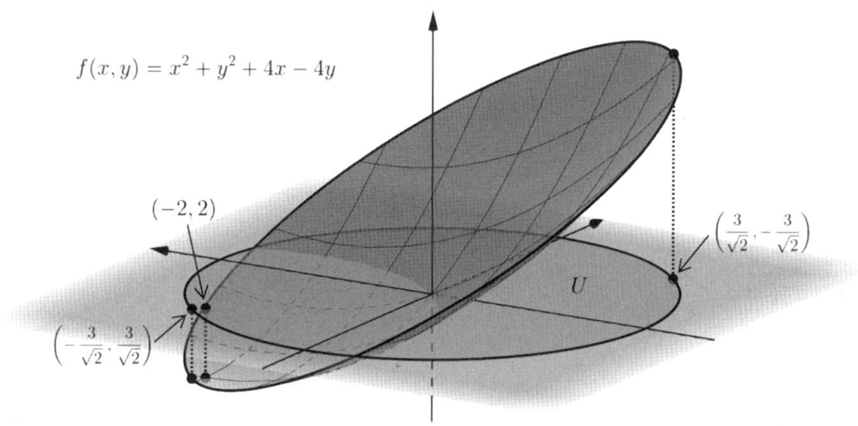

□

예제 2.7.3 타원면

$$E : x^2 + 2y^2 + 3z^2 = 1$$

에서 정의된 함수

$$f(x, y, z) = xyz + yz$$

의 최댓값과 최솟값을 구하시오.

풀이 $g(x, y, z) = x^2 + 2y^2 + 3z^2$이라 하자. 그러면

$$\operatorname{grad} f(x, y, z) = (yz, zx + z, xy + y), \qquad \operatorname{grad} g(x, y, z) = (2x, 4y, 6z) \neq \mathbf{0}$$

이므로 라그랑주 승수법에 의해 다음 방정식의 해집합은 함수 f를 타원면 E로 제한

한 함수 $f|_E$ 의 극점을 포함한다.

$$\begin{cases}(yz, xz+z, xy+y) = \lambda(2x, 4y, 6z) \\ \quad x^2+2y^2+3z^2 = 1\end{cases}$$

세 방정식 $yz = 2\lambda x, xz + z = 4\lambda y, xy + y = 6\lambda z$ 의 양변에 각각 차례로 x, y, z 를 곱하여 얻은 세 식을 변변 더하면

$$3xyz + 2yz = 2\lambda(x^2+2y^2+3z^2) = 2\lambda$$

이고, 이 식에 $yz = 2\lambda x$ 를 대입하여 인수분해하면

$$2\lambda(3x-1)(x+1) = 0 \qquad \Longleftrightarrow \qquad \lambda = 0 \quad \text{또는} \quad x = \frac{1}{3} \quad \text{또는} \quad x = -1$$

을 얻는다. $\lambda = 0$ 인 경우,

$$\begin{cases} yz = 0, \quad z(x+1) = 0, \quad y(x+1) = 0 \\ x^2+2y^2+3z^2 = 1\end{cases} \qquad \Longleftrightarrow \qquad x = \pm 1, \quad y = 0, \quad z = 0$$

이다. 한편 $x = -1$ 인 경우,

$$\begin{cases} yz = -2\lambda, \quad \lambda y = 0, \quad \lambda z = 0 \\ 2y^2+3z^2 = 0\end{cases} \qquad \Longleftrightarrow \qquad \lambda = 0, \quad y = 0, \quad z = 0$$

이다. 마지막으로 $x = 1/3$ 인 경우,

$$\begin{cases} yz = \frac{2}{3}\lambda, \quad z = 3\lambda y, \quad y = \frac{9}{2}\lambda z \\ 2y^2+3z^2 = \frac{8}{9}\end{cases} \qquad \Longleftrightarrow \qquad \begin{cases} \lambda = \frac{\sqrt{6}}{9}, \quad y = \pm\frac{\sqrt{2}}{3}, \quad z = \pm\frac{2\sqrt{3}}{9} \\ \lambda = -\frac{\sqrt{6}}{9}, \quad y = \pm\frac{\sqrt{2}}{3}, \quad z = \mp\frac{2\sqrt{3}}{9}\end{cases}$$

이므로 이 연립방정식의 해는

$$\begin{cases}\lambda = 0 \\ x = \pm 1 \\ y = 0 \\ z = 0,\end{cases} \qquad \begin{cases}\lambda = \frac{\sqrt{6}}{9} \\ x = \frac{1}{3} \\ y = \pm\frac{\sqrt{2}}{3} \\ z = \pm\frac{2\sqrt{3}}{9},\end{cases} \qquad \begin{cases}\lambda = -\frac{\sqrt{6}}{9} \\ x = \frac{1}{3} \\ y = \pm\frac{\sqrt{2}}{3} \\ z = \mp\frac{2\sqrt{3}}{9}\end{cases}$$

이다. 즉 함수 $f|_E$ 의 최대점, 최소점의 후보는

$$\left\{(\pm1,0,0), \left(\frac{1}{3}, \pm\frac{\sqrt{2}}{3}, \pm\frac{2\sqrt{3}}{9}\right), \left(\frac{1}{3}, \pm\frac{\sqrt{2}}{3}, \mp\frac{2\sqrt{3}}{9}\right)\right\}$$

이고, 따라서 함수 f 는 최댓값

$$f\left(\frac{1}{3}, \pm\frac{\sqrt{2}}{3}, \pm\frac{2\sqrt{3}}{9}\right) = \frac{8\sqrt{6}}{81}$$

과 최솟값

$$f\left(\frac{1}{3}, \pm\frac{\sqrt{2}}{3}, \mp\frac{2\sqrt{3}}{9}\right) = -\frac{8\sqrt{6}}{81}$$

을 가진다. □

예제 2.7.4 곡면 $x^2+y^2-z^2=0$ 과 점 $(3,4,0)$ 사이의 거리를 구하시오.

풀이 거리 함수의 제곱을

$$f(x,y,z) = (x-3)^2 + (y-4)^2 + z^2$$

이라 두고, 제약 조건을

$$g(x,y,z) = x^2 + y^2 - z^2$$

이라 두자. 점 $(3,4,0)$ 을 중심으로 하는 공

$$B = \{(x,y,z) \mid (x-3)^2 + (y-4)^2 + z^2 \le r^2\}$$

이 곡면 $z^2 = x^2 + y^2$ 과 공통부분이 생기도록 공 B 의 반지름을 충분히 크게 잡는다. 그러면 공 B 와 곡면의 공통부분은 유계 닫힌 집합이고 함수 f 는 연속함수이므로 최대최소 정리에 의해 최솟값이 존재한다. 한편

$$\operatorname{grad} f(x,y,z) = (2x-6, 2y-8, 2z), \qquad \operatorname{grad} g(x,y,z) = (2x, 2y, -2z)$$

이므로 다음과 같이 두 가지 경우로 나누어 계산한다.

<u>CASE 1</u> $\operatorname{grad} g(x,y,z) = (0,0,0)$ 일 때 $(x,y,z) = (0,0,0)$ 이고 따라서 $f(x,y,z) = 25$ 이다.

<u>CASE 2</u> $\operatorname{grad} g(x, y, z) \neq (0, 0, 0)$ 일 때 라그랑주 승수법에 의해 다음 방정식의 해집합은 함수 $f|_{g^{-1}(0)}$ 의 극점을 포함한다.

$$\begin{cases} (2x-6, 2y-8, 2z) = \lambda(2x, 2y, -2z) \\ z^2 = x^2 + y^2 \end{cases}$$

이 연립방정식의 해를 구하면,

$$\lambda = -1, \qquad x = \frac{3}{2}, \qquad y = 2, \qquad z = \pm\frac{5}{2}$$

를 얻고, 따라서 함수 $\sqrt{f}$ 를 곡면 $z^2 = x^2 + y^2$ 에 제한한 함수의 최솟값

$$\sqrt{f\left(\frac{3}{2}, 2, \pm\frac{5}{2}\right)} = \frac{5\sqrt{2}}{2}$$

가 곡면 $z^2 = x^2 + y^2$ 과 점 $(3, 4, 0)$ 사이의 거리이다.

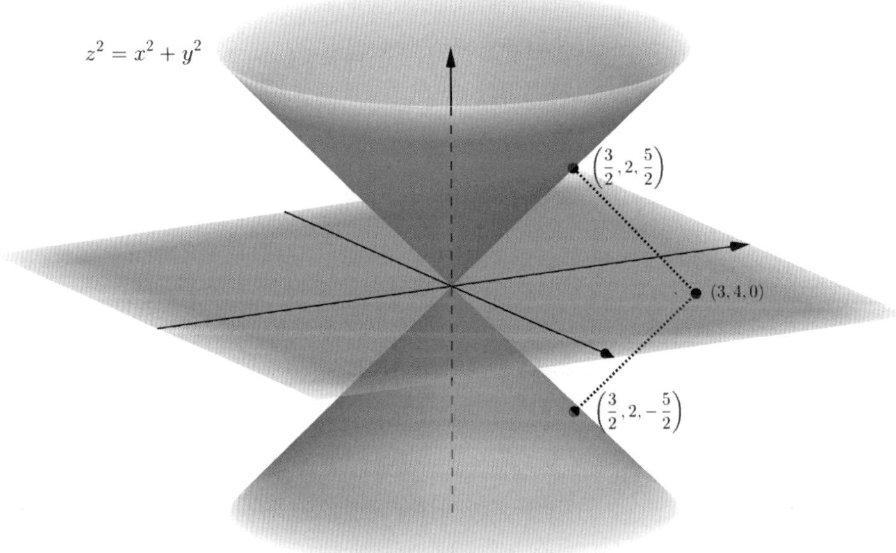

□

예제 2.7.5 좌표평면의 영역 $D = \{(x, y) \mid -2 \le x \le y \le 3\}$ 에서 정의된 함수

$$f(x, y) = x^3 - 2y^2 - 3x + 8y + 7$$

의 최댓값과 최솟값을 구하시오.

풀이 영역 D는 유계 닫힌 집합이므로 최대최소 정리에 의해 연속함수 f는 D에서 최댓값과 최솟값을 가진다.

<u>CASE 1</u> 내부 $\operatorname{int} D = \{(x, y) \mid -2 < x < y < 3\}$ 에서 함수 f의 임계점

$$\operatorname{grad} f(x, y) = (3x^2 - 3, -4y + 8) = (0, 0) \qquad \Longleftrightarrow \qquad x = \pm 1,\ y = 2$$

이므로 영역의 내부에서 발생하는 임계점은

$$(1, 2), \qquad (-1, 2)$$

이다.

<u>CASE 2</u> 경계 ∂D로 제한한 함수 $f|_{\partial D}$의 극점

경계 ∂D는 다음 세 선분으로 구성된다.

$$\begin{aligned} \partial D_1 &= \{(x, 3) \mid -2 \le x \le 3\}, \\ \partial D_2 &= \{(-2, y) \mid -2 \le y \le 3\}, \\ \partial D_3 &= \{(x, y) \mid x - y = 0,\ -2 \le x \le 3\}. \end{aligned}$$

(i) ∂D_1로 제한한 함수 $f|_{\partial D_1}$의 극점

$$f|_{\partial D_1}(x) = f(x, 3) = x^3 - 3x + 13, \qquad -2 \le x \le 3$$

이므로

$$\frac{df|_{\partial D_1}}{dx}(x) = 3(x - 1)(x + 1), \qquad -2 < x < 3$$

이고, 따라서 임계점은

$$(1, 3), \qquad (-1, 3)$$

이다.

(ii) ∂D_2 로 제한한 함수 $f|_{\partial D_2}$ 의 극점

$$f|_{\partial D_2}(y) = f(-2, y) = -2y^2 + 8y + 5, \qquad -2 \le y \le 3$$

이므로

$$\frac{df|_{\partial D_2}}{dy}(y) = -4y + 8, \qquad -2 < y < 3$$

이고, 따라서 임계점은

$$(-2, 2)$$

이다.

(iii) ∂D_3 로 제한한 함수 $f|_{\partial D_3}$ 의 극점
$g(x, y) = x - y$ 라 하자. 그러면 $\operatorname{grad} g(x, y) = (1, -1) \ne \mathbf{0}$ 이므로 라그랑주 승수법에 의해 다음 방정식의 해집합은 함수 $f|_{\partial D_3}$ 의 극점을 포함한다.

$$\begin{cases} (3x^2 - 3, -4y + 8) = \lambda(1, -1) \\ x - y = 0 \end{cases}$$

그러나 이 방정식은 해를 갖지 않으므로 함수 $f|_{\partial D_3}$ 는 극점을 갖지 않는다.

<u>CASE 3</u> 경계의 꼭짓점에서의 함숫값

영역 D 의 경계 ∂D 는 삼각형이고 ∂D 의 세 꼭짓점

$$(-2, 3), \qquad (3, 3), \qquad (-2, -2)$$

은 세 선분 $\partial D_1, \partial D_2, \partial D_3$ 의 양 끝점이므로 함수 $f|_{\partial D}$ 의 최대점, 최소점의 후보이다. 이상으로 정리하면 영역 D 의 내부와 경계에서 발생하는 함수 f 의 최대점, 최소점의 후보는

$$\{(1, 2), (-1, 2), (1, 3), (-1, 3), (-2, 2), (-2, 3), (3, 3), (-2, -2)\}$$

이고, 따라서 함수 f 는 최댓값

$$f(3, 3) = 31$$

과 최솟값

$$f(-2, -2) = -19$$

를 가진다.

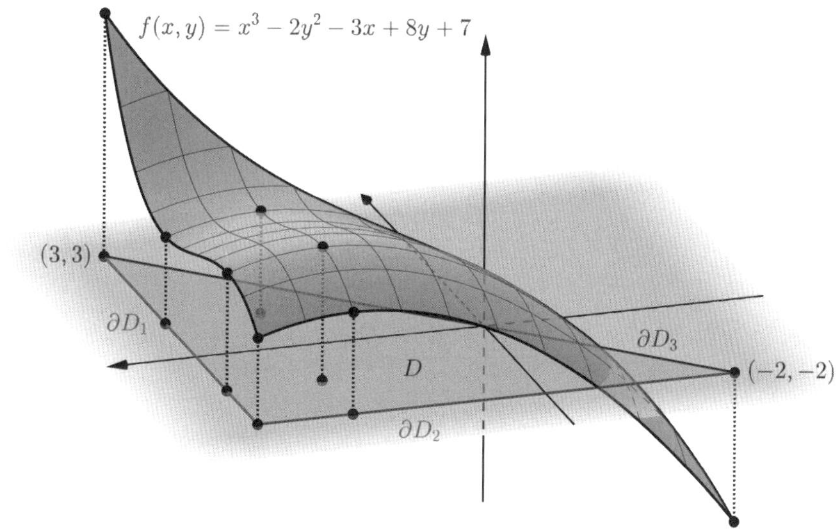

□

예제 2.7.6 좌표공간의 영역

$$S = \{(x, y, z) \in \mathbb{R}^3 \mid -3 \le x \le -3 + \sqrt{9 - y^2 - z^2}\}$$

에서 정의된 함수

$$f(x, y, z) = x - y^2 + z^2$$

의 최댓값과 최솟값을 구하시오.

풀이 최대최소 정리에 의해 유계 닫힌 집합 S 에서 정의된 연속함수 f 는 최댓값과 최솟값을 가진다.

<u>CASE 1</u> 내부 $\operatorname{int} S = \{(x, y, z) \in \mathbb{R}^3 \mid -3 < x < -3 + \sqrt{9 - y^2 - z^2}\}$ 에서 함수 f 의 임계점

내부의 점 $(x, y, z) \in \operatorname{int} S$ 에 대하여

$$\operatorname{grad} f(x, y, z) = (1, -2y, 2z) \neq (0, 0, 0)$$

이므로 영역의 내부에서는 임계점을 갖지 않는다.

<u>CASE 2</u> 경계 ∂S 로 제한한 함수 $f|_{\partial S}$ 의 극점

경계 ∂S 는 다음 두 집합으로 구성된다.

$$\begin{aligned}\partial S_1 &= \{(x,y,z) \in \mathbb{R}^3 \mid x^2+y^2+z^2+6x=0,\ x>-3\},\\ \partial S_2 &= \{(-3,y,z) \in \mathbb{R}^3 \mid y^2+z^2 \le 9\}.\end{aligned}$$

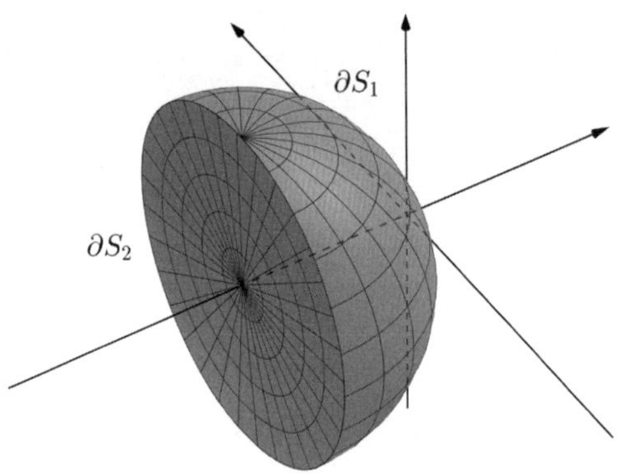

(i) ∂S_1 로 제한한 함수 $f|_{\partial S_1}$ 의 극점

$g(x,y,z) = x^2+y^2+z^2+6x$ 라 하자. 그러면 $\operatorname{grad} g(x,y,z) = (2x+6, 2y, 2z)$ 이므로 라그랑주 승수법에 의해 다음 방정식의 해집합은 경계로 제한한 함수 $f|_{\partial S_1}$ 의 극점을 포함한다.

$$\begin{cases} (2x+6,2y,2z) = \lambda(1,-2y,2z) \\ x^2+y^2+z^2+6x=0 \\ x>-3 \end{cases}$$

이 연립방정식의 해를 구하면,

$$\begin{cases}\lambda=1\\ x=-\frac{5}{2}\\ y=0\\ z=\frac{\sqrt{35}}{2},\end{cases} \qquad \begin{cases}\lambda=1\\ x=-\frac{5}{2}\\ y=0\\ z=-\frac{\sqrt{35}}{2},\end{cases} \qquad \begin{cases}\lambda=6\\ x=0\\ y=0\\ z=0\end{cases}$$

이다.

(ii) ∂S_2 로 제한한 함수 $f|_{\partial S_2}$ 의 극점

이 영역에서는 x 좌표가 상수이므로 y, z 에 대한 이변수함수의 문제로 생각할 수 있다. 따라서

$$\widetilde{f}(y,z) = f(-3,y,z) = -y^2 + z^2 - 3$$

이라 두면, ∂S_2 는 유계 닫힌 집합이고, $\widetilde{f}$ 는 연속이므로 최대최소 정리에 의해 최댓값과 최솟값을 가진다. 이제 집합 ∂S_2 를 $\mathbb{R}^2$ 의 부분집합으로 간주하고 내부와 경계로 나누어 생각한다.

<u>CASE 2-1</u> 내부 $D = \{(y,z) \in \mathbb{R}^2 \mid y^2 + z^2 < 9\}$ 에서 함수 $\widetilde{f}$ 의 임계점

$$\operatorname{grad} \widetilde{f}(y,z) = (-2y, 2z) = (0,0) \qquad \Longleftrightarrow \qquad y=0,\ z=0$$

이므로 영역의 내부에서 발생하는 함수 $\widetilde{f}$ 의 임계점은 $(0,0)$ 이다.

<u>CASE 2-2</u> 경계 $C = \{(y,z) \in \mathbb{R}^2 \mid y^2 + z^2 = 9\}$ 로 제한한 함수 $\widetilde{f}|_C$ 의 극점

$\widetilde{g}(y,z) = y^2 + z^2$ 이라 하자. 그러면 $\operatorname{grad} \widetilde{g}(y,z) = (2y, 2z)$ 이므로 라그랑주 승수법에 의해 다음 방정식의 해집합은 경계로 제한한 함수 $\widetilde{f}|_C$ 의 극점을 포함한다.

$$\begin{cases} (2y,2z) = \mu(-2y,2z) \\ y^2 + z^2 = 9 \end{cases}$$

이 연립방정식의 해를 구하면,

$$\begin{cases} \mu = -1 \\ y = 3 \\ z = 0, \end{cases} \qquad \begin{cases} \mu = -1 \\ y = -3 \\ z = 0, \end{cases} \qquad \begin{cases} \mu = 1 \\ y = 0 \\ z = 3, \end{cases} \qquad \begin{cases} \mu = 1 \\ y = 0 \\ z = -3 \end{cases}$$

이다.

이상으로 정리하면 영역 S 의 내부와 경계에서 발생하는 함수 f 의 최대점과 최소점의 후보는

$$\left\{ \left(-\frac{5}{2}, 0, \pm\frac{\sqrt{35}}{2}\right), (0,0,0), (-3,0,0), (-3,\pm 3, 0), (-3, 0, \pm 3) \right\}$$

이고, 따라서 함수 f는 최댓값

$$f\left(-\frac{5}{2}, 0, \pm\frac{\sqrt{35}}{2}\right) = \frac{25}{4}$$

와 최솟값

$$f(-3, \pm 3, 0) = -12$$

를 가진다. □

라그랑주 승수법을 변수의 제약 조건이 2개 이상인 경우로 일반화하면 다음 정리와 같다.

정리 2.7.7 $\mathbb{R}^n$의 열린 집합 U에서 정의된 일급 함수 $f, g_1, g_2, \cdots, g_k : U \to \mathbb{R}$에 대하여 함수 f를

$$S = \{\mathbf{x} \in U \mid g_i(\mathbf{x}) = c_i,\ i = 1, 2, \cdots, k\}$$

에 제한한 함수 $f|_S$의 극점을 P라 하자. 만일,

$$\operatorname{grad} g_i(P) \neq \mathbf{0} \quad (i = 1, 2, \cdots, k)$$

이고 일차독립이면, 다음 등식을 만족하는 실수 $\lambda_1, \lambda_2, \cdots, \lambda_k$가 존재한다.

$$\operatorname{grad} f(P) = \lambda_1 \operatorname{grad} g_1(P) + \lambda_2 \operatorname{grad} g_2(P) + \cdots + \lambda_k \operatorname{grad} g_k(P).$$

예제 2.7.8 좌표공간의 부분집합

$$S = \{(x, y, z) \mid x^2 + y^2 = 1,\ x - y + z = 1\}$$

에서 정의된 함수

$$f(x, y) = x + 2y + 3z$$

의 최댓값과 최솟값을 구하시오.

풀이 영역 S는 원기둥과 평면의 교선이므로 타원 곡선이다. 즉 유계 닫힌 집합이고 최대최소 정리에 의해 연속함수 f는 주어진 영역에서 최댓값과 최솟값을 가진다.

$$g_1(x, y, z) = x - y + z, \qquad g_2(x, y, z) = x^2 + y^2$$

이라 하자. 그러면

$$\begin{aligned} \operatorname{grad} f(x,y,z) &= (1,2,3), \\ \operatorname{grad} g_1(x,y,z) &= (1,-1,1) \neq \mathbf{0}, \\ \operatorname{grad} g_2(x,y,z) &= (2x,2y,0) \neq \mathbf{0} \end{aligned}$$

이고 $\operatorname{grad} g_1$ 과 $\operatorname{grad} g_2$ 는 일차독립이므로 라그랑주 승수법에 의해 다음 방정식의 해집합은 함수 $f|_S$ 의 극점을 포함한다.

$$\begin{cases} (1,2,3) = \lambda_1(1,-1,1) + \lambda_2(2x,2y,0) \\ x - y + z = 1 \\ x^2 + y^2 = 1 \end{cases}$$

이 연립방정식의 해를 구하면,

$$\begin{cases} \lambda_1 = 3 \\ \lambda_2 = \frac{\sqrt{29}}{2} \\ x = -\frac{2}{\sqrt{29}} \\ y = \frac{5}{\sqrt{29}} \\ z = 1 + \frac{7}{\sqrt{29}}, \end{cases} \qquad \begin{cases} \lambda_1 = 3 \\ \lambda_2 = -\frac{\sqrt{29}}{2} \\ x = \frac{2}{\sqrt{29}} \\ y = -\frac{5}{\sqrt{29}} \\ z = 1 - \frac{7}{\sqrt{29}} \end{cases}$$

이다. 즉 함수 $f|_S$ 의 최대점, 최소점의 후보는

$$\left\{ \left(-\frac{2}{\sqrt{29}}, \frac{5}{\sqrt{29}}, 1 + \frac{7}{\sqrt{29}} \right), \left(\frac{2}{\sqrt{29}}, -\frac{5}{\sqrt{29}}, 1 - \frac{7}{\sqrt{29}} \right) \right\}$$

이고, 따라서 함수 f 는 최댓값

$$f\left(-\frac{2}{\sqrt{29}}, \frac{5}{\sqrt{29}}, 1 + \frac{7}{\sqrt{29}} \right) = 3 + \sqrt{29}$$

와 최솟값

$$f\left(\frac{2}{\sqrt{29}}, -\frac{5}{\sqrt{29}}, 1 - \frac{7}{\sqrt{29}} \right) = 3 - \sqrt{29}$$

를 가진다. □

제 3 장

다변수 벡터함수

이 장에서의 목적은 다변수 벡터함수를 정의하고, 다변수 벡터함수의 미분(야코비 행렬)과 그 성질을 공부하는 것이다.

3.1 다변수 벡터함수

정의 3.1.1 (다변수 벡터함수) $\mathbb{R}^n$ 의 부분집합 U 에서 정의된 다변수함수

$$f_1, f_2, \cdots, f_m : U \to \mathbb{R}$$

에 대하여 각 점 $\mathbf{x} \in U$ 를 벡터 $\big(f_1(\mathbf{x}), f_2(\mathbf{x}), \cdots, f_m(\mathbf{x})\big) \in \mathbb{R}^m$ 에 대응시키는 함수

$$F : U \to \mathbb{R}^m; \quad \mathbf{x} \longmapsto \big(f_1(\mathbf{x}), f_2(\mathbf{x}), \cdots, f_m(\mathbf{x})\big)$$

를 n-변수 벡터함수라고 한다. 이때 벡터함수 F 의 각 성분함수 $f_1, f_2, \cdots, f_m$ 이 모두 □-함수이면, F 를 □-함수라고 한다. 단, □는 연속, 미분가능, 일급, 이급, 무한급 등을 의미한다.

예를 들면 이변수 벡터함수 $F : \mathbb{R}^2 \to \mathbb{R}^2$ 가 다음과 같이 주어졌을 때,

$$F(x,y) = \begin{cases} \left(\dfrac{x^3y - xy^3}{x^2+y^2}, (x^2+y^2)\sin\dfrac{1}{\sqrt{x^2+y^2}} \right) & (x,y) \neq (0,0) \\ (0,0) & (x,y) = (0,0) \end{cases}$$

두 성분함수

$$f_1(x,y) = \begin{cases} \dfrac{x^3y - xy^3}{x^2+y^2} & (x,y) \neq (0,0) \\ 0 & (x,y) = (0,0), \end{cases}$$

$$f_2(x,y) = \begin{cases} (x^2+y^2)\sin\dfrac{1}{\sqrt{x^2+y^2}} & (x,y) \neq (0,0) \\ 0 & (x,y) = (0,0) \end{cases}$$

은 모두 미분가능하므로 벡터함수 F는 미분가능하다. 한편 F의 두 번째 성분함수 f_2는 일급 함수가 아니므로 벡터함수 F는 일급 함수가 아니다.

3.1.1 야코비 행렬과 야코비 행렬식

1장 5절에서 우리는 다변수함수 $f : U \to \mathbb{R}$의 점 P에서의 미분은 $\operatorname{grad} f(P)$라는 사실을 공부했다. 기울기 벡터 $\operatorname{grad} f(P)$는 점 P에서 f의 접평면의 기울기 벡터였고, 다른 관점에서는 $\operatorname{grad} f(P)$를 행렬로 간주하여, 점 P 근방에서 f와 가장 닮은 선형사상

$$L_{\operatorname{grad} f(P)} : \mathbb{R}^n \to \mathbb{R}, \quad L_{\operatorname{grad} f(P)}(\mathbf{x}) = \operatorname{grad} f(P) \cdot \mathbf{x}$$

로 이해할 수 있다. 이러한 관점을 다변수 벡터함수로 확장해 보면, 점 P에서 다변수 벡터함수 $F : U \to \mathbb{R}^m$의 미분은 점 P 근방에서 F와 가장 닮은 선형사상(행렬)

$$L_{F'(P)} : \mathbb{R}^n \to \mathbb{R}^m, \quad L_{F'(P)}(\mathbf{x}) = F'(P)\mathbf{x}$$

로 이해할 수 있다.

정의 3.1.2 (야코비 행렬) $\mathbb{R}^n$의 열린 집합 U에서 정의된 미분가능한 벡터함수 $F(\mathbf{x}) = \big(f_1(\mathbf{x}), f_2(\mathbf{x}), \cdots, f_m(\mathbf{x})\big)$에 대하여 행렬

$$F'(\mathbf{x}) = \frac{\partial(f_1, \cdots, f_m)}{\partial(x_1, \cdots, x_n)}(\mathbf{x}) = \begin{pmatrix} D_1f_1(\mathbf{x}) & D_2f_1(\mathbf{x}) & \cdots & D_nf_1(\mathbf{x}) \\ D_1f_2(\mathbf{x}) & D_2f_2(\mathbf{x}) & \cdots & D_nf_2(\mathbf{x}) \\ \vdots & \vdots & \ddots & \vdots \\ D_1f_m(\mathbf{x}) & D_2f_m(\mathbf{x}) & \cdots & D_nf_m(\mathbf{x}) \end{pmatrix}$$

를 F의 야코비 행렬이라고 부른다. 특히 $n = m$일 때 $\det F'(\mathbf{x})$를 F의 야코비 행렬식이라고 부른다.

예제 3.1.3 다음 벡터함수의 야코비 행렬과 야코비 행렬식을 구하시오. (단, a, b, c, d 는 실수이다.)

(1) $L(x, y) = (ax + by, cx + dy)$ (2) $P(r, \theta) = (r\cos\theta, r\sin\theta)$

(3) $S(\rho, \varphi, \theta) = (\rho\sin\varphi\cos\theta, \rho\sin\varphi\sin\theta, \rho\cos\varphi)$

풀이 (1) 벡터함수 L 의 야코비 행렬과 야코비 행렬식을 구하면 다음과 같다.

$$L'(x, y) = \begin{pmatrix} a & b \\ c & d \end{pmatrix}, \qquad \det L'(x, y) = ad - bc.$$

(2) 벡터함수 P 의 야코비 행렬과 야코비 행렬식을 구하면 다음과 같다.

$$P'(r, \theta) = \begin{pmatrix} \cos\theta & -r\sin\theta \\ \sin\theta & r\cos\theta \end{pmatrix}, \qquad \det P'(r, \theta) = r.$$

(3) 벡터함수 S 의 야코비 행렬과 야코비 행렬식을 구하면 다음과 같다.

$$S'(\rho, \varphi, \theta) = \begin{pmatrix} \sin\varphi\cos\theta & \rho\cos\varphi\cos\theta & -\rho\sin\varphi\sin\theta \\ \sin\varphi\sin\theta & \rho\cos\varphi\sin\theta & \rho\sin\varphi\cos\theta \\ \cos\varphi & -\rho\sin\varphi & 0 \end{pmatrix},$$

$$\det S'(\rho, \varphi, \theta) = \rho^2\sin\varphi.$$

□

다음 정리는 야코비 행렬 $F'(P)$ 가 점 P 에서 벡터함수 F 의 미분계수임을 말해준다.

정리 3.1.4 $\mathbb{R}^n$ 의 열린 집합 U 에서 정의된 벡터함수 $F : U \to \mathbb{R}^m$ 가 점 $P \in U$ 에서 미분가능할 필요충분조건은 $F'(P)$ 가 존재하고

$$\lim_{\mathbf{x}\to\mathbf{0}} \frac{|F(P+\mathbf{x}) - F(P) - F'(P)\mathbf{x}|}{|\mathbf{x}|} = 0$$

이다. 여기서 열벡터 $F'(P)\mathbf{x}$ 는 행벡터로 간주하고 연산한다.

정의 1.4.2 에 의해 임의의 $\varepsilon > 0$에 대하여

$$0 < |\mathbf{x}| < \delta \quad \Longrightarrow \quad |F(P+\mathbf{x}) - F(P) - F'(P)\mathbf{x}| < \varepsilon|\mathbf{x}|$$

를 만족하는 양수 δ가 존재한다. 즉 점 $\mathbf{x}$가 원점에 가까워질 때, 벡터함수 $G(\mathbf{x}) := F(P+\mathbf{x}) - F(P)$는 선형사상 $L(\mathbf{x}) = F'(P)\mathbf{x}$에 근사함을 의미하고, 이것은 야코비 행렬 $F'(P)$가 점 P 근방에서 F와 가장 닮은 선형사상임을 의미한다.

3.1.2 야코비 행렬식이 가지는 의미

야코비 행렬식의 절댓값 $|\det F'(P)|$는 근사적으로 점 P를 포함하는 아주 작은 영역 D의 부피에 대한 $F(D)$의 부피의 비와 같으며, 다음 명제와 같이 서술된다.

명제 3.1.5 $\mathbb{R}^n$의 열린 집합 U에서 정의된 일급 벡터함수 $F : U \to \mathbb{R}^n$와

$$P \in D \subset \overline{B}_r(P) = \{\mathbf{x} \in \mathbb{R}^n : |\mathbf{x} - P| \le r\} \subset U$$

를 만족하는 연결 영역 D에 대하여

$$|\det F'(P)| = \lim_{r \to 0^+} \frac{\mathrm{Vol}_n\big(F(D)\big)}{\mathrm{Vol}_n\big(D\big)}$$

이다.

예제 3.1.6 삼변수 벡터함수

$$F(x,y,z) = \left(x+y+z, \frac{1}{2}(x^2+y^2+z^2), \frac{1}{3}(x^3+y^3+z^3)\right)$$

과 중심이 (a,b,c)이고 반지름이 r인 닫힌 공

$$\overline{B}_r = \{(x,y,z) \mid (x-a)^2 + (y-b)^2 + (z-c)^2 \le r^2\}$$

에 대하여

$$\lim_{r \to 0^+} \frac{\mathrm{Vol}_3\big(F(\overline{B}_r)\big)}{r^3}$$

를 구하시오.

풀이 벡터함수 F 의 야코비 행렬은

$$F'(x,y,z) = \begin{pmatrix} 1 & 1 & 1 \\ x & y & z \\ x^2 & y^2 & z^2 \end{pmatrix}$$

이므로

$$\det F'(x,y,z) = (x-y)(y-z)(z-x)$$

이다. 한편 명제 3.1.5 에 의해

$$\lim_{r\to 0^+} \frac{\mathrm{Vol}_3\big(F(\overline{B}_r)\big)}{\mathrm{Vol}_3\big(\overline{B_r}\big)} = |\det F'(a,b,c)| = |(a-b)(b-c)(c-a)|$$

이므로

$$\lim_{r\to 0^+} \frac{\mathrm{Vol}_3\big(F(\overline{B}_r)\big)}{r^3} = \frac{4\pi}{3}|(a-b)(b-c)(c-a)|$$

를 얻는다. □

3.2 연쇄법칙

이 절의 목적은 다변수함수의 연쇄법칙을 다변수 벡터함수로 확장하는 것이다.

정리 3.2.1 (연쇄법칙) $\mathbb{R}^n$ 의 열린 집합 U 에서 정의된 미분가능한 벡터함수

$$F : U \to \mathbb{R}^m, \quad \mathbf{y} = F(\mathbf{x})$$

와 $\mathbb{R}^m$ 의 열린 집합 V 에서 정의된 미분가능한 벡터함수

$$G : V \to \mathbb{R}^l, \quad \mathbf{z} = G(\mathbf{y})$$

에 대하여

$$(G \circ F)'(\mathbf{x}) = G'\big(F(\mathbf{x})\big)F'(\mathbf{x})$$

가 성립한다. 라이프니츠 표기법을 이용하여 나타내면 다음과 같다.

$$\frac{\partial(z_1, z_2, \cdots, z_l)}{\partial(x_1, x_2, \cdots, x_n)} = \frac{\partial(z_1, z_2, \cdots, z_l)}{\partial(y_1, y_2, \cdots, y_m)} \frac{\partial(y_1, y_2, \cdots, y_m)}{\partial(x_1, x_2, \cdots, x_n)}.$$

구간 $I=(a,b)$ 에서 정의된 곡선 $X(t)=\big(x_1(t),x_2(t),\cdots,x_n(t)\big)$ 의 속도 벡터는

$$X'(t)=\big(x_1'(t),x_2'(t),\cdots,x_n'(t)\big)$$

임을 이미 공부했다. 한편 곡선 X 는 일변수 벡터함수이고, 이때 야코비 행렬은

$$X'(t)=\frac{\partial(x_1,x_2,\cdots,x_n)}{\partial t}(t)=\begin{pmatrix}x_1'(t)\\x_2'(t)\\\vdots\\x_n'(t)\end{pmatrix}$$

이다. 곡선 X 의 속도 벡터와 야코비 행렬은 모두 곡선 X 의 미분을 의미하며 표현 방법이 다를 뿐 사실상 같은 벡터로 간주할 수 있다. 그러나 다변수 벡터함수의 연쇄법칙을 다룰 경우 곡선 X 의 미분을 속도 벡터로 표현하는 것보다 야코비 행렬로 표현하는 것이 더 편리하다.

예제 3.2.2 x,y 에 대한 함수 u,v 와 s,t 에 대한 함수 x,y 가 다음과 같이 주어져 있을 때

$$\begin{cases}u=x^2-y^2\\v=2xy,\end{cases}\qquad\qquad\begin{cases}x=\sin s\cosh t\\y=\cos s\sinh t\end{cases}$$

야코비 행렬

$$\frac{\partial(u,v)}{\partial(s,t)}$$

를 구하시오.

풀이 연쇄법칙에 의해

$$\begin{aligned}\frac{\partial(u,v)}{\partial(t,s)}&=\frac{\partial(u,v)}{\partial(x,y)}\frac{\partial(x,y)}{\partial(t,s)}=\begin{pmatrix}2x&-2y\\2y&2x\end{pmatrix}\begin{pmatrix}\cos s\cosh t&\sin s\sinh t\\-\sin s\sinh t&\cos s\cosh t\end{pmatrix}\\&=\begin{pmatrix}2x\cos s\cosh t+2y\sin s\sinh t&2x\sin s\sinh t-2y\cos s\cosh t\\2y\cos s\cosh t-2x\sin s\sinh t&2y\sin s\sinh t+2x\cos s\cosh t\end{pmatrix}\end{aligned}$$

를 얻는다. □

예제 3.2.3 x, y, z 에 대한 함수 u, v, w 와 r, s, t 에 대한 함수 x, y, z 가 다음과 같이 주어져 있을 때

$$\begin{cases} u = 2\sin x + \cos y + \tan z \\ v = \sinh x + \cosh y + \tanh z \\ w = \arcsin x + \arccos y + \arctan z, \end{cases} \qquad \begin{cases} x = r + 2s + 3t - 10 \\ y = 4s^2 + 5t^2 - 21 \\ z = 6t^3 - 6 \end{cases}$$

야코비 행렬식

$$\det\left(\frac{\partial(u, v, w)}{\partial(r, s, t)}(3, 2, 1)\right)$$

을 구하시오.

풀이 연쇄법칙에 의해

$$\frac{\partial(u, v, w)}{\partial(r, s, t)} = \frac{\partial(u, v, w)}{\partial(x, y, z)}\frac{\partial(x, y, z)}{\partial(r, s, t)} = \begin{pmatrix} 2\cos x & -\sin y & \sec^2 z \\ \cosh x & \sinh y & \operatorname{sech}^2 z \\ \frac{1}{\sqrt{1-x^2}} & -\frac{1}{\sqrt{1-y^2}} & \frac{1}{1+z^2} \end{pmatrix}\begin{pmatrix} 1 & 2 & 3 \\ 0 & 8s & 10t \\ 0 & 0 & 18t^2 \end{pmatrix}$$

이고,

$$(r, s, t) = (3, 2, 1) \qquad \Longrightarrow \qquad (x, y, z) = (0, 0, 0)$$

이므로

$$\det\left(\frac{\partial(u, v, w)}{\partial(r, s, t)}(3, 2, 1)\right) = \det\begin{pmatrix} 2 & 0 & 1 \\ 1 & 0 & 1 \\ 1 & -1 & 1 \end{pmatrix}\det\begin{pmatrix} 1 & 2 & 3 \\ 0 & 16 & 10 \\ 0 & 0 & 18 \end{pmatrix} = 288$$

을 얻는다. □

예제 3.2.4 두 벡터함수

$$F(x, y) = (e^x \cos y, e^x \sin y), \qquad G(x, y) = (x^2 + y^2, x^2 - y^2)$$

에 대하여 $(0, \pi/3)$ 에서 벡터함수 $G \circ F$ 의 야코비 행렬과 야코비 행렬식을 구하시오.

풀이 두 함수에 대한 야코비 행렬을 각각 구하면,

$$F'(x, y) = \begin{pmatrix} e^x \cos y & -e^x \sin y \\ e^x \sin y & e^x \cos y \end{pmatrix}, \qquad G'(x, y) = \begin{pmatrix} 2x & 2y \\ 2x & -2y \end{pmatrix}$$

이므로

$$\begin{aligned}(G\circ F)'(0,\pi/3) &= G'\big((F(0,\pi/3)\big)F'(0,\pi/3)\\ &= \begin{pmatrix}1 & \sqrt{3}\\ 1 & -\sqrt{3}\end{pmatrix}\begin{pmatrix}\frac{1}{2} & -\frac{\sqrt{3}}{2}\\ \frac{\sqrt{3}}{2} & \frac{1}{2}\end{pmatrix}\\ &= \begin{pmatrix}2 & 0\\ -1 & -\sqrt{3}\end{pmatrix}\end{aligned}$$

이다. 따라서

$$\det(G\circ F)'(0,\pi/3) = -2\sqrt{3}$$

을 얻는다. □

예제 3.2.5 벡터함수

$$G(x,y) = \left(\frac{1}{2}\log(x^2+y^2), \arctan\frac{y}{x}\right)$$

와 미분가능한 벡터함수 $F:\mathbb{R}^2\to\mathbb{R}^2$ 가 모든 실수 t 에 대하여

$$(G\circ F)(2t,-1) = (1+t, 2+t^2), \qquad (G\circ F)(2,-t) = (3-t^3, 4-t^4)$$

을 만족할 때, 야코비 행렬 $F'(2,-1)$ 을 구하시오. (단, $F(2,-1)=(3,4)$ 이다.)

풀이 주어진 식을 양변 t 로 각각 미분하면 연쇄법칙에 의해

$$(G\circ F)'(2t,-1)\begin{pmatrix}2\\0\end{pmatrix} = \begin{pmatrix}1\\2t\end{pmatrix}, \qquad (G\circ F)'(2,-t)\begin{pmatrix}0\\-1\end{pmatrix} = \begin{pmatrix}-3t^2\\-4t^3\end{pmatrix}$$

이다. $t=1$ 을 각각 대입하면,

$$(G\circ F)'(2,-1)\begin{pmatrix}2\\0\end{pmatrix} = \begin{pmatrix}1\\2\end{pmatrix}, \qquad (G\circ F)'(2,-1)\begin{pmatrix}0\\-1\end{pmatrix} = \begin{pmatrix}-3\\-4\end{pmatrix}$$

이므로 다음을 얻는다.

$$(G\circ F)'(2,-1)\begin{pmatrix}2 & 0\\ 0 & -1\end{pmatrix} = \begin{pmatrix}1 & -3\\ 2 & -4\end{pmatrix} \qquad \Longrightarrow \qquad (G\circ F)'(2,-1) = \begin{pmatrix}\frac{1}{2} & 3\\ 1 & 4\end{pmatrix}$$

이때 $F(2,-1)=(3,4)$ 이므로 다시 연쇄법칙에 의해

$$(G\circ F)'(2,-1)=G'\big(F(2,-1)\big)F'(2,-1)=G'(3,4)F'(2,-1)$$

이다. 한편 $G(x,y)=\left(\frac{1}{2}\log(x^2+y^2),\arctan\frac{y}{x}\right)$ 이므로

$$G'(x,y)=\frac{1}{x^2+y^2}\begin{pmatrix}x & y\\ -y & x\end{pmatrix},\qquad G'(3,4)=\frac{1}{25}\begin{pmatrix}3 & 4\\ -4 & 3\end{pmatrix}$$

이고 따라서 구하는 답은

$$\begin{aligned}F'(2,-1)&=G'(3,4)^{-1}(G\circ F)'(2,-1)\\&=25\begin{pmatrix}3 & 4\\ -4 & 3\end{pmatrix}^{-1}\begin{pmatrix}\frac{1}{2} & 3\\ 1 & 4\end{pmatrix}\\&=\begin{pmatrix}-\frac{5}{2} & -7\\ 5 & 24\end{pmatrix}\end{aligned}$$

이다. □

3.3 역함수 정리

이 절에서는 일변수함수의 역함수 정리를 다변수 벡터함수로 확장한다. 일변수함수의 경우, 일급 함수 $f:(a,b)\to\mathbb{R}$ 가 점 $p\in(a,b)$ 에 대하여 $f'(p)\neq 0$ 이면 점 p 근방에서 함수 f 의 역함수 f^{-1} 가 국소적으로 존재하고 미분가능하며 f^{-1} 가 정의되는 임의의 점 $y=f(x)$ 에 대하여

$$\frac{d}{dy}f^{-1}(y)=\frac{1}{\dfrac{d}{dx}f(x)}$$

이 성립함을 잘 알고 있다. 이와 같은 사실은 일반적으로 정의역의 차원과 공역의 차원이 같은 다변수 벡터함수에서도 성립한다.

역함수 정리에서 일급은 필수적인 조건이다. 예를 들면 함수

$$f(x)=\begin{cases}x+2x^2\sin\dfrac{1}{x} & (x\neq 0)\\ 0 & (x=0)\end{cases}$$

의 도함수는

$$f'(x) = \begin{cases} 1 + 4x \sin \dfrac{1}{x} - 2 \cos \dfrac{1}{x} & (x \neq 0) \\ 1 & (x = 0) \end{cases}$$

이므로 미분가능함수이지만 일급은 아니다. 한편 임의의 자연수 n에 대하여

$$f'\left(\frac{1}{2n\pi}\right) = -1, \qquad f'\left(\frac{1}{(2n+1)\pi}\right) = 3$$

이므로 함수 f는 원점을 포함하는 임의의 열린구간에서 일대일 함수가 아니다.

정의 3.3.1 (일급가역함수) $\mathbb{R}^n$의 열린 집합 U, V에 대하여 일급 함수 $G : V \to U$가 일급인 역함수 $G^{-1} : U \to V$를 가질 때, G를 일급가역함수라고 부른다.

선형사상 $L : \mathbb{R}^n \to \mathbb{R}^n$이 가역일 필요충분조건은 L에 대응되는 행렬 $[L]$이 가역행렬인 것이다. 이 사실로부터 다변수 벡터함수가 가역이 될 조건을 예상해 볼 수 있다. $\mathbb{R}^n$의 열린 집합 U에서 정의된 미분가능한 벡터함수 $F : U \to \mathbb{R}^n$와 점 $P \in U$에 대하여 야코비 행렬 $F'(P)$가 점 P 근방에서 F와 가장 닮은 선형사상임을 생각하면 일변수함수의 역함수 정리를 다음과 같이 자연스럽게 다변수 벡터함수로 확장할 수 있다.

정리 3.3.2 (역함수 정리) $\mathbb{R}^n$의 열린 집합 U에서 정의된 일급 벡터함수 $F : U \to \mathbb{R}^n$와 점 $P \in U$에 대하여

$$\det F'(P) \neq 0$$

이면, 점 P를 포함하는 열린 집합 $V \subset U$와 점 $F(P)$를 포함하는 열린 집합 W가 존재하여, $F|_V : V \to W$가 일급가역함수이다. 이때 각 $\mathbf{y} = F(\mathbf{x}) \in W$에 대하여 벡터함수 $F|_V$의 역함수 $G : W \to V$의 야코비 행렬은

$$G'(\mathbf{y}) = F'(\mathbf{x})^{-1}$$

이다.

예제 3.3.3 좌표평면에서 정의된 벡터함수

$$F(x,y) = \left(e^{x^2-y^2}\cos(2xy), e^{x^2-y^2}\sin(2xy)\right)$$

에 대하여 다음에 답하시오.

(1) 원점을 제외한 모든 점에서 F는 국소적으로 일급가역함수임을 보이시오.

(2) 점 $P=(0,1)$ 근방에서 벡터함수 F의 역함수를 G라 할 때, $G'(e^{-1},0)$을 구하시오.

풀이 (1) 벡터함수 F의 야코비 행렬은

$$F'(x,y) = 2e^{x^2-y^2}\begin{pmatrix} x\cos(2xy)-y\sin(2xy) & -x\sin(2xy)-y\cos(2xy) \\ x\sin(2xy)+y\cos(2xy) & x\cos(2xy)-y\sin(2xy) \end{pmatrix}$$

이므로 모든 $(x,y)\in\mathbb{R}^2\setminus\{(0,0)\}$에 대하여

$$\det F'(x,y) = 4(x^2+y^2)e^{2(x^2-y^2)} > 0$$

이다. 따라서 역함수 정리에 의해 원점을 제외한 모든 점에서 F는 국소적으로 일급가역함수이다.

(2) $F(P)=(e^{-1},0)$이므로 역함수 정리에 의해

$$G'(e^{-1},0) = F'(P)^{-1} = \frac{e}{2}\begin{pmatrix} 0 & -1 \\ 1 & 0 \end{pmatrix}^{-1} = \frac{e}{2}\begin{pmatrix} 0 & 1 \\ -1 & 0 \end{pmatrix}$$

을 얻는다. □

예제 3.3.4 좌표평면에서 정의된 벡터함수

$$F(x,y) = (x^5 - y + \sinh x, e^x + y^3 + y)$$

에 대하여 다음에 답하시오.

(1) 모든 점에서 F는 국소적으로 일급가역함수임을 보이시오.

(2) 점 $P=(0,1)$ 근방에서 벡터함수 F 의 역함수 G 는

$$G(x,y)=\frac{1}{5}(4x+y+1,-x+y+1)+o\left(\sqrt{(x+1)^2+(y-3)^2}\right)$$

을 만족함을 보이시오.

풀이 (1) 벡터함수 F 의 야코비 행렬은

$$F'(x,y)=\begin{pmatrix}5x^4+\cosh x & -1\\ e^x & 3y^2+1\end{pmatrix}$$

이므로 모든 $(x,y)\in\mathbb{R}^2$ 에 대하여

$$\det F'(x,y)=(5x^4+\cosh x)(3y^2+1)+e^x>0$$

이다. 따라서 역함수 정리에 의해 모든 점에서 F 는 국소적으로 일급가역함수이다.

(2) $F(P)=(-1,3)$ 이므로 역함수 정리에 의해

$$G'(-1,3)=F'(P)^{-1}=\begin{pmatrix}1 & -1\\ 1 & 4\end{pmatrix}^{-1}=\frac{1}{5}\begin{pmatrix}4 & 1\\ -1 & 1\end{pmatrix}$$

이다. 한편 G 는 일급이므로 정리 3.1.4 에 의해

$$\lim_{(a,b)\to(0,0)}\frac{\left|G(-1+a,3+b)-G(-1,3)-G'(-1,3)\begin{pmatrix}a\\ b\end{pmatrix}\right|}{\sqrt{a^2+b^2}}=0$$

이다. 이제 $x=-1+a,\ y=3+b$ 로 치환하면

$$\begin{aligned}G(x,y)&=G(-1,3)+G'(-1,3)\begin{pmatrix}x+1\\ y-3\end{pmatrix}+o\left(\sqrt{(x+1)^2+(y-3)^2}\right)\\&=(0,1)+\frac{1}{5}\begin{pmatrix}4 & 1\\ -1 & 1\end{pmatrix}\begin{pmatrix}x+1\\ y-3\end{pmatrix}+o\left(\sqrt{(x+1)^2+(y-3)^2}\right)\\&=\frac{1}{5}(4x+y+1,-x+y+1)+o\left(\sqrt{(x+1)^2+(y-3)^2}\right)\end{aligned}$$

을 얻는다. □

3.4 음함수 정리

이 절에서는 음함수 꼴로 표현된 방정식은 국소적으로 양함수 꼴로 존재할 수 있음을 공부한다. 예를 들면 음함수 꼴로 주어진 방정식 $f(x,y,z)=x^2+y^2+z^2-1=0$은 각 x,y,z에 대하여

$$\begin{aligned} x &= \sqrt{1-y^2-z^2}, & y &= \sqrt{1-x^2-z^2}, & z &= \sqrt{1-x^2-y^2}, \\ x &= -\sqrt{1-y^2-z^2}, & y &= -\sqrt{1-x^2-z^2}, & z &= -\sqrt{1-x^2-y^2} \end{aligned}$$

과 같이 국소적으로 양함수 꼴로 표현이 가능하다. 그러나 일반적인 경우 음함수 꼴로 표현된 방정식을 양함수 꼴로 표현하는 것은 매우 어렵다. 음함수 정리는 일급 벡터 함수

$$F:\mathbb{R}^n\times\mathbb{R}^m\to\mathbb{R}^m;\quad (\mathbf{x},\mathbf{y})\longmapsto F(\mathbf{x},\mathbf{y})=\big(f_1(\mathbf{x},\mathbf{y}),f_2(\mathbf{x},\mathbf{y}),\cdots,f_m(\mathbf{x},\mathbf{y})\big)$$

에 대하여 음함수 꼴로 표현된 방정식 $F(\mathbf{x},\mathbf{y})=O$는 국소적으로 양함수 꼴 $\mathbf{y}=G(\mathbf{x})$로 존재함을 보장해 줄 뿐만 아니라 벡터함수 G의 미분가능성과 야코비 행렬 G'의 공식을 제공한다. 여기서 벡터함수 G의 존재성이 우리가 잘 알고 있는 함수로 표현이 가능함을 의미하는 것은 아니다. 경우에 따라 이러한 양함수 꼴의 존재성만 보장되어도 수학을 연구하는 데 있어 큰 도움이 된다.

음함수 정리는 벡터함수 F의 편도함수에 대한 조건에 의해 서술되므로 편의를 위해 다음 기호를 도입하자.

표기법 3.4.1 벡터함수 $F(\mathbf{x},\mathbf{y})$에 대하여 $\mathbf{x}$와 $\mathbf{y}$에 대한 야코비 행렬을 각각

$$D_{\mathbf{x}}F(\mathbf{x},\mathbf{y})=\begin{pmatrix} D_{x_1}f_1(\mathbf{x},\mathbf{y}) & D_{x_2}f_1(\mathbf{x},\mathbf{y}) & \cdots & D_{x_n}f_1(\mathbf{x},\mathbf{y}) \\ D_{x_1}f_2(\mathbf{x},\mathbf{y}) & D_{x_2}f_2(\mathbf{x},\mathbf{y}) & \cdots & D_{x_n}f_2(\mathbf{x},\mathbf{y}) \\ \vdots & \vdots & \ddots & \vdots \\ D_{x_1}f_m(\mathbf{x},\mathbf{y}) & D_{x_2}f_m(\mathbf{x},\mathbf{y}) & \cdots & D_{x_n}f_m(\mathbf{x},\mathbf{y}) \end{pmatrix},$$

$$D_{\mathbf{y}}F(\mathbf{x},\mathbf{y})=\begin{pmatrix} D_{y_1}f_1(\mathbf{x},\mathbf{y}) & D_{y_2}f_1(\mathbf{x},\mathbf{y}) & \cdots & D_{y_m}f_1(\mathbf{x},\mathbf{y}) \\ D_{y_1}f_2(\mathbf{x},\mathbf{y}) & D_{y_2}f_2(\mathbf{x},\mathbf{y}) & \cdots & D_{y_m}f_2(\mathbf{x},\mathbf{y}) \\ \vdots & \vdots & \ddots & \vdots \\ D_{y_1}f_m(\mathbf{x},\mathbf{y}) & D_{y_2}f_m(\mathbf{x},\mathbf{y}) & \cdots & D_{y_m}f_m(\mathbf{x},\mathbf{y}) \end{pmatrix}$$

로 표기한다.

정리 3.4.2 (음함수 정리) U와 V를 각각 $\mathbb{R}^n$과 $\mathbb{R}^m$의 열린 집합이라고 하자. 일급 벡터함수

$$F : U \times V \to \mathbb{R}^m; \quad (\mathbf{x}, \mathbf{y}) \longmapsto F(\mathbf{x}, \mathbf{y})$$

와 점 $(P, Q) \in U \times V$에 대하여

$$F(P, Q) = O, \qquad \det D_{\mathbf{y}} F(P, Q) \neq 0$$

이면 점 P를 포함하는 열린 집합 $W \subset U$와 유일한 일급 벡터함수 $G : W \to \mathbb{R}^m$가 존재하여

$$G(P) = Q, \qquad F\big(\mathbf{x}, G(\mathbf{x})\big) = O \quad (\mathbf{x} \in U)$$

를 만족한다. 이때 벡터함수 G의 야코비 행렬은 다음과 같다.

$$G'(\mathbf{x}) = -\big(D_{\mathbf{y}} F\big(\mathbf{x}, G(\mathbf{x})\big)\big)^{-1} D_{\mathbf{x}} F\big(\mathbf{x}, G(\mathbf{x})\big) \quad (\mathbf{x} \in U).$$

음함수 정리에서 조건 $\det D_{\mathbf{y}} F(P, Q) \neq 0$은 필수적이다. 예를 들면 좌표공간에서 정의된 함수

$$f(x, y, z) = 1 - \cos(xyz) + \log(x^2 + y^2 + z^2 - 1)$$

에 대하여 점 $P = (1, -1)$을 포함하는 열린 집합 $U \subset \mathbb{R}^2$와 일급 함수 $g : U \to \mathbb{R}$가 존재하여

$$g(1, -1) = 0, \qquad f\big(x, y, g(x, y)\big) = 0$$

을 만족한다고 가정하자. 방정식 $f\big(x, y, g(x, y)\big) = 0$을 양변 x로 편미분하면 연쇄법칙에 의해

$$D_1 f\big(x, y, g(x, y)\big) \cdot 1 + D_2 f\big(x, y, g(x, y)\big) \cdot 0 + D_3 f\big(x, y, g(x, y)\big) D_1 g(x, y) = 0$$

이므로 이 식에 $x = 1$, $y = -1$을 대입하면

$$D_1 f(1, -1, 0) + D_3 f(1, -1, 0) D_1 g(1, -1) = 0 \qquad (\star)$$

이다. 한편

$$D_1 f(x,y,z) = -yz\sin(xyz) + \frac{2x}{x^2+y^2+z^2-1},$$
$$D_3 f(x,y,z) = -xy\sin(xyz) + \frac{2z}{x^2+y^2+z^2-1}$$

이므로

$$D_1 f(1,-1,0) = 2, \qquad D_3 f(1,-1,0) = 0$$

이고, 이것은 식 ($\star$)에 모순이다.

예제 3.4.3 좌표공간에서 정의된 벡터함수

$$F(x,y,z) = (2x^3 + 3x + e^{z-2} - 1, y + z^2 - 5)$$

에 대하여 원점을 포함하는 열린구간 I 에서

$$G(0) = (1,2), \qquad F\big(x, G(x)\big) = (0,0)$$

을 만족하는 일급 벡터함수 $G : I \to \mathbb{R}^2$ 가 존재함을 보이고, $G'(0)$ 을 구하시오.

풀이 벡터함수 F 의 x 와 (y,z) 에 대한 야코비 행렬을 구하면

$$D_x F(x,y,z) = \begin{pmatrix} 6x^2+3 \\ 0 \end{pmatrix}, \qquad D_{(y,z)} F(x,y,z) = \begin{pmatrix} 0 & e^{z-2} \\ 1 & 2z \end{pmatrix}$$

이고

$$F(0,1,2) = (0,0), \qquad \det D_{(y,z)} F(0,1,2) = -1$$

이므로 음함수 정리에 의해 원점을 포함하는 열린구간 I 와 일급 벡터함수 $G : I \to \mathbb{R}^2$ 가 존재하여

$$G(0) = (1,2), \qquad F\big(x, G(x)\big) = (0,0) \quad (x \in I)$$

을 만족한다. 마지막으로 원점에서 벡터함수 G 의 야코비 행렬은

$$G'(0) = -\big(D_{(y,z)} F\big(0, G(0)\big)\big)^{-1} D_x F\big(0, G(0)\big) = -\begin{pmatrix} 0 & 1 \\ 1 & 4 \end{pmatrix}^{-1} \begin{pmatrix} 3 \\ 0 \end{pmatrix} = \begin{pmatrix} 12 \\ -3 \end{pmatrix}$$

이다. □

예제 3.4.3 의 벡터함수 $G : I \to \mathbb{R}^2$ 를 $G(x) = \big(g_1(x), g_2(x)\big)$ 라 두고 음함수 꼴로 표현된 방정식

$$F\big(x, g_1(x), g_2(x)\big) = \big(2x^3 + 3x + e^{g_2(x)-2} - 1, g_1(x) + (g_2(x))^2 - 5\big) = (0, 0)$$

을 풀면

$$G(x) = \big(5 - (2 + \log(1 - 3x - 2x^3))^2, 2 + \log(1 - 3x - 2x^3)\big)$$

임을 안다.

예제 3.4.4 좌표공간에서 정의된 함수

$$f(x, y, z) = x - 3 + x^2 e^{x+z} \sin(2y + z)$$

에 대하여 점 $P = (1, -2)$ 를 포함하는 열린 집합 $U \subset \mathbb{R}^2$ 에서

$$g(1, -2) = 3, \qquad f\big(g(y, z), y, z\big) = 0$$

을 만족하는 일급 함수 $g : U \to \mathbb{R}$ 가 존재함을 보이고, $\operatorname{grad} g(1, -2)$ 를 구하시오.

풀이 함수 f 의 x 와 (y, z) 에 대한 미분을 구하면

$$D_x f(x, y, z) = 1 + e^{x+z}(2x + x^2)\sin(2y + z),$$
$$D_{(y,z)} f(x, y, z) = x^2 e^{x+z}(2\cos(2y + z), \sin(2y + z) + \cos(2y + z))$$

이고

$$f(3, 1, -2) = 0, \qquad D_x f(3, 1, -2) = 1$$

이므로 음함수 정리에 의해 점 P 를 포함하는 열린 집합 $U \subset \mathbb{R}^2$ 와 일급 함수 $g : U \to \mathbb{R}$ 가 존재하여

$$g(1, -2) = 3, \qquad f\big(g(y, z), y, z\big) = 0, \quad (y, z) \in U$$

를 만족한다. 마지막으로 점 $P = (1, -2)$ 에서 함수 g 의 기울기 벡터는

$$\operatorname{grad} g(1, -2) = -\left(D_x f(3, 1, -2)\right)^{-1} D_{(y,z)} f(3, 1, -2) = (-18e, -9e)$$

이다. □

예제 3.4.5 좌표공간 $\mathbb{R}^4$ 에서 정의된 벡터함수

$$F(x_1, x_2, y_1, y_2) = (x_1^2 - x_2^2 - y_1^3 + y_2^2 + 4, 2x_1x_2 + x_2^2 - 2y_1^2 + 3y_2^4 + 8)$$

에 대하여 점 $P = (2, -1)$ 을 포함하는 열린 집합 $U \subset \mathbb{R}^2$ 에서

$$G(P) = (2, 1), \qquad F\big(x_1, x_2, G(x_1, x_2)\big) = O$$

를 만족하는 일급 벡터함수 $G : U \to \mathbb{R}^2$ 가 존재함을 보이고, $G'(P)$ 를 구하시오.

풀이 벡터함수 F 의 (x_1, x_2) 와 (y_1, y_2) 에 대한 야코비 행렬을 구하면

$$D_{(x_1,x_2)}F(x_1, x_2, y_1, y_2) = \begin{pmatrix} 2x_1 & -2x_2 \\ 2x_2 & 2x_1 + 2x_2 \end{pmatrix},$$
$$D_{(y_1,y_2)}F(x_1, x_2, y_1, y_2) = \begin{pmatrix} -3y_1^2 & 2y_2 \\ -4y_1 & 12y_2^3 \end{pmatrix}$$

이고 $Q = (2, 1)$ 이라 두면

$$F(P, Q) = (0, 0), \qquad \det D_{(y_1,y_2)}F(P, Q) = -128$$

이므로 음함수 정리에 의해 점 P 를 포함하는 열린 집합 $U \subset \mathbb{R}^2$ 와 유일한 일급 벡터함수 $G : U \to \mathbb{R}^2$ 가 존재하여

$$G(P) = Q, \qquad F\big(x_1, x_2, G(x_1, x_2)\big) = (0, 0)$$

을 만족한다. 마지막으로 점 P 에서 벡터함수 G 의 야코비 행렬은 다음과 같다.

$$\begin{aligned} G'(P) &= -\big(D_{(y_1,y_2)}F(P, Q)\big)^{-1} D_{(x_1,x_2)}F(P, Q) \\ &= -\begin{pmatrix} -12 & 2 \\ -8 & 12 \end{pmatrix}^{-1} \begin{pmatrix} 4 & 2 \\ -2 & 2 \end{pmatrix} \\ &= \frac{1}{32}\begin{pmatrix} 13 & 5 \\ 14 & -2 \end{pmatrix}. \end{aligned}$$

□

제 4 장

벡터장과 미분형식

4.1 벡터장

다음 그림의 벡터들은 각 지역의 풍속과 풍향을 나타내는 풍속 벡터이다. 한국의 날씨를 묘사하기 위해 각 지역에 풍속 벡터를 대응시켜 바람의 경로와 세기를 묘사한 것이다. 이와 같이 벡터장은 각 점마다 정의되는 힘, 속도, 전기장, 자기장 등 벡터를 대응시키는 것으로 여러 물리적인 상황을 기술하는 유용한 수학적 도구이다.

> **정의 4.1.1 (벡터장)** U를 $\mathbb{R}^n$의 부분집합이라 하자. U의 각 점 $\mathbf{x}$에 그 점을 시점으로 하는 벡터 $\mathbf{F}(\mathbf{x})$에 대응시키는 함수 $\mathbf{F}$를 U의 벡터장이라고 한다.

벡터장은 집합 U에서 정의된 다변수 벡터함수로 이해할 수 있으며, 성분함수

$$f_1, f_2, \cdots, f_n : U \to \mathbb{R}$$

을 이용하여 표현하면 다음과 같다.

$$\mathbf{F}(\mathbf{x}) = \big(f_1(\mathbf{x}), f_2(\mathbf{x}), \cdots, f_n(\mathbf{x})\big) = f_1(\mathbf{x})\,\mathbf{e}_1 + f_2(\mathbf{x})\,\mathbf{e}_2 + \cdots + f_n(\mathbf{x})\,\mathbf{e}_n.$$

만일 $f_1, f_2, \cdots, f_n$이 모두 □-함수이면, $\mathbf{F}$를 □-벡터장이라고 한다. (단, □는 연속, 미분가능, 일급, 이급, 무한급 등을 의미한다.) 특별한 언급이 없는 경우, 각 성분함수는 모두 연속함수라고 가정한다.

특히 평면 벡터장과 공간 벡터장은 각각 좌표평면과 좌표공간에 벡터를 그려 시각화할 수 있다. 벡터장을 그리는 방법은 각 점 $\mathbf{x} \in U$에 그 점을 시점으로 하는 벡터 $\mathbf{F}(\mathbf{x})$를 유향선분으로 그리는 것이다. 물론 모든 점에 대응하는 벡터를 그리는 것은 불가능하지만 정의역의 유한개의 대표점을 선택하여 이에 대응하는 벡터를 그림으로써 벡터장 $\mathbf{F}$를 합리적으로 시각화할 수 있다. 예를 들면 평면 벡터장

$$\mathbf{F}(x, y) = (2xy, y^2 - x^2)$$

을 좌표평면에 그리면 다음과 같다.

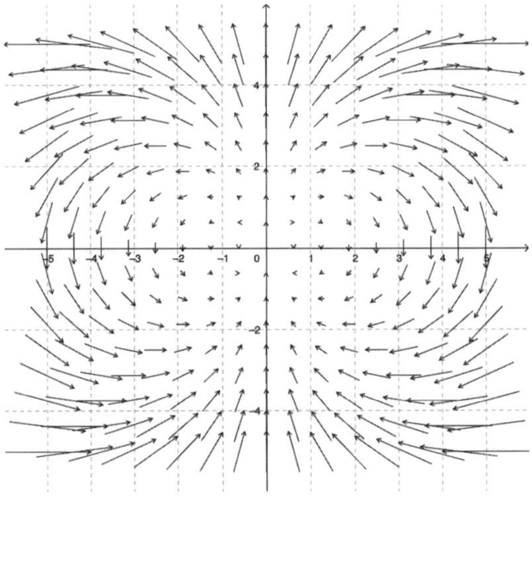

또 다른 예로, 공간 벡터장

$$\mathbf{F}(x, y, z) = (-y, x, 0)$$

을 좌표공간에 그리면 다음과 같다.

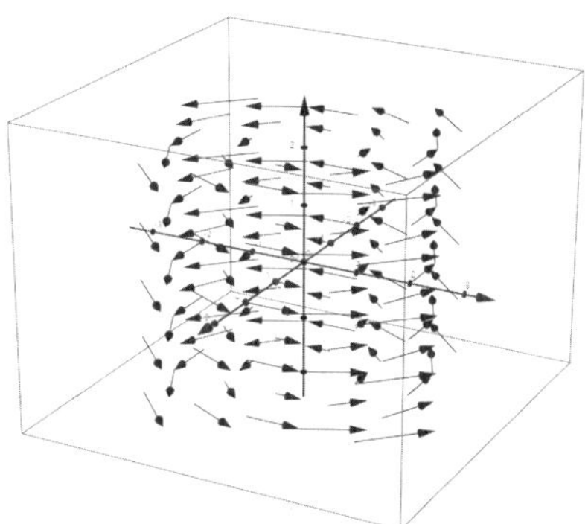

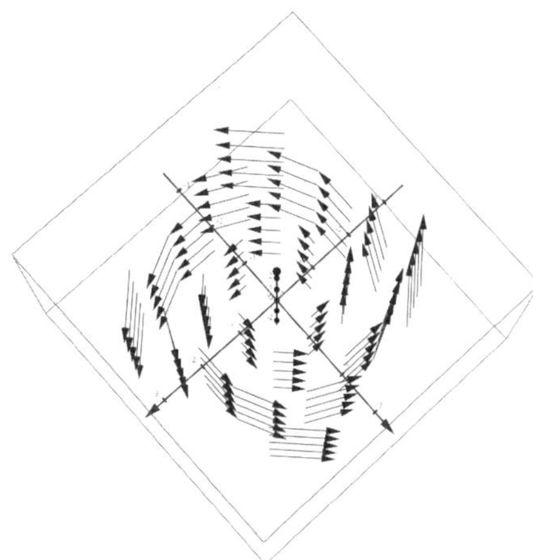

4.1.1 기울기 벡터장

$\mathbb{R}^n$ 의 열린 집합 U 에서 정의된 일급 함수 $f : U \to \mathbb{R}$ 에 대하여 벡터장

$$\mathbf{F}(\mathbf{x}) = \operatorname{grad} f(\mathbf{x})$$

를 함수 f 의 기울기 벡터장이라고 한다. 정리 1.9.1 에 의해 기울기 벡터장은 f 의 등위면에 수직임을 안다.

예제 4.1.2 함수

$$f(x, y) = x^2 - y^2$$

의 기울기 벡터장을 좌표평면에 도시하시오.

풀이 함수 f 의 기울기 벡터장은

$$\mathbf{F}(x, y) = \operatorname{grad} f(x, y) = (2x, -2y)$$

이므로 이 벡터장을 좌표평면에 도시하면 다음과 같다.

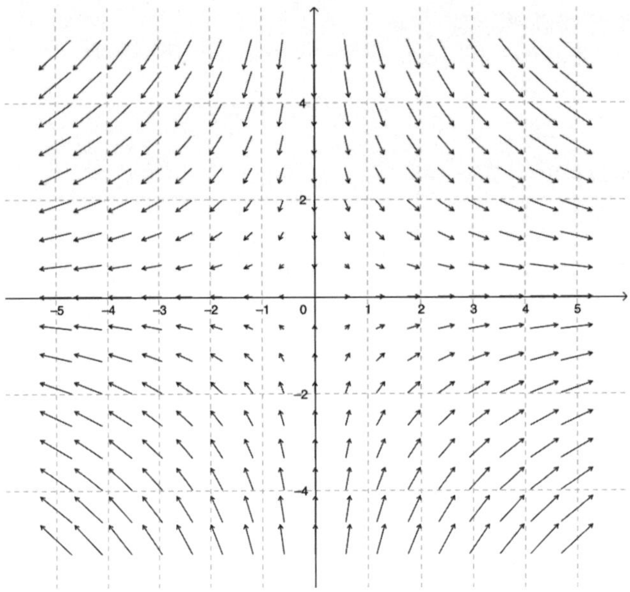

□

4.1.2 적분 곡선

$\mathbb{R}^n$ 의 부분집합 U 에서 정의된 벡터장 $\mathbf{F}$ 에 대하여

$$X'(t) = \mathbf{F}\big(X(t)\big)$$

를 만족하는 곡선 X 를 벡터장 $\mathbf{F}$ 의 적분 곡선이라고 한다.

예제 4.1.3 벡터장

$$\mathbf{F}(x, y) = \frac{(-y, x)}{x^2 + y^2}$$

에 대하여 다음에 답하시오.

(1) 거듭제곱급수를 이용하여 미분방정식

$$\frac{d^2y}{dt^2} + \alpha^2 y = 0$$

의 해를 구하시오.

(2) 벡터장 $\mathbf{F}$ 의 적분 곡선을 구하시오.

풀이 (1) 주어진 미분방정식의 해가 거듭제곱급수 $y = \sum_{n=0}^{\infty} a_n t^n$ 으로 표현된다고 가정하자.

$$\alpha^2 y = \sum_{n=0}^{\infty} \alpha^2 a_n t^n,$$
$$\frac{d^2y}{dt^2} = \sum_{n=2}^{\infty} n(n-1)a_n t^{n-2} = \sum_{n=0}^{\infty}(n+2)(n+1)a_{n+2}t^n$$

이므로 위의 두 거듭제곱급수를 주어진 미분방정식에 대입하면

$$\sum_{n=0}^{\infty}\big((n+2)(n+1)a_{n+2} + \alpha^2 a_n\big)t^n = 0$$

을 얻는다. 이 식은 t에 대한 항등식이므로 점화식

$$a_{n+2} = -\frac{\alpha^2}{(n+2)(n+1)}a_n \quad (n \geq 0)$$

을 얻고, $n = 0, 1, 2, 3, \cdots$을 차례로 대입하면,

$$a_2 = -\frac{\alpha^2}{2!}a_0, \quad a_4 = \frac{\alpha^4}{4!}a_0, \quad a_6 = -\frac{\alpha^6}{6!}a_0, \quad \cdots, \quad a_{2n} = (-1)^n\frac{\alpha^{2n}}{(2n)!}a_0, \quad \cdots,$$
$$a_3 = -\frac{\alpha^2}{3!}a_1, \quad a_5 = \frac{\alpha^4}{5!}a_1, \quad a_7 = -\frac{\alpha^6}{7!}a_1, \quad \cdots, \quad a_{2n+1} = (-1)^n\frac{\alpha^{2n}}{(2n+1)!}a_1, \quad \cdots$$

이다. 따라서

$$\begin{aligned} y &= \sum_{n=0}^{\infty}(-1)^n\frac{\alpha^{2n}}{(2n)!}a_0 t^{2n} + \sum_{n=0}^{\infty}(-1)^n\frac{\alpha^{2n}}{(2n+1)!}a_1 t^{2n+1} \\ &= a_0\sum_{n=0}^{\infty}(-1)^n\frac{1}{(2n)!}(\alpha t)^{2n} + \frac{a_1}{\alpha}\sum_{n=0}^{\infty}(-1)^n\frac{1}{(2n+1)!}(\alpha t)^{2n+1} \\ &= a_0\cos\alpha t + \frac{a_1}{\alpha}\sin\alpha t \end{aligned}$$

를 얻는다.

(2) 벡터장 $\mathbf{F}$의 적분 곡선을

$$X(t) = \big(x(t), y(t)\big), \qquad X(0) = (x_0, y_0)$$

라 두면,

$$x'(t) = -\frac{y(t)}{\big(x(t)\big)^2 + \big(y(t)\big)^2}, \qquad y'(t) = \frac{x(t)}{\big(x(t)\big)^2 + \big(y(t)\big)^2}$$

이므로

$$x(t)x'(t) + y(t)y'(t) = -\frac{x(t)y(t)}{\big(x(t)\big)^2 + \big(y(t)\big)^2} + \frac{x(t)y(t)}{\big(x(t)\big)^2 + \big(y(t)\big)^2} = 0$$

을 만족한다. 이 식을 양변 t에 대하여 적분하면 적당한 상수 r이 존재하여

$$\big(x(t)\big)^2 + \big(y(t)\big)^2 = r^2$$

이다. 따라서

$$x''(t) = -\frac{1}{r^2}y'(t) = -\frac{1}{r^4}x(t)$$

이므로 (1)의 결과에 의해 적당한 상수 c_1, c_2가 존재하여

$$x(t) = c_1 \cos\frac{t}{r^2} + c_2 \sin\frac{t}{r^2}$$

이다. 한편

$$y(t) = -r^2 x'(t) = c_1 \sin\frac{t}{r^2} - c_2 \cos\frac{t}{r^2}$$

이고

$$X(0) = (x_0, y_0), \qquad r^2 = x_0^2 + y_0^2$$

이므로

$$X(t) = \left(x_0 \cos\frac{t}{x_0^2+y_0^2} - y_0 \sin\frac{t}{x_0^2+y_0^2}, x_0 \sin\frac{t}{x_0^2+y_0^2} + y_0 \cos\frac{t}{x_0^2+y_0^2}\right)$$

를 얻는다. □

4.2 이변수함수와 삼변수함수의 적분

일변수함수에서는 정의역의 한 부분집합인 구간에서 적분을 정의하였다. 그러나 다변수함수에서는 다양한 차원의 부분집합이 존재하므로 적분의 형태도 다양하게 나타난다. $\mathbb{R}^2$의 부분집합 U에서 정의된 이변수함수 $f : U \to \mathbb{R}$에 대하여 정의역 U의 1차원 부분집합 곡선에서 적분을 정의할 수 있는데, 이러한 적분을 곡선 $X : [a, b] \to U$

를 따르는 함수 f 의 선적분이라 하고, 기호로

$$\int_X f\, ds$$

로 나타낸다. 선적분의 기하학적 의미는 곡선 X 와 함수 f 의 그래프 사이에 생기는 곡면의 넓이를 의미한다.

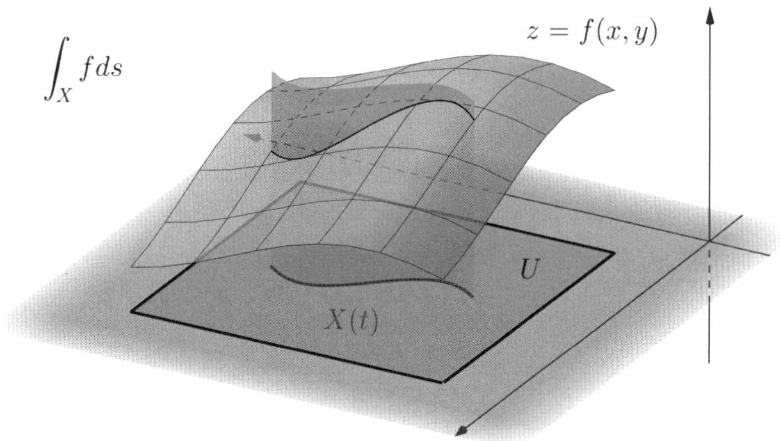

이변수함수의 선적분

또 정의역 U 의 2차원 부분집합 영역 A 에서 적분을 정의할 수 있는데, 이러한 적분을 A 위에서 함수 f 의 이중적분이라 하고, 기호로

$$\iint_A f\, dV_2$$

로 나타낸다. 이중적분의 기하학적 의미는 영역 A 와 함수 f 의 그래프 사이에 생기는 입체의 부피이다.

이제 $\mathbb{R}^3$ 의 부분집합 U 에서 정의된 삼변수함수 $f : U \to \mathbb{R}$ 의 적분 형태를 소개한다. 삼변수함수의 그래프는 4차원 공간에 존재하므로 적분의 기하학적 의미를 명확하게 정의하기 어렵지만, 적분 영역의 차원에 따라 이변수함수의 적분 형태들을 고차원으로 일반화할 수 있다. 정의역 U 의 1차원 부분집합 곡선 $X : [a, b] \to U$ 를 따르는 함수 f 의 적분을 선적분이라 하고 기호로

$$\int_X f\, ds$$

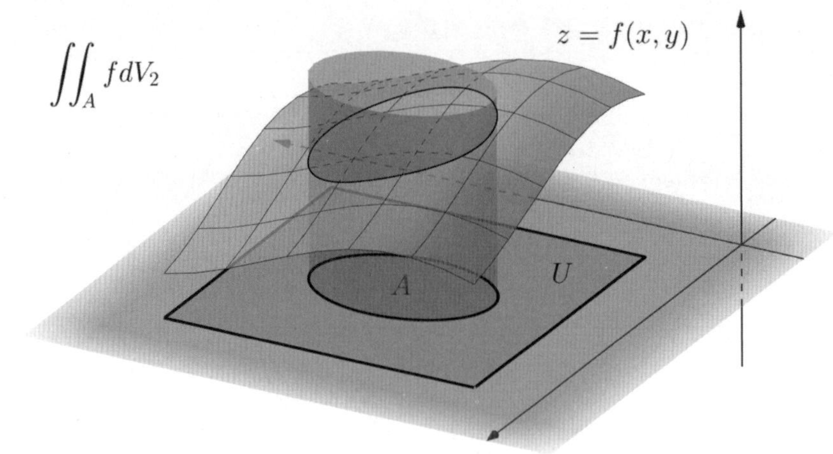

이변수함수의 이중적분

로 나타낸다. 또 정의역 U 의 2차원 부분집합 곡면 S 위에서 함수 f 의 적분을 면적분이라 하고 기호로

$$\iint_S f\, dS$$

로 나타낸다. 마지막으로 정의역 U 의 3차원 부분집합 공간 A 위에서 함수 f 의 적분을 삼중적분이라 하고 기호로

$$\iiint_A f\, dV_3$$

로 나타낸다.

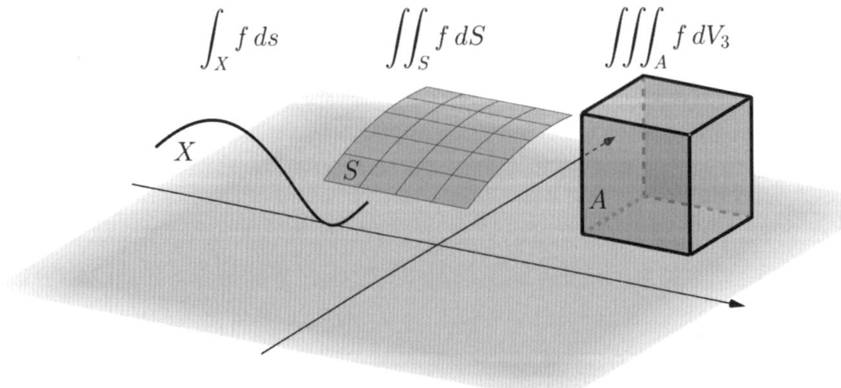

삼변수함수의 선적분, 면적분 및 삼중적분

다변수함수의 선적분은 이미 1권 9장 6절에서 다루었다. 다음 절에서는 벡터장의 선적분을 소개하고, 이중적분, 삼중적분 및 면적분은 5장과 7장에서 상세히 다룰 예정이다.

4.3 벡터장의 선적분

변위 벡터 $\mathbf{s}$를 시간에 대하여 미분하면 속도가 되고 이를 수학적으로 표현하면 다음과 같다.

$$\frac{d\mathbf{s}}{dt} = X'(t), \qquad d\mathbf{s} = X'(t)\,dt.$$

곡선 X의 각 점에서 작용하는 힘이 벡터장 $\mathbf{F}$일 때, 아주 짧은 시간 동안 한 일의 양은 $\mathbf{F}\cdot d\mathbf{s}$이다. 이때 곡선의 각 점에서 아주 짧은 시간 동안 한 일의 양을 모두 합하면

$$\int_X \mathbf{F}\cdot d\mathbf{s}$$

이고, 이것은 곡선 X 위에서 벡터장 $\mathbf{F}$가 한 일의 양이다.

정의 4.3.1 (벡터장의 선적분) $\mathbb{R}^n$의 부분집합 U에서 정의된 벡터장 $\mathbf{F}: U \to \mathbb{R}^n$와 일급 곡선 $X: [a,b] \to U$에 대하여 다음 적분값

$$\int_X \mathbf{F}\cdot d\mathbf{s} = \int_a^b \mathbf{F}\big(X(t)\big)\cdot X'(t)\,dt$$

를 곡선 X를 따르는 벡터장 $\mathbf{F}$의 선적분 또는 일이라고 부른다.

예제 4.3.2 $\mathbb{R}^2 \setminus \{(0,0)\}$에서 정의된 벡터장

$$\mathbf{F}(x,y) = \frac{(-y,x)}{(b^2x^2 + a^2y^2)^\alpha}$$

와 타원

$$X(t) = (a\cos t, b\sin t) \quad (0 \le t \le 2\pi)$$

에 대하여 타원 X를 따르는 벡터장 $\mathbf{F}$의 선적분

$$\int_X \mathbf{F}\cdot d\mathbf{s}$$

를 구하시오. (단, a, b, α는 양의 실수이다.)

풀이 곡선 X 의 속도 벡터는

$$X'(t) = (-a\sin t, b\cos t)$$

이므로

$$\begin{aligned}\int_X \mathbf{F}\cdot d\mathbf{s} &= \int_0^{2\pi} \mathbf{F}\big(X(t)\big)\cdot X'(t)\,dt \\ &= \int_0^{2\pi} \frac{(-b\sin t, a\cos t)}{(a^2b^2\cos^2 t + a^2b^2\sin^2 t)^\alpha}\cdot(-a\sin t, b\cos t)\,dt \\ &= \int_0^{2\pi} \frac{ab}{a^{2\alpha}b^{2\alpha}}\,dt = 2\pi(ab)^{1-2\alpha}\end{aligned}$$

이다. □

예제 4.3.3 좌표공간에서 정의된 벡터장

$$\mathbf{F}(x, y, z) = \big(y, z - x, (x - z)^2 + (y - 1)^2\big)$$

과 곡선

$$X(t) = (t - \sin t, 1 - \cos t, t) \quad (0 \le t \le 2\pi)$$

에 대하여 곡선 X 를 따르는 벡터장 $\mathbf{F}$ 의 선적분

$$\int_X \mathbf{F}\cdot d\mathbf{s}$$

를 구하시오.

풀이 곡선 X 의 속도 벡터는

$$X'(t) = (1 - \cos t, \sin t, 1)$$

이므로

$$\begin{aligned}\int_X \mathbf{F}\cdot d\mathbf{s} &= \int_0^{2\pi} \mathbf{F}\big(X(t)\big)\cdot X'(t)\,dt \\ &= \int_0^{2\pi} (1 - \cos t, \sin t, \sin^2 t + \cos^2 t)\cdot(1 - \cos t, \sin t, 1)\,dt \\ &= \int_0^{2\pi} (3 - 2\cos t)\,dt = 6\pi\end{aligned}$$

이다. □

함수의 선적분은 곡선의 매개화방법에 의존하지 않았다. 그러나 벡터장의 선적분에서는 이와 같은 성질이 더 이상 성립하지 않는다. 다음 정리로부터 벡터장의 선적분은 곡선의 향에 따라 부호가 바뀜을 안다.

정리 4.3.4 $\mathbb{R}^n$ 의 부분집합 U 에서 정의된 벡터장 $\mathbf{F} : U \to \mathbb{R}^n$ 와 일급 곡선 $X : [a,b] \to U$ 에 대하여

(i) $\widetilde{X}$ 가 X 의 동향재매개화면, $\int_{\widetilde{X}} \mathbf{F} \cdot d\mathbf{s} = \int_X \mathbf{F} \cdot d\mathbf{s}$ 이다.

(ii) $\widetilde{X}$ 가 X 의 역향재매개화면, $\int_{\widetilde{X}} \mathbf{F} \cdot d\mathbf{s} = -\int_X \mathbf{F} \cdot d\mathbf{s}$ 이다.

일급 곡선 $X_1, X_2, \cdots, X_k$ 를 차례로 이어서 얻은 곡선을 기호로

$$X := X_1 * X_2 * \cdots * X_k$$

로 표기하고 조각적 일급 곡선이라고 부른다. 이때 곡선 X 를 따르는 벡터장 $\mathbf{F}$ 의 선적분은

$$\int_X \mathbf{F} \cdot d\mathbf{s} = \int_{X_1} \mathbf{F} \cdot d\mathbf{s} + \int_{X_2} \mathbf{F} \cdot d\mathbf{s} + \cdots + \int_{X_k} \mathbf{F} \cdot d\mathbf{s}$$

로 정의한다.

예제 4.3.5 좌표평면에서 정의된 벡터장

$$\mathbf{F}(x,y) = (x^2 + y^2, xy)$$

와 두 곡선

$$X_1(t) = \big((1+\cos t)\cos t, (1+\cos t)\sin t\big) \quad (0 \le t \le \pi)$$
$$X_2(t) = (t, 0) \quad (0 \le t \le 2)$$

에 대하여 곡선 $X = X_1 * X_2$ 를 따르는 벡터장 $\mathbf{F}$ 의 선적분

$$\int_X \mathbf{F} \cdot d\mathbf{s}$$

를 구하시오.

풀이 두 곡선 X_1, X_2를 따르는 벡터장 $\mathbf{F}$의 선적분은 각각

$$\begin{aligned}\int_{X_1} \mathbf{F}\cdot d\mathbf{s} &= \int_0^\pi \mathbf{F}\big(X_1(t)\big)\cdot X_1'(t)\,dt \\ &= \int_0^\pi (1+\cos t)^2(\cos^2 t + \cos^3 t - \sin^2 t\cos t - 2\cos t - 1)\sin t\,dt \\ &= \int_{-1}^1 (1+u)^2\big(u^2+u^3-(1-u^2)u-2u-1\big)\,du \\ &= -4\end{aligned}$$

이고

$$\begin{aligned}\int_{X_2} \mathbf{F}\cdot d\mathbf{s} &= \int_0^2 \mathbf{F}\big(X_2(t)\big)\cdot X_2'(t)\,dt \\ &= \int_0^2 (t^2,0)\cdot(1,0)\,dt \\ &= \frac{8}{3}\end{aligned}$$

이므로 구하는 선적분은

$$\int_X \mathbf{F}\cdot d\mathbf{s} = \int_{X_1}\mathbf{F}\cdot d\mathbf{s} + \int_{X_2}\mathbf{F}\cdot d\mathbf{s} = -\frac{4}{3}$$

이다.

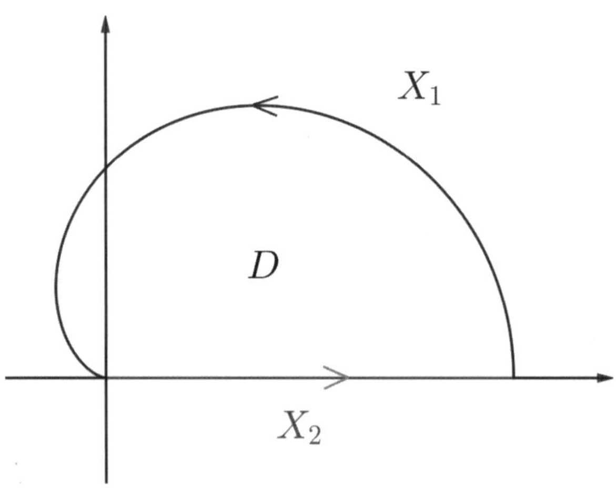

□

4.4 잠재함수와 선적분의 기본정리

일변수함수에서의 미적분학의 기본정리는, f'을 구간 $[a,b]$에서 적분하면 구간의 양 끝점에서 함수 f의 변화량과 같음을 말해 준다.

$$\int_a^b f'(x)\,dx = f(b) - f(a).$$

미적분학의 기본정리가 중요한 이유는 위 식의 좌변의 정적분은 사실 구하기 매우 어려운 값(무한급수의 합)으로, 미적분학이 발달하기 전에는 천재들이 고민하던 수학의 영역이었지만, 오늘날에는 미적분학의 기본정리 발견으로 단지 부정적분을 구해 변화량을 계산한다는 간결함으로 인해 고등학생들도 적분값을 쉽게 구할 수 있게 되었다. 이 절의 목적은 미적분학의 기본정리를 벡터장의 선적분으로 확장하는 것이다. 즉 벡터장 $\mathbf{F}$가 어떤 함수 φ의 미분일 때

$$\int_X \mathbf{F}\cdot d\mathbf{s} = \int_X \varphi'\cdot d\mathbf{s} = \varphi\big(X(b)\big) - \varphi\big(X(a)\big)$$

가 성립한다면 미적분학의 기본정리를 벡터장의 선적분으로 확장했다고 말할 수 있다. 우선 위에서 언급한 벡터장이 어떤 함수의 미분이라는 말을 수학적으로 명확히 정의할 필요가 있다.

> **정의 4.4.1 (잠재함수)** $\mathbb{R}^n$의 열린 집합 U에서 정의된 벡터장 $\mathbf{F}: U \to \mathbb{R}^n$에 대하여
>
> $$\mathbf{F} = \operatorname{grad}\varphi$$
>
> 를 만족하는 일급 함수 $\varphi: U \to \mathbb{R}$가 존재하면, 함수 φ를 벡터장 $\mathbf{F}$의 잠재함수라고 한다.

앞으로 잠재함수를 가지는 벡터장 $\mathbf{F}$를 보존장이라고 부른다.

예제 4.4.2 다음 벡터장의 잠재함수를 구하시오.

(1) $\mathbf{F}(x,y,z) = (yz+1, zx+2, xy+3)$

(2) $\mathbf{F}(x,y,z) = (2x-y-z, 2y-z-x, 2z-x-y)$

풀이 (1) φ를 $\mathbf{F}$의 잠재함수라고 하면

$$\varphi_x(x,y,z) = yz+1,\quad \varphi_y(x,y,z) = zx+2,\quad \varphi_z(x,y,z) = xy+3 \qquad (\star)$$

을 만족한다. 식 $\varphi_x(x,y,z) = yz+1$을 양변 x에 대하여 편적분하면, 적당한 함수 $g(y,z)$에 대하여

$$\varphi(x,y,z) = xyz + x + g(y,z)$$

가 되고, 이 식을 양변 y,z로 각각 편미분하면,

$$\varphi_y(x,y,z) = zx + \partial_y g(y,z), \qquad \varphi_z(x,y,z) = xy + \partial_z g(y,z)$$

이므로 식 $(\star)$로부터

$$\partial_y g(y,z) = 2, \qquad \partial_z g(y,z) = 3$$

이다. 또한 식 $\partial_y g(y,z) = 2$를 y에 대하여 편적분하면 적당한 함수 $h(z)$에 대하여

$$g(y,z) = 2y + h(z)$$

이고, 이 식을 다시 z로 편미분하면

$$h'(z) = \partial_z g(y,z) = 3$$

이므로

$$h(z) = 3z + C$$

이다. 따라서

$$\varphi(x,y,z) = xyz + x + 2y + 3z + C$$

는 벡터장 $\mathbf{F}$의 잠재함수이다.

(2) φ를 $\mathbf{F}$의 잠재함수라고 하면

$$\varphi_x(x,y,z) = 2x - y - z, \quad \varphi_y(x,y,z) = 2y - z - x, \quad \varphi_z(x,y,z) = 2z - x - y \quad (\star)$$

를 만족한다. 식 $\varphi_x(x,y,z) = 2x - y - z$를 양변 x에 대하여 편적분하면, 적당한 함수 $g(y,z)$에 대하여

$$\varphi(x,y,z) = x^2 - xy - zx + g(y,z)$$

가 되고, 이 식을 양변 y,z로 각각 편미분하면

$$\varphi_y(x,y,z) = -x + \partial_y g(y,z), \qquad \varphi_z(x,y,z) = -x + \partial_z g(y,z)$$

이므로 식 $(\star)$로부터

$$\partial_y g(y,z) = 2y - z, \qquad \partial_z g(y,z) = 2z - y$$

이다. 또한 식 $\partial_y g(y,z) = 2y - z$를 y에 대하여 편적분하면 적당한 함수 $h(z)$에 대하여

$$g(y,z) = y^2 - yz + h(z)$$

이고, 이 식을 다시 z로 편미분하면

$$h'(z) = y + \partial_z g(y,z) = 2z$$

이므로

$$h(z) = z^2 + C$$

이다. 따라서

$$\varphi(x,y,z) = x^2 + y^2 + z^2 - xy - yz - zx + C$$

는 벡터장 $\mathbf{F}$의 잠재함수이다. □

> **정의 4.4.3 (입체각 벡터장)** $\mathbb{R}^n$의 점 P에 대하여 $\mathbb{R}^n \setminus \{P\}$에서 정의된 벡터장
>
> $$\mathbf{A}_P(\mathbf{x}) = \frac{\mathbf{x} - P}{|\mathbf{x} - P|^n}$$
>
> 를 점 P를 중심으로 하는 n-차원 입체각 벡터장이라고 한다.

예제 4.4.4 n-차원 입체각 벡터장 $\mathbf{A}_P$의 잠재함수를 구하시오.

풀이 φ를 $\mathbf{A}_P$의 잠재함수라고 하자. $n = 2$, $P = (p_1, p_2)$이면, φ는

$$\varphi_x(x,y) = \frac{x - p_1}{(x-p_1)^2 + (y-p_2)^2}, \qquad \varphi_y(x,y) = \frac{y - p_2}{(x-p_1)^2 + (y-p_2)^2} \qquad (\star)$$

를 만족한다. 식 $\varphi_x(x,y) = \dfrac{x - p_1}{(x-p_1)^2 + (y-p_2)^2}$를 양변 x에 대하여 편적분하면, 적당한 함수 $g(y)$에 대하여

$$\varphi(x,y) = \log \sqrt{(x-p_1)^2 + (y-p_2)^2} + g(y)$$

가 되고, 이 식을 양변 y로 편미분하면

$$\varphi_y(x,y) = \frac{y-p_2}{(x-p_1)^2+(y-p_2)^2} + g'(y)$$

이므로 식 $(\star)$로부터 $g'(y)=0$이므로 g는 상수함수이다. 따라서 2차원 입체각 벡터장의 잠재함수는

$$\varphi(\mathbf{x}) = \log|\mathbf{x}-P| + C$$

이다. 한편 $n \geq 3$이면, 예제 1.5.9에서 $\alpha = 2-n$이라 두면

$$\mathbf{A}_P(\mathbf{x}) = \operatorname{grad}\left(-\frac{1}{(n-2)|\mathbf{x}-P|^{n-2}}\right)$$

임을 안다. 따라서 n-차원 입체각 벡터장 $\mathbf{A}_P$의 잠재함수는

$$\varphi(\mathbf{x}) = -\frac{1}{(n-2)|\mathbf{x}-P|^{n-2}} + C$$

이다. □

예제 4.4.4에서 구한 n-차원 입체각 벡터장 $\mathbf{A}_P$의 잠재함수 φ는

$$\Delta\varphi(\mathbf{x}) = 0 \quad (\mathbf{x} \neq P)$$

를 만족한다. 이때 $-\varphi$에 n-차원 단위공의 겉넓이 $n\mathrm{Vol}_n(B_1)$을 나누어 얻은 함수

$$\Phi(\mathbf{x}) = \begin{cases} -\dfrac{1}{2\pi}\log|\mathbf{x}-P| & (n=2) \\ \dfrac{1}{n(n-2)\mathrm{Vol}_n(B_1)|\mathbf{x}-P|^{n-2}} & (n \geq 3) \end{cases}$$

를 라플라스 방정식의 기본해라고 부른다. (여기서 상수 $C=0$으로 두었다.) 라플라스 방정식의 기본해는 그린 함수의 유도와 푸아송 방정식의 경곗값 문제

$$\begin{cases} \Delta u(\mathbf{x}) = f(\mathbf{x}) & (\mathbf{x} \in U) \\ u(\mathbf{x}) = g(\mathbf{x}) & (\mathbf{x} \in \partial U) \end{cases}$$

에 대한 해의 표현 공식, 균등 타원형 편미분방정식의 정칙성 등 편미분방정식을 연구하는 분야에서 매우 중요한 함수이다.

일변수함수의 정적분을 구하기 위해 부정적분을 구하듯, 벡터장의 선적분을 구하기 위해 잠재함수를 구한다. 다음 정리는 잠재함수를 이용하여 벡터장의 선적분을 구할 수 있음을 의미한다.

정리 4.4.5 (선적분의 기본정리) $\mathbb{R}^n$ 의 열린 집합 U 에서 정의된 일급 함수 $f : U \to \mathbb{R}$ 와 일급 곡선 $X : [a, b] \to U$ 에 대하여

$$\int_X \operatorname{grad} f \cdot d\mathbf{s} = f\big(X(b)\big) - f\big(X(a)\big)$$

가 성립한다.

곡선 $X : [a, b] \to U$ 의 매개화를 이용하여 벡터장 $\mathbf{F}$ 의 선적분

$$\int_X \mathbf{F} \cdot d\mathbf{s} = \int_a^b \mathbf{F}\big(X(t)\big) \cdot X'(t)\, dt$$

의 값을 쉽게 구할 수 있는 경우는 직접 계산해도 되지만, 경우에 따라 $\mathbf{F}$ 의 잠재함수를 구하는 편이 선적분을 직접 계산하는 것보다 쉽다. 따라서 함수 $\mathbf{F}\big(X(t)\big) \cdot X'(t)$ 의 부정적분을 구하기가 쉽지 않은 경우 $\mathbf{F}$ 의 잠재함수의 존재성이 보장된다면 $\mathbf{F}$ 의 잠재함수를 구해 선적분의 기본정리를 적용하여 적분값을 구한다.

예제 4.4.6 $\mathbb{R}^3 \setminus \{(x, y, z) \in \mathbb{R}^3 \mid x = 0,\ y = 0\}$ 에서 정의된 벡터장

$$\begin{aligned}\mathbf{F}(x, y, z) = &\left(\frac{x}{x^2 + y^2} + \frac{y + z}{\sqrt{(xy + yz + zx)^2 + 1}}\right)\mathbf{i} \\ &+ \left(\frac{y}{x^2 + y^2} + \frac{z + x}{\sqrt{(xy + yz + zx)^2 + 1}}\right)\mathbf{j} + \frac{x + y}{\sqrt{(xy + yz + zx)^2 + 1}}\mathbf{k}\end{aligned}$$

에 대하여 다음에 답하시오.

(1) $\mathbf{F}$ 의 잠재함수를 구하시오.

(2) 곡선

$$X(t) = \big((1 - t)e^{\sqrt{t}}, 3t - 2t^2, \sinh 2t\big) \quad (0 \leq t \leq 1)$$

에 대하여 선적분 $\displaystyle\int_X \mathbf{F} \cdot d\mathbf{s}$ 를 구하시오.

풀이 (1) φ를 $\mathbf{F}$의 잠재함수라고 하면

$$\begin{cases} \varphi_x(x,y,z) = \dfrac{x}{x^2+y^2} + \dfrac{y+z}{\sqrt{(xy+yz+zx)^2+1}} \\ \varphi_y(x,y,z) = \dfrac{y}{x^2+y^2} + \dfrac{z+x}{\sqrt{(xy+yz+zx)^2+1}} \\ \varphi_z(x,y,z) = \dfrac{x+y}{\sqrt{(xy+yz+zx)^2+1}} \end{cases} \qquad (\star)$$

를 만족한다. 식

$$\varphi_x(x,y,z) = \frac{x}{x^2+y^2} + \frac{y+z}{\sqrt{(xy+yz+zx)^2+1}}$$

를 양변 x에 대하여 편적분하면, 적당한 함수 $g(y,z)$에 대하여

$$\varphi(x,y,z) = \frac{1}{2}\log(x^2+y^2) + \operatorname{arsinh}(xy+yz+zx) + g(y,z)$$

가 되고, 이 식을 양변 y, z로 각각 편미분하면,

$$\begin{aligned} \varphi_y(x,y,z) &= \frac{y}{x^2+y^2} + \frac{z+x}{\sqrt{(xy+yz+zx)^2+1}} + \partial_y g(y,z), \\ \varphi_z(x,y,z) &= \frac{x+y}{\sqrt{(xy+yz+zx)^2+1}} + \partial_z g(y,z) \end{aligned}$$

이므로 식 $(\star)$로부터

$$\partial_y g(y,z) = 0, \qquad \partial_z g(y,z) = 0$$

이다. 또한 식 $\partial_y g(y,z) = 0$을 y에 대하여 편적분하면 적당한 함수 $h(z)$에 대하여 $g(y,z) = h(z)$이고, 이 식을 다시 z로 편미분하면 $h'(z) = \partial_z g(y,z) = 0$이므로 $h(z) = C$이다. 따라서

$$\varphi(x,y,z) = \frac{1}{2}\log(x^2+y^2) + \operatorname{arsinh}(xy+yz+zx) + C$$

는 벡터장 $\mathbf{F}$의 잠재함수이다.

(2) 선적분의 기본정리에 의해

$$\int_X \mathbf{F}\cdot d\mathbf{s} = \int_X \operatorname{grad}\varphi \cdot d\mathbf{s} = \varphi\big(X(1)\big) - \varphi\big(X(0)\big) = \varphi(0,1,\sinh 2) - \varphi(1,0,0) = 2$$

를 얻는다. □

예제 4.4.7 좌표공간에서 정의된 벡터장

$$\mathbf{F}(x,y,z) = (xy^2+1)e^{xy^2+z^3}\,\mathbf{i} + \big(2x^2ye^{xy^2+z^3} + 2y\sin(y^3+z^2) + 3y^4\cos(y^3+z^2)\big)\,\mathbf{j} \\ + \big(2z + 3xz^2e^{xy^2+z^3} + 2y^2z\cos(y^3+z^2)\big)\,\mathbf{k}$$

의 잠재함수를 구하고, 곡선

$$X(t) = \big(1 + (1-t)\log(1+t), t^2+t, t^2-t\big) \quad (0 \le t \le 1)$$

에 대하여 $\int_X \mathbf{F}\cdot d\mathbf{s}$ 를 구하시오.

풀이 φ 를 $\mathbf{F}$ 의 잠재함수라고 하면

$$\begin{cases} \varphi_x(x,y,z) = (xy^2+1)e^{xy^2+z^3} \\ \varphi_y(x,y,z) = 2x^2ye^{xy^2+z^3} + 2y\sin(y^3+z^2) + 3y^4\cos(y^3+z^2) \\ \varphi_z(x,y,z) = 2z + 3xz^2e^{xy^2+z^3} + 2y^2z\cos(y^3+z^2) \end{cases} \qquad (\star)$$

을 만족한다. 식

$$\varphi_x(x,y,z) = (xy^2+1)e^{xy^2+z^3}$$

을 양변 x 에 대하여 편적분하면, 적당한 함수 $g(y,z)$ 에 대하여

$$\varphi(x,y,z) = xe^{xy^2+z^3} + g(y,z)$$

가 되고, 이 식을 양변 y, z 로 각각 편미분하면,

$$\varphi_y(x,y,z) = 2x^2ye^{xy^2+z^3} + \partial_y g(y,z), \quad \varphi_z(x,y,z) = 3xz^2e^{xy^2+z^3} + \partial_z g(y,z)$$

이므로 식 $(\star)$로부터

$$\partial_y g(y,z) = 2y\sin(y^3+z^2) + 3y^4\cos(y^3+z^2), \quad \partial_z g(y,z) = 2z + 2y^2z\cos(y^3+z^2)$$

이다. 또한

$$\partial_y g(y,z) = 2y\sin(y^3+z^2) + 3y^4\cos(y^3+z^2)$$

을 y 로 편적분하면, 적당한 함수 $h(z)$ 에 대하여

$$g(y,z) = y^2\sin(y^3+z^2) + h(z)$$

이고, 이 식을 다시 z로 편미분하여 식

$$\partial_z g(y,z) = 2z + 2y^2 z\cos(y^3+z^2)$$

과 비교하면, $h'(z) = 2z$를 얻어

$$h(z) = z^2 + C$$

임을 안다. 따라서

$$\varphi(x,y,z) = xe^{xy^2+z^3} + y^2\sin(y^3+z^2) + z^2 + C$$

는 벡터장 $\mathbf{F}$의 잠재함수이다. 이제 선적분의 기본정리에 의해

$$\begin{aligned}\int_X \mathbf{F}\cdot d\mathbf{s} &= \int_X \operatorname{grad}\varphi\cdot d\mathbf{s} = \varphi\big(X(1)\big) - \varphi\big(X(0)\big)\\ &= \varphi(1,2,0) - \varphi(1,0,0) = e^4 - 1 + 4\sin 8\end{aligned}$$

을 얻는다. □

4.5 잠재함수의 존재성

예제 4.5.1 벡터장 $\mathbf{F}(x,y) = (x-y, x-2)$는 잠재함수를 갖지 않음을 보이시오.

풀이 벡터장 $\mathbf{F}$가 잠재함수 φ를 가진다고 가정하자. 즉

$$\varphi_x(x,y) = x-y, \qquad \varphi_y(x,y) = x-2$$

이므로 첫 번째 식으로부터 적당한 함수 $f(y)$에 대하여

$$\varphi(x,y) = \frac{1}{2}x^2 - xy + f(y)$$

를 얻고, 이 식을 다시 y로 편미분하면 $\varphi_y(x,y) = -x + f'(y)$이므로 $f'(y) = 2x-2$가 되어 모순이다. 따라서 벡터장 $\mathbf{F}$는 잠재함수를 갖지 않는다. □

벡터장이 항상 잠재함수를 가지는 것은 아니므로 이 절에서는 벡터장이 잠재함수를 가질 조건에 대해 알아본다. 잠재함수를 가지는 벡터장 $\mathbf{F}$에 대하여 편미분 교환법칙과 선적분의 기본정리로부터 다음 정리를 얻는다.

정리 4.5.2 $\mathbb{R}^n$ 의 열린 집합 U 에서 정의된 일급 벡터장

$$\mathbf{F}(\mathbf{x}) = \big(f_1(\mathbf{x}), f_2(\mathbf{x}), \cdots, f_n(\mathbf{x})\big)$$

가 잠재함수를 가지면 다음이 성립한다.

(i) 모든 $i, j = 1, 2, \cdots, n$ 에 대하여

$$\frac{\partial f_j}{\partial x_i} = \frac{\partial f_i}{\partial x_j}$$

이다.

(ii) 선적분 $\int_X \mathbf{F} \cdot d\mathbf{s}$ 는 곡선의 경로와 무관하다. 즉 임의의 두 조각적 일급 곡선

$$X_1 : [a, b] \to U, \qquad X_2 : [\alpha, \beta] \to U$$

가 $X_1(a) = X_2(\alpha)$, $X_1(b) = X_2(\beta)$ 를 만족하면

$$\int_{X_1} \mathbf{F} \cdot d\mathbf{s} = \int_{X_2} \mathbf{F} \cdot d\mathbf{s}$$

가 성립한다.

정리 4.5.2 에서 잠재함수를 가지는 벡터장의 두 가지 특징을 관찰하였다. 이제 우리는 이 성질들에 관심이 있다.

정의 4.5.3 $\mathbb{R}^n$ 의 열린 집합 U 에서 정의된 일급 벡터장 $\mathbf{F}$ 에 대하여

(i) $\mathbf{F}(\mathbf{x}) = \big(f_1(\mathbf{x}), f_2(\mathbf{x}), \cdots, f_n(\mathbf{x})\big)$ 의 각 성분함수가

$$\frac{\partial f_j}{\partial x_i} = \frac{\partial f_i}{\partial x_j} \quad (i, j = 1, 2, \cdots, n)$$

를 만족하면 $\mathbf{F}$ 를 닫힌 벡터장이라고 한다.

(ii) 곡선 $X : [a, b] \to U$ 가 $X(a) = X(b)$ 를 만족하면 X 를 닫힌 곡선이라고 한다. 이때 닫힌 곡선 X 를 따르는 벡터장 $\mathbf{F}$ 의 선적분을

$$\oint_X \mathbf{F} \cdot d\mathbf{s}$$

로 표기한다.

특히 선적분 $\int_X \mathbf{F}\cdot d\mathbf{s}$ 가 곡선의 경로와 무관할 필요충분조건은 임의의 닫힌 곡선 X 에 대하여

$$\oint_X \mathbf{F}\cdot d\mathbf{s} = 0$$

인 것이다.

예제 4.5.4 벡터장 $\mathbf{F}(x,y,z) = (y, x, xyz)$ 는 잠재함수를 갖지 않음을 보이시오.

풀이 벡터장 $\mathbf{F}$ 의 성분함수를 $f_1(x,y,z) = y$, $f_2(x,y,z) = x$, $f_3(x,y,z) = xyz$ 라 두면

$$\frac{\partial f_1}{\partial z} = 0 \neq yz = \frac{\partial f_3}{\partial x}$$

이므로 $\mathbf{F}$ 는 잠재함수를 갖지 않는다. □

정리 4.5.2 는 잠재함수를 가지는 벡터장의 성질로부터 유도하였다. 만일 이 정리의 역이 성립한다면 잠재함수를 가지는 벡터장의 필요충분조건을 얻을 수 있다. 이 절의 목적은 이 정리의 역이 성립하기 위한 조건을 찾는 것이다. 일반적으로 정리 4.5.2 의 명제 (i)의 역은 참이 아니다.

예제 4.5.5 벡터장

$$\mathbf{F}(x,y,z) = \left(-\frac{y}{x^2+y^2}, \frac{x}{x^2+y^2}, 3z^2 + \cos z\right)$$

는 닫힌 벡터장이지만 잠재함수를 갖지 않음을 보이시오.

풀이 벡터장 $\mathbf{F}$ 의 성분함수를

$$f_1(x,y,z) = -\frac{y}{x^2+y^2}, \qquad f_2(x,y,z) = \frac{x}{x^2+y^2}, \qquad f_3(x,y,z) = 3z^2 + \cos z$$

라 두면

$$\frac{\partial f_1}{\partial y} = \frac{y^2 - x^2}{(x^2+y^2)^2} = \frac{\partial f_2}{\partial x}, \qquad \frac{\partial f_1}{\partial z} = 0 = \frac{\partial f_3}{\partial x}, \qquad \frac{\partial f_2}{\partial z} = 0 = \frac{\partial f_3}{\partial y}$$

이므로 $\mathbf{F}$ 는 닫힌 벡터장이다. 그러나 닫힌 곡선

$$X(t) = (\cos t, \sin t, 0) \quad (0 \leq t \leq 2\pi)$$

를 따라 벡터장 $\mathbf{F}$ 의 선적분을 계산하면

$$\oint_X \mathbf{F} \cdot d\mathbf{s} = \int_0^{2\pi} (-\sin t, \cos t, 1) \cdot (-\sin t, \cos t, 0)\, dt = 2\pi \neq 0$$

이므로 정리 4.5.2 의 (ii)에 의해 벡터장 $\mathbf{F}$ 는 잠재함수를 갖지 않는다. □

다음 정리로부터 정의역이 볼록집합이면 정리 4.5.2 의 명제 (i)의 역이 성립함을 알 수 있다.

정리 4.5.6 (푸앵카레 도움정리) $\mathbb{R}^n$ 의 열린 볼록 부분집합 U 에서 정의된 닫힌 벡터장은 잠재함수를 가진다.

예를 들면 예제 4.5.5 의 벡터장 $\mathbf{F}$ 를 열린 볼록 부분집합

$$U = \{(x, y, z) \in \mathbb{R}^3 \mid x > 0\}$$

로 제한한 벡터장 $\mathbf{F}|_U$ 는 푸앵카레 도움정리에 의해 잠재함수를 가진다. 즉 푸앵카레 도움정리는 주어진 닫힌 벡터장이 대역적으로는 잠재함수를 갖지 않지만 국소적으로는 잠재함수를 갖을 수 있음을 보여 준다. 실제로 벡터장 $\mathbf{F}|_U$ 의 잠재함수는

$$\varphi(x, y, z) = \arctan \frac{y}{x} + z^3 - \sin z$$

이다.

다음 정리는 정리 4.5.2 의 명제 (ii)의 역이 참임을 보여 준다.

정리 4.5.7 $\mathbb{R}^n$ 의 열린 집합 U 에서 정의된 벡터장 $\mathbf{F}$ 에 대하여 다음은 모두 동치이다.

(i) $\mathbf{F}$ 가 잠재함수를 가진다.

(ii) 임의의 닫힌 곡선 $X : [a, b] \to U$ 에 대하여 $\oint_X \mathbf{F} \cdot d\mathbf{s} = 0$ 이다.

(iii) 선적분 $\int_X \mathbf{F} \cdot d\mathbf{s}$ 는 곡선의 경로와 무관하다.

4.6 미분형식

4.6.1 전미분

다변수함수의 연쇄법칙으로부터

$$\frac{df}{dt} = \frac{\partial f}{\partial x_1}\frac{dx_1}{dt} + \frac{\partial f}{\partial x_2}\frac{dx_2}{dt} + \cdots + \frac{\partial f}{\partial x_n}\frac{dx_n}{dt}$$

을 얻고, 이 식의 양변에서 dt를 소거하여 다음과 같이 정의한다.

> **정의 4.6.1** $\mathbb{R}^n$의 열린 집합 U에서 정의된 미분가능함수 $f : U \to \mathbb{R}$에 대하여
>
> $$df = \frac{\partial f}{\partial x_1}dx_1 + \frac{\partial f}{\partial x_2}dx_2 + \cdots + \frac{\partial f}{\partial x_n}dx_n$$
>
> 을 f의 전미분이라고 한다.

예제 4.6.2 다음 함수의 전미분을 구하시오.

(1) $f(x, y) = \arctan \dfrac{y}{x}$ (2) $f(x, y, z) = xze^{-y^2-z^2}$

풀이 (1) 전미분의 정의에 의해

$$\begin{aligned} df &= \frac{\partial f}{\partial x}dx + \frac{\partial f}{\partial y}dy \\ &= -\frac{y}{x^2+y^2}dx + \frac{x}{x^2+y^2}dy \end{aligned}$$

이다.

(2) 전미분의 정의에 의해

$$\begin{aligned} df &= \frac{\partial f}{\partial x}dx + \frac{\partial f}{\partial y}dy + \frac{\partial f}{\partial z}dz \\ &= ze^{-y^2-z^2}dx - 2xyze^{-y^2-z^2}dy + x(1-2z^2)e^{-y^2-z^2}dz \end{aligned}$$

이다. □

4.6.2 미분 1-형식

정의 4.6.3 U를 $\mathbb{R}^n$의 열린 집합이라고 하자.

(i) 함수 $f_1, f_2, \cdots, f_n : U \to \mathbb{R}$에 대하여

$$f_1\,dx_1 + f_2\,dx_2 + \cdots + f_n\,dx_n$$

을 미분 1-형식이라고 한다. 미분 1-형식과 벡터장은 다음과 같이 일대일 대응함을 알 수 있다.

$$f_1\,dx_1 + f_2\,dx_2 + \cdots + f_n\,dx_n \quad \xleftrightarrow{\text{일대일 대응}} \quad \mathbf{F} = (f_1, f_2, \cdots, f_n)$$

(ii) 미분 1-형식 $\omega = f_1\,dx_1 + f_2\,dx_2 + \cdots + f_n\,dx_n$에 대하여 $\omega = d\varphi$인 함수 $\varphi : U \to \mathbb{R}$가 존재할 때, ω를 완전형식이라 하고 이때 함수 φ를 ω의 잠재함수라고 한다.

(iii) 미분 1-형식 $\omega = f_1\,dx_1 + f_2\,dx_2 + \cdots + f_n\,dx_n$에 대응하는 벡터장

$$\mathbf{F} = (f_1, f_2, \cdots, f_n)$$

이 닫힌 벡터장이면, ω를 닫힌형식이라고 한다.

예제 4.6.4 연속함수 $f : (0, \infty) \to \mathbb{R}$에 대하여 다음에 답하시오.

(1) 미분 1-형식 $f(x)\,dx$의 잠재함수를 구하시오.

(2) 미분 1-형식 $\omega = f\left(\sqrt{x_1^2 + x_2^2 + \cdots + x_n^2}\right)(x_1\,dx_1 + x_2\,dx_2 + \cdots + x_n\,dx_n)$의 잠재함수를 구하시오.

풀이 (1) 양수 a에 대하여

$$\varphi(x) = \int_a^x f(t)\,dt$$

라고 하자. 그러면 미적분학의 기본정리에 의해

$$d\varphi = \frac{d\varphi}{dx}\,dx = f(x)\,dx$$

이므로 φ는 $f(x)\,dx$의 잠재함수이다.

(2) 실수 $\varphi_1, \varphi_2, \cdots, \varphi_{n-2} \in [0, \pi]$ 와 $\theta \in [0, 2\pi)$ 에 대하여

$$\begin{aligned}
x_1 &= \rho \cos\varphi_1, \\
x_2 &= \rho \sin\varphi_1 \cos\varphi_2, \\
x_3 &= \rho \sin\varphi_1 \sin\varphi_2 \cos\varphi_3, \\
&\vdots \\
x_{n-2} &= \rho \sin\varphi_1 \sin\varphi_2 \times \cdots \times \sin\varphi_{n-3} \cos\varphi_{n-2}, \\
x_{n-1} &= \rho \sin\varphi_1 \sin\varphi_2 \times \cdots \times \sin\varphi_{n-3} \sin\varphi_{n-2} \cos\theta, \\
x_n &= \rho \sin\varphi_1 \sin\varphi_2 \times \cdots \times \sin\varphi_{n-3} \sin\varphi_{n-2} \sin\theta
\end{aligned}$$

라 두면

$$\rho = \sqrt{x_1^2 + x_2^2 + \cdots + x_n^2}$$

이므로 ρ 의 전미분은

$$\begin{aligned}
d\rho &= \frac{\partial\rho}{\partial x_1}\,dx_1 + \cdots + \frac{\partial\rho}{\partial x_n}\,dx_n \\
&= \frac{x_1}{\sqrt{x_1^2 + x_2^2 + \cdots + x_n^2}}\,dx_1 + \cdots + \frac{x_n}{\sqrt{x_1^2 + x_2^2 + \cdots + x_n^2}}\,dx_n
\end{aligned}$$

이고, 따라서

$$\rho\,d\rho = x_1\,dx_1 + x_2\,dx_2 + \cdots + x_n\,dx_n$$

이다. 미분 1-형식 ω 를 $(\rho, \varphi_1, \varphi_2, \cdots, \varphi_{n-2}, \theta)$-좌표계를 이용하여 표현하면

$$f\left(\sqrt{x_1^2 + x_2^2 + \cdots + x_n^2}\right)(x_1\,dx_1 + x_2\,dx_2 + \cdots + x_n\,dx_n) = \rho f(\rho)\,d\rho$$

이므로 (1)의 잠재함수를 이용할 수 있다. 따라서 양수 a 에 대하여 함수

$$\varphi(\mathbf{x}) = \int_a^{|\mathbf{x}|} t f(t)\,dt$$

가 ω 의 잠재함수이다. □

예제 4.6.4 에서 소개한 $(\rho, \varphi_1, \varphi_2, \cdots, \varphi_{n-2}, \theta)$-좌표계는 구면좌표계를 $\mathbb{R}^n$ 으로 확장한 것이며, n-차원 구면좌표계라고 한다.

4.6.3 미분형식의 선적분

3 절에서 곡선 $X(t) = \big(x_1(t), x_2(t), \cdots, x_n(t)\big)$ 를 따르는 벡터장 $\mathbf{F} = (f_1, f_2, \cdots, f_n)$ 의 선적분은

$$\int_X \mathbf{F} \cdot d\mathbf{s} = \int_a^b \mathbf{F}\big(X(t)\big) \cdot X'(t)\, dt$$

임을 공부했다. 또한 곡선의 각 성분함수의 전미분을 구하면

$$dx_i = x_i'(t)\, dt \quad (i = 1, 2, \cdots, n)$$

이고, 이를 이용하여 선적분을 벡터의 성분으로 표현하면

$$\begin{aligned}\int_a^b \mathbf{F}\big(X(t)\big) \cdot X'(t)\, dt &= \int_a^b \big(f_1\big(X(t)\big)x_1'(t) + \cdots + f_n\big(X(t)\big)x_n'(t)\big)\, dt \\ &= \int_a^b f_1\big(X(t)\big)x_1'(t)\, dt + \cdots + f_n\big(X(t)\big)x_n'(t)\, dt \\ &= \int_X f_1\, dx_1 + \cdots + f_n\, dx_n\end{aligned}$$

이다. 즉 미분 1-형식

$$f_1\, dx_1 + f_2\, dx_2 + \cdots + f_n\, dx_n$$

의 선적분을 이 미분형식에 대응되는 벡터장

$$\mathbf{F} = (f_1, f_2, \cdots, f_n)$$

의 선적분으로 이해할 수 있다.

정의 4.6.5 일급 곡선

$$X(t) = \big(x_1(t), x_2(t), \cdots, x_n(t)\big)$$

에 대하여 미분 1-형식 $f_1\, dx_1 + f_2\, dx_2 + \cdots + f_n\, dx_n$ 의 선적분을 다음과 같이 정의한다.

$$\begin{aligned}&\int_X f_1\, dx_1 + f_2\, dx_2 + \cdots + f_n\, dx_n \\ &= \int_a^b \big(f_1\big(X(t)\big)x_1'(t) + f_2\big(X(t)\big)x_2'(t) + \cdots + f_n\big(X(t)\big)x_n'(t)\big)\, dt.\end{aligned}$$

예제 4.6.6 곡선

$$X(t) = (t^2, t^3) \quad (-1 \le t \le 1)$$

에 대하여 다음 미분형식의 선적분을 구하시오.

$$\int_X xy\,dx + (2x - y)\,dy.$$

풀이 미분형식의 선적분의 정의에 의해

$$\begin{aligned}
\int_X xy\,dx + (2x - y)\,dy &= \int_{-2}^{1} t^2 \cdot t^3\,d(t^2) + (2t^2 - t^3)\,d(t^3) \\
&= \int_{-1}^{1} t^5 \cdot 2t\,dt + (2t^2 - t^3) \cdot 3t^2\,dt \\
&= \int_{-1}^{1} (2t^6 - 3t^5 + 6t^4)\,dt \\
&= \frac{104}{35}
\end{aligned}$$

이다. □

예제 4.6.7 사이클로이드

$$X(t) = r(t - \sin t, 1 - \cos t) \quad (0 \le t \le 2\pi)$$

에 대하여 다음 미분형식의 선적분을 구하시오. (단, r은 양의 실수이다.)

$$\int_X x\,dy, \qquad \int_X -y\,dx, \qquad \frac{1}{2}\int_X x\,dy - y\,dx.$$

풀이 미분형식의 선적분의 정의에 의해 앞의 두 적분은 각각

$$\begin{aligned}
\int_X x\,dy &= \int_0^{2\pi} r(t - \sin t)\,d\left(r(1 - \cos t)\right) \\
&= \int_0^{2\pi} r(t - \sin t) \cdot r \sin t\,dt \\
&= \int_0^{2\pi} r^2(t \sin t - \sin^2 t)\,dt \\
&= -3\pi r^2,
\end{aligned}$$

$$\begin{aligned}\int_X -y\,dx &= \int_0^{2\pi} -r(1-\cos t)\,d\,(r(t-\sin t)) \\ &= \int_0^{2\pi} -r(1-\cos t)\cdot r(1-\cos t)\,dt \\ &= \int_0^{2\pi} -r^2(1-\cos t)^2\,dt \\ &= -3\pi r^2\end{aligned}$$

이다. 따라서 마지막 적분은

$$\begin{aligned}\frac{1}{2}\int_X x\,dy - y\,dx &= \frac{1}{2}\left(\int_X x\,dy + \int_X -y\,dx\right) \\ &= \frac{1}{2}(-3\pi r^2 - 3\pi r^2) \\ &= -3\pi r^2\end{aligned}$$

임을 안다. □

4.7 각원소 벡터장

극좌표계에서 각 θ를 구간 $[0, 2\pi)$로 제한하면 다음과 같다.

$$\theta = \begin{cases} \arctan\dfrac{y}{x} & (x>0,\ y\geq 0) \\ \arctan\dfrac{y}{x} + 2\pi & (x>0,\ y<0) \\ \arctan\dfrac{y}{x} + \pi & (x<0) \\ \dfrac{\pi}{2} & (x=0,\ y>0) \\ \dfrac{3}{2}\pi & (x=0,\ y<0)\end{cases}$$

이때 θ의 전미분을 구하면

$$d\theta = \frac{\partial\theta}{\partial x}\,dx + \frac{\partial\theta}{\partial y}\,dy = -\frac{y}{x^2+y^2}\,dx + \frac{x}{x^2+y^2}\,dy$$

이다. 이 미분형식에 대응되는 벡터장을 각원소 벡터장이라고 한다.

정의 4.7.1 (각원소 벡터장) 각원소 벡터장 $\mathbf{a} : \mathbb{R}^2 \setminus \{(0,0)\} \to \mathbb{R}^2$ 는

$$\mathbf{a}(x,y) = \left(-\frac{y}{x^2+y^2}, \frac{x}{x^2+y^2}\right)$$

로 정의한다.

각원소 벡터장을 곡선을 따라 선적분하면 원점을 기준으로 바라본 곡선의 각도 변화를 측정할 수 있다. 이때 벡터장의 선적분은 곡선의 향에 의존하므로 각원소 벡터장을 다룰 때 곡선의 향에 따른 부호에 주의해야 한다.

정리 4.7.2 각원소 벡터장을 일급 곡선

$$X(t) = r(t)\big(\cos\theta(t), \sin\theta(t)\big) \quad (t_0 \le t \le t_1)$$

를 따라 적분한 값은

$$\int_X \mathbf{a} \cdot d\mathbf{s} = \theta(t_1) - \theta(t_0)$$

이다.

정리 4.7.2는 곡선 X를 따라 각의 무한소($d\theta = \mathbf{a}$)를 모두 합치면 곡선 X의 총 각도 변화량$\big(\theta(t_1) - \theta(t_0)\big)$을 얻을 수 있음을 의미한다.

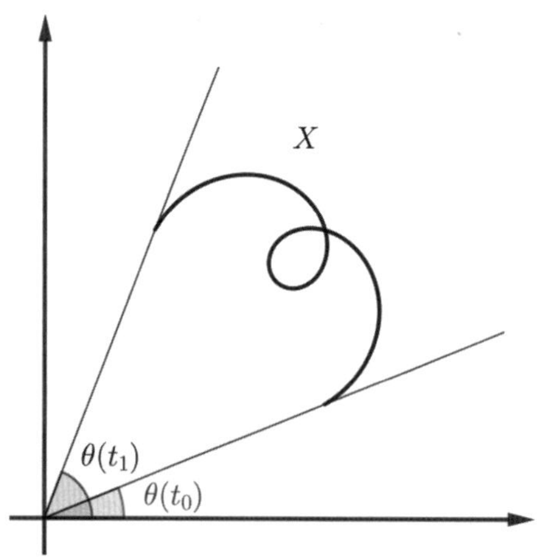

예제 4.7.3 곡선

$$X(t) = (1-t, t) \quad (0 \le t \le 1)$$

를 따르는 각원소 벡터장

$$\mathbf{a}(x,y) = \left(-\frac{y}{x^2+y^2}, \frac{x}{x^2+y^2}\right)$$

의 선적분을 구하시오.

풀이 곡선 X 의 각도 변화량은 $\pi/2$ 이므로 정리 4.7.2 에 의해

$$\int_X \mathbf{a} \cdot d\mathbf{s} = \frac{\pi}{2}$$

를 얻는다. □

예제 4.7.4 곡선

$$X(t) = (\cos t, -\sin t, e^{-t^2} \arctan t) \quad (0 \le t \le \pi)$$

를 따르는 벡터장

$$\widetilde{\mathbf{a}}(x,y,z) = \left(-\frac{y}{x^2+y^2}, \frac{x}{x^2+y^2}, 0\right)$$

의 선적분을 구하시오.

풀이 곡선 X 를 xy-평면으로 정사영하여 얻은 평면곡선을

$$Y(t) = (\cos t, -\sin t) \quad (0 \le t \le \pi)$$

라 두자. 벡터장 $\widetilde{\mathbf{a}}$ 는 z-좌표가 0 이고, 변수 z 와 무관한 벡터장이므로

$$\int_X \widetilde{\mathbf{a}} \cdot d\mathbf{s} = \int_0^\pi \widetilde{\mathbf{a}}\big(X(t)\big) \cdot X'(t)\,dt = \int_0^\pi \mathbf{a}\big(Y(t)\big) \cdot Y'(t)\,dt = \int_Y \mathbf{a} \cdot d\mathbf{s}$$

가 되어 이 적분은 평면곡선 Y 를 따르는 각원소 벡터장 $\mathbf{a}$ 의 선적분이 된다. 그런데 곡선 Y 의 각도 변화량은 $-\pi$ 이므로 정리 4.7.2 에 의해

$$\int_X \mathbf{a} \cdot d\mathbf{s} = -\pi$$

를 얻는다. □

예제 4.7.5 일급 함수 $f:(0,\infty)\to\mathbb{R}$에 대하여 미분 1-형식

$$\omega = f(x^2+y^2)(-y\,dx + x\,dy)$$

가 닫힌형식이면 ω에 대응되는 벡터장이 각원소 벡터장의 상수배임을 보이시오.

풀이 미분 1-형식 ω가 닫힌형식이므로 다음 두 편도함수

$$\begin{aligned}\frac{\partial}{\partial y}\Big(-yf(x^2+y^2)\Big) &= -f(x^2+y^2) - 2y^2 f'(x^2+y^2),\\ \frac{\partial}{\partial x}\Big(xf(x^2+y^2)\Big) &= f(x^2+y^2) + 2x^2 f'(x^2+y^2)\end{aligned}$$

이 일치하고, 따라서

$$f(x^2+y^2) = -(x^2+y^2)f'(x^2+y^2)$$

이다. 이때 $t = x^2+y^2$이라 두고 정리하면

$$\frac{f'(t)}{f(t)} = -\frac{1}{t}$$

이고, 이 식을 양변 t에 대하여 적분하면 $\log|f(t)| = -\log t + C$이므로 적당한 상수 k에 대하여 $f(t) = k/t$임을 안다. 따라서

$$\begin{aligned}\omega &= f(x^2+y^2)(-y\,dx + x\,dy)\\ &= k\left(-\frac{y}{x^2+y^2}\,dx + \frac{x}{x^2+y^2}\,dy\right)\\ &= k\mathbf{a}\end{aligned}$$

이므로 ω에 대응되는 벡터장이 각원소 벡터장의 상수배임을 안다. □

정의 4.7.6 (감는 수) 곡선 $X:[a,b]\to\mathbb{R}^2\setminus\{(0,0)\}$와 연속함수 $\theta:[a,b]\to\mathbb{R}$가

$$X(t) = |X(t)|\big(\cos\theta(t), \sin\theta(t)\big) \quad (a\le t\le b)$$

를 만족할 때

$$\operatorname{wind}(X) = \frac{\theta(b)-\theta(a)}{2\pi}$$

를 곡선 X가 원점을 감는 수라고 한다.

특히 X가 미분가능한 곡선이면 정리 4.7.2에 의해 각원소 벡터장 $\mathbf{a}$에 대하여

$$\mathrm{wind}(X) = \frac{1}{2\pi}\int_X \mathbf{a}\cdot d\mathbf{s}$$

임을 안다.

예제 4.7.7 다음 적분값을 구하시오.

$$\int_0^{2\pi} \frac{2\sin\theta\sin 3\theta + 6\cos\theta\cos 3\theta}{4\cos^2\theta + \sin^2 3\theta}\, d\theta.$$

풀이 미분가능한 곡선

$$X(\theta) = (2\cos\theta, \sin 3\theta) \quad (0 \le \theta \le 2\pi)$$

와 각원소 벡터장 $\mathbf{a}$에 대하여 주어진 적분은

$$\int_0^{2\pi} \frac{2\sin\theta\sin 3\theta + 6\cos\theta\cos 3\theta}{4\cos^2\theta + \sin^2 3\theta}\, d\theta = \int_X \mathbf{a}\cdot d\mathbf{s} = 2\pi\cdot\mathrm{wind}(X)$$

이다. 한편 곡선 X를 θ의 범위에 따라 좌표평면에 그리면 다음과 같다.

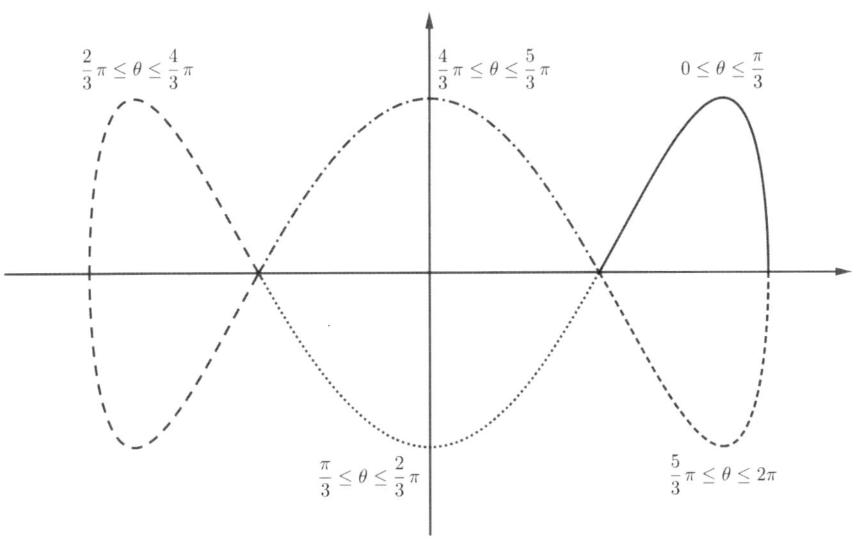

이때 θ의 범위가 $\pi/3 \le \theta \le 2\pi/3$와 $4\pi/3 \le \theta \le 5\pi/3$일 경우 원점에서 바라본 각도 변화가 각각 $-\pi$이고, 그 이외의 경우는 모두 0이므로 $\mathrm{wind}(X) = -1$이고

따라서

$$\int_0^{2\pi} \frac{2\sin\theta\sin 3\theta + 6\cos\theta\cos 3\theta}{4\cos^2\theta + \sin^2 3\theta}\,d\theta = -2\pi$$

를 얻는다. □

예제 4.7.8 곡선

$$X(t) = (2\cos nt, \sin nt) \quad (0 \le t \le 2\pi)$$

를 따르는 벡터장

$$\mathbf{F}(x,y) = \left(\frac{2x - 3y + 2x^3e^{-x^2-y^2} + 2xy^2e^{-x^2-y^2}}{x^2+y^2}\right)\mathbf{i} + \left(\frac{2y + 3x + 2x^2ye^{-x^2-y^2} + 2y^3e^{-x^2-y^2}}{x^2+y^2}\right)\mathbf{j}$$

의 선적분

$$\int_X \mathbf{F}\cdot d\mathbf{s}$$

를 구하시오. (단, n은 자연수이다.)

풀이 각원소 벡터장 $\mathbf{a}$와 벡터장

$$\mathbf{G}(x,y) = \left(\frac{2x}{x^2+y^2} + 2xe^{-x^2-y^2}, \frac{2y}{x^2+y^2} + 2ye^{-x^2-y^2}\right)$$

에 대하여 주어진 벡터장 $\mathbf{F}$를 아래와 같이 두 벡터장의 합으로 표현할 수 있다.

$$\mathbf{F}(x,y) = \mathbf{G}(x,y) + 3\mathbf{a}(x,y).$$

각각의 벡터장에 선적분을 구하면, 곡선 X가 원점을 감는 수는 n회이므로

$$\int_X \mathbf{a}\cdot d\mathbf{s} = 2\pi\cdot n = 2n\pi$$

이다. 또한 벡터장 $\mathbf{G}$는 함수

$$\varphi(x,y) = \log(x^2+y^2) - e^{-x^2-y^2} + C$$

를 잠재함수로 가지므로 임의의 닫힌 곡선을 따르는 선적분은 0이다. 그런데 곡선 X

는 닫힌 곡선이므로

$$\int_X \mathbf{G} \cdot d\mathbf{s} = 0$$

이고, 따라서

$$\int_X \mathbf{F} \cdot d\mathbf{s} = \int_X \mathbf{G} \cdot d\mathbf{s} + 3 \int_X \mathbf{a} \cdot d\mathbf{s} + \int_X \mathbf{G} \cdot d\mathbf{s} = 6n\pi$$

를 얻는다. □

제 5 장

다중적분

이 장에서의 목적은 일변수함수의 정적분에 대한 개념을 다변수함수로 확장하고, 그 성질과 응용에 대하여 공부하는 것이다.

5.1 이중적분과 푸비니 정리

앞으로 $\mathbb{R}^n$ 에서 (n-차원) 부피가 영이 아닌 집합을 영역이라고 부르기로 한다. 좌표평면의 영역 U 에서 정의된 이변수함수 $f : U \to \mathbb{R}$ 에 대하여 U 에서 함수 f 의 적분을 이중적분이라고 한다. 이 절에서는 직사각형에서의 이중적분에 대해 알아본다.

정의 5.1.1 (이중적분) 직사각형 $R = [a, b] \times [c, d]$ 에서 정의된 유계 함수 f 에 대하여 직사각형 R 에서 함수 f 의 이중적분을 다음과 같이 정의한다.

$$\iint_R f\, dV_2 = \lim_{n,m\to\infty} \sum_{i=1}^{n} \sum_{j=1}^{m} f(x_{ij}^*, y_{ij}^*)\, \Delta V_2.$$

여기서

$$x_i = a + i\,\Delta x \ (i = 0, 1, \cdots, n), \qquad y_j = c + j\,\Delta y \ (j = 0, 1, \cdots, m)$$

$$\Delta x = \frac{b-a}{n}, \qquad \Delta y = \frac{d-c}{m}, \qquad \Delta V_2 = \Delta x\, \Delta y,$$

$$(x_{ij}^*, y_{ij}^*) \in P_{ij} = [x_{i-1}, x_i] \times [y_{j-1}, y_j] \quad (1 \le i \le n,\ 1 \le j \le m)$$

이다.

함수 f가 R에서 양수일 때, 이중적분의 의미는 다음과 같다. 직사각형 R을 mn 개의 작은 직사각형 P_{ij}로 분할한다. 이때 P_{ij}에서 적당히 한 점 (x_{ij}^*, y_{ij}^*)를 선택하여, 밑면이 P_{ij}이고 높이가 $f(x_{ij}^*, y_{ij}^*)$인 직육면체의 부피를 구하면

$$f(x_{ij}^*, y_{ij}^*)\,\Delta V_2$$

이다. 이렇게 얻은 각 직육면체의 부피들을 모두 합하면 함수 f의 그래프와 직사각형 R 사이의 부피의 근삿값을 얻고, 분할의 수 m, n에 극한을 취하면 함수 f의 그래프와 직사각형 R 사이의 부피를 얻는다. 이 값이 바로 R에서 함수 f의 이중적분이다.

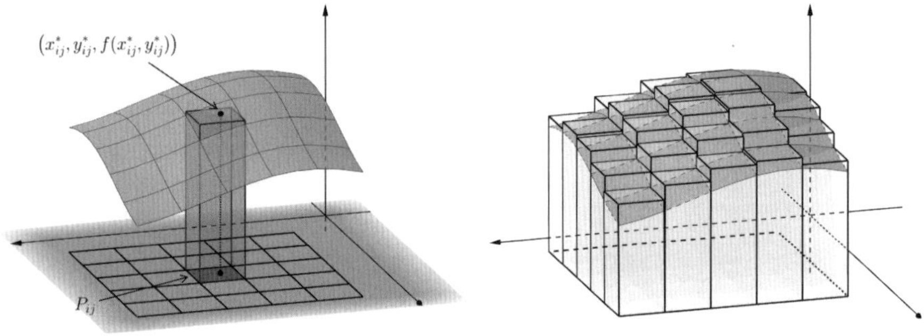

이중적분의 기하학적 의미

일변수함수의 정적분과 유사하게 이중적분을 정의했지만, 이 정의를 이용하여 이중적분의 값을 구하기에는 다소 무리가 있다. 이는 다음 무한급수

$$\lim_{n,m\to\infty} \sum_{i=1}^{n} \sum_{j=1}^{m} f(x_{ij}^*, y_{ij}^*)\,\Delta V_2$$

의 값을 구하기가 매우 어렵기 때문이다. 일변수함수의 경우에는 미적분학의 기본정리로 무한급수의 계산을 대신할 수 있었다. 이중적분에 대해 미적분학의 기본정리를 확장(평면 벡터장의 발산 정리, 그린 정리)할 수는 있으나 이는 실제로 이중적분을 구하려는 목적보다는 선적분을 구하려는 목적이 더 크다. 실제로 이중적분의 계산은 푸비니 정리를 이용한다. 푸비니 정리는 이중적분의 계산을 우리에게 이미 익숙한 일변수함수의 반복적분을 이용하여 계산할 수 있음을 보여 준다.

다음 정리는 이중적분의 값을 일변수함수의 반복적분으로 구할 수 있고, 적분 순서의 교환도 성립함을 의미한다.

정리 5.1.2 (푸비니 정리) 직사각형 $R = [a, b] \times [c, d]$ 에서 정의된 적분가능한 함수 f 에 대하여

$$\iint_R f\, dV_2 = \int_a^b \int_c^d f(x, y)\, dy\, dx = \int_c^d \int_a^b f(x, y)\, dx\, dy$$

가 성립한다.

푸비니 정리의 기하학적 의미는 다음과 같다. $x \in [a, b]$ 를 고정하고, y 에 대해 적분하면

$$A(x) = \int_c^d f(x, y)\, dy$$

가 되는데, 이것은 f 의 그래프와 직사각형 R 사이의 입체의 한 단면적이다. $A(x)$ 를 다시 x 에 대해 적분하면, f 의 그래프와 직사각형 R 사이의 입체의 부피를 얻는다.

$$\iint_R f\, dV_2 = \int_a^b A(x)\, dx = \int_a^b \int_c^d f(x, y)\, dy\, dx.$$

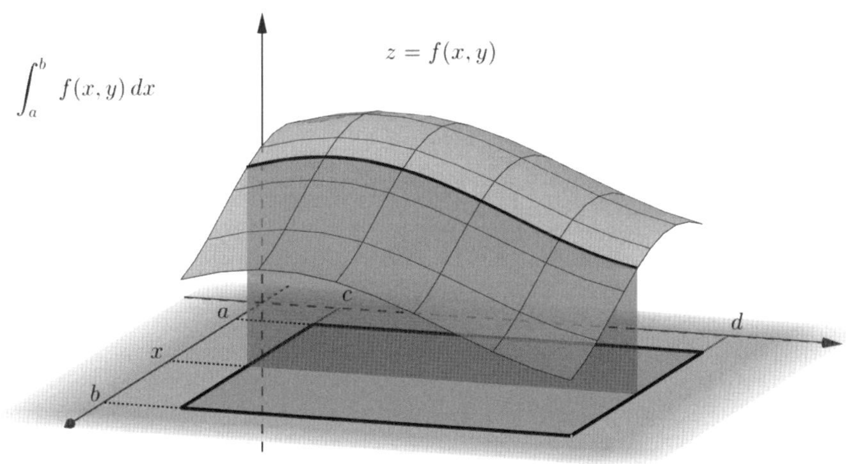

푸비니 정리의 기하학적 의미

같은 방법으로, x 와 y 의 역할을 서로 바꾸어 생각하면 적분 순서가 교환됨을 알 수 있다.

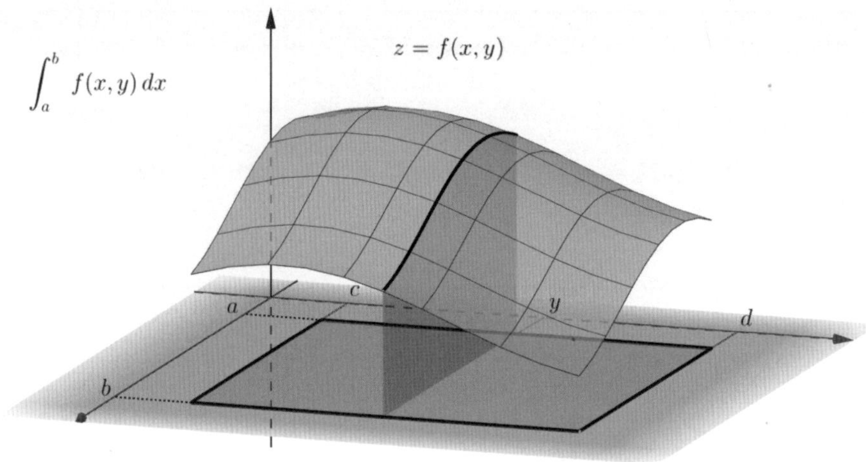

푸비니 정리의 기하학적 의미

예제 5.1.3 직사각형 $R = [0,\pi] \times [0,\pi]$ 에서 함수

$$f(x,y) = \sin x \sin y + \sin(x+y)$$

의 이중적분을 구하시오.

풀이 푸비니 정리에 의해

$$\begin{aligned}\iint_R f\,dV_2 &= \int_0^\pi \int_0^\pi \big(\sin x \sin y + \sin(x+y)\big)\,dx\,dy \\ &= \int_0^\pi \Big[-\cos x \sin y - \cos(x+y)\Big]_{x=0}^{x=\pi} dy \\ &= \int_0^\pi (2\sin y + 2\cos y)\,dy = 4\end{aligned}$$

이다. □

예제 5.1.4 직사각형 $R = [1,2] \times [0,\pi]$ 에 대하여 다음 이중적분을 구하고, 적분 순서를 바꾸어 계산한 값이 동일함을 확인하시오.

$$\iint_R y \sin(xy)\,dV_2.$$

풀이 푸비니 정리에 의해

$$\begin{aligned}\iint_R y\sin(xy)\,dV_2 &= \int_0^\pi \int_1^2 y\sin(xy)\,dx\,dy \\ &= \int_0^\pi \Big[-\cos(xy)\Big]_{x=1}^{x=2} dy \\ &= \int_0^\pi (-\cos 2y + \cos y)\,dy \\ &= \Big[-\frac{1}{2}\sin 2y + \sin y\Big]_0^\pi = 0\end{aligned}$$

이다. 적분 순서를 바꾸어 계산해도 같은 결과를 얻는다.

$$\begin{aligned}\iint_R y\sin(xy)\,dV_2 &= \int_1^2 \int_0^\pi y\sin(xy)\,dy\,dx \\ &= \int_1^2 \Big[\frac{\sin(xy) - xy\cos(xy)}{x^2}\Big]_{y=0}^{y=\pi} dx \\ &= \int_1^2 \frac{\sin(\pi x) - \pi x\cos(\pi x)}{x^2}\,dx \\ &= \Big[-\frac{\sin(\pi x)}{x}\Big]_1^2 = 0.\end{aligned}$$

□

푸비니 정리는 적분 순서에 상관없이 이중적분의 값을 구할 수 있음을 말해 준다. 그러나 적분 순서를 어떻게 정하는지에 따라 부정적분을 구하는 방법이 쉽거나 어려워질 수 있다. 예제 5.1.4에서 적분 순서를 바꾸어 계산할 경우, 적분 순서를 바꾸기 전보다 계산이 복잡하다는 것을 알 수 있다. 다음 예제에서는 적분 순서를 잘못 선택했을 경우, 이중적분의 계산이 불가능함(부정적분을 초등함수로 표현할 수 없음을 의미)을 보여 준다. 따라서 푸비니 정리를 이용하여 이중적분을 계산할 경우 적분 순서를 정하는 것은 매우 중요하다.

예제 5.1.5 직사각형 $R = [0,1] \times [0,1]$에서 함수

$$f(x,y) = \begin{cases} x^2 e^{y^2} & (x,y) \in D \\ 0 & (x,y) \in \mathbb{R}^2 \setminus D \end{cases}$$

의 이중적분을 구하시오. (단, $D = \{(x,y) \mid x \le y \le 1,\ 0 \le x \le 1\}$이다.)

풀이 푸비니 정리에 의해

$$\begin{aligned}\iint_R f\,dV_2 &= \int_0^1 \int_0^1 f(x,y)\,dy\,dx = \int_0^1 \int_x^1 x^2 e^{y^2}\,dy\,dx \\ &= \int_0^1 \int_0^1 f(x,y)\,dx\,dy = \int_0^1 \int_0^y x^2 e^{y^2}\,dx\,dy\end{aligned}$$

이다. 함수 $x^2e^{y^2}$의 y에 대한 부정적분이 초등함수가 아니므로 함수

$$x \mapsto \int_x^1 x^2 e^{y^2}\,dy$$

를 x에 관한 초등함수로 표현하는 것은 불가능하다. 따라서 x에 대해 먼저 적분하면 구하는 이중적분은

$$\begin{aligned}\iint_R f\,dV_2 &= \int_0^1 \int_0^y x^2 e^{y^2}\,dx\,dy \\ &= \int_0^1 \frac{1}{3} y^3 e^{y^2}\,dy \\ &= \left[\frac{1}{6}(y^2-1)e^{y^2}\right]_0^1 = \frac{1}{6}\end{aligned}$$

이다. □

특별한 형태를 가지는 이변수함수에 대해서는 이중적분을 보다 쉽게 구할 수 있다. 만일 이변수함수 f가

$$f(x,y) = g(x)h(y)$$

를 만족할 때, 직사각형 $R = [a,b] \times [c,d]$에서 함수 f의 이중적분은

$$\iint_R f\,dV_2 = \left(\int_a^b g(x)\,dx\right)\left(\int_c^d h(y)\,dy\right)$$

이다.

예제 5.1.6 다음 반복적분을 구하시오.

(1) $\displaystyle\int_1^4 \int_1^e \frac{\log x}{xy}\,dx\,dy$ (2) $\displaystyle\int_0^1 \int_0^{\pi/2} x \sin\sqrt{y}\,dy\,dx$

풀이 (1) 피적분함수가 x 의 함수와 y 의 함수의 곱이므로

$$\begin{aligned}\int_1^4 \int_1^e \frac{\log x}{xy}\, dx\, dy &= \left(\int_1^e \frac{\log x}{x}\, dx\right)\left(\int_1^4 \frac{1}{y}\, dy\right)\\ &= \left[\frac{1}{2}(\log x)^2\right]_1^e \left[\log y\right]_1^4\\ &= \log 2\end{aligned}$$

이다.

(2) 피적분함수가 x 의 함수와 y 의 함수의 곱이므로

$$\begin{aligned}\int_0^1 \int_0^{\pi/2} x \sin\sqrt{y}\, dy\, dx &= \left(\int_0^1 x\, dx\right)\left(\int_0^{\pi/2} \sin\sqrt{y}\, dy\right)\\ &= \left[\frac{1}{2}x^2\right]_0^1 \left[2\sin\sqrt{y} - 2\sqrt{y}\cos\sqrt{y}\right]_0^{\pi/2}\\ &= \sin\sqrt{\frac{\pi}{2}} - \sqrt{\frac{\pi}{2}}\cos\sqrt{\frac{\pi}{2}}\end{aligned}$$

이다. □

부정적분을 초등함수로 표현하는 것이 불가능할지라도 함수와 영역의 대칭성을 이용하면 이중적분을 구할 수 있다.

예제 5.1.7 대칭성을 이용하여 다음 이중적분을 구하시오.

(1) $\displaystyle\iint_R \frac{\tan(xy^2)}{1+x^4}\, dV_2, \quad R = [-1,1]\times[0,1]$

(2) $\displaystyle\iint_R \left(1+\sin(x^2y^3)\right) dV_2, \quad R = [-\pi,\pi]\times[-\pi,\pi]$

풀이 (1) $f(x,y) = \dfrac{\tan(xy^2)}{1+x^4}$ 이라 두면

$$f(-x,y) = -f(x,y)$$

이므로 함수 f 는 x 에 대하여 기함수이다. 즉 모든 $y \in [0,1]$ 에 대하여

$$\int_{-1}^1 \frac{\tan(xy^2)}{1+x^4}\, dx = 0$$

이므로

$$\iint_R \frac{\tan(xy^2)}{1+x^4}\, dV_2 = \int_0^1 \int_{-1}^1 \frac{\tan(xy^2)}{1+x^4}\, dx\, dy = 0$$

이다.

(2) $f(x,y) = \sin(x^2y^3)$ 이라 두면

$$f(x,-y) = -f(x,y)$$

이므로 함수 f 는 y 에 대하여 기함수이다. 즉 모든 $x \in [-\pi,\pi]$ 에 대하여

$$\int_{-\pi}^{\pi} \sin(x^2y^3)\, dy = 0$$

이므로

$$\iint_R \left(1+\sin(x^2y^3)\right) dV_2 = \int_{-\pi}^{\pi} \int_{-\pi}^{\pi} \left(1+\sin(x^2y^3)\right) dy\, dx = 4\pi^2$$

이다. □

5.2 일반적인 영역에 대한 이중적분

이 절에서는 직사각형이 아닌 일반적인 영역 위에서 정의된 이변수함수의 푸비니 정리를 다룬다.

• Case 1 $D = \{(x,y) \mid a \le x \le b,\ g_1(x) \le y \le g_2(x)\}$ 일 경우 영역 D 에서 정의된 연속함수 f 에 대하여

$$\iint_D f\, dV_2 = \int_a^b \int_{g_1(x)}^{g_2(x)} f(x,y)\, dy\, dx$$

이다. 이 식을 직관적으로 이해하면 다음과 같다.

(i) x 를 고정하고 y-축 방향으로 적분한다.

(ii) 고정을 풀고 (i)의 결과를 x-축 방향으로 적분하면, 영역 D 에 대한 이중적분이 된다.

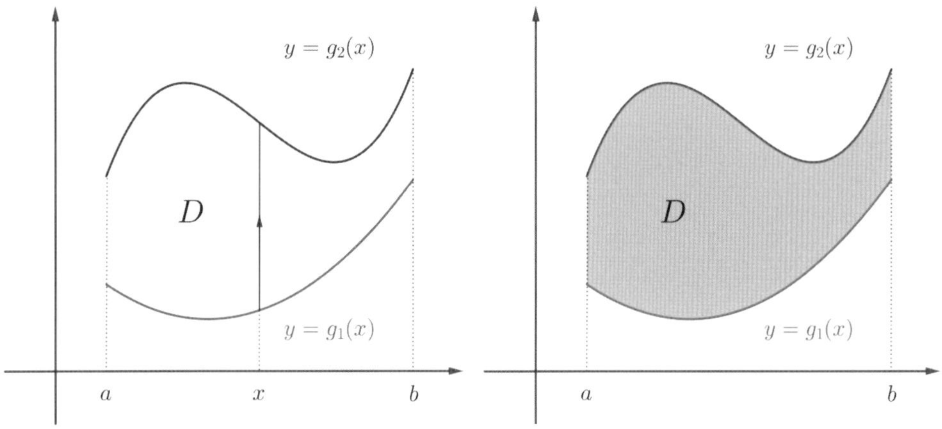

Case 1 영역에 대한 이중적분

같은 방법으로 x와 y의 역할을 바꾸면 다음을 얻는다.

• Case 2 $D = \{(x, y) \mid c \le y \le d,\, h_1(y) \le x \le h_2(y)\}$ 일 경우 영역 D에서 정의된 연속함수 f에 대하여

$$\iint_D f\, dV_2 = \int_c^d \int_{h_1(y)}^{h_2(y)} f(x, y)\, dx\, dy$$

이다.

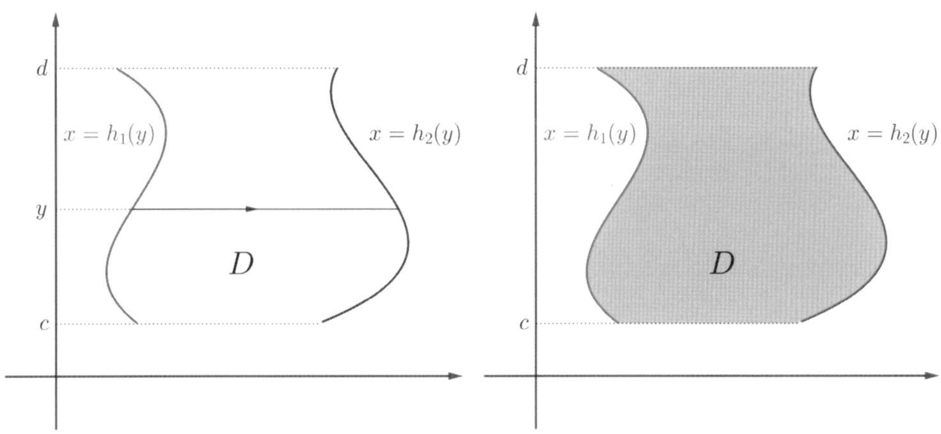

Case 2 영역에 대한 이중적분

예제 5.2.1 다음 반복적분의 값을 구하시오.

(1) $\displaystyle\int_1^5 \int_0^y \frac{\log y}{x^2+y^2}\,dx\,dy$ (2) $\displaystyle\int_0^1 \int_{x^2}^{\sqrt{x}} e^{y/\sqrt{x}}\,dy\,dx$

풀이 (1) 미적분학의 기본정리를 차례로 적용하면 주어진 반복적분의 값은

$$\begin{aligned}\int_1^5 \int_0^y \frac{\log y}{x^2+y^2}\,dx\,dy &= \int_1^5 \left[\frac{\log y}{y}\arctan\left(\frac{x}{y}\right)\right]_{x=0}^{x=y} dy \\ &= \frac{\pi}{4}\int_1^5 \frac{\log y}{y}\,dy = \frac{\pi}{4}\left[\frac{1}{2}(\log y)^2\right]_1^5 \\ &= \frac{\pi}{8}(\log 5)^2\end{aligned}$$

이다.

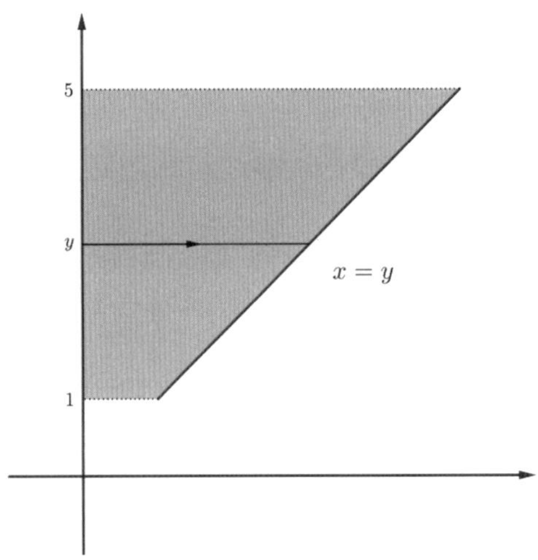

(2) 미적분학의 기본정리를 차례로 적용하면 주어진 반복적분의 값은

$$\begin{aligned}\int_0^1 \int_{x^2}^{\sqrt{x}} e^{y/\sqrt{x}}\,dy\,dx &= \int_0^1 \left[\sqrt{x}e^{y/\sqrt{x}}\right]_{y=x^2}^{y=\sqrt{x}} dx \\ &= \int_0^1 \sqrt{x}(e - e^{x^{3/2}})\,dx \\ &= \left[\frac{2}{3}(ex^{3/2} - e^{x^{3/2}})\right]_0^1 \\ &= \frac{2}{3}\end{aligned}$$

이다.

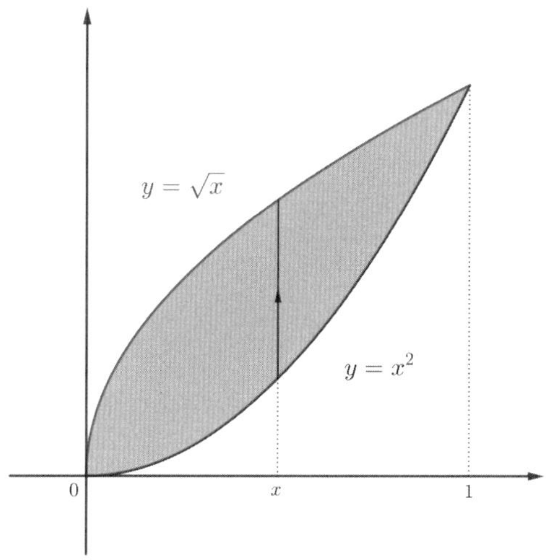

□

예제 5.2.2 직선 $y=x-1$과 포물선 $y^2=2x+6$으로 둘러싸인 영역을 D라 할 때, 다음 이중적분의 값을 구하시오.

$$\iint_D xy\,dV_2.$$

풀이 영역 D를 $\boxed{\text{Case 1}}$ 형태의 영역으로 간주하고 푸비니 정리를 적용하면

$$\begin{aligned}\iint_D xy\,dV_2 &= \int_{-3}^{-1}\int_{-\sqrt{2x+6}}^{\sqrt{2x+6}} xy\,dy\,dx + \int_{-1}^{5}\int_{x-1}^{\sqrt{2x+6}} xy\,dy\,dx \\ &= \int_{-3}^{-1}\left[\frac{1}{2}xy^2\right]_{y=-\sqrt{2x+6}}^{y=\sqrt{2x+6}} dx + \int_{-1}^{5}\left[\frac{1}{2}xy^2\right]_{y=x-1}^{y=\sqrt{2x+6}} dx \\ &= \int_{-1}^{5}\left(-\frac{1}{2}x^3+2x^2+\frac{5}{2}x\right)dx = 36\end{aligned}$$

이다. 한편 영역 D를 $\boxed{\text{Case 2}}$ 형태의 영역으로 간주하고 푸비니 정리를 적용하면

$$\begin{aligned}\iint_D xy\,dV_2 &= \int_{-2}^{4}\int_{\frac{1}{2}y^2-3}^{y+1} xy\,dx\,dy = \int_{-2}^{4}\left[\frac{1}{2}x^2y\right]_{x=\frac{1}{2}y^2-3}^{x=y+1} dy \\ &= \int_{-2}^{4}\left(-\frac{1}{8}y^5+2y^3+y^2-4y\right)dy = 36\end{aligned}$$

이다.

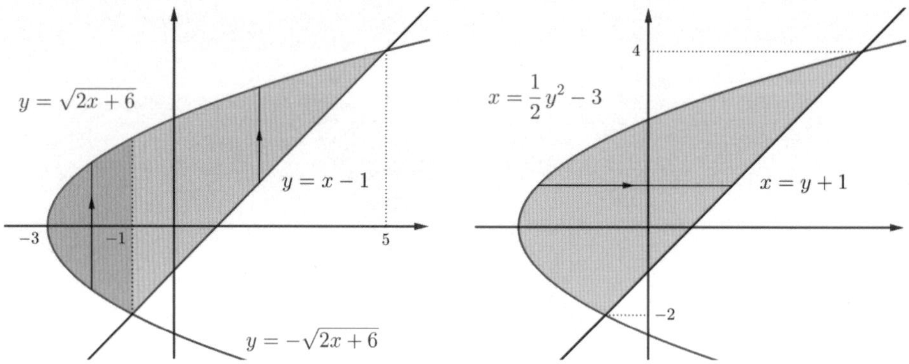

□

예제 5.2.2 에서 Case 1 형태의 영역보다 Case 2 형태의 영역에서 이중적분의 값을 구하는 것이 더 효율적인 계산방법이다. 즉 적분 순서를 택할 때, 함수의 형태뿐만 아니라 영역의 형태까지 고려해야 한다.

예제 5.2.3 다음 반복적분의 값을 구하시오.

(1) $\displaystyle\int_0^1 \int_{\sqrt[4]{y}}^1 (1+x^5)^{3/2}\,dx\,dy$

(2) $\displaystyle\int_0^4 \int_{\sqrt{x}}^2 \frac{x}{y^5+1}\,dy\,dx$

풀이 (1) 피적분함수

$$f(x,y) = (1+x^5)^{3/2}$$

의 적분변수 x 에 대한 원시함수를 초등함수로 표현할 수 없으므로 푸비니 정리를 이용하여 적분 순서를 바꾸면, 구하는 적분값은 다음과 같다.

$$\begin{aligned}\int_0^1 \int_{\sqrt[4]{y}}^1 (1+x^5)^{3/2}\,dx\,dy &= \int_0^1 \int_0^{x^4} (1+x^5)^{3/2}\,dy\,dx \\ &= \int_0^1 x^4(1+x^5)^{3/2}\,dx \\ &= \frac{2}{25}(4\sqrt{2}-1).\end{aligned}$$

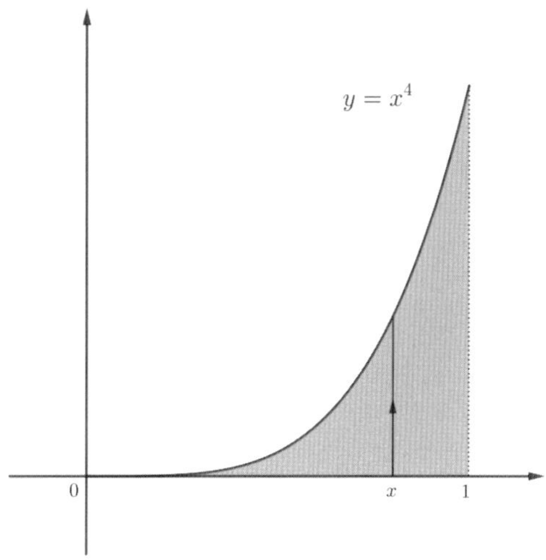

(2) 피적분함수

$$f(x, y) = \frac{x}{y^5 + 1}$$

의 적분변수 y에 대한 원시함수를 초등함수로 표현할 수 없으므로 푸비니 정리를 이용하여 적분 순서를 바꾸면, 구하는 적분값은 다음과 같다.

$$\int_0^4 \int_{\sqrt{x}}^2 \frac{x}{y^5 + 1}\, dy\, dx = \int_0^2 \int_0^{y^2} \frac{x}{y^5 + 1}\, dx\, dy = \int_0^2 \frac{y^4}{2(y^5 + 1)}\, dy = \frac{\log 33}{10}.$$

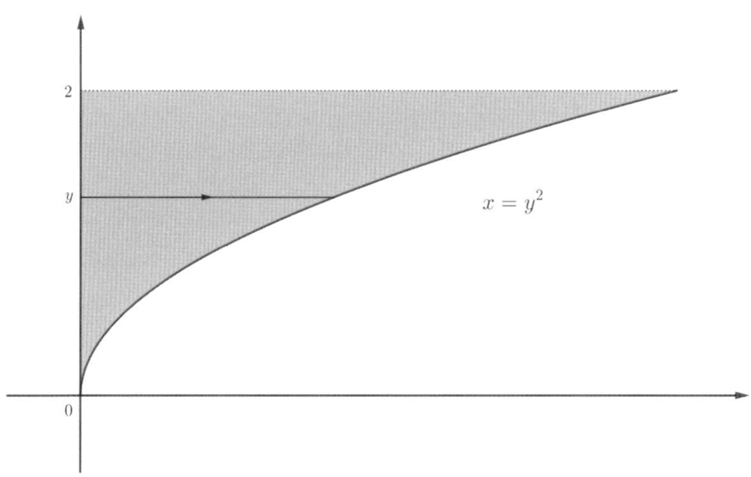

□

예제 5.2.4 연속함수 $f:\mathbb{R}\to\mathbb{R}$에 대하여 다음에 답하시오.

(1) 푸비니 정리를 이용하여

$$\int_0^x\int_0^y\int_0^z f(t)\,dt\,dz\,dy=\frac{1}{2}\int_0^x(x-t)^2f(t)\,dt$$

임을 보이시오.

(2) 라이프니츠 정리를 이용하여

$$\int_0^x\int_0^y\int_0^z f(t)\,dt\,dz\,dy=\frac{1}{2}\int_0^x(x-t)^2f(t)\,dt$$

임을 보이시오.

풀이 (1) 푸비니 정리에 의해

$$\int_0^y\int_0^z f(t)\,dt\,dz=\int_0^y\int_t^y f(t)\,dz\,dt=\int_0^y(y-t)f(t)\,dt$$

이므로

$$\int_0^x\int_0^y\int_0^z f(t)\,dt\,dz\,dy=\int_0^x\int_0^y(y-t)f(t)\,dt\,dy$$

이다. 이 식의 우변에 대해 푸비니 정리를 다시 적용하면

$$\int_0^x\int_0^y(y-t)f(t)\,dt\,dy=\int_0^x\int_t^x(y-t)f(t)\,dy\,dt=\int_0^x\frac{1}{2}(x-t)^2f(t)\,dt$$

이 되어

$$\int_0^x\int_0^y\int_0^z f(t)\,dt\,dz\,dy=\frac{1}{2}\int_0^x(x-t)^2f(t)\,dt$$

를 얻는다.

(2) 함수 $g:\mathbb{R}\to\mathbb{R}$를

$$g(x)=\int_0^x\int_0^y\int_0^z f(t)\,dt\,dz\,dy-\frac{1}{2}\int_0^x(x-t)^2f(t)\,dt$$

라 두면 라이프니츠 정리에 의해

$$g'(x)=\int_0^x\int_0^z f(t)\,dt\,dz-\int_0^x(x-t)f(t)\,dt$$

이다. 다시 한번 라이프니츠 정리를 적용하면

$$g''(x) = \int_0^x f(t)\,dt - \int_0^x f(t)\,dt = 0$$

이므로 $g(x)$는 일차함수임을 안다. 그런데 $g(0) = 0$, $g'(0) = 0$이므로 $g(x)$는 항등적으로 0이고, 따라서

$$\int_0^x \int_0^y \int_0^z f(t)\,dt\,dz\,dy = \frac{1}{2}\int_0^x (x-t)^2 f(t)\,dt$$

이다. □

5.3 삼중적분과 푸비니 정리

이중적분과 같은 방법으로 삼중적분도 정의할 수 있으며, 푸비니 정리 역시 성립한다.

정리 5.3.1 (푸비니 정리) 직육면체 $E = [a_1, b_1] \times [a_2, b_2] \times [a_3, b_3]$에서 정의된 적분가능한 함수 f에 대하여

$$\begin{aligned}\iiint_E f\,dV_3 &= \int_{a_3}^{b_3}\int_{a_2}^{b_2}\int_{a_1}^{b_1} f(x,y,z)\,dx\,dy\,dz = \int_{a_2}^{b_2}\int_{a_3}^{b_3}\int_{a_1}^{b_1} f(x,y,z)\,dx\,dz\,dy \\ &= \int_{a_3}^{b_3}\int_{a_1}^{b_1}\int_{a_2}^{b_2} f(x,y,z)\,dy\,dx\,dz = \int_{a_1}^{b_1}\int_{a_3}^{b_3}\int_{a_2}^{b_2} f(x,y,z)\,dy\,dz\,dx \\ &= \int_{a_2}^{b_2}\int_{a_1}^{b_1}\int_{a_3}^{b_3} f(x,y,z)\,dz\,dx\,dy = \int_{a_1}^{b_1}\int_{a_2}^{b_2}\int_{a_3}^{b_3} f(x,y,z)\,dz\,dy\,dx\end{aligned}$$

가 성립한다.

예제 5.3.2 직육면체 $E = [0,1] \times [-1,2] \times [0,3]$에서 다음 삼중적분을 구하시오.

$$\iiint_E xyz^2\,dV_3.$$

풀이 푸비니 정리에 의해

$$\iiint_E xyz^2\,dV_3 = \int_0^3\int_{-1}^2\int_0^1 xyz^2\,dx\,dy\,dz = \int_0^3\int_{-1}^2 \frac{1}{2}yz^2\,dy\,dz = \int_0^3 \frac{3}{4}z^2\,dz = \frac{27}{4}$$

을 얻는다. □

예제 5.3.3 영역

$$E = \{(x, y, z) \mid 0 < x \le \sqrt{z},\ 2\log xz \le y \le 0,\ 0 < z \le 1\}$$

에서 다음 삼중적분을 구하시오.

$$\iiint_E 4xe^y \sin(z^5 - 5z^2)\, dV_3.$$

풀이 푸비니 정리에 의해

$$\begin{aligned}
&\int_0^1 \int_0^{\sqrt{z}} \int_{2\log xz}^0 4xe^y \sin(z^5 - 5z^2)\, dy\, dx\, dz \\
&= \int_0^1 \int_0^{\sqrt{z}} 4(x - x^3z^2) \sin(z^5 - 5z^2)\, dx\, dz \\
&= \int_0^1 (2z - z^4) \sin(z^5 - 5z^2)\, dz \\
&= \left[\frac{1}{5} \cos(z^5 - 5z^2) \right]_0^1 \\
&= \frac{-1 + \cos 4}{5}
\end{aligned}$$

를 얻는다. □

직육면체가 아닌 일반적인 영역의 경우의 삼중적분은 다음과 같이 계산한다. D를 $\mathbb{R}^2$의 부분집합이라 하자. 영역

$$E = \{(x, y, z) \mid (x, y) \in D,\ u_1(x, y) \le z \le u_2(x, y)\}$$

에서 정의된 연속함수 f에 대하여

$$\iiint_E f\, dV_3 = \iint_D \int_{u_1(x,y)}^{u_2(x,y)} f(x, y, z)\, dz\, dV_2$$

가 성립한다. 이 식을 직관적으로 이해하면 다음과 같다.

(i) 점 $(x, y) \in D$를 고정하고 z-축 방향으로 적분한다.

(ii) 고정을 풀고 (i)의 결과를 영역 D에서 이중적분하면, 영역 E에 대한 삼중적분이 된다.

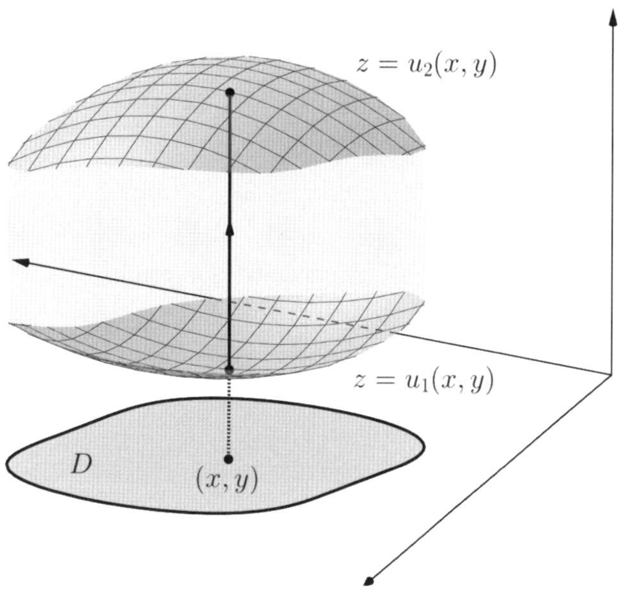

즉 영역 E 에서 삼중적분을 영역 D 에서 이중적분으로 변형 후, 영역 D 의 형태에 따라 이중적분에서 다룬 Case 1 과 Case 2 의 경우로 나누어 계산한다. 또한 z 의 역할을 x 또는 y 로 바꾸어도 같은 결론을 얻을 수 있다.

예제 5.3.4 다음 반복적분의 값을 구하시오.

$$\int_1^{\sqrt{5}} \int_{-\sqrt{z^2-1}}^{\sqrt{z^2-1}} \int_{-\sqrt{z^2-x^2-1}}^{\sqrt{z^2-x^2-1}} z\sin(x^2+y^2)\,dy\,dx\,dz.$$

풀이 주어진 반복적분은

$$\begin{aligned}
&\int_1^{\sqrt{5}} \int_{-\sqrt{z^2-1}}^{\sqrt{z^2-1}} \int_{-\sqrt{z^2-x^2-1}}^{\sqrt{z^2-x^2-1}} z\sin(x^2+y^2)\,dy\,dx\,dz \\
&= \int_1^{\sqrt{5}} \iint_{x^2+y^2\le z^2-1} z\sin(x^2+y^2)\,dV_2\,dz \\
&= \int_1^{\sqrt{5}} \int_0^{\sqrt{z^2-1}} \int_{x^2+y^2=r^2} z\sin(x^2+y^2)\,ds\,dr\,dz
\end{aligned}$$

이다. 한편 원 $x^2+y^2=r^2$ 의 매개화는

$$X(t) = (r\cos t, r\sin t) \quad (0 \le t \le 2\pi)$$

이므로

$$\begin{aligned}
&\int_1^{\sqrt{5}} \int_0^{\sqrt{z^2-1}} \int_{x^2+y^2=r^2} z \sin(x^2+y^2)\, ds\, dr\, dz \\
&\quad = \int_1^{\sqrt{5}} \int_0^{\sqrt{z^2-1}} \int_0^{2\pi} zr \sin(r^2)\, dt\, dr\, dz \\
&\quad = 2\pi \int_1^{\sqrt{5}} \int_0^{\sqrt{z^2-1}} zr \sin(r^2)\, dr\, dz \\
&\quad = \pi \int_1^{\sqrt{5}} \big(z - z\cos(z^2-1)\big)\, dz \\
&\quad = 2\pi - \frac{\pi}{2}\sin 4
\end{aligned}$$

이다. □

예제 5.3.5 아래 4개의 평면으로 둘러싸인 영역을 E라 하자.

$$x=0, \qquad y=0, \qquad z=0, \qquad x+y+z=1.$$

이때 다음 삼중적분의 값을 구하시오.

$$\iiint_E z\, dV_3.$$

풀이 영역 D를 xy-평면 위로의 E의 정사영이라고 하자. 푸비니 정리에 의해

$$\begin{aligned}
\iiint_E z\, dV_3 &= \iint_D \int_0^{1-x-y} z\, dz\, dV_2 \\
&= \iint_D \frac{1}{2}(1-x-y)^2\, dV_2 \\
&= \int_0^1 \int_0^{1-x} \frac{1}{2}(1-x-y)^2\, dy\, dx \\
&= \int_0^1 \frac{1}{6}(1-x)^3\, dx \\
&= \frac{1}{24}
\end{aligned}$$

이다.

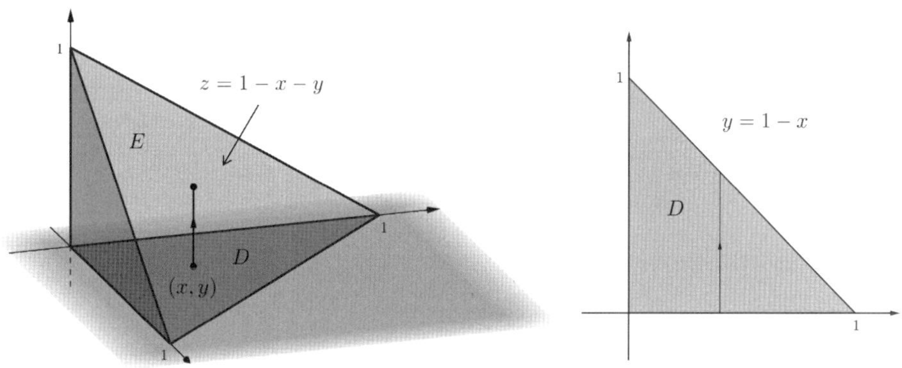

□

일반적으로 $\mathbb{R}^n$ 의 영역 U 에서 정의된 적분가능한 함수 $f : U \to \mathbb{R}$ 의 다중적분은

$$\int \cdots \int_U f \, dV_n, \qquad \int \cdots \int_U f(x_1, x_2, \cdots, x_n) \, dx_1 \, dx_2 \cdots dx_n$$

등으로 표기한다.

예제 5.3.6 $\mathbb{R}^n$ 의 열린 집합 U 가 유계이고, 매끄러운 경계를 가진다고 하자. 연속함수 $f : U \to \mathbb{R}$ 가 임의의 함수

$$\varphi \in C^\infty(\overline{U}) = \bigcap_{k=0}^{\infty} C^k(\overline{U}), \qquad \varphi|_{\partial U} \equiv 0$$

에 대하여

$$\int \cdots \int_U f\varphi \, dV_n = 0$$

을 만족하면 $f \equiv 0$ 임을 보이시오. (단, $\overline{U} = U \cup \partial U$ 이다.)

풀이 $f \not\equiv 0$ 이라고 가정하면, $f(P) \neq 0$ 인 점 $P \in U$ 가 존재하므로 일반성을 잃지 않고 $f(P) > 0$ 이라고 하자. 이때 함수 f 는 점 P 에서 연속이므로 정의 1.4.2 에 의해 모든 $\mathbf{x} \in B_\delta(P) \subset U$ 에 대하여

$$f(\mathbf{x}) > \frac{1}{2} f(P)$$

를 만족하는 양수 δ가 존재한다. 이제

$$\begin{array}{lcl} \mathbf{x} \in B_{\delta/2}(P) & \Longrightarrow & \varphi(\mathbf{x}) = 1 \\ \mathbf{x} \in B_{\delta}(P) & \Longrightarrow & \varphi(\mathbf{x}) \in (0,1] \\ \mathbf{x} \in U \setminus B_{\delta}(P) & \Longrightarrow & \varphi(\mathbf{x}) = 0 \end{array}$$

을 만족하는 함수 $\varphi \in C^\infty(\overline{U})$에 대하여 $\varphi|_{\partial U} \equiv 0$이므로 가정에 의해

$$\int \cdots \int_{B_\delta(P)} f\varphi\, dV_n = \int \cdots \int_U f\varphi\, dV_n = 0$$

이다. 한편 모든 $\mathbf{x} \in B_\delta(P)$에 대하여

$$f(\mathbf{x})\varphi(\mathbf{x}) > 0$$

이므로

$$\int \cdots \int_{B_\delta(P)} f\varphi\, dV_n > \int \cdots \int_{B_{\delta/2}(P)} f\varphi\, dV_n > \frac{1}{2} f(P)\, \mathrm{Vol}_n\big(B_{\delta/2}(P)\big) > 0$$

이 되어 모순이다. 따라서 $f \equiv 0$이다. □

예제 5.3.7 원판 $D = \{(x,y) \mid x^2 + y^2 \le 1\}$에서 정의된 일급 함수 $f : D \to \mathbb{R}$가 임의의 함수

$$\varphi \in C^\infty(D), \qquad \varphi(\pm\sqrt{1-y^2}, y) = 0 \quad (-1 \le y \le 1)$$

에 대하여

$$\iint_D f D_1\varphi\, dV_2 = -\iint_D e^{-x^2-y^2} \varphi\, dV_2$$

를 만족한다고 하자. 이때 $D_1 f(x,y)$를 구하시오.

풀이 푸비니 정리에 의해

$$\iint_D f D_1\varphi\, dV_2 = \int_{-1}^{1} \int_{-\sqrt{1-y^2}}^{\sqrt{1-y^2}} f(x,y) D_1\varphi(x,y)\, dx\, dy$$

이다. 또한 f는 일급이므로 부분적분법에 의해

$$\begin{aligned}&\int_{-\sqrt{1-y^2}}^{\sqrt{1-y^2}} f(x,y)D_1\varphi(x,y)\,dx\\&=\Big[f(x,y)\varphi(x,y)\Big]_{x=-\sqrt{1-y^2}}^{x=\sqrt{1-y^2}}-\int_{-\sqrt{1-y^2}}^{\sqrt{1-y^2}}\varphi(x,y)D_1f(x,y)\,dx\\&=-\int_{-\sqrt{1-y^2}}^{\sqrt{1-y^2}}\varphi(x,y)D_1f(x,y)\,dx\end{aligned}$$

이므로

$$\iint_D fD_1\varphi\,dV_2=-\int_{-1}^{1}\int_{-\sqrt{1-y^2}}^{\sqrt{1-y^2}}\varphi(x,y)D_1f(x,y)\,dx\,dy=-\iint_D \varphi D_1f\,dV_2$$

이고, 따라서

$$\iint_D (D_1f-e^{-x^2-y^2})\varphi\,dV_2=0$$

임을 안다. 위 식은 임의의 φ에 대하여 성립하므로 예제 5.3.6에 의해

$$D_1f(x,y)=e^{-x^2-y^2}$$

을 얻는다. □

5.4 치환적분법

일변수함수에서 치환적분법

$$\int_a^b f(x)\,dx=\int_\alpha^\beta f\big(g(t)\big)g'(t)\,dt,\quad g(\alpha)=a,\quad g(\beta)=b$$

의 아이디어는 피적분함수의 형태가 좋지 못할 때(부정적분을 구하기 어려운 형태를 의미), 기존의 변수를 새 변수로 치환하여 피적분함수의 부정적분을 구하기 쉬운 형태로 바꾸는 것이었다. 예를 들면,

$$\int 2xe^{x^2}\,dx=\int e^t\,dt\quad(t=x^2,\,dt=2x\,dx)$$

에서 좌변의 피적분함수 $2xe^{x^2}$의 부정적분을 구하는 것보다 e^t의 부정적분을 구하는 것이 상대적으로 쉽다. 그러나 다변수함수의 적분에서는 피적분함수의 형태가 좋다고

할지라도 적분 영역의 모양이 좋지 못하면 적분하기가 쉽지 않다. 즉 다변수함수에서 치환적분이 필요할 경우는 다음과 같다.

(i) 피적분함수의 부정적분을 구하기 어려운 경우

(ii) 적분 영역의 형태가 복잡하여 적분값을 구하기 어려운 경우

다중적분을 다룰 경우 변수의 치환을 통해 피적분함수 $f : U \to \mathbb{R}$ 의 형태 또는 적분 영역 U 의 형태를 적분하기 좋은 모양으로 변형할 수 있다. 이때 변수의 치환 $G : V \to U$ 는 일급가역함수이다.

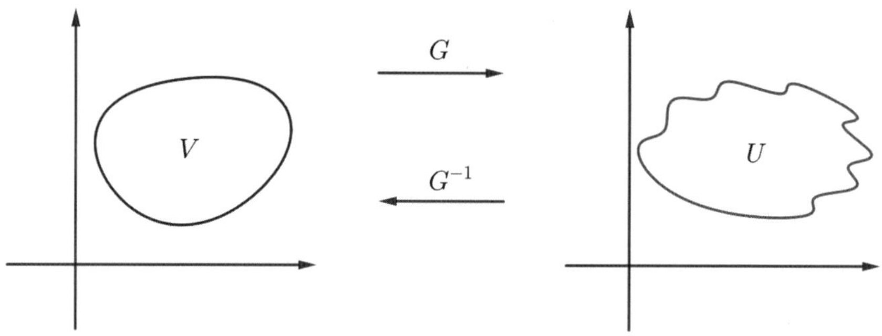

표기법 5.4.1 $\mathbb{R}^n$ 의 영역 U 에서 정의된 적분가능한 함수 $f : U \to \mathbb{R}$ 에 대하여 독립변수를 나타내는 방법에 따라

$$\int \cdots \int_U f(\mathbf{x})\, dV_n(\mathbf{x}), \qquad \int \cdots \int_U f(\mathbf{y})\, dV_n(\mathbf{y}), \qquad \int \cdots \int_U f(\mathbf{z})\, dV_n(\mathbf{z})$$

등으로 표기한다.

치환적분법은 치환된 함수의 적분과 원래 함수의 적분 사이의 관계를 제공하며, 구하기 어려운 다중적분의 값을 상대적으로 구하기 쉬운 형태의 다중적분으로 변환해 준다.

정리 5.4.2 (치환적분법) U, V 를 $\mathbb{R}^n$ 의 두 영역이라고 하자. 적분가능한 함수 $f : U \to \mathbb{R}$ 와 일급가역함수 $G : V \to U$ 에 대하여

$$\int \cdots \int_U f(\mathbf{x})\, dV_n(\mathbf{x}) = \int \cdots \int_V f\big(G(\mathbf{y})\big) |\det G'(\mathbf{y})|\, dV_n(\mathbf{y})$$

가 성립한다.

다음 예제는 피적분함수의 부정적분을 쉽게 구하기 어려운 경우 치환적분법을 통해 해결하는 예이다.

예제 5.4.3 영역 U가 다음 네 점

$$(1,0), \quad (2,0), \quad (0,2), \quad (0,1)$$

을 꼭짓점으로 하는 사다리꼴일 때 다음 이중적분의 값을 구하시오.

$$\iint_U \cos\left(\frac{y-x}{y+x}\right) dV_2.$$

풀이 변수 u, v를

$$u = y - x, \quad v = y + x$$

라 두면, 이 치환에 의해 uv-평면에서 xy-평면으로 가는 선형사상

$$G(u,v) = \left(-\frac{1}{2}(u-v), \frac{1}{2}(u+v)\right)$$

를 얻는다. 선형사상은 직선을 직선으로 옮기므로 영역 $V = G^{-1}(U)$는 다음 네 점

$$G^{-1}(1,0) = (-1,1), \quad G^{-1}(2,0) = (-2,2), \quad G^{-1}(0,2) = (2,2), \quad G^{-1}(0,1) = (1,1)$$

을 꼭짓점으로 하는 사각형이다. 한편 $|\det G'(u,v)| = 1/2$이고, G는 일급가역함수이므로 치환적분법에 의해 구하는 이중적분의 값은

$$\begin{aligned}
\iint_U \cos\left(\frac{y-x}{y+x}\right) dV_2(x,y) &= \iint_V \cos\left(\frac{u}{v}\right) |\det G'(u,v)|\, dV_2(u,v) \\
&= \int_1^2 \int_{-v}^{v} \frac{1}{2}\cos\left(\frac{u}{v}\right) du\, dv \\
&= \int_1^2 \left[\frac{1}{2} v \sin\left(\frac{u}{v}\right)\right]_{u=-v}^{u=v} dv \\
&= \int_1^2 v \sin 1\, dv \\
&= \left[\frac{1}{2} v^2 \sin 1\right]_1^2 \\
&= \frac{3}{2}\sin 1
\end{aligned}$$

이다.

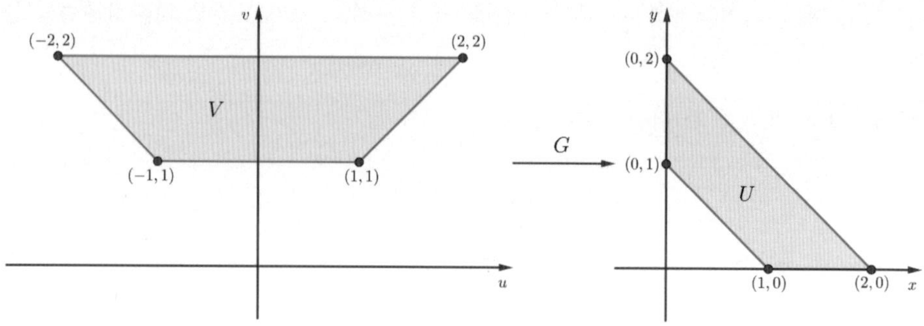

□

다음 예제는 적분 영역의 형태가 복잡하여 치환적분법을 통해 해결하는 예이다.

예제 5.4.4 영역 U가 다음 네 직선

$$y = 2x, \quad y = 2x - 2, \quad y = x, \quad y = x + 1$$

로 둘러싸인 평행사변형일 때 다음 이중적분의 값을 구하시오.

$$\iint_U xy\, dV_2.$$

풀이 영역 U를 부등식으로 나타내면

$$0 \le y - x \le 1, \quad -2 \le y - 2x \le 0$$

과 같다. 이때

$$u = y - x, \quad v = y - 2x$$

라 두면 uv-평면에서 xy-평면으로 가는 선형사상

$$G(u, v) = (u - v, 2u - v)$$

를 얻는다. 이 선형사상에 의한 U의 역상은 직사각형

$$V = G^{-1}(U) = \{(u, v) \mid 0 \le u \le 1, -2 \le v \le 0\}$$

이다. 한편 $|\det G'(u, v)| = 1$이고, G는 일급가역함수이므로 치환적분법에 의해 구하

는 이중적분의 값은

$$\begin{aligned}\iint_U xy\,dV_2(x,y) &= \iint_V (u-v)(2u-v)|\det G'(u,v)|\,dV_2(u,v)\\ &= \int_{-2}^{0}\int_0^1 (2u^2-3uv+v^2)\,du\,dv\\ &= \int_{-2}^{0}\left(\frac{2}{3}-\frac{3}{2}v+v^2\right)dv\\ &= 7\end{aligned}$$

이다.

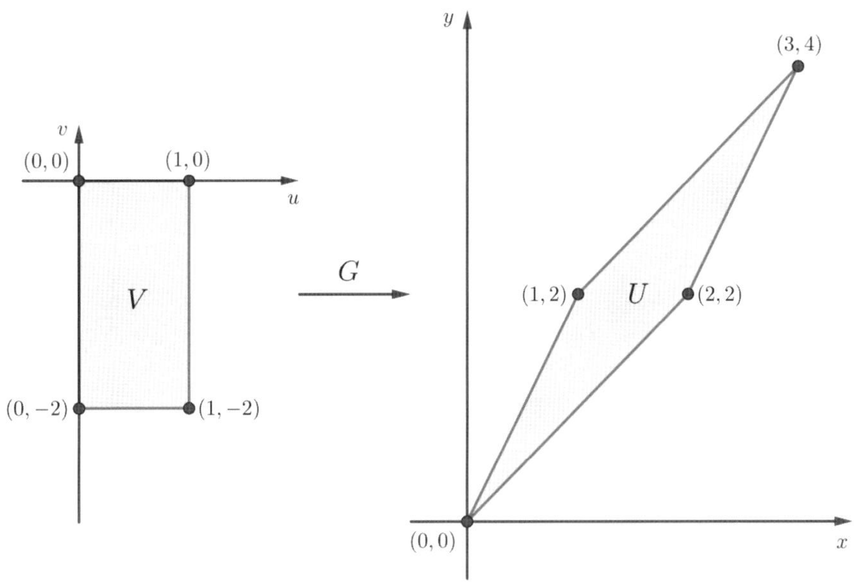

□

다음은 이중적분과 삼중적분에서 자주 사용되는 치환적분법 공식이다.

따름정리 5.4.5 U를 $\mathbb{R}^n$ $(n=2,3)$의 영역이라고 하자.

(i) (극좌표 치환) $G(r,\theta)=(r\cos\theta, r\sin\theta)$라 두면

$$|\det G'(r,\theta)| = r$$

이고, 적분가능한 이변수함수 $f: U \to \mathbb{R}$에 대하여

$$\iint_U f(x,y)\,dx\,dy = \iint_{G^{-1}(U)} f(r\cos\theta, r\sin\theta) r\,dr\,d\theta$$

이다.

(ii) (원기둥좌표 치환) $G(r,\theta,z)=(r\cos\theta, r\sin\theta, z)$라 두면

$$|\det G'(r,\theta,z)| = r$$

이고, 적분가능한 삼변수함수 $f: U \to \mathbb{R}$에 대하여

$$\iiint_U f(x,y,z)\,dx\,dy\,dz = \iiint_{G^{-1}(U)} f(r\cos\theta, r\sin\theta, z) r\,dr\,d\theta\,dz$$

이다.

(iii) (구면좌표 치환) $G(\rho,\varphi,\theta)=(\rho\sin\varphi\cos\theta, \rho\sin\varphi\sin\theta, \rho\cos\varphi)$라 두면

$$|\det G'(\rho,\varphi,\theta)| = \rho^2\sin\varphi$$

이고, 적분가능한 삼변수함수 $f: U \to \mathbb{R}$에 대하여

$$\iiint_U f(x,y,z)\,dx\,dy\,dz$$
$$= \iiint_{G^{-1}(U)} f(\rho\sin\varphi\cos\theta, \rho\sin\varphi\sin\theta, \rho\cos\varphi)\rho^2\sin\varphi\,d\rho\,d\varphi\,d\theta$$

이다.

극좌표 치환은 주어진 함수의 식이 x^2+y^2 로 표현되거나 극좌표 치환 G 에 의한 U 의 역상이

$$G^{-1}(U) = \{(r,\theta) \mid \alpha \le \theta \le \beta,\ g_1(\theta) \le r \le g_2(\theta)\}$$

와 같이 표현되는 경우에 유용하다.

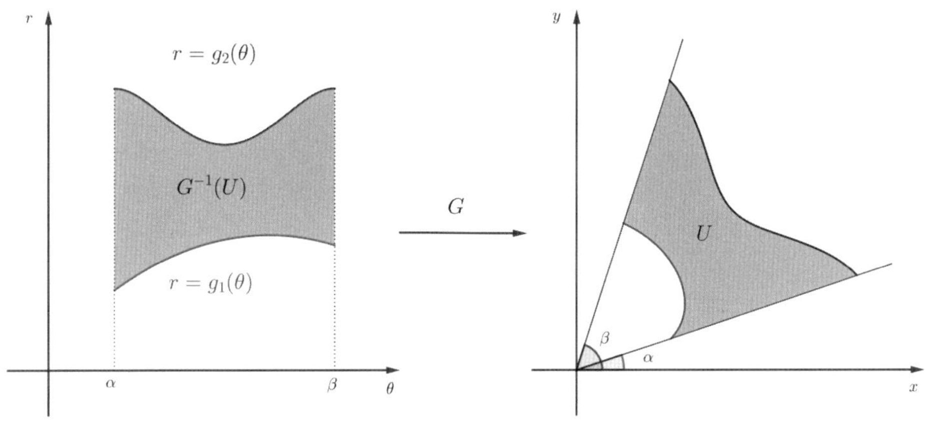

극좌표계의 적분 영역

원기둥좌표계는 직교좌표계에서 x, y 좌표만 극좌표계로 바꾼 것이므로 적분 영역이

$$U = \{(x,y,z) \mid (x,y) \in D,\ u_1(x,y) \le z \le u_2(x,y)\}$$

로 주어졌을 때, 함수 f 를 z-축 방향으로 적분한 함수

$$F(x,y) = \int_{u_1(x,y)}^{u_2(x,y)} f(x,y,z)\,dz$$

에 극좌표 치환을 적용한 것으로 볼 수 있다. 이때 함수 F 의 식이 x^2+y^2 로 표현되거나 영역 U 의 xy-평면 위로의 정사영 D 가 극좌표계로

$$\{(r,\theta) \mid \alpha \le \theta \le \beta,\ g_1(\theta) \le r \le g_2(\theta)\}$$

와 같이 표현되는 경우에 유용하다.

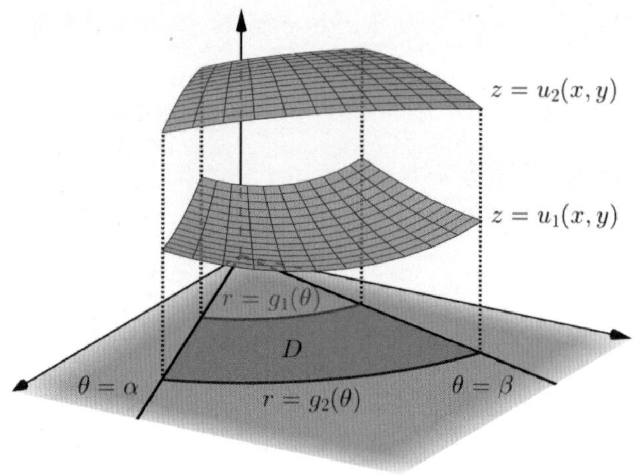

원기둥좌표계의 적분 영역

구면좌표 치환은 주어진 함수의 식이 $x^2+y^2+z^2$ 로 표현되거나 구면좌표 치환 G 에 의한 U 의 역상이

$$G^{-1}(U) = \{(\rho, \varphi, \theta) \mid \alpha \leq \theta \leq \beta,\ c \leq \varphi \leq d,\ g_1(\varphi, \theta) \leq \rho \leq g_2(\varphi, \theta)\}$$

와 같이 표현되는 경우에 유용하다.

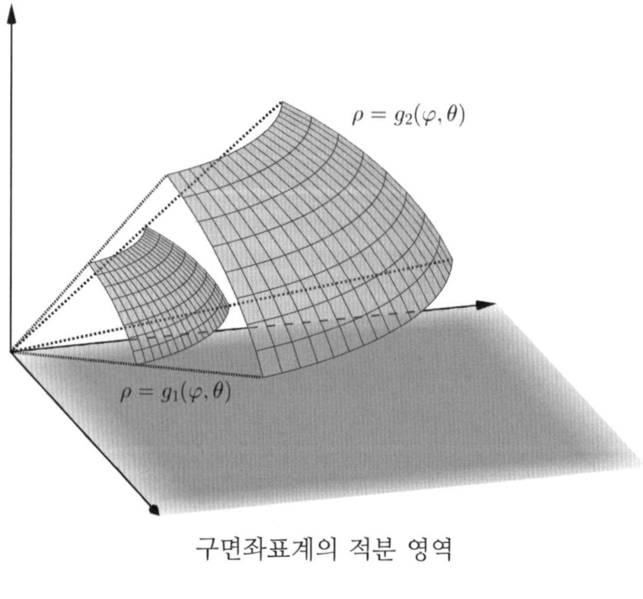

구면좌표계의 적분 영역

예제 5.4.6 다음 다중적분을 구하시오.

(1) $\displaystyle\iint_U (2x^2+3xy-2y^2)\,dx\,dy,\quad U=\{(x,y)\mid 1\le 2x-y\le 3,\ -2\le x+2y\le 0\}$

(2) $\displaystyle\iint_U \sqrt{\frac{4-x^2-y^2}{4+x^2+y^2}}\,dx\,dy,\quad U=\{(x,y)\mid 0\le y\le x,\ x^2+y^2\le 4\}$

(3) $\displaystyle\iiint_U (1-\sqrt{x^2+y^2})e^{z\sqrt{x^2+y^2}}\,dx\,dy\,dz,\quad U=\{(x,y,z)\mid 0\le z\le 2-\sqrt{x^2+y^2}\}$

풀이 (1) 변수 u, v를

$$u=2x-y,\quad v=x+2y$$

라 두면, 이 치환에 의해 uv-평면에서 xy-평면으로 가는 선형사상

$$G(u,v)=\left(\frac{2u+v}{5},\frac{-u+2v}{5}\right)$$

를 얻는다. 한편 G에 의한 U의 역상은

$$V=G^{-1}(U)=\{(u,v)\mid 1\le u\le 3,\ -2\le v\le 0\}$$

이고 $|\det G'(u,v)|=1/5$이므로 치환적분법에 의해

$$\begin{aligned}\iint_U (2x^2+3xy-2y^2)\,dx\,dy &= \iint_U (2x-y)(x+2y)\,dx\,dy=\iint_V \frac{uv}{5}\,du\,dv\\ &=\int_{-2}^{0}\int_{1}^{3}\frac{uv}{5}\,du\,dv=\int_{-2}^{0}\frac{4}{5}v\,dv=-\frac{8}{5}\end{aligned}$$

을 얻는다.

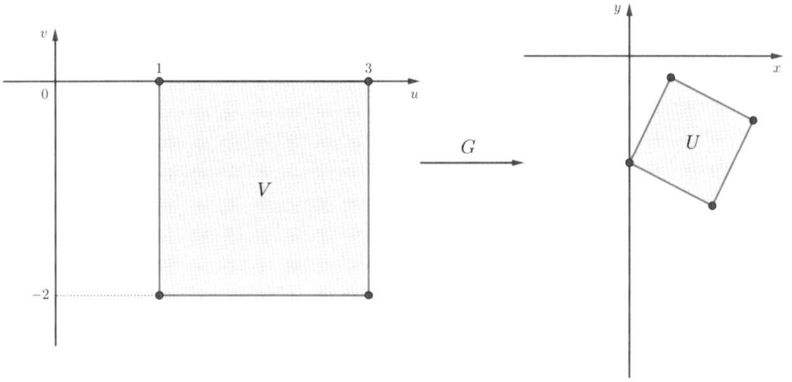

(2) $G(r,\theta)=(r\cos\theta, r\sin\theta)$라 두면

$$G^{-1}(U)=\{(r,\theta)\mid 0\le\theta\le\pi/4,\ 0\le r\le 2\}$$

이다. 따라서 극좌표 치환에 의해

$$\begin{aligned}\iint_U \sqrt{\frac{4-x^2-y^2}{4+x^2+y^2}}\,dx\,dy &= \iint_{G^{-1}(U)} \sqrt{\frac{4-r^2}{4+r^2}}r\,dr\,d\theta \\ &= \int_0^{\pi/4}\int_0^2 \sqrt{\frac{4-r^2}{4+r^2}}r\,dr\,d\theta \\ &= 2\int_0^{\pi/4}\int_0^{\pi/2} \sin t\tan\frac{t}{2}\,dt\,d\theta \quad (\because r^2=4\cos t) \\ &= 2\int_0^{\pi/4}\int_0^{\pi/2} 2\sin^2\frac{t}{2}\,dt\,d\theta \\ &= 2\int_0^{\pi/4}\int_0^{\pi/2}(1-\cos t)\,dt\,d\theta \\ &= \frac{\pi}{4}(\pi-2)\end{aligned}$$

를 얻는다.

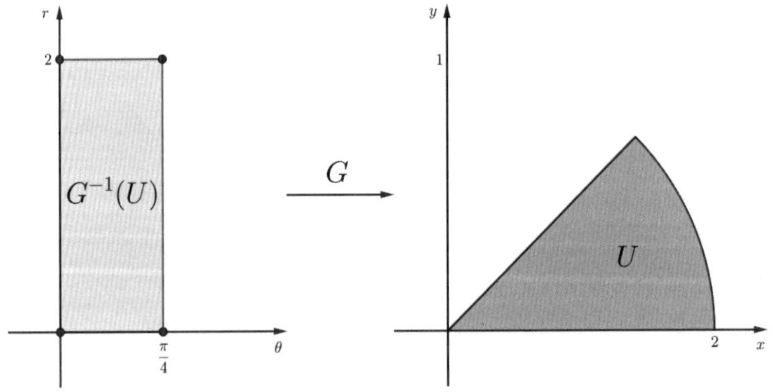

(3) 영역 U의 xy-평면에 대한 정사영은

$$D=\{(x,y)\mid x^2+y^2\le 2^2\}$$

이다. 따라서 원기둥좌표 치환에 의해

$$\begin{aligned}\iiint_U (1-\sqrt{x^2+y^2})e^{z\sqrt{x^2+y^2}}\,dV_3 &= \iint_D \int_0^{2-\sqrt{x^2+y^2}} (1-\sqrt{x^2+y^2})e^{z\sqrt{x^2+y^2}}\,dz\,dV_2 \\ &= \int_0^{2\pi}\int_0^2\int_0^{2-r} r(1-r)e^{rz}\,dz\,dr\,d\theta \\ &= \int_0^{2\pi}\int_0^2 \left(r-1+(1-r)e^{2r-r^2}\right)dr\,d\theta \\ &= 2\pi\left[\frac{1}{2}r^2 - r + \frac{1}{2}e^{2r-r^2}\right]_0^2 = 0\end{aligned}$$

을 얻는다.

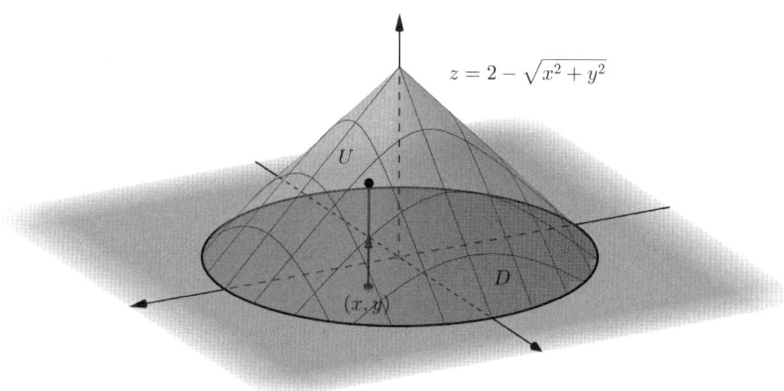

□

예제 5.4.7 함수 $f:\mathbb{R}^n \to \mathbb{R}$ 의 특이적분을

$$\int\cdots\int_{\mathbb{R}^n} f\,dV_n = \lim_{r\to\infty}\int\cdots\int_{B_r} f\,dV_n$$

으로 정의할 때 다음에 답하시오. (단, B_r 은 중심이 원점이고 반지름이 r 인 공이다.)

(1) 이중적분

$$\iint_{\mathbb{R}^2} e^{-x^2-y^2}\,dV_2$$

의 값을 구하고, 이를 이용하여 $\displaystyle\int_{-\infty}^{\infty} e^{-x^2} = \sqrt{\pi}$ 임을 보이시오.

(2) 삼중적분

$$\iiint_{\mathbb{R}^3} e^{-x^2-y^2-z^2}\, dV_3$$

의 값을 구하고, 이를 이용하여 $\displaystyle\int_{-\infty}^{\infty} x^2 e^{-x^2} = \frac{\sqrt{\pi}}{2}$ 임을 보이시오.

풀이 (1) 극좌표 치환에 의해 원판 $D_r = \{(x,y) \mid x^2+y^2 \le r^2\}$ 에 대하여

$$\begin{aligned}
\iint_{\mathbb{R}^2} e^{-x^2-y^2}\, dV_2 &= \lim_{t\to\infty} \iint_{D_t} e^{-x^2-y^2}\, dV_2 \\
&= \lim_{t\to\infty} \int_0^{2\pi} \int_0^t re^{-r^2}\, dr\, d\theta \\
&= \lim_{t\to\infty} \left(\int_0^{2\pi} d\theta\right)\left(\int_0^t re^{-r^2}\, dr\right) \\
&= 2\pi \lim_{t\to\infty} \left[-\frac{1}{2}e^{-r^2}\right]_0^t \\
&= \pi \lim_{t\to\infty} (1-e^{t^2}) \\
&= \pi
\end{aligned}$$

이다. 한편 정사각형 $S_t = [-t,t]\times[-t,t]$ 에 대하여

$$\iint_{D_t} e^{-x^2-y^2}\, dV_2 \le \iint_{S_t} e^{-x^2-y^2}\, dV_2 = \left(\int_{-t}^t e^{-x^2}\, dx\right)^2 \le \iint_{D_{\sqrt{2}t}} e^{-x^2-y^2}\, dV_2$$

이므로 샌드위치 정리에 의해

$$\lim_{t\to\infty} \left(\int_{-t}^t e^{-x^2}\, dx\right)^2 = \iint_{\mathbb{R}^2} e^{-x^2-y^2}\, dV_2 = \pi$$

가 되어 원하는 결론을 얻는다.

(2) 정육면체 $C_t = [-t,t]\times[-t,t]\times[-t,t]$ 에 대하여 (1)의 결과에 의해

$$\begin{aligned}
\iiint_{\mathbb{R}^3} e^{-x^2-y^2-z^2}\, dV_3 &= \lim_{t\to\infty} \iiint_{C_t} e^{-x^2-y^2-z^2}\, dV_3 \\
&= \lim_{t\to\infty} \left(\int_{-t}^t e^{-x^2}\, dx\right)^3 \\
&= \pi\sqrt{\pi}
\end{aligned}$$

이다. 한편 구면좌표 치환에 의해 공 $B_r = \{(x,y,z) \mid x^2+y^2+z^2 \le r^2\}$ 에 대하여

$$\begin{aligned}\iiint_{\mathbb{R}^3} e^{-x^2-y^2-z^2}\,dV_3 &= \lim_{r\to\infty} \iiint_{B_r} e^{-x^2-y^2-z^2}\,dV_3 \\ &= \lim_{r\to\infty} \int_0^{2\pi}\int_0^{\pi}\int_0^{r} \rho^2 e^{-\rho^2}\sin\varphi\,d\rho\,d\varphi\,d\theta \\ &= \lim_{r\to\infty} \left(\int_0^{2\pi} d\theta\right)\left(\int_0^{\pi}\sin\varphi\,d\varphi\right)\left(\int_0^{r}\rho^2 e^{-\rho^2}\,d\rho\right) \\ &= 4\pi\int_0^{\infty}\rho^2 e^{-\rho^2}\,d\rho = 2\pi\int_{-\infty}^{\infty} x^2 e^{-x^2}\,dx\end{aligned}$$

가 되어 원하는 결론을 얻는다. □

예제 5.4.8 양의 실수 $a>0$ 에 대하여 다음 적분값을 구하시오.

$$\int_{-a}^{a}\int_{y^2}^{a^2}\int_{-\sqrt{x-y^2}}^{\sqrt{x-y^2}} x^2\sqrt{y^2+z^2}\,\cos(y^2+z^2)^{3/2}\,dz\,dx\,dy.$$

풀이 푸비니 정리에 의해 적분 순서를 바꾸면, 영역 $D = \{(y,z) \mid y^2+z^2 \le a^2\}$ 에 대하여

$$\begin{aligned}&\int_{-a}^{a}\int_{y^2}^{a^2}\int_{-\sqrt{x-y^2}}^{\sqrt{x-y^2}} x^2\sqrt{y^2+z^2}\,\cos(y^2+z^2)^{3/2}\,dz\,dx\,dy \\ &= \iint_D \int_{y^2+z^2}^{a^2} x^2\sqrt{y^2+z^2}\,\cos(y^2+z^2)^{3/2}\,dx\,dV_2\end{aligned}$$

이다. $G(x,r,\theta) = (x, r\cos\theta, r\sin\theta)$ 라 하면, $\det G'(x,r,\theta) = r$ 이므로

$$dx\,dy\,dz = r\,dx\,dr\,d\theta$$

이고, 따라서 치환적분법에 의해

$$\begin{aligned}\iint_D \int_{y^2+z^2}^{a^2} x^2\sqrt{y^2+z^2}\,\cos(y^2+z^2)^{3/2}\,dx\,dV_2 &= \int_0^{2\pi}\int_0^{a}\int_{r^2}^{a^2} r^2x^2\cos(r^3)\,dx\,dr\,d\theta \\ &= \int_0^{2\pi}\int_0^{a}\frac{1}{3}r^2(a^6-r^6)\cos(r^3)\,dr\,d\theta \\ &= \int_0^{2\pi}\frac{2}{9}\big(\sin(a^3)-a^3\cos(a^3)\big)\,d\theta \\ &= \frac{4\pi}{9}\big(\sin(a^3)-a^3\cos(a^3)\big)\end{aligned}$$

을 얻는다.

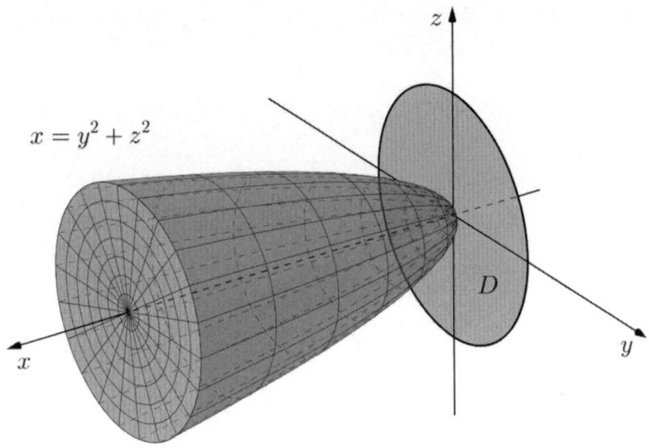

□

좌표평면의 유계 영역 A에서 상수함수 $f(x, y) = 1$의 이중적분의 기하학적 의미는 밑면이 A이고, 높이가 1인 기둥의 부피이며, 높이가 1인 기둥의 부피는 밑넓이와 같으므로 영역 A에서 상수함수 $f(x, y) = 1$의 이중적분은 밑넓이임을 안다. 일반적으로 $\mathbb{R}^n$의 유계 영역 A에서 상수함수 $f(\mathbf{x}) = 1$의 다중적분은 적분 영역의 부피가 된다.

$$\int_A 1\, dV_n = \mathrm{Vol}_n(A).$$

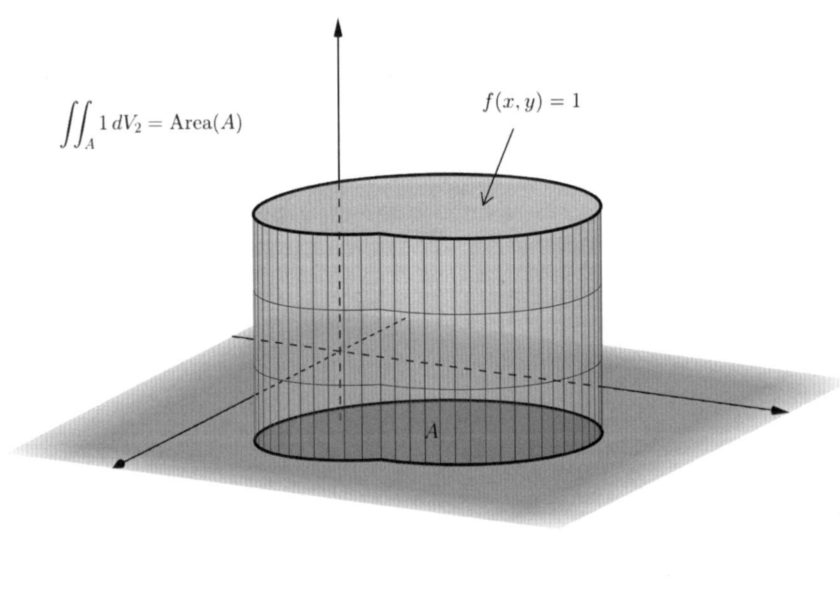

예제 5.4.9 삼중적분을 이용하여 다음 영역의 부피를 구하시오.

$$E : x^2 + y^2 + z^2 \leq 1, \quad \left(x - \frac{1}{2}\right)^2 + y^2 \leq \frac{1}{4}, \quad z \geq 0.$$

풀이 영역 E를 xy-평면에 내린 정사영을

$$D : \left(x - \frac{1}{2}\right)^2 + y^2 \leq \frac{1}{4}$$

이라 하면 구하는 영역의 부피는 다음과 같다.

$$\mathrm{Vol}_3(E) = \iiint_E 1\, dV_3 = \iint_D \int_0^{\sqrt{1-x^2-y^2}} dz\, dV_2.$$

극좌표계

$$x = r\cos\theta, \qquad y = r\sin\theta$$

로 치환하면, 영역 D는

$$\left(x - \frac{1}{2}\right)^2 + y^2 \leq \frac{1}{4} \qquad \Longleftrightarrow \qquad r \leq \cos\theta, \quad -\frac{\pi}{2} \leq \theta \leq \frac{\pi}{2}$$

이므로

$$\begin{aligned}
\iint_D \int_0^{\sqrt{1-x^2-y^2}} dz\, dV_2 &= \int_{-\pi/2}^{\pi/2} \int_0^{\cos\theta} \int_0^{\sqrt{1-r^2}} r\, dz\, dr\, d\theta \\
&= \int_{-\pi/2}^{\pi/2} \int_0^{\cos\theta} r\sqrt{1-r^2}\, dr\, d\theta \\
&= \int_{-\pi/2}^{\pi/2} \frac{1}{3}\left(1 - |\sin\theta|^3\right) d\theta \\
&= \frac{2}{3}\int_0^{\pi/2} (1 - \sin^3\theta)\, d\theta \\
&= \frac{\pi}{3} - \frac{4}{9}
\end{aligned}$$

이다.

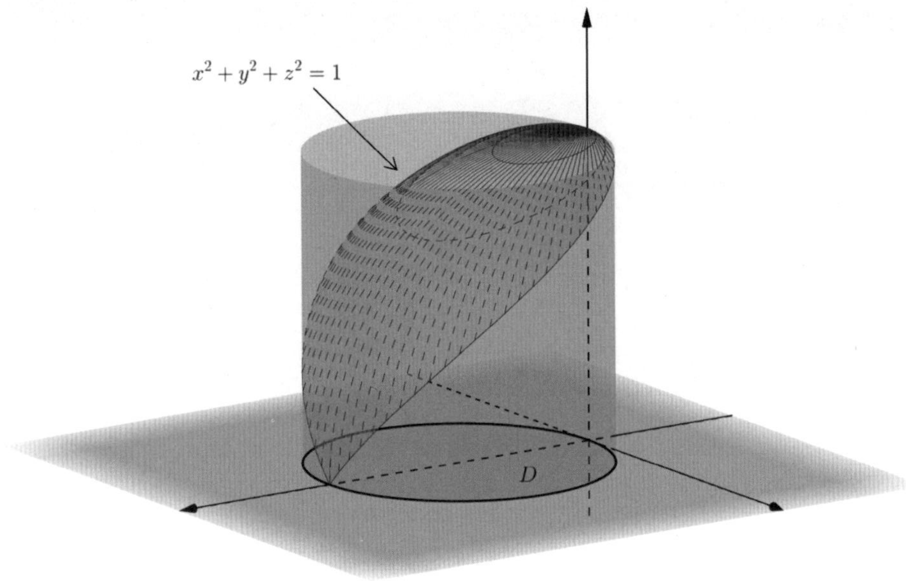

□

5.5 다중적분의 응용

이 절에서는 다중적분을 이용하여 함수의 평균값, 기하학적 중심, 질량 및 질량 중심을 구하는 방법을 다룬다.

> **정의 5.5.1 (함수의 평균값)** $\mathbb{R}^n$ 의 영역 A에서 정의된 함수 f의 평균값은 다음과 같이 정의한다.
>
> $$\overline{f} = \frac{1}{\mathrm{Vol}_n(A)} \int \cdots \int_A f\, dV_n.$$

$\mathbb{R}^n$ 의 부분집합 A가 임의의 $P, Q \in A$에 대하여 $X(0) = P$, $X(1) = Q$를 만족하는 곡선 $X : [0,1] \to A$가 존재하면 A를 곡선 연결 집합이라고 한다.

> **정리 5.5.2 (적분의 평균값 정리)** $\mathbb{R}^n$ 의 곡선 연결된 영역 A와 연속함수 $f : A \to \mathbb{R}$에 대하여 f가 유계이면 $f(P) = \overline{f}$인 점 $P \in A$가 존재한다.

증명 f가 상수함수일 경우는 자명하므로 f가 상수함수가 아닌 경우만 고려한다. 함수 f가 유계이므로 모든 $\mathbf{x} \in A$에 대하여

$$\inf_A f =: m \le f(\mathbf{x}) \le M := \sup_A f$$

가 성립한다. 이 식을 변변 적분하면,

$$m \cdot \mathrm{Vol}_n(A) = \int \cdots \int_A m \, dV_n \le \int \cdots \int_A f \, dV_n \le \int \cdots \int_A M \, dV_n = M \cdot \mathrm{Vol}_n(A)$$

이고 f는 상수함수가 아니므로 $m < \overline{f} < M$ 임을 안다. 따라서 적당한 $P_0, P_1 \in A$가 존재하여

$$f(P_0) < \overline{f} < f(P_1)$$

을 만족한다. 한편 영역 A가 곡선 연결되어 있으므로 $X(0) = P_0$, $X(1) = P_1$인 곡선 $X : [0,1] \to A$가 존재하고, 함수

$$f \circ X : [0,1] \to \mathbb{R}$$

는 연속함수이므로 사잇값 정리에 의해 $f\big(X(c)\big) = \overline{f}$인 실수 $c \in [0,1]$가 존재한다.

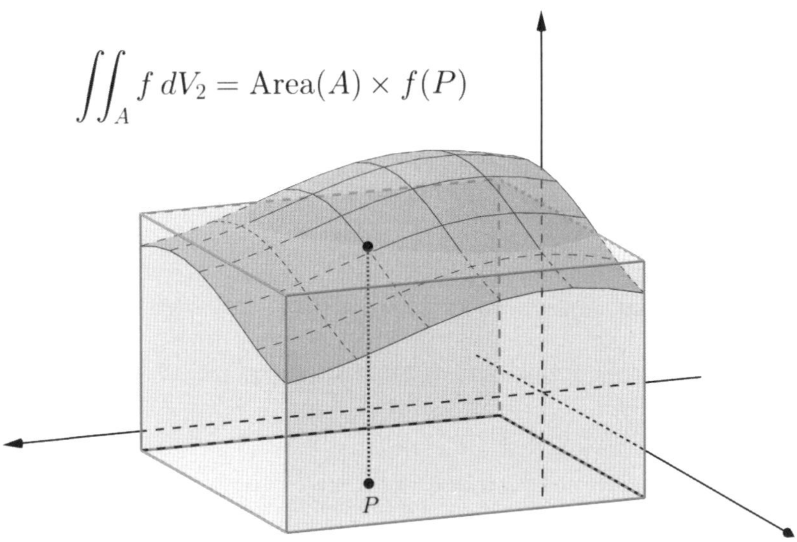

이중적분에 대한 적분의 평균값 정리의 기하학적 의미

□

예제 5.5.3 $\mathbb{R}^n$ 의 열린 집합 U 에서 정의된 일급 벡터함수 $F : U \to \mathbb{R}^n$ 와

$$P \in D \subset \overline{B}_r(P) = \{\mathbf{x} \in \mathbb{R}^n : |\mathbf{x} - P| \le r\} \subset U$$

를 만족하는 곡선 연결된 영역 D 에 대하여

$$|\det F'(P)| = \lim_{r \to 0^+} \frac{\mathrm{Vol}_n\big(F(D)\big)}{\mathrm{Vol}_n\big(D\big)}$$

임을 보이시오.

풀이 $\mathbf{y} = F(\mathbf{x})$ 라 두면 치환적분법에 의해

$$\mathrm{Vol}_n\big(F(D)\big) = \int \cdots \int_{F(D)} 1\, dV_n(\mathbf{y}) = \int \cdots \int_D |\det F'(\mathbf{x})|\, dV_n(\mathbf{x})$$

가 성립한다. 한편 적분의 평균값 정리에 의해

$$\int \cdots \int_D |\det F'(X)|\, dV_n(X) = \mathrm{Vol}_n(D) |\det F'(P_*)|$$

를 만족하는 점 $P_* \in D$ 가 존재하고, 따라서

$$\lim_{r \to 0^+} |\det F'(P_*)| = \lim_{r \to 0^+} \frac{\mathrm{Vol}_n\big(F(D)\big)}{\mathrm{Vol}_n\big(D\big)}$$

이다. 그런데 F 는 일급이고 $\lim_{r \to 0^+} P_* = P$ 이므로

$$\lim_{r \to 0^+} |\det F'(P_*)| = \left|\det F'\left(\lim_{r \to 0^+} P_*\right)\right| = |\det F'(P)|$$

가 되어 원하는 결론을 얻는다. □

예제 5.5.4 다음 함수의 영역 D 에서 평균값을 구하시오.

(1) $f(x, y) = x \sin(2x + y), \quad D = \{(x, y) \mid 0 \le y \le x,\ 0 \le x \le \pi\}$

(2) $f(x, y) = e^{x+y} \sec(y - x), \quad D = \{(x, y) : |x| + |y| \le 1\}$

풀이 (1) 영역 D 의 넓이는 $\pi^2/2$ 이므로 함수 f 의 평균값은

$$\begin{aligned}\overline{f} &= \frac{2}{\pi^2}\int_0^{\pi}\int_0^{x} x\sin(2x+y)\,dy\,dx \\ &= \frac{2}{\pi^2}\int_0^{\pi} x(\cos 2x - \cos 3x)\,dx \\ &= \frac{4}{9\pi^2}\end{aligned}$$

이다.

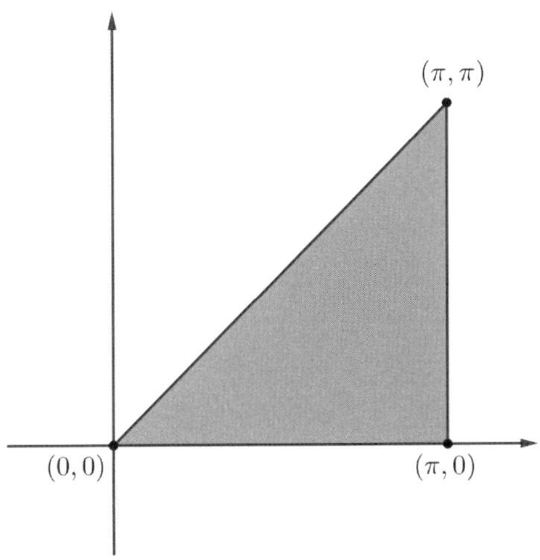

(2) 회전변환

$$G(u,v) = \begin{pmatrix}\cos\frac{\pi}{4} & -\sin\frac{\pi}{4} \\ \sin\frac{\pi}{4} & \cos\frac{\pi}{4}\end{pmatrix}\begin{pmatrix}u \\ v\end{pmatrix} = \frac{\sqrt{2}}{2}\begin{pmatrix}1 & -1 \\ 1 & 1\end{pmatrix}\begin{pmatrix}u \\ v\end{pmatrix}$$

는 $R = \left[-\sqrt{2}/2, \sqrt{2}/2\right] \times \left[-\sqrt{2}/2, \sqrt{2}/2\right]$ 에서 D 로의 일급가역함수이다. 한편

$$\begin{aligned}\int \sec x\,dx &= \int \frac{\sec x\tan x + \sec^2 x}{\sec x + \tan x}\,dx \\ &= \int \frac{\frac{d}{dx}(\sec x + \tan x)}{\sec x + \tan x}\,dx \\ &= \log|\sec x + \tan x| + C\end{aligned}$$

이므로 치환적분법에 의해

$$\begin{aligned}
\overline{f} &= \frac{1}{\text{Area}(D)}\iint_D e^{x+y}\sec(y-x)\,dV_2(x,y) = \frac{1}{2}\iint_R e^{\sqrt{2}u}\sec\sqrt{2}v|\det G'(u,v)|\,dV_2(u,v) \\
&= \frac{1}{2}\int_{-\sqrt{2}/2}^{\sqrt{2}/2}\int_{-\sqrt{2}/2}^{\sqrt{2}/2} e^{\sqrt{2}u}\sec\sqrt{2}v\,du\,dv = \frac{1}{2}\left(\int_{-\sqrt{2}/2}^{\sqrt{2}/2} e^{\sqrt{2}u}\,du\right)\left(\int_{-\sqrt{2}/2}^{\sqrt{2}/2}\sec\sqrt{2}v\,dv\right) \\
&= \frac{1}{2}\left[\frac{1}{\sqrt{2}}e^{\sqrt{2}u}\right]_{-\sqrt{2}/2}^{\sqrt{2}/2}\left[\frac{1}{\sqrt{2}}\log|\sec\sqrt{2}v+\tan\sqrt{2}v|\right]_{-\sqrt{2}/2}^{\sqrt{2}/2} \\
&= \frac{e-e^{-1}}{4}\log\frac{1+\sin 1}{1-\sin 1}
\end{aligned}$$

을 얻는다.

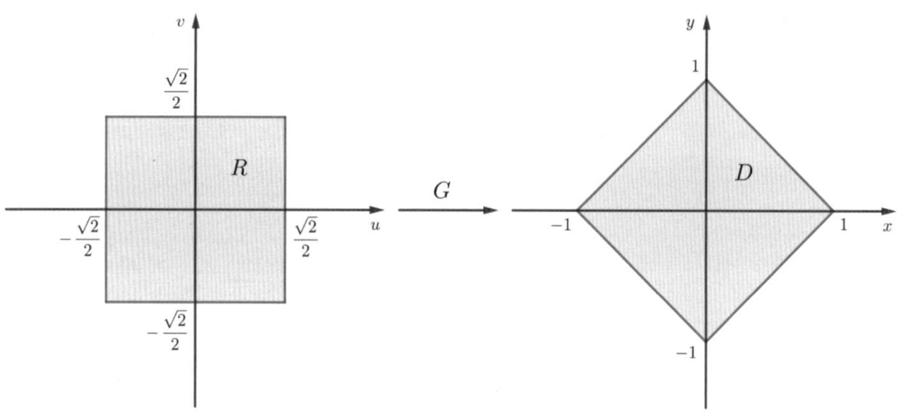

□

정의 5.5.5 (기하학적 중심) A를 $\mathbb{R}^n$의 영역이라 하자. A의 기하학적 중심 $\overline{\mathbf{x}} = (\overline{x}_1, \overline{x}_2, \cdots, \overline{x}_n)$는

$$\overline{x}_i = \frac{1}{\text{Vol}_n(A)}\int\cdots\int_A x_i\,dV_n \quad (i = 1, 2, \cdots, n)$$

으로 정의한다. 이 식을 간단히

$$\overline{\mathbf{x}} = \frac{1}{\text{Vol}_n(A)}\int\cdots\int_A \mathbf{x}\,dV_n$$

으로 나타낸다.

예제 5.5.6 영역

$$D = \{(t - \sin t, s - s\cos t) \in \mathbb{R}^2 \mid 0 \le t \le 2\pi,\ 0 \le s \le 1\}$$

의 기하학적 중심을 구하시오.

풀이 영역의 대칭성으로부터 $\overline{x} = \pi$ 이다. 한편

$$x = t - \sin t, \qquad y = s - s\cos t$$

이므로

$$\det \frac{\partial(x,y)}{\partial(s,t)} = \det \begin{pmatrix} 0 & 1-\cos t \\ 1-\cos t & s\sin t \end{pmatrix} = -(1-\cos t)^2$$

이고, 따라서 영역 D 의 넓이는

$$\begin{aligned} \text{Area}(D) &= \iint_D 1\, dx\, dy \\ &= \int_0^{2\pi}\int_0^1 \left|\det \frac{\partial(x,y)}{\partial(s,t)}\right| ds\, dt \\ &= \int_0^{2\pi}\int_0^1 (1-\cos t)^2\, ds\, dt \\ &= \left[\frac{3}{2}t - 2\sin t + \frac{1}{4}\sin 2t\right]_0^{2\pi} \\ &= 3\pi \end{aligned}$$

이다. 또한

$$\begin{aligned} \overline{y} &= \frac{1}{\text{Area}(D)}\iint_D y\, dx\, dy \\ &= \frac{1}{3\pi}\int_0^{2\pi}\int_0^1 (s - s\cos t)\left|\det \frac{\partial(x,y)}{\partial(s,t)}\right| ds\, dt \\ &= \frac{1}{3\pi}\int_0^{2\pi}\int_0^1 s(1-\cos t)^3\, ds\, dt \\ &= \frac{1}{6\pi}\left[\frac{5}{2}t - 4\sin t + \frac{3}{4}\sin 2t + \frac{1}{3}\sin^3 t\right]_0^{2\pi} \\ &= \frac{5}{6} \end{aligned}$$

이므로 영역 D 의 기하학적 중심은 $(\pi, 5/6)$ 이다.

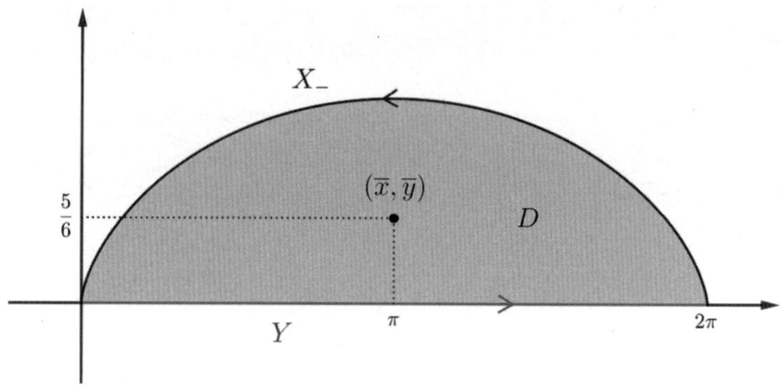

□

명제 5.5.7 (카발리에리의 원리) $\mathbb{R}^3$ 의 두 입체 V_1, V_2 를 하나의 정해진 평면과 평행인 평면으로 자를 때 생기는 두 단면 D_1, D_2 의 넓이의 비가 항상 $m : n$ 이면 V_1, V_2 의 부피의 비도 $m : n$ 이다.

$\mathbb{R}^3$ 에서 평면 α 에 속하는 영역 B 와 평면 α 위에 있지 않은 점 $V = (v_1, v_2, v_3)$ 에 대하여 집합

$$\mathcal{C}(B, V) := \{(1-t)(x, y, z) + t(v_1, v_2, v_3) \mid (x, y, z) \in B,\ 0 \le t \le 1\}$$

을 밑면이 B 이고 꼭짓점이 V 인 뿔로 정의한다.

예제 5.5.8 $\mathbb{R}^3$ 에서 밑면이 B 이고 꼭짓점이 V 인 뿔 $\mathcal{C}(B, V)$ 의 중심은 꼭짓점 V 와 밑면의 중심 M 을 $3 : 1$ 로 내분하는 점임을 보이시오.

풀이 일반성을 잃지 않고 밑면 B 가 xy-평면 위에 있다고 가정하자. 뿔 $\mathcal{C}(B, V)$ 의 높이가 h 일 때, 밑면 B 와 넓이가 같은 xy-평면 위의 원판을 D 라 하면, D 를 밑면으로 하고 높이가 h 인 원뿔과 뿔 $\mathcal{C}(B, V)$ 는 xy-평면과 평행한 평면으로 자를 때 생기는 두 단면의 넓이가 같으므로 카발리에리의 원리에 의해 뿔 $\mathcal{C}(B, V)$ 의 부피는 원뿔의 부피와 같다. 즉

$$\mathrm{Vol}_3(\mathcal{C}(B, V)) = \frac{1}{3} h \,\mathrm{Area}(B)$$

이다. 한편 뿔 $\mathcal{C}(B, V)$ 를 xy-평면과 평행하고 높이가 z 인 평면으로 자를 때 생기는 단면을 D_z 라 두면 D_z 의 중심은 선분 VM 을 $(h-z) : z$ 로 내분하는 점이다. 즉

$$\frac{1}{\mathrm{Area}(D_z)} \iint_{D_z} \mathbf{x}\, dV_2 = \frac{(h-z)M + zV}{(h-z) + z} = \frac{(h-z)M + zV}{h}$$

이다. 따라서 뿔 $\mathcal{C}(B,V)$ 의 중심은

$$\begin{aligned}\overline{\mathbf{x}} &= \frac{1}{\mathrm{Vol}_3(\mathcal{C}(B,V))}\iiint_{\mathcal{C}(B,V)} \mathbf{x}\,dV_3 = \frac{3}{h\,\mathrm{Area}(B)}\int_0^h \iint_{D_z} \mathbf{x}\,dV_2\,dz \\ &= \frac{3}{h\,\mathrm{Area}(B)}\int_0^h \mathrm{Area}(D_z)\,\frac{(h-z)M+zV}{h}\,dz \\ &= \frac{3}{h^4}\left(M\int_0^h (h-z)^3\,dz + V\int_0^h z(h-z)^2\,dz\right) \quad \left(\because \frac{\mathrm{Area}(D_z)}{\mathrm{Area}(B)} = \frac{(h-z)^2}{h^2}\right) \\ &= \frac{3M+V}{4}\end{aligned}$$

가 되어 원하는 결론을 얻는다.

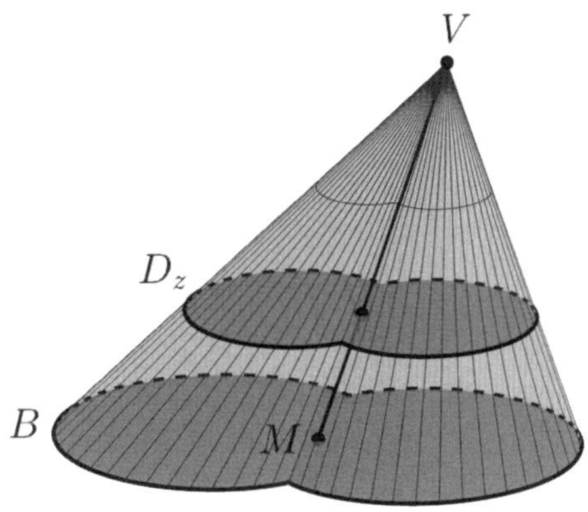

□

예제 5.5.9 다음 적분값을 구하시오.

$$\int_0^1\int_0^{1-z}\int_0^{1-y-z}(x+2y+3z+4)\,dx\,dy\,dz.$$

풀이 영역

$$T = \{(x,y,z) \mid 0 \le x \le 1-y-z,\ 0 \le y \le 1-z,\ 0 \le z \le 1\}$$

는 밑면이

$$R = \{(x,y) \mid 0 \le y \le 1-x,\ 0 \le x \le 1\}$$

이고 꼭짓점이 $P=(0,0,1)$ 인 삼각뿔이므로 기하학적 중심은 꼭짓점 P 와 밑면 R 의

중심 $G = (1/3, 1/3, 0)$ 을 $3:1$ 로 내분하는 점이다. 따라서

$$(\overline{x}, \overline{y}, \overline{z}) = \left(\frac{1}{4}, \frac{1}{4}, \frac{1}{4}\right)$$

이다. 또한 사면체 T 의 부피는 $1/6$ 이므로

$$\begin{aligned}
&\int_0^1 \int_0^{1-z} \int_0^{1-y-z} (x + 2y + 3z + 4)\, dx\, dy\, dz \\
&= \iiint_T x\, dV_3 + 2 \iiint_T y\, dV_3 + 3 \iiint_T z\, dV_3 + 4 \iiint_T dV_3 \\
&= \mathrm{Vol}_3(T) \times \overline{x} + 2\,\mathrm{Vol}_3(T) \times \overline{y} + 3\,\mathrm{Vol}_3(T) \times \overline{z} + 4\,\mathrm{Vol}_3(T) \\
&= \frac{1}{6} \times \frac{1}{4} + 2 \times \frac{1}{6} \times \frac{1}{4} + 3 \times \frac{1}{6} \times \frac{1}{4} + 4 \times \frac{1}{6} \\
&= \frac{11}{12}
\end{aligned}$$

이다.

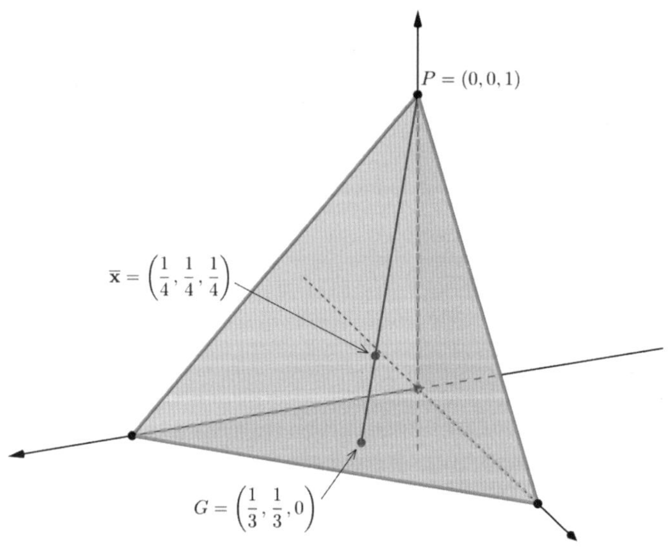

□

예제 5.5.10 영역

$$\overline{B}_\rho^+ = \{(x, y, z) \mid 0 \le z \le \sqrt{\rho^2 - x^2 - y^2}\}$$

의 중심을 구하시오.

풀이 영역 $\overline{B}_\rho^+$ 를 xy-평면에 내린 정사영을 $D = \{(x, y) \mid x^2 + y^2 \le \rho^2\}$ 라 하자. $\overline{B}_\rho^+$ 의 대칭성에 의해

$$\overline{x} = 0, \qquad \overline{y} = 0$$

이다. 한편 $\overline{B}_\rho^+$ 의 부피는 $2\pi\rho^3/3$ 이므로

$$\begin{aligned}\overline{z} &= \frac{3}{2\pi\rho^3}\iiint_{\overline{B}_\rho^+} z\,dV_3 = \frac{3}{2\pi\rho^3}\iint_D \int_0^{\sqrt{\rho^2-x^2-y^2}} z\,dz\,dV_2 \\ &= \frac{3}{2\pi\rho^3}\iint_D \frac{1}{2}(\rho^2 - x^2 - y^2)\,dV_2 = \frac{3}{2\pi\rho^3}\int_0^{2\pi}\int_0^\rho \frac{1}{2}(\rho^2 - r^2) r\,dr\,d\theta = \frac{3}{8}\rho\end{aligned}$$

이다.

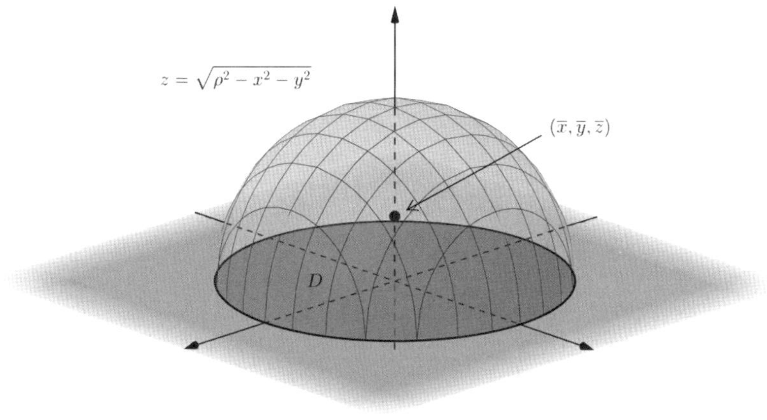

□

예제 5.5.11 다음 입체의 중심을 구하시오.

(1) $E : x^2 + y^2 + z^2 \le 1, \quad x^2 + \left(y - \frac{1}{2}\right)^2 \ge \frac{1}{4}$

(2) $E : x^2 + y^2 \le z^2, \quad x^2 + y^2 + (z - a)^2 \le a^2$

풀이 (1) 입체의 대칭성에 의해

$$\overline{x} = 0, \qquad \overline{z} = 0$$

이고, 예제 5.4.9 의 결과를 이용하면

$$\mathrm{Vol}_3(E) = \frac{4}{3}\pi - \left(\frac{2\pi}{3} - \frac{8}{9}\right) = \frac{2}{3}\pi + \frac{8}{9}$$

임을 안다. 이때

$$D_1 = \left\{(x,y) \mid x^2+y^2 \le 1,\, y \le 0\right\},\; D_2 = \{(r\cos\theta, r\sin\theta) \mid \sin\theta \le r \le 1,\, 0 \le \theta \le \pi\}$$

라 두면 극좌표 치환에 의해

$$\begin{aligned}
\mathrm{Vol}_3(E)\,\overline{y} &= \iiint_E y\,dV_3 = \iint_{D_1}\int_{-\sqrt{1-x^2-y^2}}^{\sqrt{1-x^2-y^2}} y\,dz\,dV_2 + \iint_{D_2}\int_{-\sqrt{1-x^2-y^2}}^{\sqrt{1-x^2-y^2}} y\,dz\,dV_2 \\
&= 2\int_{\pi}^{2\pi}\int_0^1\int_0^{\sqrt{1-r^2}} (r\sin\theta)r\,dz\,dr\,d\theta + 2\int_0^{\pi}\int_{\sin\theta}^1\int_0^{\sqrt{1-r^2}} (r\sin\theta)r\,dz\,dr\,d\theta \\
&= 2\int_{\pi}^{2\pi}\int_0^1 r^2\sqrt{1-r^2}\sin\theta\,dr\,d\theta + 2\int_0^{\pi}\int_{\sin\theta}^1 r^2\sqrt{1-r^2}\sin\theta\,dr\,d\theta \\
&= -4\int_0^{\pi/2} \sin^2 t\cos^2 t\,dt + 2\int_0^{\pi}\int_{\theta}^{\pi/2} \sin^2 t|\cos t|\cos t\sin\theta\,dt\,d\theta \quad (\because r = \sin t) \\
&= -\frac{\pi}{4} + 2\int_0^{\pi/2}\int_{\theta}^{\pi/2} \sin^2 t\cos^2 t\sin\theta\,dt\,d\theta - 2\int_{\pi/2}^{\pi}\int_{\theta}^{\pi/2} \sin^2 t\cos^2 t\sin\theta\,dt\,d\theta \\
&= -\frac{\pi}{4} + 2\int_0^{\pi/2}\int_{\theta}^{\pi/2} \frac{\sin^2 2t}{4}\sin\theta\,dt\,d\theta - 2\int_{\pi/2}^{\pi}\int_{\theta}^{\pi/2} \frac{\sin^2 2t}{4}\sin\theta\,dt\,d\theta \\
&= -\frac{\pi}{4} + 2\int_0^{\pi/2}\int_{\theta}^{\pi/2} \frac{1-\cos 4t}{8}\sin\theta\,dt\,d\theta - 2\int_{\pi/2}^{\pi}\int_{\theta}^{\pi/2} \frac{1-\cos 4t}{8}\sin\theta\,dt\,d\theta \\
&= -\frac{\pi}{4} + \frac{1}{4}\int_0^{\pi/2}\left(\frac{\pi}{2}\sin\theta - \theta\sin\theta + \frac{1}{4}\sin 4\theta\sin\theta\right)d\theta \\
&\qquad - \frac{1}{4}\int_{\pi/2}^{\pi}\left(\frac{\pi}{2}\sin\theta - \theta\sin\theta + \frac{1}{4}\sin 4\theta\sin\theta\right)d\theta \\
&= -\frac{\pi}{4} + \frac{1}{4}\int_0^{\pi/2}\left(\frac{\pi}{2}\sin\theta - \theta\sin\theta - \frac{1}{8}(\cos 5\theta - \cos 3\theta)\right)d\theta \\
&\qquad - \frac{1}{4}\int_{\pi/2}^{\pi}\left(\frac{\pi}{2}\sin\theta - \theta\sin\theta - \frac{1}{8}(\cos 5\theta - \cos 3\theta)\right)d\theta \\
&= -\frac{8}{15}
\end{aligned}$$

을 얻는다. 따라서

$$\overline{y} = \frac{-\dfrac{8}{15}}{\dfrac{2}{3}\pi + \dfrac{8}{9}} = -\frac{12}{15\pi + 20}$$

이다.

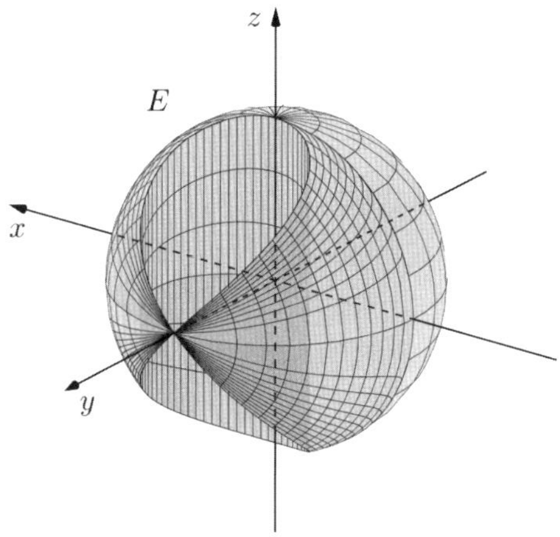

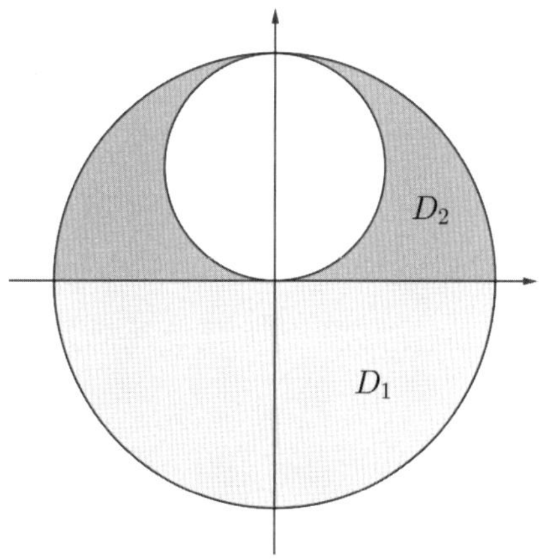

(2) 입체의 대칭성에 의해

$$\overline{x} = 0, \qquad \overline{y} = 0$$

이다. 한편 영역 E를 구면좌표계로 표현하면

$$0 \le \theta \le 2\pi, \qquad 0 \le \varphi \le \frac{\pi}{4}, \qquad 0 \le \rho \le 2a\cos\varphi$$

이므로 구면좌표계 치환에 의해 입체 E의 부피와 $\overline{z}$는

$$\begin{aligned}
\mathrm{Vol}_3(E) &= \iiint_E 1\, dV_3 \\
&= \int_0^{2\pi}\int_0^{\pi/4}\int_0^{2a\cos\varphi} \rho^2 \sin\varphi\, d\rho\, d\varphi\, d\theta \\
&= \frac{16\pi}{3}a^2 \int_0^{\pi/4} \cos^3\varphi \sin\varphi\, d\varphi \\
&= \pi a^3,
\end{aligned}$$

$$
\begin{aligned}
\overline{z} &= \frac{1}{\mathrm{Vol}_3(E)} \iiint_E z\, dV_3 \\
&= \frac{1}{\pi a^3} \int_0^{2\pi} \int_0^{\pi/4} \int_0^{2a\cos\varphi} \rho^3 \cos\varphi \sin\varphi \, d\rho\, d\varphi\, d\theta \\
&= 8a \int_0^{\pi/4} \cos^5\varphi \sin\varphi \, d\varphi \\
&= \frac{7}{6} a
\end{aligned}
$$

이다.

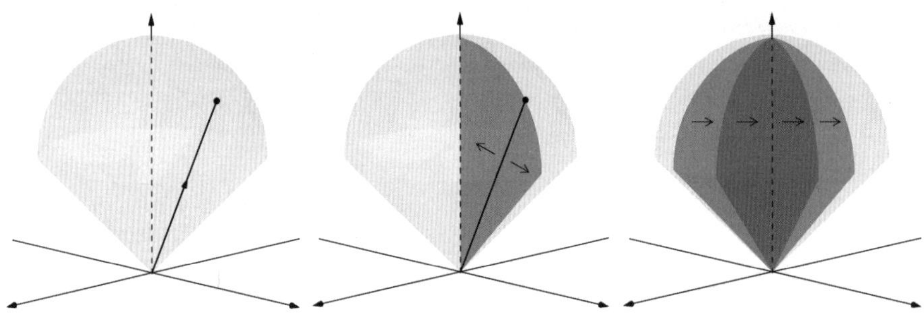

ρ-방향으로 적분 φ-방향으로 적분 θ-방향으로 적분

□

정의 5.5.12 (질량, 질량 중심) $\mathbb{R}^n$ 의 영역 R과 R의 밀도 함수 $\mu : R \to \mathbb{R}$ 에 대하여

(i) R의 질량 m은

$$m = \int \cdots \int_R \mu \, dV_n$$

으로 정의한다.

(ii) R의 질량 중심 $(\overline{x}_1, \overline{x}_2, \cdots, \overline{x}_n)$는

$$\overline{x}_i = \frac{1}{m} \int \cdots \int_R x_i \mu \, dV_n \quad (i = 1, 2, \cdots, n)$$

으로 정의한다.

예제 5.5.13 좌표공간의 영역

$$R = \{(x, y, z) : x \geq 0,\ 0 \leq y \leq 4,\ z \geq 0,\ 0 \leq x^2 + z^2 \leq 4\}$$

의 밀도 함수가

$$\mu(x, y, z) = 2ye^{x^2+y^2+z^2}$$

일 때, R의 질량 m을 구하시오.

풀이 원기둥좌표 치환에 의해 R의 질량은

$$\begin{aligned} m &= \iiint_A \mu(x, y, z)\, dx\, dy\, dz \\ &= \int_0^{\pi/2} \int_0^2 \int_0^4 2rye^{r^2+y^2}\, dy\, dr\, d\theta \\ &= \frac{\pi}{4}(1 - e^4 - e^{16} + e^{20}) \end{aligned}$$

이다.

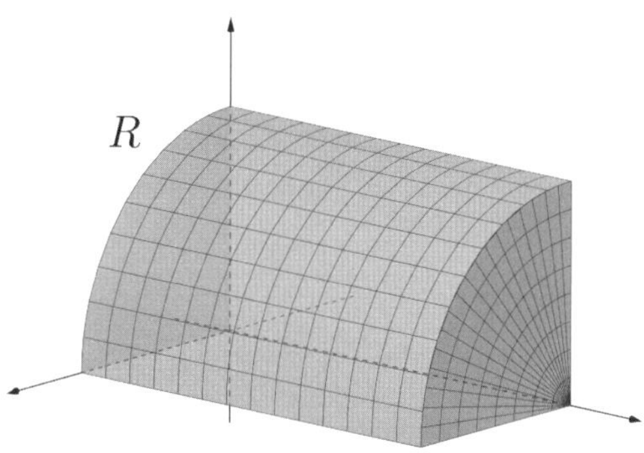

□

예제 5.5.14 좌표평면에서 다음 부등식을 만족하는 영역을 R이라 하자.

$$x \geq 0, \qquad x^2 + y^2 \leq 1, \qquad \left(x - \frac{1}{2}\right)^2 + y^2 \geq \frac{1}{4}.$$

R의 밀도 함수가

$$\mu(x, y) = x$$

일 때, R의 질량 m과 질량 중심 $(\overline{x}, \overline{y})$를 구하시오.

풀이 극좌표 치환에 의해

$$\begin{aligned}
m &= \iint_R \mu\, dV_2 = \int_{-\pi/2}^{\pi/2}\int_{\cos\theta}^{1} r^2\cos\theta\, dr\, d\theta \\
&= \int_{-\pi/2}^{\pi/2} \frac{1}{3}(\cos\theta - \cos^4\theta)\, d\theta = \frac{2}{3} - \frac{\pi}{8}, \\
m\,\overline{x} &= \iint_R x\mu\, dV_2 = \int_{-\pi/2}^{\pi/2}\int_{\cos\theta}^{1} r^3\cos^2\theta\, dr\, d\theta \\
&= \int_{-\pi/2}^{\pi/2} \frac{1}{4}(\cos^2\theta - \cos^6\theta)\, d\theta = \frac{3}{64}\pi, \\
m\,\overline{y} &= \iint_R y\mu\, dV_2 = \int_{-\pi/2}^{\pi/2}\int_{\cos\theta}^{1} r^3\sin\theta\cos\theta\, dr\, d\theta \\
&= \int_{-\pi/2}^{\pi/2} \frac{1}{4}(\cos\theta - \cos^5\theta)\sin\theta\, d\theta = 0
\end{aligned}$$

이므로 R의 질량 중심은

$$(\overline{x}, \overline{y}) = \left(\frac{9\pi}{128 - 24\pi}, 0\right)$$

이다.

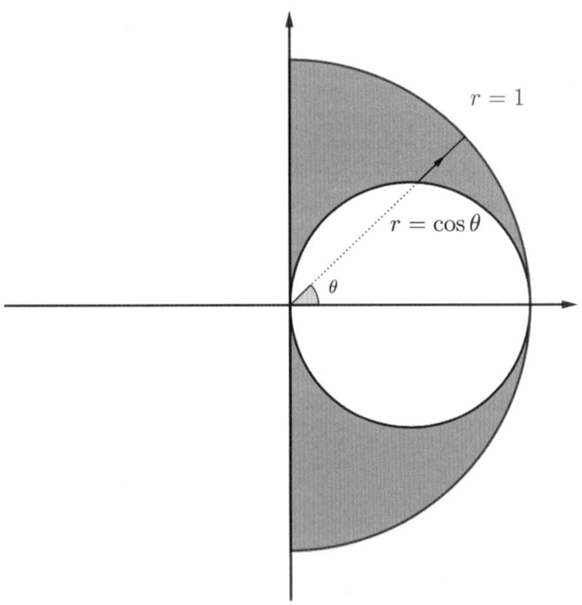

□

제 6 장

평면 벡터장의 발산 정리와 그린 정리

일변수함수에서 미분은 접선의 기울기(수학적 관점)와 순간변화율(물리학적 관점)로 이해할 수 있었다. 우리는 지금까지 다변수 벡터함수의 미분을 수학적인 관점에서 정의하였다. 이 장에서의 목적은 평면 벡터장의 미분(발산함수, 회전함수)을 물리학적인 관점으로 이해하고, 미적분학의 기본정리를 벡터장으로 확장(발산 정리, 그린 정리)하는 것이다.

6.1 벡터장의 발산

정의 6.1.1 (발산함수) $\mathbb{R}^n$ 의 열린 집합 U 에서 정의된 일급 벡터장

$$\mathbf{F}(\mathbf{x}) = \big(f_1(\mathbf{x}), f_2(\mathbf{x}), \cdots, f_n(\mathbf{x})\big)$$

에 대하여

$$\operatorname{div}\mathbf{F}(\mathbf{x}) = D_1 f_1(\mathbf{x}) + D_2 f_2(\mathbf{x}) + \cdots + D_n f_n(\mathbf{x})$$

를 벡터장 $\mathbf{F}$ 의 발산함수라고 한다.

예제 6.1.2 다음 벡터장의 발산함수를 구하시오.

(1) $\mathbf{F}(x,y) = \dfrac{(-y,x)}{x^2+y^2}$

(2) $\mathbf{F}(x,y,z) = \dfrac{(x,y,z)}{(x^2+y^2+z^2)^{3/2}}$

(3) $\mathbf{F}(x,y,z) = (a_{11}x + a_{12}y + a_{13}z, a_{21}x + a_{22}y + a_{23}z, a_{31}x + a_{32}y + a_{33}z)$

풀이 (1) 벡터장 $\mathbf{F}$ 의 발산함수는

$$\begin{aligned}\operatorname{div}\mathbf{F}(x,y) &= \frac{\partial}{\partial x}\left(-\frac{y}{x^2+y^2}\right)+\frac{\partial}{\partial y}\left(\frac{x}{x^2+y^2}\right)\\ &= \frac{2xy}{(x^2+y^2)^2}-\frac{2xy}{(x^2+y^2)^2}=0\end{aligned}$$

이다.

(2) 벡터장 $\mathbf{F}$ 의 발산함수는

$$\begin{aligned}\operatorname{div}\mathbf{F}(x,y,z) &= \frac{\partial}{\partial x}\left(\frac{x}{(x^2+y^2+z^2)^{3/2}}\right)\\ &\quad+\frac{\partial}{\partial y}\left(\frac{y}{(x^2+y^2+z^2)^{3/2}}\right)+\frac{\partial}{\partial z}\left(\frac{z}{(x^2+y^2+z^2)^{3/2}}\right)\\ &= \frac{-2x^2+y^2+z^2}{(x^2+y^2+z^2)^{5/2}}+\frac{x^2-2y^2+z^2}{(x^2+y^2+z^2)^{5/2}}+\frac{x^2+y^2-2z^2}{(x^2+y^2+z^2)^{5/2}}\\ &= 0\end{aligned}$$

이다.

(3) 벡터장 $\mathbf{F}$ 의 발산함수는

$$\begin{aligned}\operatorname{div}\mathbf{F}(x,y,z) &= \frac{\partial}{\partial x}(a_{11}x+a_{12}y+a_{13}z)\\ &\quad+\frac{\partial}{\partial y}(a_{21}x+a_{22}y+a_{23}z)+\frac{\partial}{\partial z}(a_{31}x+a_{32}y+a_{33}z)\\ &= a_{11}+a_{22}+a_{33}\end{aligned}$$

이다. □

명제 6.1.3 $\mathbb{R}^n$ 의 열린 집합 U 에서 정의된 벡터장 $\mathbf{F},\mathbf{G}$ 가 미분가능하면, 미분가능한 함수 $h:U\to\mathbb{R}$ 와 실수 c 에 대하여 다음이 성립한다.

(i) $\operatorname{div}(c\mathbf{F})=c\operatorname{div}(\mathbf{F})$

(ii) $\operatorname{div}(\mathbf{F}+\mathbf{G})=\operatorname{div}\mathbf{F}+\operatorname{div}\mathbf{G}$

(iii) $\operatorname{div}(h\mathbf{F})=\operatorname{grad}h\cdot\mathbf{F}+h\operatorname{div}\mathbf{F}$

벡터장 $\mathbf{F}$를 유체의 속도 벡터장이라고 하면, $\operatorname{div}\mathbf{F}(P)$는 유체가 움직일 때, 점 P로부터 흐르는 유체의 순간 부피팽창률(순간변화율)이다. 즉 $\operatorname{div}\mathbf{F}$는 벡터장 $\mathbf{F}$의 물리학적인 관점에서의 미분이라고 볼 수 있다.

정리 6.1.4 $\mathbb{R}^n$의 열린 집합 U에서 정의된 일급 벡터장

$$\mathbf{F}(\mathbf{x}) = \big(f_1(\mathbf{x}), f_2(\mathbf{x}), \cdots, f_n(\mathbf{x})\big)$$

와

$$P \in D \subset \overline{B}_r(P) = \{\mathbf{x} \in \mathbb{R}^n : |\mathbf{x} - P| \le r\} \subset U$$

를 만족하는 연결 영역 D에 대하여 영역 D의 각 점들이 벡터장 $\mathbf{F}$를 따라 흘러 t초 후 영역 D_t가 되었다고 하면

$$\operatorname{div}\mathbf{F}(P) = \lim_{r\to 0^+} \frac{d}{dt}\bigg|_{t=0} \frac{\mathrm{Vol}_n(D_t)}{\mathrm{Vol}_n(D)}$$

가 성립한다.

예제 6.1.5 $\mathbb{R}^3$에서 정의된 벡터장

$$\mathbf{F}(x, y, z) = (x, 2y, 3z)$$

와 영역

$$D = \{(x, y, z) \mid (x-a)^2 + (y-b)^2 + (z-c)^2 \le r^2\}$$

및 점 $P = (a, b, c)$에 대하여 정리 6.1.4가 성립함을 보이시오.

풀이 점 $(x_0, y_0, z_0) \in \mathbb{R}^3$에서 출발하여 t시간 후 유체의 위치를

$$X(t) = \big(x(t), y(t), z(t)\big)$$

라 하자. 벡터장 $\mathbf{F}$는 유체의 속도 벡터장이므로

$$F\big(X(t)\big) = X'(t), \quad X(0) = (x_0, y_0, z_0)$$

를 만족한다. 이 미분방정식을 풀면

$$x(t) = x_0 e^t, \quad y(t) = y_0 e^{2t}, \quad z(t) = z_0 e^{3t}$$

이고, 영역 D가 벡터장 $\mathbf{F}$를 따라 흘러 t초 후 영역 D_t가 되었다고 하면

$$\begin{aligned} D_t &= \{(e^t x, e^{2t} y, e^{3t} z) \mid (x-a)^2 + (y-b)^2 + (z-c)^2 \le r^2\} \\ &= \{(u,v,w) \mid (e^{-t}u - a)^2 + (e^{-2t}v - b)^2 + (e^{-3t}w - c)^2 \le r^2\} \\ &= \left\{(u,v,w) : \frac{(u-e^t a)^2}{(re^t)^2} + \frac{(v-e^{2t}b)^2}{(re^{2t})^2} + \frac{(w-e^{3t}c)^2}{(re^{3t})^2} \le 1\right\} \end{aligned}$$

이다. 따라서

$$\mathrm{Vol}_3(D_t) = \frac{4}{3}\pi r^3 e^{6t}, \qquad \mathrm{Vol}_3(D) = \frac{4}{3}\pi r^3$$

을 얻고

$$\lim_{r\to 0^+} \frac{d}{dt}\bigg|_{t=0} \frac{\mathrm{Vol}_3(D_t)}{\mathrm{Vol}_3(D)} = \lim_{r\to 0^+} \frac{d}{dt}\bigg|_{t=0} e^{6t} = 6$$

임을 안다. 한편 벡터장 $\mathbf{F}$의 발산함수는

$$\operatorname{div}\mathbf{F}(x,y,z) = D_1 x + D_2(2y) + D_3(3z) = 1 + 2 + 3 = 6$$

이므로 $\operatorname{div}\mathbf{F}(a,b,c) = 6$이 되어, 주어진 벡터장과 영역에 대하여 정리 6.1.4가 성립한다. □

6.2 평면 벡터장의 발산 정리

이 절의 목적은 평면 벡터장의 발산 정리와 그 응용을 공부하는 것이다. 발산 정리는 유계 닫힌 영역에서 정의된 벡터장 $\mathbf{F}$의 미분($\operatorname{div}\mathbf{F}$)을 이중적분한 것은 벡터장 $\mathbf{F}$가 이 영역의 경계를 빠져나가는 양과 같음을 의미하며, 이는 일변수함수의 미적분학의 기본정리를 2차원으로 확장한 것으로 이해할 수 있다. 발산 정리는 일반적으로 $\mathbb{R}^n$의 유계 닫힌 영역에서 정의된 벡터장으로 확장할 수 있으며, 8장에서는 3차원 공간의 유계 닫힌 영역에서 정의된 벡터장의 발산 정리를 다룬다.

정의 6.2.1 (빠져나가는 양) 벡터 $\mathbf{n}$을 평면 곡선 C 위에서 정의된 단위법벡터장이라고 하자. 평면 벡터장 $\mathbf{F}$에 대하여

$$\int_C \mathbf{F}\cdot\mathbf{n}\,ds$$

를 벡터장 $\mathbf{F}$가 곡선 C를 $\mathbf{n}$-방향으로 빠져나가는 양 또는 플럭스라고 한다.

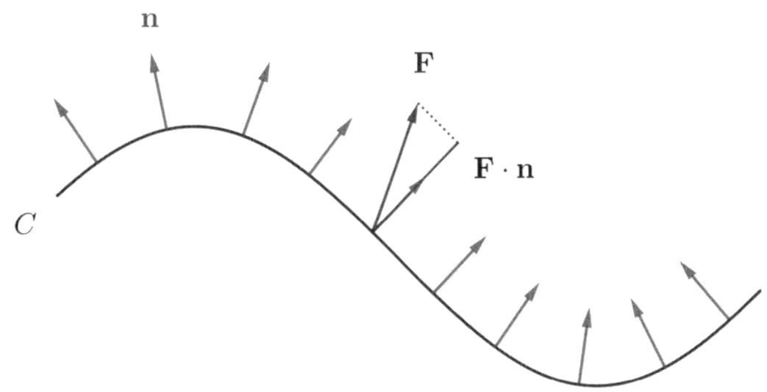

정리 6.2.2 (평면 벡터장의 발산 정리) $\mathbb{R}^2$ 의 유계 닫힌 영역 D 에서 정의된 일급 벡터장 $\mathbf{F}$ 에 대하여

$$\int_{\partial D} \mathbf{F} \cdot \mathbf{n}\, ds = \iint_D \operatorname{div} \mathbf{F}\, dV_2$$

이다. 단, 여기서 벡터 $\mathbf{n}$ 은 영역 D 의 외부를 향하는 ∂D 의 단위법벡터장이다.

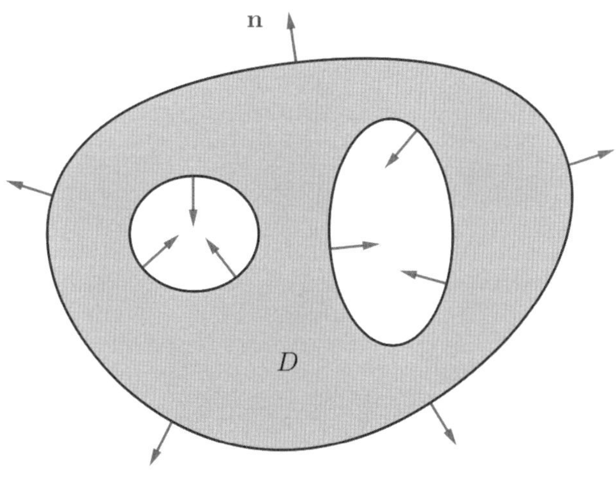

즉 영역 D 의 경계를 빠져나가는 양은 영역 D 의 각 점에서 넓이의 순간변화율의 총합과 같다. 좀 더 직관적으로 이해하면, 내부에서 발생하는 넓이의 팽창률은 서로 상쇄되고, 경계에서 외부로 빠져나가는 양만 남는다.

발산함수가 항등적으로 영인 벡터장을 비압축장이라고 부른다. 예를 들면 2차원 입체각 벡터장

$$\mathbf{A}(x, y) = \left(\frac{x}{x^2+y^2}, \frac{y}{x^2+y^2} \right)$$

의 발산함수는

$$\operatorname{div}\mathbf{A}(x, y) = \frac{\partial}{\partial x}\left(\frac{x}{x^2+y^2} \right) + \frac{\partial}{\partial y}\left(\frac{y}{x^2+y^2} \right) = \frac{y^2-x^2}{(x^2+y^2)^2} + \frac{x^2-y^2}{(x^2+y^2)^2} = 0$$

이므로 비압축장이다. 영역 $D_r = \{(x, y) \mid x^2+y^2 \le r^2\}$의 경계에서 벡터장 $\mathbf{A}$를 선적분하면

$$\begin{aligned} \int_{\partial D_r} \mathbf{A}\cdot\mathbf{n}\,ds &= \int_{\partial D_r} \left(\frac{x}{x^2+y^2}, \frac{y}{x^2+y^2} \right) \cdot \frac{(x, y)}{r}\,ds \\ &= \frac{1}{r}\int_{\partial D_r} ds = \frac{1}{r} \times \operatorname{length}(\partial D_r) = 2\pi \ne 0 \end{aligned}$$

임을 안다. 벡터장 $\mathbf{A}$가 원점에서 정의되지 않는 점을 주목하면 일반적으로 다음이 성립함을 알 수 있다.

예제 6.2.3 $\mathbb{R}^2$의 영역 D에 대하여 ∂D를 포함하는 열린 집합 U에서 정의된 일급 비압축장 $\mathbf{F}$가

$$\int_{\partial D} \mathbf{F}\cdot\mathbf{n}\,ds \ne 0$$

을 만족하면, $\mathbf{F}$는 영역 D에서 정의되지 않음을 보이시오.

풀이 벡터장 $\mathbf{F}$가 영역 D에서 정의된다고 가정하자. 그러면 발산 정리에 의해

$$0 \ne \int_{\partial D} \mathbf{F}\cdot\mathbf{n}\,ds = \iint_D \operatorname{div}\mathbf{F}\,dV_2 = 0 \qquad (\because \operatorname{div}\mathbf{F} = 0)$$

이므로 모순이다. □

예제 6.2.4 $\mathbb{R}^2$의 열린 집합 U에서 정의된 일급 벡터장 $\mathbf{F}$가 비압축장일 필요충분조건은 임의의 유계 닫힌 영역 $D \subset U$에 대하여

$$\int_{\partial D} \mathbf{F}\cdot\mathbf{n}\,ds = 0$$

임을 보이시오.

풀이 벡터장 $\mathbf{F}$가 비압축장이면 발산 정리에 의해 임의의 유계 닫힌 영역 $D \subset U$에 대하여

$$\int_{\partial D} \mathbf{F} \cdot \mathbf{n}\, ds = \iint_D \operatorname{div} \mathbf{F}\, dV_2 = 0$$

이다. 역으로 정의역 임의의 점 $P \in U$에 대하여 중심이 P이고, 반지름이 r이며 U에 포함되는 닫힌 원판을 D_r이라 하면, 발산 정리에 의해

$$\int_{\partial D_r} \mathbf{F} \cdot \mathbf{n}\, ds = \iint_{D_r} \operatorname{div} \mathbf{F}\, dV_2$$

이다. 한편 D_r은 곡선 연결된 영역이므로 적분의 평균값 정리에 의해

$$\frac{1}{\pi r^2} \iint_{D_r} \operatorname{div} \mathbf{F}\, dV_2 = \operatorname{div} \mathbf{F}(Q_r)$$

인 점 $Q_r \in D_r$이 존재한다. 벡터장 $\mathbf{F}$가 일급이므로 발산함수 $\operatorname{div} \mathbf{F}$는 연속이고, $r \to 0^+$일 때 $Q_r \to P$이므로

$$\operatorname{div} \mathbf{F}(P) = \lim_{r \to 0+} \operatorname{div} \mathbf{F}(Q_r) = \lim_{r \to 0+} \frac{1}{\pi r^2} \iint_{D_r} \operatorname{div} \mathbf{F}\, dV_2 = \lim_{r \to 0+} \frac{1}{\pi r^2} \int_{\partial D_r} \mathbf{F} \cdot \mathbf{n}\, ds$$

가 성립한다. 그런데 가정에 의해 모든 $r > 0$에 대하여

$$\int_{\partial D_r} \mathbf{F} \cdot \mathbf{n}\, ds = 0$$

이므로 $\operatorname{div} \mathbf{F}(P) = 0$을 얻는다. □

예제 6.2.5 곡선

$$X(t) = (t - \sin t, 1 - \cos t) \quad (0 \le t \le 2\pi)$$

의 단위법벡터장 $\mathbf{n}$을 $\mathbf{n} \cdot \mathbf{j} \ge 0$이 되도록 정할 때, 벡터장

$$\mathbf{F}(x, y) = \left(2x - x^3 + e^{\cos y} \arctan(e^y - 1), 3x^2 y - 2y + \frac{e^{\arctan x}}{1 + x^2}\right)$$

가 곡선 X를 $\mathbf{n}$-방향으로 빠져나가는 양

$$\int_X \mathbf{F} \cdot \mathbf{n}\, ds$$

를 구하시오.

풀이 $Y(t) = (t, 0)$ $(0 \le t \le 2\pi)$ 이라 하자. 곡선 X, Y 로 둘러싸인 영역을 D 라 두면 발산 정리에 의해

$$\int_X \mathbf{F} \cdot \mathbf{n}\, ds + \int_Y \mathbf{F} \cdot \mathbf{n}\, ds = \iint_D \operatorname{div} \mathbf{F}\, dV_2$$

이다. 그런데

$$\begin{aligned} \operatorname{div} \mathbf{F} &= \frac{\partial}{\partial x}\big(2x - x^3 + e^{\cos y} \arctan(e^y - 1)\big) + \frac{\partial}{\partial y}\left(3x^2 y - 2y + \frac{e^{\arctan x}}{1 + x^2}\right) \\ &= (2 - 3x^2) + (3x^2 - 2) = 0 \end{aligned}$$

이고, 곡선 Y 의 단위법벡터장은 $\mathbf{n} = (0, -1)$ 이므로

$$\begin{aligned} \int_X \mathbf{F} \cdot \mathbf{n}\, ds &= -\int_Y \mathbf{F} \cdot \mathbf{n}\, ds + \iint_D \operatorname{div} \mathbf{F}\, dV_2 = -\int_0^{2\pi} \mathbf{F}\big(Y(t)\big) \cdot (0, -1) |Y'(t)|\, dt \\ &= -\int_0^{2\pi} \left(2t - t^3, \frac{e^{\arctan t}}{1 + t^2}\right) \cdot (0, -1)\, dt = \int_0^{2\pi} \frac{e^{\arctan t}}{1 + t^2}\, dt = \Big[e^{\arctan t}\Big]_0^{2\pi} \\ &= e^{\arctan(2\pi)} - 1 \end{aligned}$$

을 얻는다.

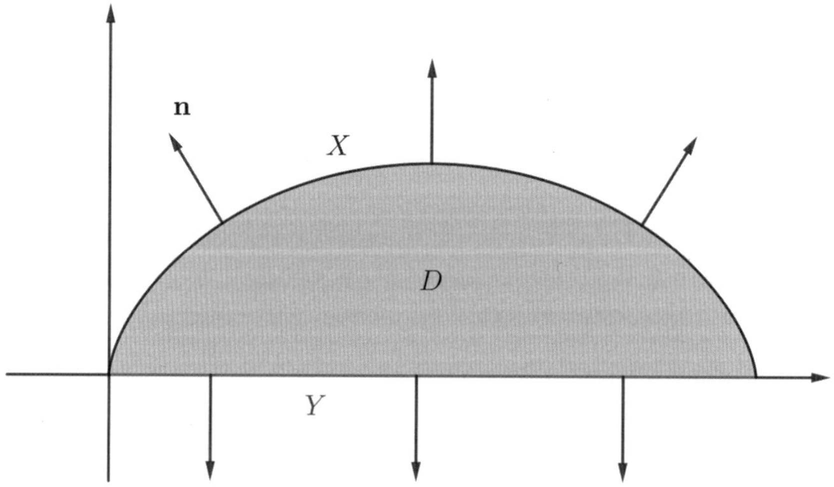

□

6.3 평면 벡터장의 가우스 정리

점 P 에서 정의되지 않는 비압축 벡터장 $\mathbf{F}$ 에 발산 정리를 적용하면 점 P 를 둘러싸고 있는 임의의 두 단순 닫힌 곡선 C_1 과 C_2 를 빠져나가는 양이 같음을 보일 수 있다. 평면 벡터장의 가우스 정리는 이 결과의 특수한 예이다.

정리 6.3.1 (평면 벡터장의 가우스 정리) 점 $(a,b) \in \mathbb{R}^2$ 를 중심으로 하는 2차원 입체각 벡터장

$$\mathbf{A}_{(a,b)}(x,y) = \frac{(x-a,\, y-b)}{(x-a)^2 + (y-b)^2}$$

와 임의의 단순 닫힌 곡선 $C \subset \mathbb{R}^2 \setminus \{(a,b)\}$ 에 대하여

$$\int_C \mathbf{A}_{(a,b)} \cdot \mathbf{n}\, ds = \begin{cases} 2\pi & (a,b) \in \operatorname{int} C \\ 0 & (a,b) \in \operatorname{ext} C \end{cases}$$

가 성립한다.

예제 6.3.2 $\mathbb{R}^2$ 의 열린 집합 U 에서 정의된 미분가능함수 $h : U \to \mathbb{R}$ 에 대하여 다음에 답하시오.

(1) U 에서 정의된 서로 수직인 두 벡터장 $\mathbf{F}, \mathbf{G}$ 에 대하여 $\operatorname{div} \mathbf{G} = 0$ 이면

$$\operatorname{grad} h \,/\!/\, \mathbf{F} \quad \Longleftrightarrow \quad \operatorname{div}(h\mathbf{G}) = 0$$

임을 보이시오.

(2) 두 벡터장

$$\mathbf{a}(x,y) = \frac{(-y,x)}{x^2+y^2}, \qquad \mathbf{A}(x,y) = \frac{(x,y)}{x^2+y^2}$$

에 대하여

$$\operatorname{grad} h \,/\!/\, \mathbf{a} \quad \Longleftrightarrow \quad \operatorname{div}(h\mathbf{A}) = 0$$
$$\operatorname{grad} h \,/\!/\, \mathbf{A} \quad \Longleftrightarrow \quad \operatorname{div}(h\mathbf{a}) = 0$$

임을 보이시오.

풀이 (1) $\operatorname{div}\mathbf{G} = 0$ 이므로

$$\operatorname{div}(h\mathbf{G}) = \operatorname{grad} h \cdot \mathbf{G} + h \operatorname{div}\mathbf{G} = \operatorname{grad} h \cdot \mathbf{G}$$

이다. 또한 $\mathbf{F} \perp \mathbf{G}$ 이므로

$$\operatorname{grad} h /\!/ \mathbf{F} \qquad \Longleftrightarrow \qquad \operatorname{grad} h \perp \mathbf{G} \qquad \Longleftrightarrow \qquad \operatorname{div}(h\mathbf{G}) = 0$$

을 얻는다.

(2) 각원소 벡터장 $\mathbf{a}$ 와 2차원 입체각 벡터장 $\mathbf{A}$ 는 모든 $(x,y) \neq (0,0)$ 에 대하여

$$\mathbf{a}(x,y) \cdot \mathbf{A}(x,y) = \frac{(-y,x)}{x^2+y^2} \cdot \frac{(x,y)}{x^2+y^2} = 0$$

을 만족하므로 서로 수직이다. 한편

$$\begin{aligned} \operatorname{div}\mathbf{a} &= \frac{\partial}{\partial x}\left(-\frac{y}{x^2+y^2}\right) + \frac{\partial}{\partial y}\left(\frac{x}{x^2+y^2}\right) = \frac{2xy}{(x^2+y^2)^2} - \frac{2xy}{(x^2+y^2)^2} = 0, \\ \operatorname{div}\mathbf{A} &= \frac{\partial}{\partial x}\left(\frac{x}{x^2+y^2}\right) + \frac{\partial}{\partial y}\left(\frac{y}{x^2+y^2}\right) = \frac{y^2-x^2}{(x^2+y^2)^2} + \frac{x^2-y^2}{(x^2+y^2)^2} = 0 \end{aligned}$$

이므로 (1)의 결과에 의해 원하는 결론을 얻는다. □

예제 6.3.3 일급 함수 $f : \mathbb{R}^2 \setminus \{(0,0)\} \to \mathbb{R}$ 가 다음 성질을 만족한다고 하자.

(i) 임의의 점 $(a,b) \in \mathbb{R}^2 \setminus \{(0,0)\}$ 에 대하여

$$\lim_{r \to 0^+} \frac{1}{\pi r^2} \int_{(x-a)^2+(y-b)^2=r^2} \frac{\big(xf(x,y), yf(x,y)\big)}{x^2+y^2} \cdot \mathbf{n}\, ds = 0$$

이다.

(ii) 임의의 점 $(x,y) \in \mathbb{R}^2 \setminus \{(0,0)\}$ 에 대하여

$$|\operatorname{grad} f(x,y)| = \frac{1}{\sqrt{x^2+y^2}}$$

이다.

곡선

$$X(t) = (\cos t, \sin 3t) \quad (0 \le t \le 2\pi)$$

에 대하여

$$\left|\int_X \operatorname{grad} f \cdot d\mathbf{s}\right|$$

의 값을 구하시오.

풀이 원점을 중심으로 하는 2차원 입체각 벡터장

$$\mathbf{A}(x,y) = \frac{(x,y)}{x^2+y^2}$$

에 대하여

$$\mathbf{F}(x,y) = \frac{\big(xf(x,y), yf(x,y)\big)}{x^2+y^2} = f(x,y)\,\mathbf{A}(x,y)$$

라 두자. 조건 (i)에 의해 임의의 $(a,b) \in \mathbb{R}^2 \setminus \{(0,0)\}$에 대하여

$$\begin{aligned}
\operatorname{div}\mathbf{F}(a,b) &= \lim_{r\to 0^+} \frac{1}{\pi r^2} \int_{(x-a)^2+(y-b)^2=r^2} \mathbf{F}\cdot\mathbf{n}\,ds \\
&= \lim_{r\to 0^+} \frac{1}{\pi r^2} \int_{(x-a)^2+(y-b)^2=r^2} \frac{\big(xf(x,y), yf(x,y)\big)}{x^2+y^2}\cdot\mathbf{n}\,ds \\
&= 0
\end{aligned}$$

이므로 벡터장 $\mathbf{F}$는 비압축장이고, 따라서 예제 6.3.2의 (2)에 의해 $\operatorname{grad} f$와 각원소 벡터장 $\mathbf{a}$는 서로 평행하다. 즉 적당한 연속함수 $\varphi(x,y)$가 존재하여

$$\operatorname{grad} f(x,y) = \varphi(x,y)\,\mathbf{a}(x,y) = \frac{\varphi(x,y)}{x^2+y^2}(-y,x)$$

이고

$$|\operatorname{grad} f(x,y)| = \frac{|\varphi(x,y)|\sqrt{y^2+x^2}}{x^2+y^2} = \frac{|\varphi(x,y)|}{\sqrt{x^2+y^2}}$$

이므로 조건 (ii)에 의해

$$\varphi(x,y) = 1 \qquad \text{또는} \qquad \varphi(x,y) = -1$$

임을 안다. 한편 곡선 X가 원점을 감는 수가 -1이므로

$$\left|\int_X \operatorname{grad} f \cdot d\mathbf{s}\right| = \left|\int_X \mathbf{a}\cdot d\mathbf{s}\right| = |2\pi\,\operatorname{wind}(X)| = 2\pi$$

를 얻는다. □

예제 6.3.4 좌표평면의 영역

$$D = \{(x,y) \mid y^2 \le 2x+4,\ x \le 3\}$$

에 대하여 벡터장

$$\mathbf{F}(x,y) = \left(\frac{2x-3y}{x^2+y^2}, \frac{3x+2y}{x^2+y^2}\right)$$

가 D의 경계를 빠져나가는 양을 구하시오.

풀이 벡터장 $\mathbf{F}(x,y)$를 각원소 벡터장 $\mathbf{a}(x,y) = \dfrac{(-y,x)}{x^2+y^2}$와 2차원 입체각 벡터장 $\mathbf{A}(x,y) = \dfrac{(x,y)}{x^2+y^2}$에 대하여

$$\mathbf{F}(x,y) = 3\mathbf{a}(x,y) + 2\mathbf{A}(x,y)$$

로 나타낼 수 있다. 이때 $(0,0) \in D$이므로 평면 벡터장의 가우스 정리에 의해

$$\int_{\partial D} \mathbf{A}\cdot\mathbf{n}\,ds = 2\pi$$

이다. 한편 충분히 작은 $\varepsilon > 0$에 대하여 $\{(x,y) \mid x^2+y^2 < \varepsilon^2\} \subset D$이고, 각원소 벡터장은 비압축장($\operatorname{div}\mathbf{a} = 0$)이므로 영역 $E = D \setminus \{(x,y) \mid x^2+y^2 < \varepsilon^2\}$에서 발산 정리를 적용하면,

$$0 = \iint_E \operatorname{div}\mathbf{a}\,dV_2 = \int_{\partial D} \mathbf{a}\cdot\mathbf{n}\,ds + \int_{x^2+y^2=\varepsilon^2} \mathbf{a}\cdot\mathbf{n}\,ds$$

이다. 즉

$$\begin{aligned}\int_{\partial D} \mathbf{a}\cdot\mathbf{n}\,ds &= -\int_{x^2+y^2=\varepsilon^2} \mathbf{a}\cdot\mathbf{n}\,ds \\ &= -\int_{x^2+y^2=\varepsilon^2} \left(\frac{-y}{x^2+y^2}, \frac{x}{x^2+y^2}\right)\cdot\frac{(-x,-y)}{\varepsilon}\,ds \\ &= 0\end{aligned}$$

이므로 $\mathbf{F}$가 경계 D를 빠져나가는 양은

$$\int_{\partial D} \mathbf{F}\cdot\mathbf{n}\,ds = 3\int_{\partial D} \mathbf{a}\cdot\mathbf{n}\,ds + 2\int_{\partial D} \mathbf{A}\cdot\mathbf{n}\,ds = 4\pi$$

이다.

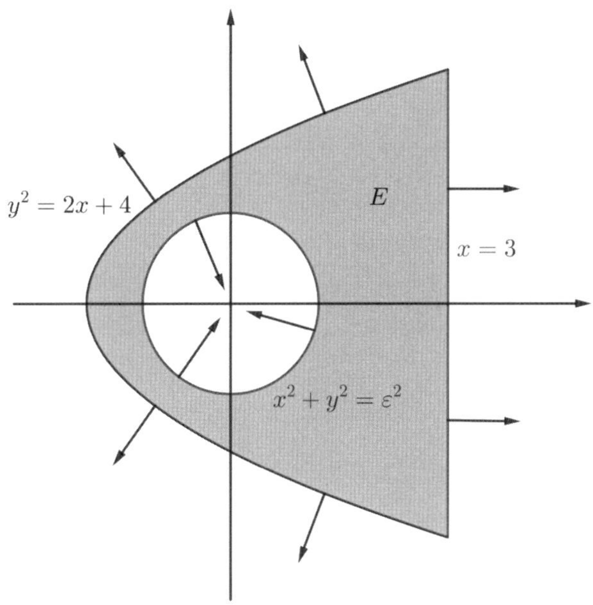

□

6.4 그린 정리

이 절의 목적은 그린 정리와 그 응용을 공부하는 것이다. 그린 정리는 유계 영역에서 벡터장 $\mathbf{F}$의 미분($\operatorname{rot}\mathbf{F}$)을 이중적분한 것은 영역의 경계를 따르는 벡터장 $\mathbf{F}$의 순환도와 같음을 의미하며, 이는 일변수함수의 미적분학의 기본정리를 2차원으로 확장한 것으로 이해할 수 있다. 그린 정리는 $\mathbb{R}^3$의 곡면 위에서 정의된 벡터장으로 확장할 수 있는데 이를 스토크스 정리라고 부른다. 스토크스 정리는 9장에서 자세히 다룬다.

정의 6.4.1 (회전함수) $\mathbb{R}^2$의 열린 집합 U에서 정의된 일급 벡터장

$$\mathbf{F}(x, y) = P(x, y)\,\mathbf{i} + Q(x, y)\,\mathbf{j}$$

에 대하여

$$\operatorname{rot}\mathbf{F}(x, y) = \frac{\partial Q}{\partial x}(x, y) - \frac{\partial P}{\partial y}(x, y)$$

를 벡터장 $\mathbf{F}$의 회전함수라고 한다.

평면 벡터장의 발산 정리로부터 다음 그린 정리를 얻는다. 역으로 그린 정리로부터 평면 벡터장의 발산 정리를 얻을 수 있으며 이는 평면 벡터장의 발산 정리와 그린 정리가 동치임을 의미한다.

정리 6.4.2 (그린 정리) $\mathbb{R}^2$ 의 유계 닫힌 영역 D 에서 정의된 일급 벡터장 $\mathbf{F}$ 에 대하여 다음이 성립한다.

$$\int_{\partial D} \mathbf{F} \cdot d\mathbf{s} = \iint_D \operatorname{rot} \mathbf{F}\, dV_2.$$

이때 경계의 향은 경계를 따라 걸으면 내부가 항상 왼쪽에 있도록 정한다.

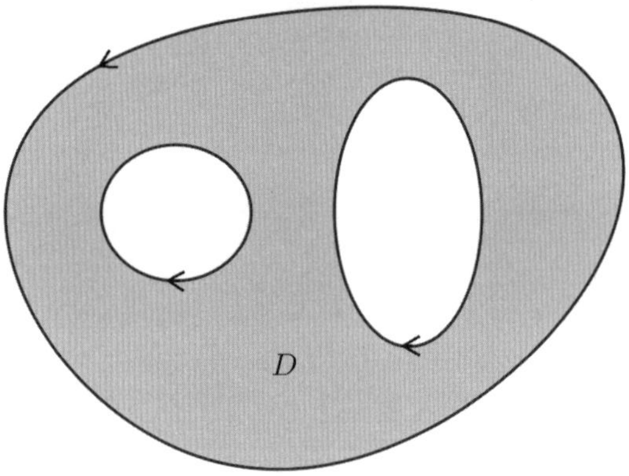

그린 정리에서 경계의 향

즉 영역 D 의 경계를 따르는 $\mathbf{F}$ 의 순환도는 영역 D 의 각 점에서 회전도의 총합과 같다. 좀 더 직관적으로 이해하면, 내부에서 발생하는 회전은 서로 상쇄되고, 경계에서 순환도만 남는다.

평면 벡터장

$$\mathbf{F}(x, y) = P(x, y)\,\mathbf{i} + Q(x, y)\,\mathbf{j}$$

에 대하여 그린 정리는

$$\int_{\partial D} P\,dx + Q\,dy = \iint_D \left(\frac{\partial Q}{\partial x} - \frac{\partial P}{\partial y} \right) dx\,dy$$

로 표현된다.

예제 6.4.3 그린 정리를 이용하여 다음 선적분을 구하시오.

(1) $\displaystyle\int_{\partial D} \big(\sin(x^2+1)+y^2\big)\,dx + \big(\cos(e^{y^3})+x^3\big)\,dy, \qquad D=[-1,1]\times[-1,1]$

(2) $\displaystyle\int_{\partial D} (x^2+y^2)\,dx + xe^{2y-y^2}\,dy, \qquad D=\{(x,y)\mid 0\le x\le 1-y,\ 0\le y\le 1\}$

풀이 (1) 그린 정리에 의해 다음을 얻는다.

$$\begin{aligned}
&\int_{\partial D} \big(\sin(x^2+1)+y^2\big)\,dx + \big(\cos(e^{y^3})+x^3\big)\,dy \\
&= \iint_D \left(\frac{\partial}{\partial x}\big(\cos(e^{y^3})+x^3\big) - \frac{\partial}{\partial y}\big(\sin(x^2+1)+y^2\big)\right) dV_2 \\
&= \int_{-1}^{1}\int_{-1}^{1} (3x^2-2y)\,dx\,dy \\
&= 4.
\end{aligned}$$

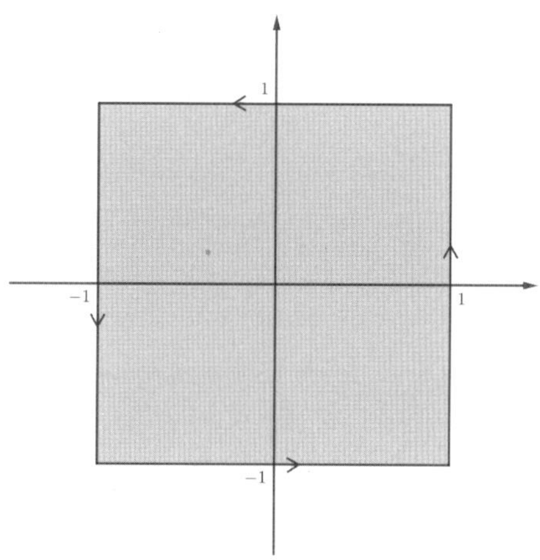

(2) 그린 정리에 의해 다음을 얻는다.

$$\begin{aligned}
&\int_{\partial D} (x^2+y^2)\,dx + xe^{2y-y^2}\,dy \\
&= \iint_D \left(\frac{\partial}{\partial x}(xe^{2y-y^2}) - \frac{\partial}{\partial y}(x^2+y^2)\right) dV_2 \\
&= \int_0^1\int_0^{1-y} (e^{2y-y^2}-2y)\,dx\,dy \\
&= \frac{3e-5}{6}.
\end{aligned}$$

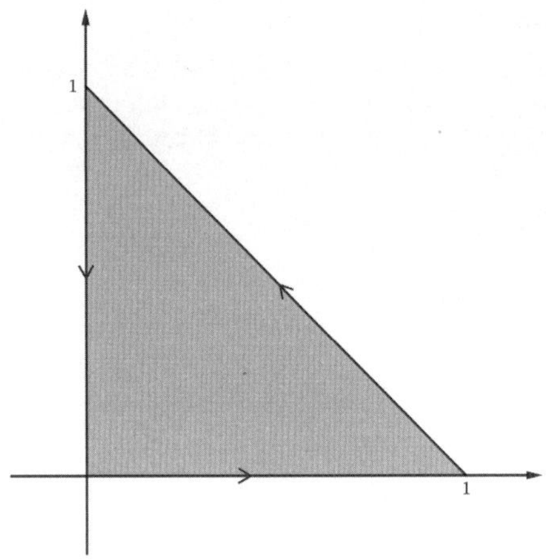

□

예제 6.4.4 좌표평면에서 향이 시계 반대 방향으로 주어진 닫힌 곡선

$$C : x = \sqrt{(x^2+y^2)^2+y^2}$$

에 대하여 다음 선적분을 구하시오.

$$\int_C \left(3y^2 - 2x^2y + e^{x^3}\sin(x^2)\right) dx + \left(2xy^2 + e^{y^2}\cos(y^3)\right) dy.$$

풀이 닫힌 곡선 C로 둘러싸인 영역을 D라 하자. 그린 정리에 의해

$$\int_C \left(3y^2 - 2x^2y + e^{x^3}\sin(x^2)\right) dx + \left(2xy^2 + e^{y^2}\cos(y^3)\right) dy = \iint_D (2y^2 - 6y + 2x^2)\, dV_2$$

이다. $x = r\cos\theta$, $y = r\sin\theta$라 두면,

$$\begin{aligned} x = \sqrt{(x^2+y^2)^2+y^2} \quad &\Longleftrightarrow \quad (x^2+y^2)^2 = x^2 - y^2 \ (x \geq 0) \\ &\Longleftrightarrow \quad r^2 = \cos^2\theta - \sin^2\theta = \cos 2\theta \end{aligned}$$

이고, $x \geq 0$인 영역에서 $\cos 2\theta \geq 0$인 θ의 범위는 $-\pi/4 \leq \theta \leq \pi/4$이므로 극좌표

치환에 의해

$$\begin{aligned}
\iint_D (2y^2 - 6y + 2x^2)\, dV_2 &= \int_{-\pi/4}^{\pi/4} \int_0^{\sqrt{\cos 2\theta}} (2r^2 - 6r\sin\theta) r\, dr\, d\theta \\
&= \int_{-\pi/4}^{\pi/4} \left(\frac{1}{2}\cos^2 2\theta - 2\sqrt{\cos^3 2\theta}\sin\theta \right) d\theta \\
&= \frac{1}{4}\int_{-\pi/4}^{\pi/4} (1 + \cos 4\theta) d\theta \quad (\because \sqrt{\cos^3 2\theta}\sin\theta \text{ 은 기함수}) \\
&= \frac{\pi}{8}
\end{aligned}$$

를 얻는다.

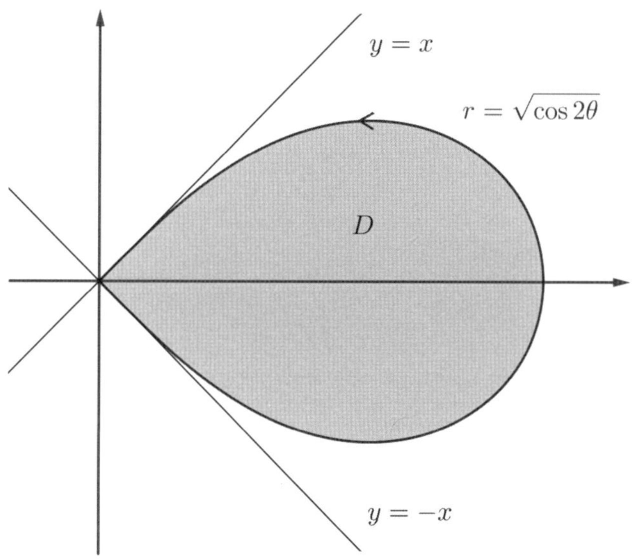

□

벡터장 $\mathbf{F}$가 닫힌 곡선 C 내부에서 정의되지 않는 점이 존재하면 그린 정리를 바로 적용할 수 없으므로 주의해야 한다.

예제 6.4.5 좌표평면에서 향이 시계 반대 방향으로 주어진 닫힌 곡선

$$C : x^2 + y^2 = 1 + \sqrt{|x|}y$$

에 대하여 다음 선적분을 구하시오.

$$\int_C \frac{y^3}{(x^2+2y^2)^2}\,dx - \frac{xy^2}{(x^2+2y^2)^2}\,dy.$$

풀이 닫힌 곡선 C로 둘러싸인 영역을 D라 하자. 이때 $(0,0)\in D$이므로 그린 정리를 적용하기 위해 충분히 작은 $\varepsilon>0$에 대하여 영역 D에서 타원판

$$\{(x,y) \mid x^2+2y^2<\varepsilon^2\}\subset D$$

를 제외하자. 이제 영역 $E=D\setminus\{(x,y)\mid x^2+2y^2<\varepsilon^2\}$에서 그린 정리를 적용하면

$$\int_{\partial E} \frac{y^3}{(x^2+2y^2)^2}\,dx - \frac{xy^2}{(x^2+2y^2)^2}\,dy = \iint_E \left(\frac{3x^2y^2-2y^4}{(x^2+2y^2)^3} - \frac{3x^2y^2-2y^4}{(x^2+2y^2)^3}\right) dV_2 = 0$$

이다. 한편 ∂E는 곡선 C와 타원

$$C_\varepsilon : X(t) = \left(\varepsilon\cos t, \frac{\varepsilon}{\sqrt{2}}\sin t\right) \quad (0\le t\le 2\pi)$$

의 합이므로 경계의 향을 고려하면

$$\begin{aligned}
&\int_{\partial E} \frac{y^3}{(x^2+2y^2)^2}\,dx - \frac{xy^2}{(x^2+2y^2)^2}\,dy \\
&= \int_C \frac{y^3}{(x^2+2y^2)^2}\,dx - \frac{xy^2}{(x^2+2y^2)^2}\,dy - \int_{C_\varepsilon} \frac{y^3}{(x^2+2y^2)^2}\,dx - \frac{xy^2}{(x^2+2y^2)^2}\,dy
\end{aligned}$$

이고, 따라서

$$\begin{aligned}
&\int_C \frac{y^3}{(x^2+2y^2)^2}\,dx - \frac{xy^2}{(x^2+2y^2)^2}\,dy \\
&= \int_{C_\varepsilon} \frac{y^3}{(x^2+2y^2)^2}\,dx - \frac{xy^2}{(x^2+2y^2)^2}\,dy \\
&= \int_0^{2\pi} \frac{\varepsilon^3\sin^3 t}{2\sqrt{2}\varepsilon^4}\,d(\varepsilon\cos t) - \frac{\varepsilon^3\cos t\sin^2 t}{2\varepsilon^4}\,d\left(\frac{\varepsilon}{\sqrt{2}}\sin t\right) \\
&= \frac{1}{2\sqrt{2}}\int_0^{2\pi}(-\sin^4 t - \cos^2 t\sin^2 t)\,dt \\
&= -\frac{\pi}{2\sqrt{2}}
\end{aligned}$$

를 얻는다.

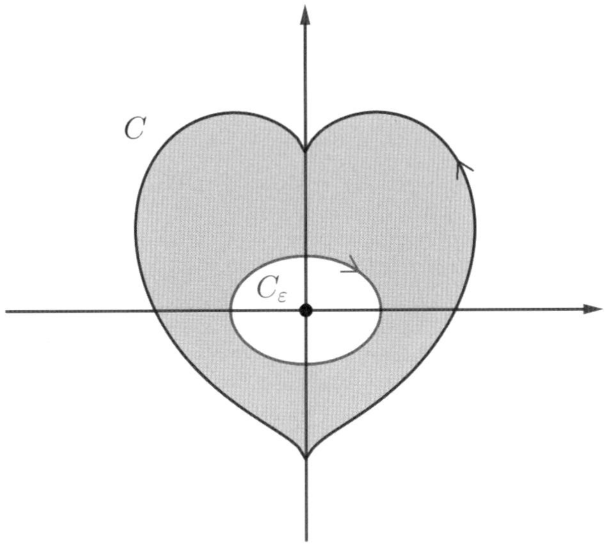

□

6.5 그린 정리의 응용

정리 6.5.1 $\mathbb{R}^2$ 의 유계 영역 D에 대하여

$$\text{Area}(D) = \frac{1}{2}\int_{\partial D} x\,dy - y\,dx = -\int_{\partial D} y\,dx = \int_{\partial D} x\,dy$$

이다.

예제 6.5.2 좌표평면의 데카르트 곡선

$$C : x^3 + y^3 = 3xy$$

로 둘러싸인 영역 D의 넓이를 구하시오.

풀이 $y = tx$를 이용하여 데카르트 곡선 C를 매개화하면,

$$x = \frac{3t}{t^3+1}, \qquad y = \frac{3t^2}{t^3+1} \quad (t \geq 0)$$

이다. 따라서 정리 6.5.1 에 의해

$$\begin{aligned}
\text{Area}(D) &= \frac{1}{2}\int_{\partial D} x\,dy - y\,dx \\
&= \frac{1}{2}\int_0^\infty \frac{3t}{t^3+1}\,d\left(\frac{3t^2}{t^3+1}\right) - \frac{3t^2}{t^3+1}\,d\left(\frac{3t}{t^3+1}\right) \\
&= \frac{9}{2}\int_0^\infty \frac{t^2}{(t^3+1)^2}\,dt \\
&= \frac{9}{2}\int_1^\infty \frac{1}{3}u^{-2}\,du \qquad (\because u = t^3+1) \\
&= \frac{3}{2}
\end{aligned}$$

을 얻는다.

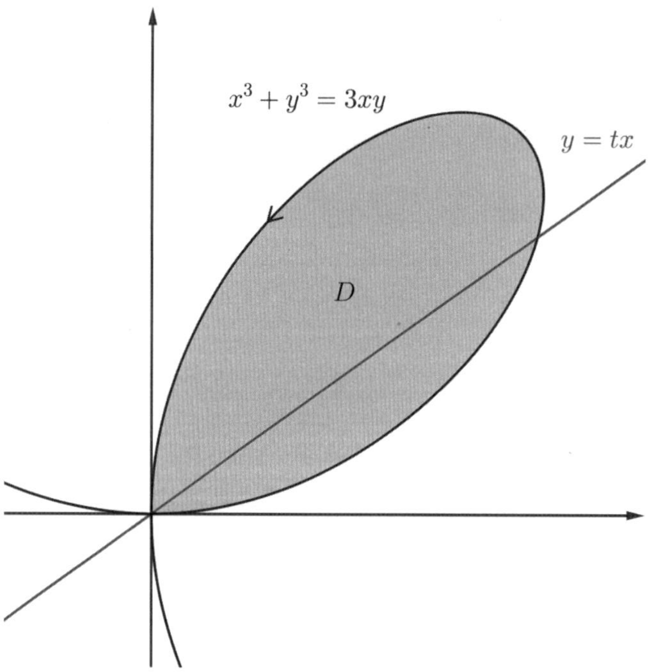

□

정리 6.5.3 $\mathbb{R}^2$ 의 유계 닫힌 영역 D 의 중심 $(\overline{x}, \overline{y})$ 는

$$\overline{x} = \frac{1}{2\text{Area}(D)} \int_{\partial D} x^2\, dy, \qquad \overline{y} = -\frac{1}{2\text{Area}(D)} \int_{\partial D} y^2\, dx$$

이다.

증명 그린 정리에 의해

$$\begin{aligned}\overline{x} &= \frac{1}{\text{Area}(D)} \iint_D x\, dV_2 = \frac{1}{2\text{Area}(D)} \iint_D 2x\, dV_2 = \frac{1}{2\text{Area}(D)} \int_{\partial D} x^2\, dy, \\ \overline{y} &= \frac{1}{\text{Area}(D)} \iint_D y\, dV_2 = -\frac{1}{2\text{Area}(D)} \iint_D (-2y)\, dV_2 = -\frac{1}{2\text{Area}(D)} \int_{\partial D} y^2\, dx\end{aligned}$$

를 얻는다. □

예제 6.5.4 영역

$$D = \{(t - \sin t, s - s\cos t) \in \mathbb{R}^2 \mid 0 \le t \le 2\pi,\ 0 \le s \le 1\}$$

의 기하학적 중심을 구하시오.

풀이 영역의 대칭성으로부터 $\overline{x} = \pi$ 이다. 그린 정리에 적용하기 위해 ∂D 의 향이 반시계 방향으로 진행하도록 재매개화를 하자. 곡선 X_- 를

$$X_-(t) = \big(2\pi - t - \sin(2\pi - t), 1 - \cos(2\pi - t)\big) = (2\pi - t + \sin t, 1 - \cos t) \quad (0 \le t \le 2\pi)$$

라 두고 곡선 Y 를

$$Y(t) = (t, 0) \quad (0 \le t \le 2\pi)$$

라 두면 $\partial D = X_- * Y$ 이다. 정리 6.5.1 에 의해 영역 D 의 넓이는

$$\begin{aligned}\text{Area}(D) &= -\int_{\partial D} y\, dx = -\int_{X_-} y\, dx \\ &= -\int_0^{2\pi} (1 - \cos t)\, d(2\pi - t + \sin t) \\ &= \int_0^{2\pi} (1 - \cos t)^2\, dt = 3\pi\end{aligned}$$

이다. 한편 정리 6.5.3 에 의해

$$\begin{aligned}\overline{y} &= -\frac{1}{2\mathrm{Area}(D)}\int_{\partial D} y^2\,dx = -\frac{1}{6\pi}\int_{X_-} y^2\,dx \\ &= -\frac{1}{6\pi}\int_0^{2\pi}(1-\cos t)^2\,d(2\pi - t + \sin t) \\ &= \frac{1}{6\pi}\int_0^{2\pi}(1-\cos t)^3\,dt = \frac{5}{6}\end{aligned}$$

이므로 영역 D 의 기하학적 중심은 $(\pi, 5/6)$ 이다.

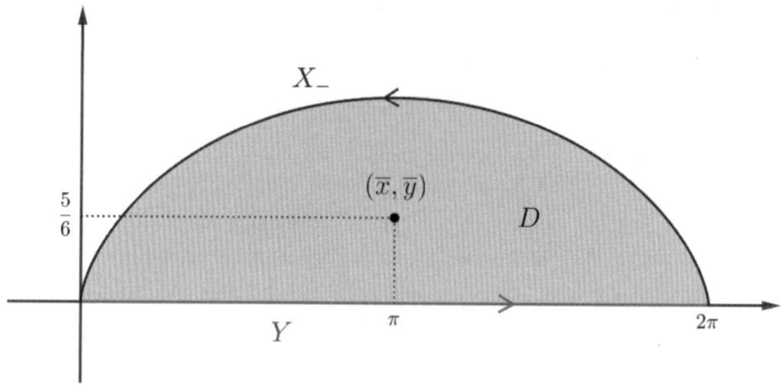

□

제 7 장

면적분

우리는 지금까지 $\mathbb{R}^3$ 의 영역 E 에서 정의된 연속함수 f 에 대하여 영역 E 의 1 차원 부분집합인 곡선에서의 적분(선적분)과 3 차원 부분집합인 공간에서의 적분(삼중적분)을 공부했다. 이 장에서는 곡면을 매개화하는 방법과 이를 이용하여 곡면 위에서 정의된 함수 f 의 적분을 다루는데, 곡면 위에서 함수를 적분하는 것을 함수의 면적분이라고 한다. 더 나아가 곡면 위에서 정의된 벡터장을 적분하는 법을 공부하고 이들의 물리학적 의미와 응용에 대해 공부한다.

7.1 곡면의 매개화

정의 7.1.1 (곡면) $\mathbb{R}^2$ 의 영역 D 에서 정의된 연속 벡터함수

$$X : D \to \mathbb{R}^3, \quad (u,v) \mapsto X(u,v) = \big(x(u,v), y(u,v), z(u,v)\big)$$

를 매개화된 곡면이라고 한다.

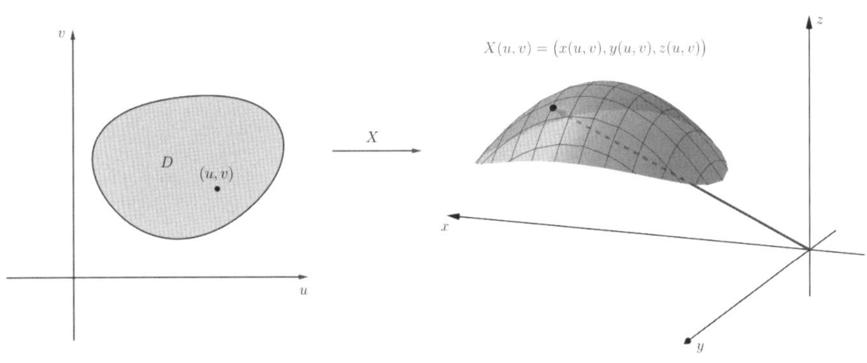

예제 7.1.2 다음 이차곡면을 매개화하시오. (단, a, b, c는 양의 실수이다.)

(1) $z = \dfrac{x^2}{a^2} + \dfrac{y^2}{b^2}$ (2) $z = \dfrac{x^2}{a^2} - \dfrac{y^2}{b^2}$

(3) $\dfrac{x^2}{a^2} + \dfrac{y^2}{b^2} - \dfrac{z^2}{c^2} = 0$ (4) $\dfrac{x^2}{a^2} + \dfrac{y^2}{b^2} + \dfrac{z^2}{c^2} = 1$

(5) $\dfrac{x^2}{a^2} + \dfrac{y^2}{b^2} - \dfrac{z^2}{c^2} = 1$ (6) $\dfrac{x^2}{a^2} - \dfrac{y^2}{b^2} - \dfrac{z^2}{c^2} = 1$

풀이 (1) 이변수함수의 그래프이므로

$$X(x, y) = \left(x, y, \frac{x^2}{a^2} + \frac{y^2}{b^2}\right) \quad (x, y \in \mathbb{R})$$

으로 매개화된다. 또는

$$x = ar\cos\theta, \qquad y = br\sin\theta$$

라 두면 주어진 곡면의 매개화는 다음 형태로도 표현이 가능하다.

$$X(r, \theta) = \big(ar\cos\theta, br\sin\theta, r^2\big) \quad (r \geq 0,\ 0 \leq \theta \leq 2\pi).$$

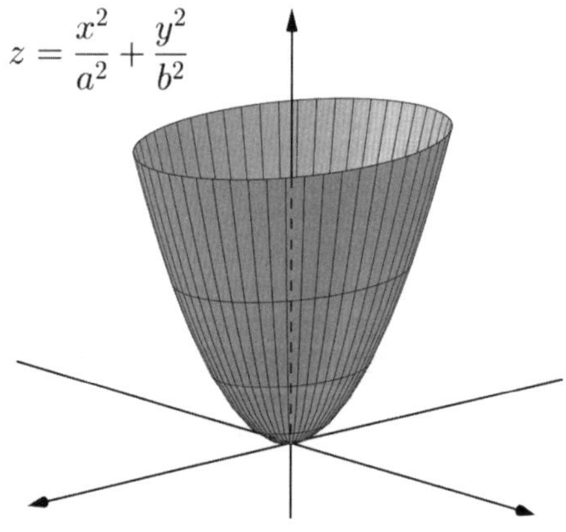

(2) 이변수함수의 그래프이므로

$$X(x, y) = \left(x, y, \frac{x^2}{a^2} - \frac{y^2}{b^2}\right) \quad (x, y \in \mathbb{R})$$

으로 매개화된다.

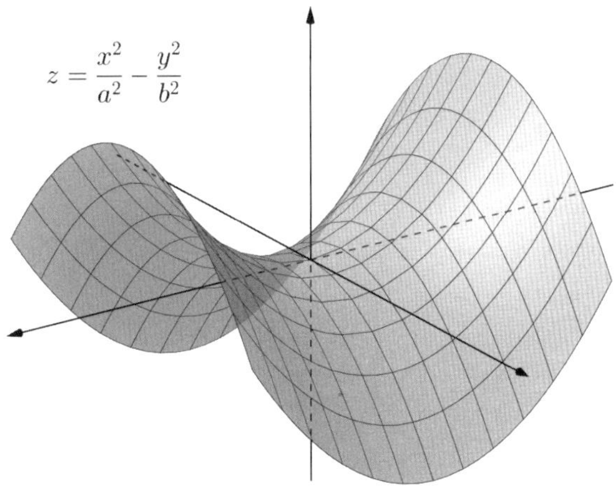

(3) 주어진 식은

$$\left(\frac{cx}{az}\right)^2 + \left(\frac{cy}{bz}\right)^2 = 1$$

이므로

$$\frac{cx}{az} = \cos u, \qquad \frac{cy}{bz} = \sin u, \qquad z = cv$$

라 두면, 주어진 곡면의 매개화는

$$X(u,v) = (av\cos u, bv\sin u, cv) \quad (0 \le u \le 2\pi,\ v \in \mathbb{R})$$

이다.

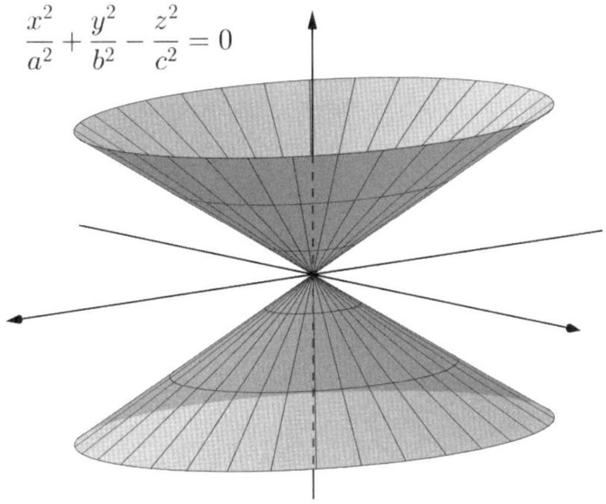

(4) 주어진 식은

$$\left(\frac{x}{a}\right)^2 + \left(\frac{y}{b}\right)^2 + \left(\frac{z}{c}\right)^2 = 1$$

이므로

$$\frac{x}{a} = \sin\varphi\cos\theta, \qquad \frac{y}{b} = \sin\varphi\sin\theta, \qquad \frac{z}{c} = \cos\varphi$$

라 두면, 주어진 곡면의 매개화는

$$X(\varphi, \theta) = (a\sin\varphi\cos\theta, b\sin\varphi\sin\theta, c\cos\varphi) \quad (0 \le \varphi \le \pi,\ 0 \le \theta \le 2\pi)$$

이다.

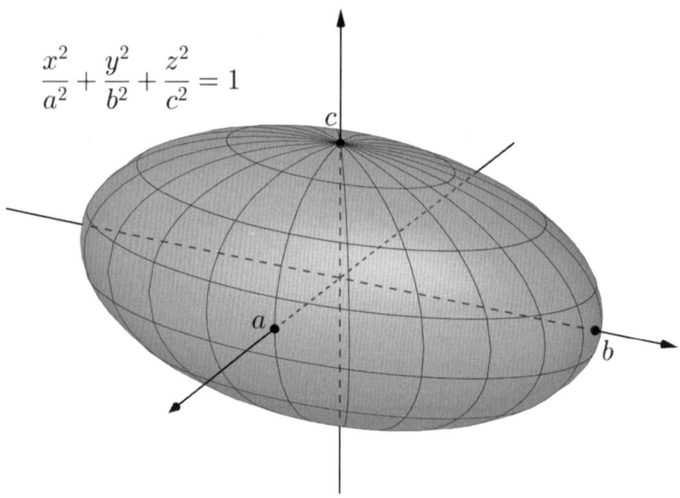

(5) 주어진 식은

$$\left(\frac{x}{a}\right)^2 + \left(\frac{y}{b}\right)^2 - \left(\frac{z}{c}\right)^2 = 1$$

이므로

$$\left(\frac{x}{a}\right)^2 + \left(\frac{y}{b}\right)^2 = \cosh^2 u, \qquad z = c\sinh u$$

라 하자. 또한

$$\left(\frac{x}{a\cosh u}\right)^2 + \left(\frac{y}{b\cosh u}\right)^2 = 1$$

이므로

$$\frac{x}{a\cosh u} = \cos v, \qquad \frac{y}{b\cosh u} = \sin v$$

라 두면, 주어진 곡면의 매개화는

$$X(u,v) = (a\cosh u \cos v, b\cosh u \sin v, c\sinh u) \quad (u \in \mathbb{R},\ 0 \le v \le 2\pi)$$

이다.

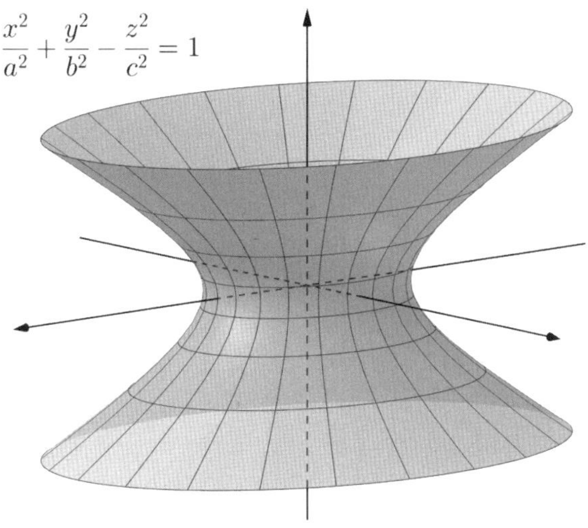

(6) 주어진 식은

$$\frac{x^2}{a^2} = 1 + \frac{y^2}{b^2} + \frac{z^2}{c^2}$$

이므로

$$x = a\sec u, \qquad \frac{y^2}{b^2} + \frac{z^2}{c^2} = \tan^2 u \quad \left(0 \le u \le \pi,\ u \ne \frac{\pi}{2}\right)$$

라 하자. 또한

$$\left(\frac{y}{b\tan u}\right)^2 + \left(\frac{z}{c\tan u}\right)^2 = 1$$

이므로

$$\frac{y}{b\tan u} = \cos v, \qquad \frac{z}{c\tan u} = \sin v \qquad (0 \le v \le 2\pi)$$

라 두면, 주어진 곡면의 매개화는

$$X(u,v) = (a\sec u, b\tan u \cos v, c\tan u \sin v) \quad \left(0 \le u \le \pi,\ u \ne \frac{\pi}{2},\ 0 \le v \le 2\pi\right)$$

이다.

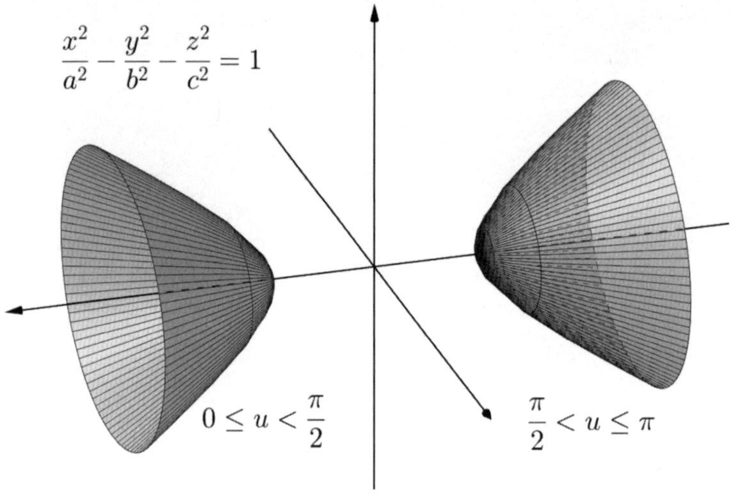

□

예제 7.1.3 xz-평면에서 중심이 $(R, 0, 0)$ 이고 반지름이 r 인 원을 z-축 둘레로 회전시켜 얻은 곡면을 매개화하시오. (단, $0 < r < R$ 이다.)

풀이 xz-평면에서 중심이 $(R, 0, 0)$ 이고 반지름이 r 인 원을 매개화하면

$$Y(u) = (R + r\cos u, 0, r\sin u) \quad (0 \le u \le 2\pi)$$

이다.

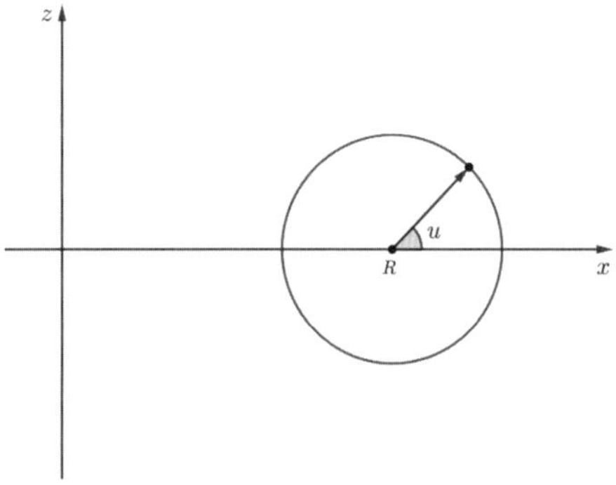

$Y(u) = (R + r\cos u, 0, r, \sin u)$

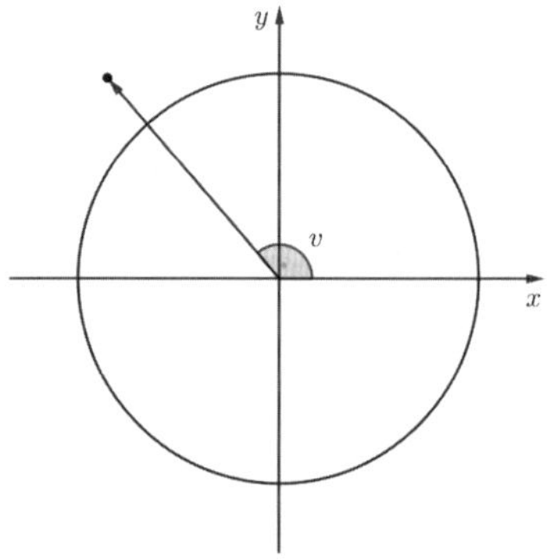

$X(u, v) = \big((R + r\cos u)\cos v, (R + r\cos u)\sin v, r\sin u\big)$

이 원을 다시 z-축 둘레로 회전시킨 곡면을 매개화하면

$$X(u,v) = \big((R + r\cos u)\cos v, (R + r\cos u)\sin v, r\sin u\big) \quad (0 \le u, v \le 2\pi)$$

이다.

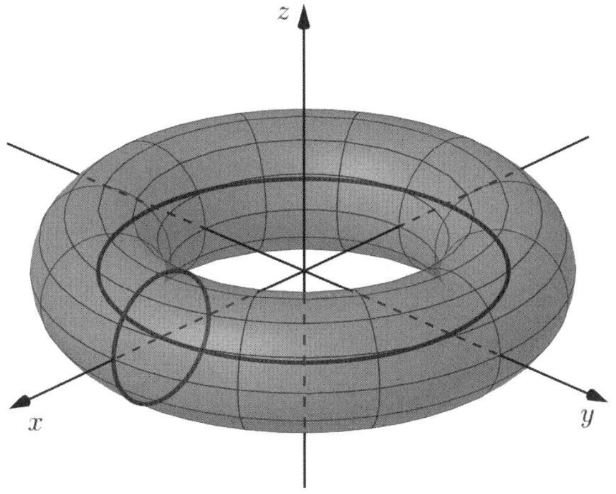

□

7.2 곡면의 넓이

매끄러운 곡면 위의 한 점에서의 아주 작은 근방은 그 점에 접하는 평면과 매우 흡사하므로 곡면 위의 작은 조각은 접평면 위의 작은 조각으로 근사할 수 있다. 곡면 위의 작은 조각을 접평면 위의 작은 조각으로 근사하기 위해서는 곡면 위의 각 점에서 접평면의 존재성을 보장해야 한다. $\mathbb{R}^2$ 의 열린 집합 D 에서 정의된 일급 곡면 $X : D \to \mathbb{R}^3$ 가 접평면을 가질 조건에 대해 알아보자. 고정된 v 에 대하여 $\hat{X}(u) = X(u,v)$ 는 곡면 위의 곡선으로 간주할 수 있다. 마찬가지로 고정된 u 에 대하여 $\tilde{X}(v) = X(u,v)$ 는 곡면 위의 곡선으로 간주할 수 있고, 따라서 다음 두 벡터

$$X_u = \frac{\partial X}{\partial u}, \qquad X_v = \frac{\partial X}{\partial v}$$

는 곡면 위의 곡선에 접하는 접벡터이므로 곡면에도 접하는 접벡터들이다. 이 두 벡터가 곡면 위의 각 점에서

$$X_u \times X_v \ne \mathbf{0}$$

을 만족하면 곡면 X 위 각 점에서의 접평면을 생각할 수 있다.

정의 7.2.1 (정규곡면) $\mathbb{R}^2$ 의 열린 집합 D 에서 정의된 일급 곡면 $X : D \to \mathbb{R}^3$ 가 모든 $(u, v) \in D$ 에 대하여

$$(X_u \times X_v)(u, v) \neq \mathbf{0}$$

을 만족하면 X 를 정규곡면이라고 부른다.

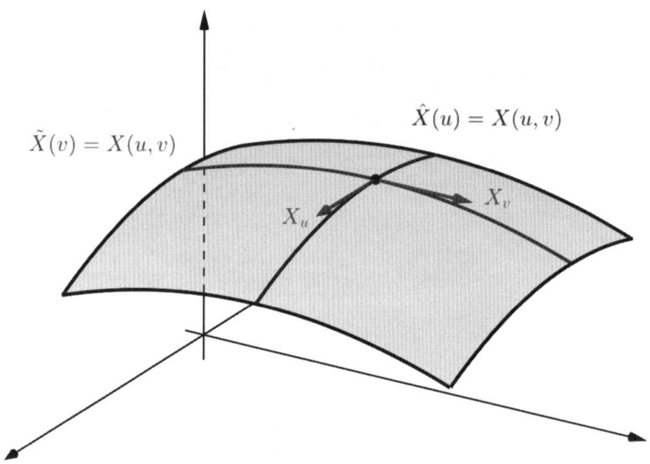

앞으로 특별한 언급이 없으면, 이 책에서 다루는 모든 곡면은 정규곡면이라고 가정한다. 이제 곡면의 넓이를 구하기 위해 영역 D 를 잘게 나누면, 직사각형

$$R_{ij} = \{(u_i + s\,\Delta u, v_j + t\,\Delta v) \mid 0 \leq s, t \leq 1\}$$

에 대하여 곡면 위 작은 조각의 넓이 ΔS_{ij} 는

$$\begin{aligned}
\Delta S_{ij} &= \text{Area}\big(X(R_{ij})\big) \\
&= \text{Area}\big(\{X(u_i + s\,\Delta u, v_j + t\,\Delta v) \mid 0 \leq s, t \leq 1\}\big) \\
&\approx \text{Area}\,(\{X(u_i, v_j) + sX_u(u_i, v_j)\,\Delta u + tX_v(u_i, v_j)\,\Delta v \mid 0 \leq s, t \leq 1\}) \\
&= |(X_u \times X_v)(u_i, u_j)|\,\Delta u\,\Delta v
\end{aligned}$$

이므로 곡면의 넓이는 다음과 같이 정의할 수 있다.

정의 7.2.2 (곡면의 넓이) $\mathbb{R}^2$ 의 열린 집합 D 에서 정의된 정규곡면

$$X(u,v) = \big(x(u,v), y(u,v), z(u,v)\big)$$

에 대하여 곡면의 넓이를 다음과 같이 정의한다.

$$\begin{aligned}\text{Area}(X) &= \lim_{n,m\to\infty} \sum_{i=1}^{n}\sum_{j=1}^{m} |(X_u \times X_v)(u_i,u_j)|\,\Delta u\,\Delta v \\ &= \iint_D |(X_u \times X_v)(u,v)|\,du\,dv.\end{aligned}$$

여기서

$$dS = |(X_u \times X_v)(u,v)|\,du\,dv$$

를 면적소라고 부른다.

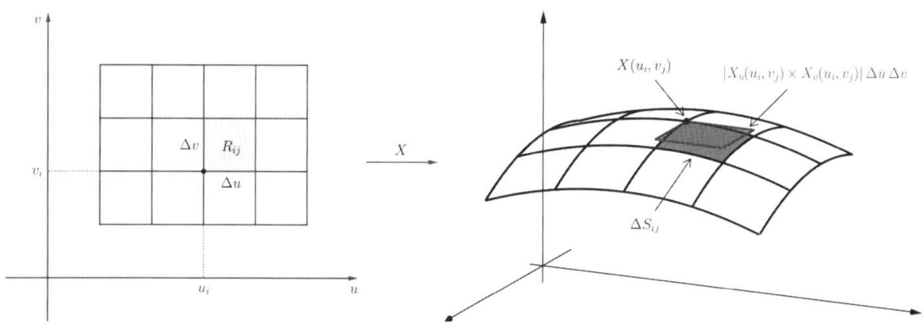

예제 7.2.3 현수면

$$\cosh z = \sqrt{x^2+y^2} \quad (0 \le z \le a)$$

의 넓이를 구하시오.

풀이 현수면을 매개화하면

$$X(u,v) = (\cosh u \cos v, \cosh u \sin v, u), \quad D = \{(u,v) \mid 0 \le u \le a,\, 0 \le v \le 2\pi\}$$

이므로 면적소는

$$dS = |X_u \times X_v|\, du\, dv = \left| \det \begin{pmatrix} \mathbf{i} & \mathbf{j} & \mathbf{k} \\ \sinh u \cos v & \sinh u \sin v & 1 \\ -\cosh u \sin v & \cosh u \cos v & 0 \end{pmatrix} \right| du\, dv$$

$$= |(-\cosh u \cos v, -\cosh u \sin v, \cosh u \sinh u)|\, du\, dv$$

$$= \cosh u \sqrt{1 + \sinh^2 u}\, du\, dv = \cosh^2 u\, du\, dv$$

이고, 따라서 구하는 넓이는

$$\begin{aligned} \text{Area}(X) &= \iint_D |(X_u \times X_v)(u, v)|\, du\, dv \\ &= \int_0^{2\pi} \int_0^a \cosh^2 u\, du\, dv \\ &= 2\pi \int_0^a \frac{1 + \cosh 2u}{2}\, du \\ &= \pi \left(a + \frac{1}{2} \sinh 2a \right) \end{aligned}$$

이다. □

현수면의 또 다른 매개화

$$X(r, \theta) = \left(r \cos\theta, r \sin\theta, \log(r + \sqrt{r^2 + 1}) \right) \quad (1 \leq r \leq \cosh a,\ 0 \leq \theta \leq 2\pi)$$

를 이용하여 현수면 넓이를 구해도 같은 결과를 얻을 수 있다. 일반적으로 곡면의 넓이는 매개화에 의존하지 않는다.

예제 7.2.4 곡면

$$S : y^2 - z^2 = 8x, \qquad y^2 + z^2 \leq 8$$

에 대하여 다음에 답하시오.

(1) 변환

$$u = \frac{1}{4}(y + z), \qquad v = \frac{1}{2}(y - z)$$

를 이용하여 곡면 S 의 매개화를 구하시오.

(2) 곡면 S 의 넓이를 구하시오.

풀이 (1) 주어진 변환으로부터 $y = 2u + v$, $z = 2u - v$ 이므로

$$y^2 - z^2 = 8x \qquad \Longleftrightarrow \qquad x = uv$$

이고

$$y^2 + z^2 \leq 8 \qquad \Longleftrightarrow \qquad 4u^2 + v^2 \leq 4$$

임을 안다. 따라서 구하는 곡면 S 의 매개화는

$$X(u, v) = (uv, 2u + v, 2u - v), \quad D = \{(u, v) \in \mathbb{R}^2 \mid 4u^2 + v^2 \leq 4\}$$

이다.

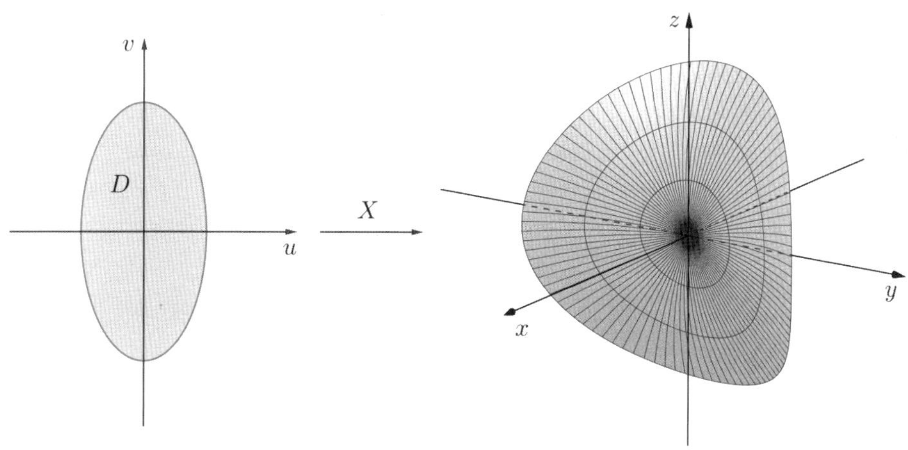

(2) (1)의 매개화를 이용하여 면적소를 계산하면,

$$\begin{aligned} dS &= |X_u \times X_v|\, du\, dv \\ &= \left| \det \begin{pmatrix} \mathbf{i} & \mathbf{j} & \mathbf{k} \\ v & 2 & 2 \\ u & 1 & -1 \end{pmatrix} \right| du\, dv \\ &= |(-4, 2u + v, -2u + v)|\, du\, dv \\ &= \sqrt{8u^2 + 2v^2 + 16}\, du\, dv \end{aligned}$$

이므로 $u = r\cos\theta$, $v = 2r\sin\theta$ 로 치환하면 곡면의 넓이는

$$\begin{aligned}
\text{Area}(S) &= \iint_D |(X_u \times X_v)(u,v)|\,du\,dv \\
&= \int_0^{2\pi}\int_0^1 \sqrt{8r^2\cos^2\theta + 8r^2\sin^2\theta + 16}\left|\det\frac{\partial(u,v)}{\partial(r,\theta)}\right| dr\,d\theta \\
&= \int_0^{2\pi}\int_0^1 \sqrt{8r^2+16}\left|\det\begin{pmatrix}\cos\theta & -r\sin\theta \\ 2\sin\theta & 2r\cos\theta\end{pmatrix}\right| dr\,d\theta \\
&= 8\pi\int_0^1 r\sqrt{2r^2+4}\,dr = 8\pi\left[\frac{1}{6}(2r^2+4)^{3/2}\right]_0^1 = 8\left(\sqrt{6}-\frac{4}{3}\right)\pi
\end{aligned}$$

이다. □

정리 7.2.5 일급 함수 $z = f(x,y)$ 의 그래프 $X(x,y) = (x, y, f(x,y))$ 의 면적소는

$$dS = \sqrt{f_x^2 + f_y^2 + 1}\,dx\,dy$$

이다.

예제 7.2.6 곡면

$$x^2 + y^2 + z^2 = r^2, \qquad x^2 + \frac{y^2}{\sin^2 t} \le r^2$$

의 넓이를 구하시오. (단, $r > 0$, $0 < t \le \pi/2$ 이다.)

풀이 대칭성에 의해 $x, y, z \ge 0$ 인 부분의 넓이의 8 배와 같다. $x, y, z \ge 0$ 인 부분의 매개화는

$$X(x,y) = \left(x, y, \sqrt{r^2-x^2-y^2}\right), \quad D = \{(x,y) \mid 0 \le y \le \sqrt{r^2-x^2}\sin t,\ 0 \le x \le r\}$$

이고, $f(x,y) = \sqrt{r^2-x^2-y^2}$ 이라 두면 면적소는

$$\begin{aligned}
dS &= \sqrt{f_x^2 + f_y^2 + 1}\,dx\,dy \\
&= \sqrt{\left(-\frac{x}{\sqrt{r^2-x^2-y^2}}\right)^2 + \left(-\frac{y}{\sqrt{r^2-x^2-y^2}}\right)^2 + 1}\,dx\,dy \\
&= \frac{r}{\sqrt{r^2-x^2-y^2}}\,dx\,dy
\end{aligned}$$

이므로

$$\begin{aligned}\text{Area}(X) &= 8\iint_D \sqrt{f_x^2+f_y^2+1}\,dx\,dy\\ &= 8\int_0^r \int_0^{\sqrt{r^2-x^2}\sin t} \frac{r}{\sqrt{r^2-x^2-y^2}}\,dy\,dx\end{aligned}$$

이다. 다음 공식

$$\int \frac{1}{\sqrt{a^2-x^2}}\,dx = \arcsin\frac{x}{a}+C$$

를 이용하면

$$\begin{aligned}\text{Area}(X) &= 8\int_0^r \int_0^{\sqrt{r^2-x^2}\sin t} \frac{r}{\sqrt{r^2-x^2-y^2}}\,dy\,dx\\ &= 8\int_0^r \left[r\arcsin\frac{y}{\sqrt{r^2-x^2}}\right]_{y=0}^{y=\sqrt{r^2-x^2}\sin t} dx\\ &= 8tr^2\end{aligned}$$

를 얻는다.

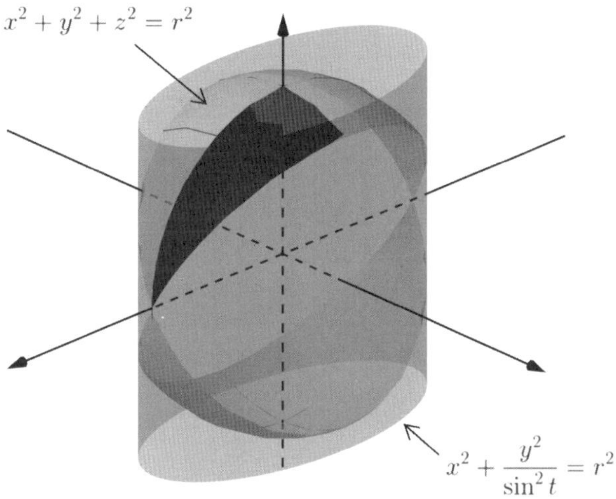

□

예제 7.2.7 곡면

$$x^2+y^2+z^2=\rho^2, \qquad \left(x-\frac{\rho}{2}\right)^2+y^2 \le \frac{\rho^2}{4}$$

의 넓이를 구하시오.

풀이 대칭성에 의해 $z \ge 0$ 인 부분의 넓이의 2배와 같다. $z \ge 0$ 인 부분의 매개화는

$$X(x,y)=\left(x,y,\sqrt{\rho^2-x^2-y^2}\right), \quad D=\left\{(x,y):\left(x-\frac{\rho}{2}\right)^2+y^2 \le \frac{\rho^2}{4}\right\}$$

이고, $f(x,y)=\sqrt{\rho^2-x^2-y^2}$ 이라 두면 면적소는

$$\begin{aligned} dS &= \sqrt{f_x^2+f_y^2+1}\,dx\,dy \\ &= \sqrt{\left(-\frac{x}{\sqrt{\rho^2-x^2-y^2}}\right)^2+\left(-\frac{y}{\sqrt{\rho^2-x^2-y^2}}\right)^2+1}\,dx\,dy \\ &= \frac{\rho}{\sqrt{\rho^2-x^2-y^2}}\,dx\,dy \end{aligned}$$

이므로

$$\text{Area}(X)=2\iint_D \sqrt{f_x^2+f_y^2+1}\,dx\,dy = 2\iint_D \frac{\rho}{\sqrt{\rho^2-x^2-y^2}}\,dx\,dy$$

이다. 한편

$$x=r\cos\theta, \qquad y=r\sin\theta$$

라 두면

$$\left(x-\frac{\rho}{2}\right)^2+y^2 \le \frac{\rho^2}{4} \qquad \Longleftrightarrow \qquad 0 \le r \le \rho\cos\theta, \quad -\frac{\pi}{2} \le \theta \le \frac{\pi}{2}$$

이므로

$$\begin{aligned} \text{Area}(X) &= 2\iint_D \frac{\rho}{\sqrt{\rho^2-x^2-y^2}}\,dx\,dy = 2\int_{-\pi/2}^{\pi/2}\int_0^{\rho\cos\theta} \frac{r\rho}{\sqrt{\rho^2-r^2}}\,dr\,d\theta \\ &= 4\rho^2\int_0^{\pi/2}(1-\sin\theta)\,d\theta = 2(\pi-2)\rho^2 \end{aligned}$$

이다.

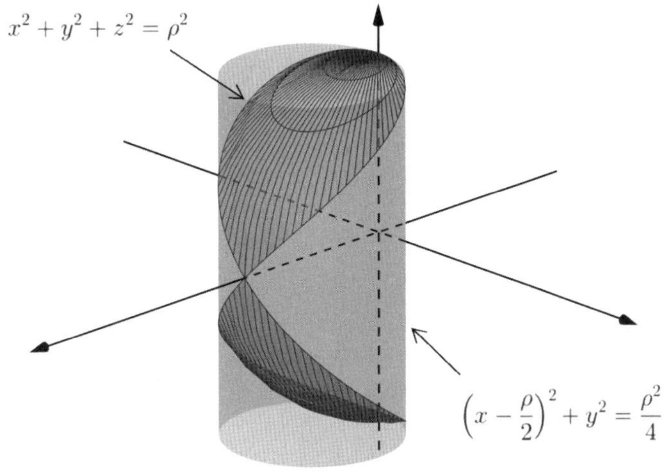

□

정리 7.2.8 일급 함수 $f : [a,b] \to [0,\infty)$ 의 그래프를 x-축 둘레로 회전시켜 얻은 곡면의 넓이는

$$2\pi \int_a^b f(x)\sqrt{1 + \big(f'(x)\big)^2}\, dx$$

이다.

증명 함수 f 의 그래프를 x-축 둘레로 회전시켜 얻은 곡면의 매개화는

$$X(x,\theta) = \big(x, f(x)\cos\theta, f(x)\sin\theta\big) \quad (a \le x \le b,\ 0 \le \theta \le 2\pi)$$

이므로

$$X_x(x,\theta) = \big(1, f'(x)\cos\theta, f'(x)\sin\theta\big), \quad X_\theta(x,\theta) = \big(0, -f(x)\sin\theta, f(x)\cos\theta\big)$$

이다. 또한 면적소는

$$\begin{aligned} dS = |X_x \times X_\theta|\, dx\, d\theta &= f(x)\left|\det\begin{pmatrix} \mathbf{i} & \mathbf{j} & \mathbf{k} \\ 1 & f'(x)\cos\theta & f'(x)\sin\theta \\ 0 & -\sin\theta & \cos\theta \end{pmatrix}\right| dx\, d\theta \\ &= f(x)\,|(f'(x), -\cos\theta, -\sin\theta)|\, dx\, d\theta = f(x)\sqrt{1 + \big(f'(x)\big)^2}\, dx\, d\theta \end{aligned}$$

이므로

$$\text{Area}(X) = \int_0^{2\pi} \int_a^b f(x)\sqrt{1+\big(f'(x)\big)^2}\, dx\, d\theta = 2\pi \int_a^b f(x)\sqrt{1+\big(f'(x)\big)^2}\, dx$$

를 얻는다. □

예제 7.2.9 다음 함수의 그래프를 x-축 둘레로 회전시켜 얻은 곡면의 넓이를 구하시오.

(1) $f(x) = \sqrt{x} \quad (4 \le x \le 9)$ (2) $f(x) = \cosh x \quad (0 \le x \le a)$

풀이 (1) 정리 7.2.8 에 의해 구하는 곡면의 넓이는

$$2\pi \int_4^9 \sqrt{x}\sqrt{1+\frac{1}{4x}}\, dx = 2\pi \int_4^9 \left(x+\frac{1}{4}\right)^{1/2} dx = \frac{\pi}{6}(37\sqrt{37} - 17\sqrt{17})$$

이다.

(2) 정리 7.2.8 에 의해 구하는 곡면의 넓이는

$$\begin{aligned} 2\pi \int_0^a \cosh x\sqrt{1+\sinh^2 x}\, dx &= 2\pi \int_0^a \cosh^2 x\, dx \\ &= 2\pi \int_0^a \frac{1+\cosh 2x}{2}\, dx \\ &= \pi\left(a + \frac{1}{2}\sinh 2a\right) \end{aligned}$$

이다. □

예제 7.2.10 함수

$$f(x) = x^{-\alpha} \quad (1 \le x \le t)$$

에 대하여 다음에 답하시오. (단, $1/2 < \alpha \le 1$ 이다.)

(1) 함수 f 의 그래프를 x-축 둘레로 회전시켜 얻은 회전체를 E_t 라 할 때, $\lim_{t\to\infty} \text{Vol}_3(E_t)$ 를 구하시오.

(2) 함수 f 의 그래프를 x-축 둘레로 회전시켜 얻은 곡면을 S_t 라 할 때, $\lim_{t\to\infty} \text{Area}(S_t)$ 를 구하시오.

(3) 일급 함수 $g:[1,\infty)\to[0,\infty)$ 에 대하여 x 의 범위가 $1\le x\le t$ 일 때 함수 $g(x)$ 의 그래프를 x-축 둘레로 회전시켜 얻은 회전체와 곡면을 각각 E_t, S_t 라 두면,

$$\lim_{t\to\infty}\operatorname{Area}(S_t)=A \qquad\Longrightarrow\qquad \lim_{t\to\infty}\operatorname{Vol}_3(E_t)<\infty$$

임을 보이시오.

풀이 (1) 회전체 E 의 부피는

$$\operatorname{Vol}_3(E_t)=\pi\int_1^t \big(f(x)\big)^2\,dx=\pi\int_1^t x^{-2\alpha}\,dx=\frac{\pi}{2\alpha-1}\left(1-\frac{1}{t^{2\alpha-1}}\right)$$

이므로

$$\lim_{t\to\infty}\operatorname{Vol}_3(E_t)=\frac{\pi}{2\alpha-1}$$

이다.

(2) 정리 7.2.8 에 의해 곡면의 넓이는 부등식

$$\begin{aligned}\operatorname{Area}(S_t)&=2\pi\int_1^t x^{-\alpha}\sqrt{1+\alpha^2x^{-2\alpha-2}}\,dx\\ &>2\pi\int_1^t x^{-\alpha}\,dx=\begin{cases}\dfrac{2\pi(t^{1-\alpha}-1)}{1-\alpha} & (\alpha\ne1)\\ 2\pi\log t & (\alpha=1)\end{cases}\end{aligned}$$

를 만족하므로

$$\lim_{t\to\infty}\operatorname{Area}(S_t)=\infty$$

이다.

(3) 정리 7.2.8 에 의해

$$\begin{aligned}\frac{\operatorname{Area}(S_t)}{\pi}&=\int_1^t 2g(x)\sqrt{1+\big(g'(x)\big)^2}\,dx\ge\int_1^t 2g(x)|g'(x)|\,dx\\ &\ge\int_1^t\frac{d}{dx}\big(g(x)\big)^2\,dx=\big(g(t)\big)^2-\big(g(1)\big)^2\end{aligned}$$

이므로 충분히 큰 실수 $t\gg1$ 에 대하여

$$g(t)\le\sqrt{\big(g(1)\big)^2+\frac{\operatorname{Area}(S_t)}{\pi}}\le\sqrt{\big(g(1)\big)^2+\frac{A+1}{\pi}}$$

임을 안다. 즉 모든 실수 $x \in [1, \infty)$ 에 대하여 $g(x) \le M$ 를 만족하는 상수 $M > 0$ 이 존재하고, 따라서

$$\begin{aligned}\lim_{t\to\infty} \mathrm{Vol}_3(E_t) &= \lim_{t\to\infty} \int_1^t \pi\big(g(x)\big)^2\,dx \le \lim_{t\to\infty} \frac{M}{2}\int_1^t 2\pi g(x)\,dx \\ &\le \lim_{t\to\infty} \frac{M}{2}\int_1^t 2\pi g(x)\sqrt{1+\big(g'(x)\big)^2}\,dx \\ &= \frac{M}{2}\lim_{t\to\infty} \mathrm{Area}(S_t) = \frac{MA}{2} < \infty\end{aligned}$$

를 얻는다. □

정리 7.2.11 평면 곡선

$$X(t) = \big(x(t), y(t)\big) \quad (a \le t \le b)$$

를 x-축 둘레로 회전시켜 얻은 곡면의 넓이는

$$2\pi\int_a^b y(t)\sqrt{\big(x'(t)\big)^2 + \big(y'(t)\big)^2}\,dt$$

이다. 단, $y(t) \ge 0$ 이다.

증명 곡선 X 를 x-축 둘레로 회전시켜 얻은 곡면의 매개화는

$$X(t,\theta) = \big(x(t), y(t)\cos\theta, y(t)\sin\theta\big) \quad (a \le t \le b,\ 0 \le \theta \le 2\pi)$$

이므로

$$X_t(t,\theta) = \big(x'(t), y'(t)\cos\theta, y'(t)\sin\theta\big), \quad X_\theta(t,\theta) = \big(0, -y(t)\sin\theta, y(t)\cos\theta\big)$$

이다. 또한

$$\begin{aligned}dS = |X_t \times X_\theta|\,dt\,d\theta &= y(t)\left|\det\begin{pmatrix} \mathbf{i} & \mathbf{j} & \mathbf{k} \\ x'(t) & y'(t)\cos\theta & y'(t)\sin\theta \\ 0 & -\sin\theta & \cos\theta \end{pmatrix}\right| dt\,d\theta \\ &= y(t)\left|\big(y'(t), -x'(t)\cos\theta, -x'(t)\sin\theta\big)\right| dt\,d\theta = y(t)\sqrt{\big(x'(t)\big)^2 + \big(y'(t)\big)^2}\,dt\,d\theta\end{aligned}$$

이므로

$$\begin{aligned}\text{Area}(X) &= \int_0^{2\pi}\int_a^b y(t)\sqrt{\big(x'(t)\big)^2+\big(y'(t)\big)^2}\,dt\,d\theta \\ &= 2\pi\int_a^b y(t)\sqrt{\big(x'(t)\big)^2+\big(y'(t)\big)^2}\,dt\end{aligned}$$

를 얻는다. □

예제 7.2.12 다음 곡선을 x-축 둘레로 회전시켜 얻은 곡면의 넓이를 구하시오.

(1) $X(t) = (t-\sin t, 1-\cos t) \quad (0 \le t \le 2\pi)$

(2) $x^{2/3}+y^{2/3}=1, \quad y \ge 0$

풀이 (1) 정리 7.2.11에 의해 구하는 곡면의 넓이는 다음과 같다.

$$\begin{aligned}&2\pi\int_0^{2\pi} y(t)\sqrt{\big(x'(t)\big)^2+\big(y'(t)\big)^2}\,dt \\ &= 2\pi\int_0^{2\pi}(1-\cos t)\sqrt{(1-\cos t)^2+\sin^2 t}\,dt \\ &= 8\pi\int_0^{2\pi}\sin^3\frac{t}{2}\,dt \\ &= \frac{64}{3}\pi.\end{aligned}$$

(2) 대칭성에 의해 구하는 넓이는 $x \ge 0$인 부분의 2배이다. 곡선을 매개화하면

$$X(t) = (\cos^3 t, \sin^3 t) \quad \left(0 \le t \le \frac{\pi}{2}\right)$$

이고, 정리 7.2.11에 의해 구하는 곡면의 넓이는 다음과 같다.

$$\begin{aligned}&2\times 2\pi\int_0^{\pi/2} y(t)\sqrt{\big(x'(t)\big)^2+\big(y'(t)\big)^2}\,dt \\ &= 4\pi\int_0^{\pi/2}\sin^3 t\sqrt{9\cos^4 t\sin^2 t+9\sin^4 t\cos^2 t}\,dt \\ &= 12\pi\int_0^{\pi/2}\sin^4 t\cos t\,dt \\ &= \frac{12}{5}\pi.\end{aligned}$$

□

7.3 입체각

좌표평면 위의 곡선

$$r = f(\theta) \quad (\theta_1 \leq \theta \leq \theta_2)$$

에 대하여 평면에서 곡선은 각도 변화량

$$\alpha = \theta_2 - \theta_1$$

을 가진다. 이 값은 원점에서 곡선 $r = f(\theta)$를 바라보았을 때, 단위원에 맺힌 호의 길이와 같다.

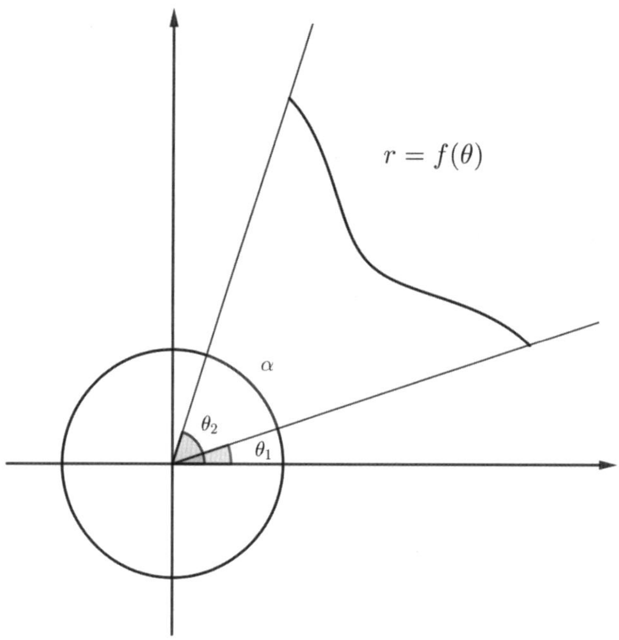

좌표평면에서 곡선의 각도

이러한 개념을 공간으로 일반화하여 곡면의 각도를 다음과 같이 정의한다.

정의 7.3.1 곡면 S를 점 P에서 바라보았을 때 P를 중심으로 하는 단위 구면에 맺힌 넓이 Ω를 곡면 S의 입체각이라고 한다.

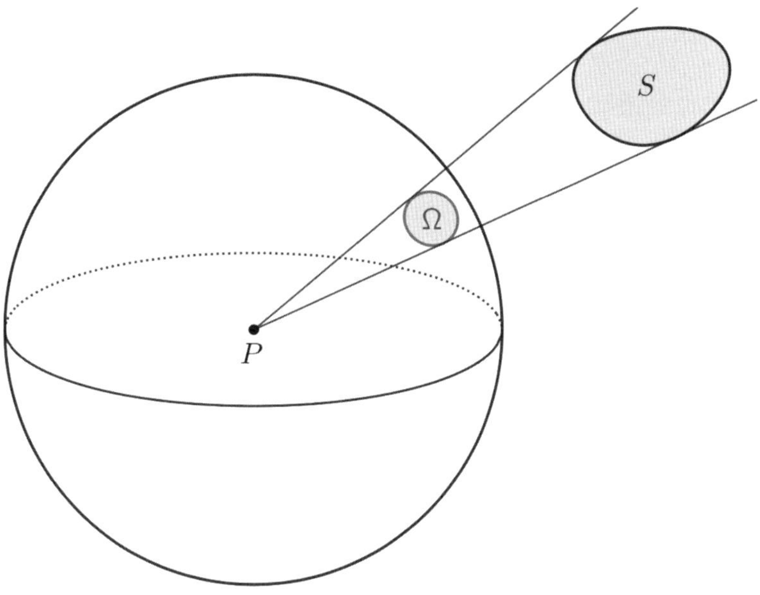

좌표공간에서 곡면의 각도

입체각은 구면 위에 맺힌 넓이이므로 입체각을 계산하기 위해서는 구면의 면적소가 필요하다.

정리 7.3.2 반지름이 ρ 인 구면

$$X(\varphi,\theta)=(\rho\sin\varphi\cos\theta,\rho\sin\varphi\sin\theta,\rho\cos\varphi)$$

의 면적소는

$$dS=\rho^2\sin\varphi\,d\varphi\,d\theta$$

이다.

예제 7.3.3 원점에서 바라보았을 때 곡면

$$S:\frac{x^2}{3^2}+\frac{y^2}{2^2}+\frac{z^2}{2^2}=1,\qquad z\geq a\sqrt{x^2+y^2}$$

의 입체각을 구하시오. (단, a는 실수이다.)

풀이 a 의 범위에 따라 경우를 나누어 생각한다.

<u>CASE 1</u> $a = 0$ 인 경우

원점에서 바라보았을 때 단위 구면에 맺힌 곡면 S 의 상은 반구면 $x^2 + y^2 + z^2 = 1\,(z \geq 0)$ 이므로 입체각은 2π 이다.

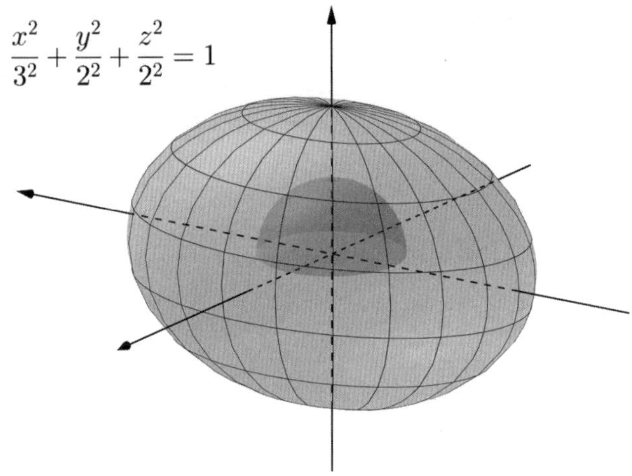

<u>CASE 2</u> $a > 0$ 인 경우

단위 구면에 맺힌 곡면 S 의 상을 매개화하면

$$X(\varphi, \theta) = (\sin\varphi\cos\theta, \sin\varphi\sin\theta, \cos\varphi) \quad \left(0 \leq \varphi \leq \arctan\frac{1}{a},\ 0 \leq \theta \leq 2\pi\right)$$

이고, 면적소는

$$dS = \sin\varphi\, d\varphi\, d\theta$$

이므로 입체각은

$$\Omega = \int_0^{2\pi}\int_0^{\arctan\frac{1}{a}} \sin\varphi\, d\varphi\, d\theta = 2\pi\left(1 - \cos\left(\arctan\frac{1}{a}\right)\right)$$

이다. 이제 식 $1+\tan^2\theta = \sec^2\theta$ 를 이용하면,

$$\Omega = 2\pi\left(1-\cos\left(\arctan\frac{1}{a}\right)\right) = 2\pi\left(1-\frac{a}{\sqrt{1+a^2}}\right)$$

임을 안다.

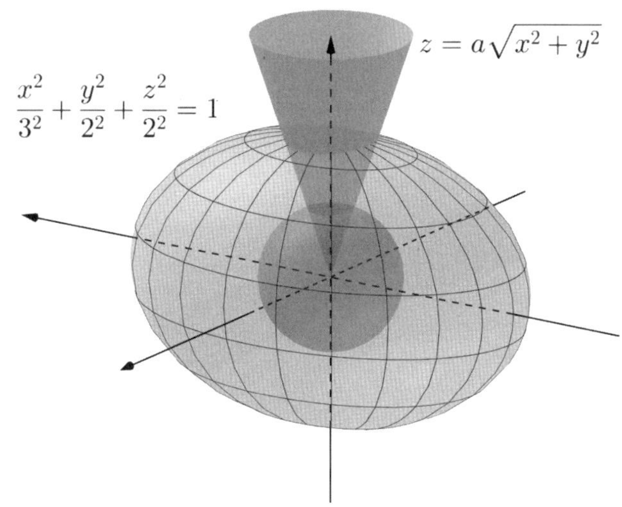

CASE 3 $a<0$ 인 경우

구하는 입체각은 구면의 넓이 4π 에서 곡면

$$S_1 : \frac{x^2}{3^2}+\frac{y^2}{2^2}+\frac{z^2}{2^2}=1, \qquad z \le a\sqrt{x^2+y^2}$$

의 입체각을 뺀 값과 같다. 곡면 S_1 의 입체각은 대칭성에 의해 곡면

$$S_2 : \frac{x^2}{3^2}+\frac{y^2}{2^2}+\frac{z^2}{2^2}=1, \qquad z \ge -a\sqrt{x^2+y^2}$$

의 입체각과 같으므로 CASE 2 의 결과를 적용하면

$$\Omega = 4\pi - 2\pi\left(1+\frac{a}{\sqrt{1+a^2}}\right) = 2\pi\left(1-\frac{a}{\sqrt{1+a^2}}\right)$$

를 얻는다.

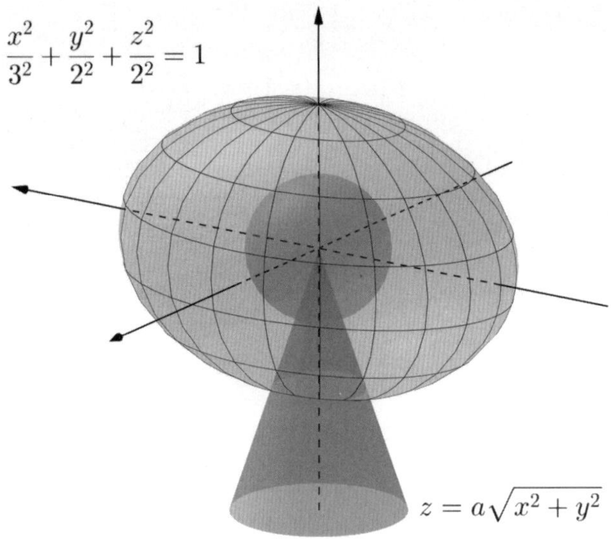

□

7.4 함수의 면적분

매개화된 곡면

$$X(u,v)=\big(x(u,v),y(u,v),z(u,v)\big),\quad (u,v)\in D$$

위의 각 점 (x,y,z) 에서의 밀도 함수 $f(x,y,z)$ 가 주어졌을 때, 곡면의 질량은 다음과 같이 구한다. 영역 D 를 가로, 세로의 길이가 각각 $\Delta u, \Delta v$ 인 직사각형을 R_{ij} 로 분할한다. 이 분할에 의해 생긴 곡면 위의 작은 조각 $S_{ij}=X(R_{ij})$ 의 질량은 S_{ij} 위의 한 점 $X(u_i^*,v_j^*)=(x_{ij}^*,y_{ij}^*,z_{ij}^*)$ 와 $\mathrm{Area}(S_{ij})=\Delta S_{ij}$ 에 의해 근사적으로 다음과 같이 구해진다.

$$f(x_{ij}^*,y_{ij}^*,z_{ij}^*)\,\Delta S_{ij}.$$

따라서 곡면의 질량은

$$\lim_{n,m\to\infty}\sum_{i=1}^{m}\sum_{j=1}^{n}f(x_{ij}^*,y_{ij}^*,z_{ij}^*)\,\Delta S_{ij}$$

이고, 이것을 기호로

$$\iint_X f\,dS$$

로 나타낸다. 한편 $\Delta S_{ij} \approx |(X_u \times X_v)(u_i, v_j)|\,\Delta u\,\Delta v$ 이므로

$$\begin{aligned}\iint_X f\,dS &= \lim_{n,m\to\infty}\sum_{i=1}^{m}\sum_{j=1}^{n} f(x_{ij}^*, y_{ij}^*, z_{ij}^*)\,\Delta S_{ij}\\ &= \lim_{n,m\to\infty}\sum_{i=1}^{m}\sum_{j=1}^{n} f\big(X(u_i^*, v_j^*)\big)|(X_u \times X_v)(u_i, v_j)|\,\Delta u\,\Delta v\\ &= \iint_D f\big(X(u,v)\big)|(X_u \times X_v)(u,v)|\,du\,dv\end{aligned}$$

를 얻는다. 즉 곡면의 질량을 구하는 문제는 곡면 S 위에서 밀도 함수를 적분하는 것과 같다. 이와 같은 사실을 일반화하여 곡면 위에서 정의된 함수 f 의 면적분을 다음과 같이 정의한다.

정의 7.4.1 (함수의 면적분) $\mathbb{R}^2$ 의 열린 집합 D 에서 정의된 정규곡면 $X : D \to \mathbb{R}^3$ 에 대하여 이 곡면에서 정의된 함수 f 의 면적분은

$$\iint_X f\,dS = \iint_D f\big(X(u,v)\big)|(X_u \times X_v)(u,v)|\,du\,dv$$

로 정의한다.

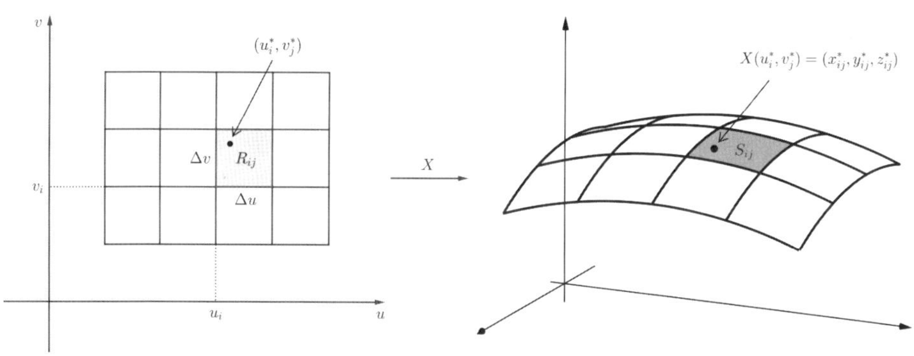

예제 7.4.2 구면

$$S_\rho : x^2 + y^2 + z^2 = \rho^2$$

에 대하여 다음에 답하시오.

(1) 함수 $f:\mathbb{R}^3 \to \mathbb{R}$ 가 $f(-x,y,z) = -f(x,y,z)$ 를 만족할 때

$$\iint_{S_\rho} f\, dS$$

를 구하시오.

(2) 구면 S_ρ 에서 다음 함수

$$x,\ \ y,\ \ z,\ \ x^2,\ \ y^2,\ \ z^2,\ \ xy,\ \ yz,\ \ zx,\ \ x^2y,\ \ xy^2,\ \ y^2z,\ \ yz^2,\ \ z^2x,\ \ zx^2,\ \ xyz$$

의 면적분을 구하시오.

풀이 (1) 구면 S_ρ 를 xy-평면에 내린 정사영을

$$D = \left\{(x,y) : -\sqrt{\rho^2-y^2} \le x \le \sqrt{\rho^2-y^2},\ -\rho \le y \le \rho\right\}$$

라 하면 S_ρ 는 다음 두 곡면 $X_1, X_2 : D \to \mathbb{R}^3$ 의 합이다.

$$X_1(x,y) = \left(x, y, \sqrt{\rho^2-x^2-y^2}\right), \qquad X_2(x,y) = \left(x, y, -\sqrt{\rho^2-x^2-y^2}\right).$$

두 곡면 X_1, X_2 의 면적소는

$$dS = \frac{\rho}{\sqrt{\rho - x^2 - y^2}}\, dx\, dy$$

로 동일하므로

$$\begin{aligned}\iint_{S_\rho} f\, dS &= \iint_{X_1} f\, dS + \iint_{X_2} f\, dS \\ &= \int_{-\rho}^{\rho}\int_{-\sqrt{\rho^2-y^2}}^{\sqrt{\rho^2-y^2}} \frac{\rho f\left(x,y,\sqrt{\rho^2-x^2-y^2}\right)}{\sqrt{\rho^2-x^2-y^2}}\, dx\, dy \\ &\qquad + \int_{-\rho}^{\rho}\int_{-\sqrt{\rho^2-y^2}}^{\sqrt{\rho^2-y^2}} \frac{\rho f\left(x,y,-\sqrt{\rho^2-x^2-y^2}\right)}{\sqrt{\rho^2-x^2-y^2}}\, dx\, dy\end{aligned}$$

임을 안다. 한편 $f(-x,y,z) = f(x,y,z)$ 이므로

$$\int_{-\sqrt{\rho^2-y^2}}^{\sqrt{\rho^2-y^2}} \frac{\rho f\left(x,y,\sqrt{\rho^2-x^2-y^2}\right)}{\sqrt{\rho^2-x^2-y^2}}\, dx = 0 = \int_{-\sqrt{\rho^2-y^2}}^{\sqrt{\rho^2-y^2}} \frac{\rho f\left(x,y,-\sqrt{\rho^2-x^2-y^2}\right)}{\sqrt{\rho^2-x^2-y^2}}\, dx$$

이고 따라서

$$\iint_{S_\rho} f\,dS = 0$$

을 얻는다.

(2) 구면의 대칭성에 의해 $f(x,-y,z) = -f(x,y,z)$ 또는 $f(x,y,-z) = -f(x,y,z)$ 인 경우에도

$$\iint_{S_\rho} f\,dS = 0$$

이 성립한다. 따라서

$$\iint_X x\,dS = 0, \qquad \iint_X xy\,dS = 0, \qquad \iint_X x^2y\,dS = 0, \qquad \iint_X xyz\,dS = 0$$

이다. 한편 구면 S_ρ 의 매개화는

$$X(\varphi,\theta) = (\rho\sin\varphi\cos\theta, \rho\sin\varphi\sin\theta, \rho\cos\varphi) \quad (0 \le \varphi \le \pi,\ 0 \le \theta \le 2\pi)$$

이고 면적소는 $dS = \rho^2 \sin\varphi\,d\varphi\,d\theta$ 이므로

$$\begin{aligned}\iint_X x^2\,dS &= \int_0^{2\pi}\int_0^{\pi} (\rho\sin\varphi\cos\theta)^2 \rho^2 \sin\varphi\,d\varphi\,d\theta \\ &= \rho^4 \left(\int_0^{2\pi} \cos^2\theta\,d\theta\right)\left(\int_0^{\pi} \sin^3\varphi\,d\varphi\right) = \frac{4}{3}\pi\rho^4\end{aligned}$$

이다. 마지막으로 구면의 대칭성에 의해

$$\begin{aligned}\iint_X x\,dS = \iint_X y\,dS &= \iint_X z\,dS = 0, \\ \iint_X x^2\,dS = \iint_X y^2\,dS &= \iint_X z^2\,dS = \frac{4}{3}\pi\rho^4, \\ \iint_X xy\,dS = \iint_X yz\,dS &= \iint_X zx\,dS = 0, \\ \iint_X x^2y\,dS = \iint_X xy^2\,dS &= \iint_X y^2z\,dS = \iint_X yz^2\,dS \\ &= \iint_X z^2x\,dS = \iint_X zx^2\,dS = 0\end{aligned}$$

임을 안다. □

예제 7.4.3 구면

$$S_\rho : x^2 + y^2 + z^2 = \rho^2$$

와 점 $P = (a, b, c) \in \mathbb{R}^3 \setminus S_\rho$ 에 대하여 다음 적분을 구하시오.

$$\iint_{S_\rho} \frac{dS}{\sqrt{(x-a)^2 + (y-b)^2 + (z-c)^2}}.$$

풀이 구면의 대칭성에 의해

$$\iint_{S_\rho} \frac{dS}{\sqrt{(x-a)^2 + (y-b)^2 + (z-c)^2}} = \iint_{S_\rho} \frac{dS}{\sqrt{x^2 + y^2 + (z - |P|)^2}}$$

이다. 구면 S_ρ 의 매개화는

$$X(\varphi, \theta) = (\rho \sin\varphi \cos\theta, \rho \sin\varphi \sin\theta, \rho \cos\varphi) \quad (0 \le \varphi \le \pi,\ 0 \le \theta \le 2\pi)$$

이고 면적소는

$$dS = \rho^2 \sin\varphi \, d\varphi \, d\theta$$

이므로

$$\begin{aligned}
&\iint_{S_\rho} \frac{dS}{\sqrt{x^2 + y^2 + (z - |P|)^2}} \\
&= \int_0^{2\pi} \int_0^{\pi} \frac{\rho^2 \sin\varphi \, d\varphi \, d\theta}{\sqrt{\rho^2 \sin^2\varphi + (\rho\cos\varphi - |P|)^2}} \\
&= 2\pi\rho^2 \int_0^{\pi} \frac{\sin\varphi \, d\varphi}{\sqrt{\rho^2 + |P|^2 - 2\rho|P|\cos\varphi}} \\
&= 2\pi\rho^2 \int_{|\rho - |P||}^{\rho + |P|} \frac{1}{\rho|P|} \, du \qquad \left(\because u = \sqrt{\rho^2 + |P|^2 - 2\rho|P|\cos\varphi}\right) \\
&= \frac{2\pi\rho}{|P|} \big(\rho + |P| - |\rho - |P||\big) \\
&= \begin{cases} 4\pi\rho & (|P| < \rho) \\ \dfrac{4\pi\rho^2}{|P|} & (|P| > \rho) \end{cases}
\end{aligned}$$

이다. □

예제 7.4.4 $\mathbb{R}^3$ 의 열린 집합 U 에 공

$$B_r : x^2 + y^2 + z^2 \le r^2$$

이 포함될 때, U 에서 정의된 연속함수 $f(x,y,z)$ 와 $U \times [0,\infty)$ 에서 정의된 일급 함수 $g(x,y,z,r)$ 에 대하여 다음 등식을 보이시오.

(1) $\displaystyle \iiint_{B_r} f\,dV_3 = \int_0^r \left(\iint_{S_\rho} f\,dS \right) d\rho$

(2) $\displaystyle \frac{d}{dr} \iiint_{B_r} g\,dV_3 = \iint_{S_r} g\,dS + \iiint_{B_r} \frac{\partial g}{\partial r}\,dV_3$

풀이 (1) 구면 S_ρ의 매개화는

$$X(\varphi,\theta) = (\rho\sin\varphi\cos\theta, \rho\sin\varphi\sin\theta, \rho\cos\varphi) \quad (0 \le \varphi \le \pi,\ 0 \le \theta \le 2\pi)$$

이고 면적소는

$$dS = \rho^2 \sin\varphi\,d\varphi\,d\theta$$

이므로

$$\iint_{S_\rho} f\,dS = \int_0^{2\pi} \int_0^{\pi} f(\rho\sin\varphi\cos\theta, \rho\sin\varphi\sin\theta, \rho\cos\varphi)\rho^2 \sin\varphi\,d\varphi\,d\theta$$

이다. 한편 구면좌표계 치환에 의해

$$\begin{aligned}\iiint_{B_r} f\,dV_3 &= \int_0^r \int_0^{2\pi} \int_0^{\pi} f(\rho\sin\varphi\cos\theta, \rho\sin\varphi\sin\theta, \rho\cos\varphi)\rho^2 \sin\varphi\,d\varphi\,d\theta\,d\rho \\ &= \int_0^r \left(\iint_{S_\rho} f\,dS \right) d\rho\end{aligned}$$

를 얻는다.

(2) 구면좌표계 치환에 의해

$$\iiint_{B_r} g\,dV_3 = \int_0^r \int_0^{2\pi} \int_0^{\pi} g(\rho\sin\varphi\cos\theta, \rho\sin\varphi\sin\theta, \rho\cos\varphi, r)\rho^2 \sin\varphi\,d\varphi\,d\theta\,d\rho$$

이고

$$G(\rho, r) = \int_0^{2\pi} \int_0^{\pi} g(\rho\sin\varphi\cos\theta, \rho\sin\varphi\sin\theta, \rho\cos\varphi, r)\rho^2 \sin\varphi\, d\varphi\, d\theta$$

라 두면, 라이프니츠 정리에 의해

$$\frac{d}{dr}\iiint_{B_r} g\, dV_3 = \frac{d}{dr}\int_0^r G(\rho, r)\, d\rho = G(r, r) + \int_0^r \frac{\partial}{\partial r} G(\rho, r)\, d\rho$$

이다. 한편

$$G(r, r) = \int_0^{2\pi} \int_0^{\pi} g(r\sin\varphi\cos\theta, r\sin\varphi\sin\theta, r\cos\varphi, r) r^2 \sin\varphi\, d\varphi\, d\theta = \iint_{S_r} g\, dS$$

이고

$$\frac{\partial}{\partial r} G(\rho, r) = \int_0^{2\pi} \int_0^{\pi} \frac{\partial g}{\partial r}(\rho\sin\varphi\cos\theta, \rho\sin\varphi\sin\theta, \rho\cos\varphi, r)\rho^2 \sin\varphi\, d\varphi\, d\theta$$

이므로

$$\begin{aligned}
&\frac{d}{dr}\iiint_{B_r} g\, dV_3 \\
&= \iint_{S_r} g\, dS + \int_0^r \int_0^{2\pi} \int_0^{\pi} \frac{\partial g}{\partial r}(\rho\sin\varphi\cos\theta, \rho\sin\varphi\sin\theta, \rho\cos\varphi, r)\rho^2 \sin\varphi\, d\varphi\, d\theta\, d\rho \\
&= \iint_{S_r} g\, dS + \iiint_{B_r} \frac{\partial g}{\partial r}\, dV_3
\end{aligned}$$

를 얻는다. □

예제 7.4.5 공

$$B_r : x^2 + y^2 + z^2 \le r^2$$

과 점 $P = (a, b, c) \in \mathbb{R}^3$ 에 대하여 다음 적분을 구하시오.

$$\iiint_{B_r} \frac{dV_3}{\sqrt{(x-a)^2 + (y-b)^2 + (z-c)^2}}.$$

풀이 먼저 $|P| < r$ 인 경우

$$\begin{aligned}
&\iiint_{B_r} \frac{dV_3}{\sqrt{(x-a)^2+(y-b)^2+(z-c)^2}} \\
&= \lim_{\varepsilon\to0^+}\left[\int_0^{|P|-\varepsilon}\left(\iint_{S_\rho}\frac{dS}{\sqrt{(x-a)^2+(y-b)^2+(z-c)^2}}\right)d\rho\right. \\
&\qquad\qquad \left. + \int_{|P|+\varepsilon}^{r}\left(\iint_{S_\rho}\frac{dS}{\sqrt{(x-a)^2+(y-b)^2+(z-c)^2}}\right)d\rho\right] \\
&= \lim_{\varepsilon\to0^+}\left(\int_0^{|P|-\varepsilon}\frac{4\pi\rho^2}{|P|}\,d\rho + \int_{|P|+\varepsilon}^{r} 4\pi\rho\,d\rho\right) \\
&= \lim_{\varepsilon\to0^+}\left(\frac{4\pi(|P|-\varepsilon)^3}{3|P|} + 2\pi\big(r^2-(|P|+\varepsilon)^2\big)\right) \\
&= 2\pi r^2 - \frac{2}{3}\pi|P|^2
\end{aligned}$$

이다. 한편 $|P| = r$ 인 경우에는

$$\begin{aligned}
&\iiint_{B_r} \frac{dV_3}{\sqrt{(x-a)^2+(y-b)^2+(z-c)^2}} \\
&= \lim_{\varepsilon\to0^+}\int_0^{r-\varepsilon}\left(\iint_{S_\rho}\frac{dS}{\sqrt{(x-a)^2+(y-b)^2+(z-c)^2}}\right)d\rho \\
&= \lim_{\varepsilon\to0^+}\int_0^{r-\varepsilon}\frac{4\pi\rho^2}{|P|}\,d\rho = \lim_{\varepsilon\to0^+}\frac{4\pi(r-\varepsilon)^3}{3|P|} = \frac{4}{3}\pi|P|^2
\end{aligned}$$

이다. 마지막으로 $|P| > r$ 인 경우에는

$$\begin{aligned}
\iiint_{B_r} \frac{dV_3}{\sqrt{x^2+y^2+(z-|P|)^2}} &= \int_0^r\left(\iint_{S_\rho}\frac{dS}{\sqrt{x^2+y^2+(z-|P|)^2}}\right)d\rho \\
&= \int_0^r \frac{4\pi\rho^2}{|P|}\,d\rho = \frac{4}{3|P|}\pi r^3
\end{aligned}$$

이다. 따라서

$$\iiint_{B_r} \frac{dV_3}{\sqrt{(x-a)^2+(y-b)^2+(z-c)^2}} = \begin{cases} 2\pi r^2 - \dfrac{2}{3}\pi|P|^2 & (|P| \le r) \\[2ex] \dfrac{4}{3|P|}\pi r^3 & (|P| > r) \end{cases}$$

이다. □

예제 7.4.6 곡면

$$S : z = \sqrt{4 - 3x^2 - 2y^2}, \quad 3x^2 + 2y^2 \le 3$$

에서 함수

$$f(x, y, z) = \frac{6x^2 z - z^3 + 2ye^{\cos(z^2)} \sin x}{\sqrt{9x^2 + 4y^2 + z^2}}$$

의 면적분을 구하시오.

풀이 주어진 곡면을 매개화하면

$$X(x, y) = \left(x, y, \sqrt{4 - 3x^2 - 2y^2}\right), \quad D = \{(x, y) \mid 3x^2 + 2y^2 \le 3\}$$

이고, $g(x, y) = \sqrt{4 - 3x^2 - 2y^2}$ 이라 두면 면적소는

$$\begin{aligned} dS &= \sqrt{g_x^2 + g_y^2 + 1}\, dx\, dy \\ &= \sqrt{\left(\frac{-3x}{\sqrt{4 - 3x^2 - 2y^2}}\right)^2 + \left(\frac{-2y}{\sqrt{4 - 3x^2 - 2y^2}}\right)^2 + 1}\, dx\, dy \\ &= \frac{\sqrt{6x^2 + 2y^2 + 4}}{\sqrt{4 - 3x^2 - 2y^2}}\, dx\, dy \end{aligned}$$

이다. 한편 기함수의 성질에 의해

$$\begin{aligned} \iint_S \frac{2ye^{\cos(z^2)} \sin x}{\sqrt{9x^2 + 4y^2 + z^2}}\, dS &= \iint_D \frac{2ye^{\cos(4-3x^2-2y^2)} \sin x}{\sqrt{6x^2 + 2y^2 + 4}} \frac{\sqrt{6x^2 + 2y^2 + 4}}{\sqrt{4 - 3x^2 - 2y^2}}\, dx\, dy \\ &= \int_{-1}^{1} \int_{-\sqrt{\frac{3}{2}(1-x^2)}}^{\sqrt{\frac{3}{2}(1-x^2)}} \frac{2ye^{\cos(4-3x^2-2y^2)} \sin x}{\sqrt{4 - 3x^2 - 2y^2}}\, dy\, dx \\ &= 0 \end{aligned}$$

이므로

$$\begin{aligned} \iint_S f\, dS &= \iint_S \frac{6x^2 z - z^3 + 2ye^{\cos(z^2)} \sin x}{\sqrt{9x^2 + 4y^2 + z^2}}\, dS \\ &= \iint_D \frac{6x^2\sqrt{4 - 3x^2 - 2y^2} - (4 - 3x^2 - 2y^2)^{3/2}}{\sqrt{6x^2 + 2y^2 + 4}} \frac{\sqrt{6x^2 + 2y^2 + 4}}{\sqrt{4 - 3x^2 - 2y^2}}\, dx\, dy \\ &= \iint_D (9x^2 + 2y^2 - 4)\, dx\, dy \end{aligned}$$

이다. 이제

$$x = r\cos\theta, \qquad y = \frac{\sqrt{6}}{2} r\sin\theta$$

로 치환하면

$$\begin{aligned}
&\iint_D (9x^2 + 2y^2 - 4)\,dx\,dy \\
&= \int_0^{2\pi}\int_0^1 (9r^2\cos^2\theta + 3r^2\sin^2\theta - 4)\left|\det\frac{\partial(x,y)}{\partial(r,\theta)}\right| dr\,d\theta \\
&= \int_0^{2\pi}\int_0^1 (3r^2 + 6r^2\cos^2\theta - 4)\left|\det\begin{pmatrix}\cos\theta & -r\sin\theta \\ \frac{\sqrt{6}}{2}\sin\theta & \frac{\sqrt{6}}{2}r\cos\theta\end{pmatrix}\right| dr\,d\theta \\
&= \int_0^{2\pi}\int_0^1 (3r^2 + 6r^2\cos^2\theta - 4)\frac{\sqrt{6}}{2} r\,dr\,d\theta \\
&= -\frac{\sqrt{6}}{2}\pi
\end{aligned}$$

를 얻는다. □

7.5 면적분의 응용

정의 7.5.1 매개화된 곡면 X 에서 정의된 함수 f 의 평균값은

$$\overline{f} = \frac{1}{\text{Area}(X)}\iint_X f\,dS$$

로 정의한다.

예제 7.5.2 곡면

$$S : z = \sqrt{x^2 + y^2}, \quad D = \{(x,y) : 0 \le y \le x \le 1\}$$

에서 함수

$$f(x,y,z) = yz^2 + \frac{\log(1+x)}{x}$$

의 평균값을 구하시오.

풀이 곡면 S 의 매개화는

$$X(x,y) = \left(x, y, \sqrt{x^2 + y^2}\right), \quad D = \{(x,y) : 0 \le y \le x \le 1\}$$

이고, $g(x,y)=\sqrt{x^2+y^2}$ 이라 두면 면적소는

$$\begin{aligned} dS &= \sqrt{g_x^2+g_y^2+1}\,dx\,dy \\ &= \sqrt{\left(\frac{x}{\sqrt{x^2+y^2}}\right)^2+\left(\frac{y}{\sqrt{x^2+y^2}}\right)^2+1}\,dx\,dy \\ &= \sqrt{2}\,dx\,dy \end{aligned}$$

이므로

$$\text{Area}(X)=\iint_D \sqrt{g_x^2+g_y^2+1}\,dx\,dy=\iint_D \sqrt{2}\,dx\,dy=\sqrt{2}\text{Area}(D)=\frac{\sqrt{2}}{2}$$

이다. 따라서 함수의 평균값은

$$\begin{aligned} \overline{f} &= \frac{1}{\text{Area}(X)}\iint_X f\,dS=\frac{2}{\sqrt{2}}\iint_D \left(y(x^2+y^2)+\frac{\log(1+x)}{x}\right)\sqrt{2}\,dx\,dy \\ &= 2\int_0^1\int_0^x \left(x^2y+y^3+\frac{\log(1+x)}{x}\right)dy\,dx=2\int_0^1\left(\frac{3}{4}x^4+\log(1+x)\right)dx \\ &= -\frac{17}{10}+4\log 2 \end{aligned}$$

이다. □

정의 7.5.3 매개화된 곡면 X 의 기하학적 중심 $(\overline{x},\overline{y},\overline{z})$ 는

$$\overline{x}=\frac{1}{\text{Area}(X)}\iint_X x\,dS,\quad \overline{y}=\frac{1}{\text{Area}(X)}\iint_X y\,dS,\quad \overline{z}=\frac{1}{\text{Area}(X)}\iint_X z\,dS$$

로 정의한다.

예제 7.5.4 반구면

$$S_\rho^+ : x^2+y^2+z^2=\rho^2,\quad z\geq 0$$

의 중심을 구하시오.

풀이 주어진 곡면의 매개화는

$$X(\varphi,\theta)=(\rho\sin\varphi\cos\theta,\rho\sin\varphi\sin\theta,\rho\cos\varphi)\quad \left(0\leq\varphi\leq\frac{\pi}{2},\,0\leq\theta\leq 2\pi\right)$$

이고 면적소는

$$dS = \rho^2 \sin\varphi \, d\varphi \, d\theta$$

이다. 반구면의 대칭성에 의해

$$\overline{x} = 0, \qquad \overline{y} = 0$$

이고

$$\overline{z} = \frac{1}{\text{Area}(S_\rho^+)} \iint_X z \, dS = \frac{1}{2\pi\rho^2} \int_0^{2\pi} \int_0^{\pi/2} \rho^3 \cos\varphi \sin\varphi \, d\varphi \, d\theta = \frac{\rho}{2}$$

이므로 반구면의 중심은

$$(\overline{x}, \overline{y}, \overline{z}) = \left(0, 0, \frac{\rho}{2}\right)$$

이다. □

예제 7.5.5 다음 곡면의 중심을 구하시오.

(1) $S : z = x^2 + y^2, \quad z \leq 2$

(2) $S : x^2 + y^2 + z^2 = \rho^2, \quad z \geq \sqrt{x^2 + y^2}$

풀이 (1) 주어진 곡면의 매개화는

$$X(r, \theta) = (r\cos\theta, r\sin\theta, r^2), \quad D = \{(r, \theta) \mid 0 \leq r \leq \sqrt{2}, \, 0 \leq \theta \leq 2\pi\}$$

이므로

$$X_r(r, \theta) = (\cos\theta, \sin\theta, 2r), \quad X_\theta(r, \theta) = (-r\sin\theta, r\cos\theta, 0)$$

이다. 따라서

$$\begin{aligned} dS = |X_r \times X_\theta| \, dr \, d\theta &= \left| \det \begin{pmatrix} \mathbf{i} & \mathbf{j} & \mathbf{k} \\ \cos\theta & \sin\theta & 2r \\ -r\sin\theta & r\cos\theta & 0 \end{pmatrix} \right| dr \, d\theta \\ &= \left| \left(-2r^2\cos\theta, -2r^2\sin\theta, r\right) \right| dr \, d\theta \\ &= \sqrt{4r^4\cos^2\theta + 4r^2\sin^2\theta + r^2} \, dr \, d\theta \\ &= r\sqrt{4r^2 + 1} \, dr \, d\theta \end{aligned}$$

이므로 곡면의 넓이는

$$\text{Area}(X) = \iint_D |X_r \times X_\theta| \, dr \, d\theta = \int_0^{2\pi} \int_0^{\sqrt{2}} r\sqrt{4r^2+1} \, dr \, d\theta = \frac{13\pi}{3}$$

이다. 곡면의 대칭성에 의해

$$\overline{x} = 0, \qquad \overline{y} = 0$$

이고

$$\begin{aligned}\text{Area}(X)\,\overline{z} &= \iint_X z \, dS = \int_0^{2\pi} \int_0^{\sqrt{2}} r^3\sqrt{4r^2+1} \, dr \, d\theta \\ &= 2\pi \int_1^9 \frac{1}{32}(u-1)\sqrt{u} \, du \quad \left(\because u = 4r^2+1,\ r\,dr = \frac{1}{8}du\right) \\ &= \frac{149\pi}{30}\end{aligned}$$

이므로 곡면의 중심은

$$(\overline{x}, \overline{y}, \overline{z}) = \left(0, 0, \frac{149}{130}\right)$$

이다.

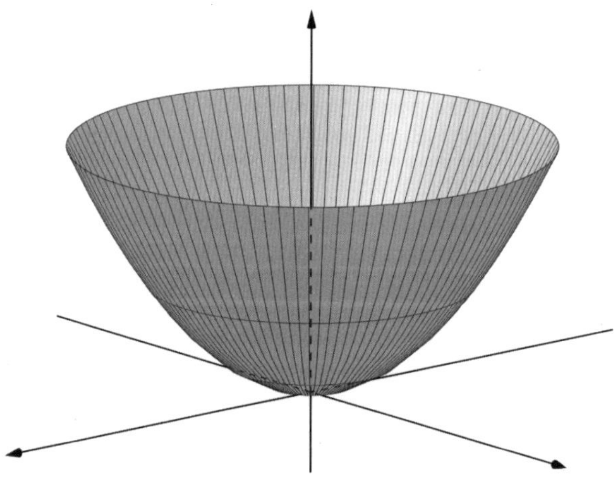

(2) 주어진 곡면의 매개화는

$$X(\varphi, \theta) = (\rho \sin\varphi \cos\theta, \rho \sin\varphi \sin\theta, \rho\cos\varphi) \quad \left(0 \le \varphi \le \frac{\pi}{4}, 0 \le \theta \le 2\pi\right)$$

이고 면적소는

$$dS = \rho^2 \sin\varphi \, d\varphi \, d\theta$$

이므로 곡면의 넓이는

$$\text{Area}(X) = \int_0^{2\pi} \int_0^{\pi/4} \rho^2 \sin\varphi \, d\varphi \, d\theta = \pi(2 - \sqrt{2})\rho^2$$

이다. 곡면의 대칭성에 의해

$$\overline{x} = 0, \qquad \overline{y} = 0$$

이고

$$\text{Area}(X)\,\overline{z} = \iint_X z \, dS = \int_0^{2\pi} \int_0^{\pi/4} \rho^3 \cos\varphi \sin\varphi \, d\varphi \, d\theta = \frac{1}{2}\pi\rho^3$$

이므로 곡면의 중심은

$$(\overline{x}, \overline{y}, \overline{z}) = \left(0, 0, \frac{2+\sqrt{2}}{4}\rho\right)$$

이다.

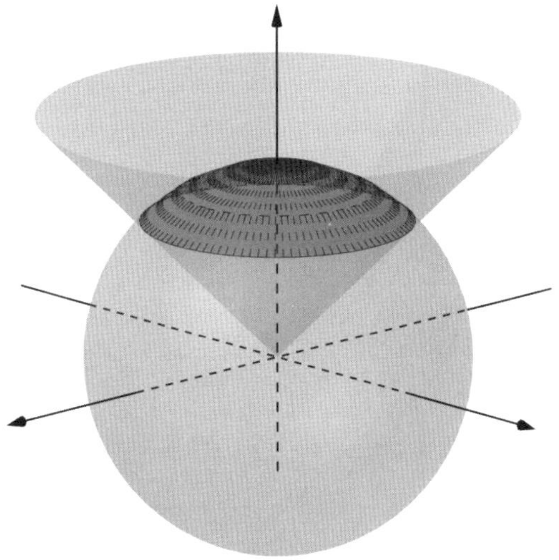

□

예제 7.5.6 곡면

$$S : x = z\sqrt{x^2+y^2}, \quad x^2+y^2+z^2 \le 1, \quad y \ge 0$$

에 대하여 다음 적분을 구하시오.

$$\iint_S \left(3z + (x^2+y^2)^{3/2}\right) dS.$$

풀이 주어진 곡면을 매개화하면

$$X(u,v) = (u\cos v, u\sin v, \cos v) \quad (0 \le u \le \sin v,\ 0 \le v \le \pi)$$

이고, 곡면의 대칭성에 의해 $\overline{z} = 0$이므로

$$\iint_S z\, dS = 0$$

임을 안다. 한편 면적소는

$$\begin{aligned} dS &= |X_u \times X_v|\, du\, dv \\ &= \left|\det\begin{pmatrix} \mathbf{i} & \mathbf{j} & \mathbf{k} \\ \cos v & \sin v & 0 \\ -u\sin v & u\cos v & -\sin v \end{pmatrix}\right| du\, dv \\ &= \sqrt{\sin^2 v + u^2}\, du\, dv \end{aligned}$$

이므로

$$\begin{aligned} &\iint_S \left(3z + (x^2+y^2)^{3/2}\right) dS \\ &= 3\iint_S z\, dS + \int_0^{\pi}\int_0^{\sin v} u^3\sqrt{\sin^2 v + u^2}\, du\, dv \\ &= \int_0^{\pi}\int_{\sin v}^{\sqrt{2}\sin v} t^2(t^2 - \sin^2 v)\, dt\, dv \qquad \left(\because t = \sqrt{\sin^2 v + u^2}\right) \\ &= \frac{2(1+\sqrt{2})}{15}\int_0^{\pi} \sin^5 v\, dv = \frac{32(1+\sqrt{2})}{225} \end{aligned}$$

를 얻는다.

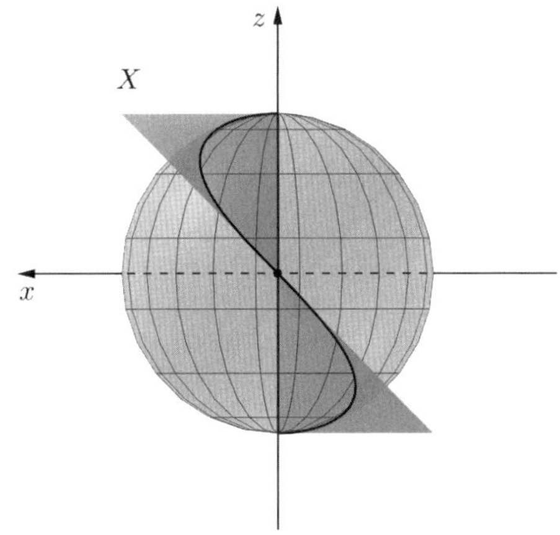

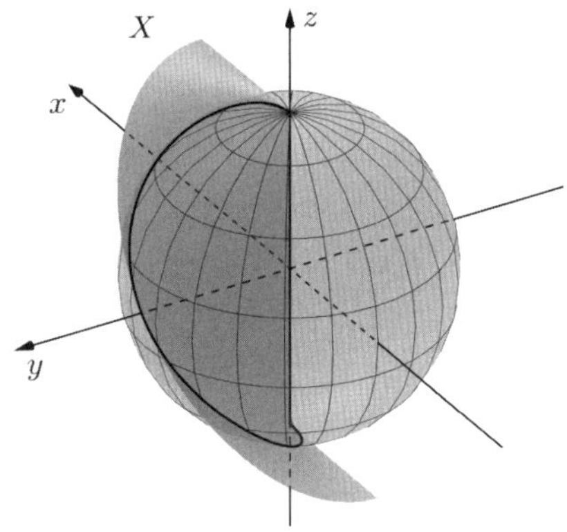

□

정의 7.5.7 함수 μ를 매개화된 곡면 X의 밀도 함수라고 하자.

(i) 곡면 X의 질량은

$$M(X) = \iint_X \mu \, dS$$

이다.

(ii) 곡면 X의 질량 중심 $(\overline{x}, \overline{y}, \overline{z})$는

$$\overline{x} = \frac{1}{M(X)} \iint_X x\mu \, dS, \ \overline{y} = \frac{1}{M(X)} \iint_X y\mu \, dS, \ \overline{z} = \frac{1}{M(X)} \iint_X z\mu \, dS$$

로 정의한다.

예제 7.5.8 곡면

$$S : z = 3x + 2y, \quad x^2 + 4y^2 \le 4, \quad y \ge 0$$

밀도 함수가

$$\mu(x, y, z) = x^2 + y$$

일 때, 곡면 S의 질량, 평균밀도 및 질량 중심을 구하시오.

풀이 주어진 곡면의 매개화는

$$X(r, \theta) = (2r\cos\theta, r\sin\theta, 6r\cos\theta + 2r\sin\theta), \quad D = \{(r, \theta) \mid 0 \le r \le 1, \ 0 \le \theta \le \pi\}$$

이므로

$$X_r(r,\theta) = (2\cos\theta, \sin\theta, 6\cos\theta + 2\sin\theta),$$
$$X_\theta(r,\theta) = (-2r\sin\theta, r\cos\theta, -6r\sin\theta + 2r\cos\theta)$$

이다. 따라서

$$\begin{aligned} dS &= |X_r \times X_\theta|\, dr\, d\theta \\ &= r\left|\det\begin{pmatrix} \mathbf{i} & \mathbf{j} & \mathbf{k} \\ 2\cos\theta & \sin\theta & 6\cos\theta + 2\sin\theta \\ -2\sin\theta & \cos\theta & -6\sin\theta + 2\cos\theta \end{pmatrix}\right| dr\, d\theta \\ &= r\,|(-6,-4,2)|\, dr\, d\theta \\ &= 2\sqrt{14}r\, dr\, d\theta \end{aligned}$$

이므로 곡면의 넓이와 질량은 각각

$$\mathrm{Area}(X) = \iint_D |X_r \times X_\theta|\, dr\, d\theta = \int_0^\pi \int_0^1 2\sqrt{14}r\, dr\, d\theta = \sqrt{14}\pi,$$
$$M(X) = \iint_X \mu\, dS = \int_0^\pi \int_0^1 2(4r^2\cos^2\theta + r\sin\theta)\sqrt{14}r\, dr\, d\theta = \frac{(4+3\pi)\sqrt{14}}{3}$$

이다. 따라서 평균밀도는

$$\overline{\mu} = \frac{M(X)}{\mathrm{Area}(X)} = \frac{4+3\pi}{3\pi}$$

이다. 또한

$$\begin{aligned} M(X)\,\overline{x} &= \iint_X x\mu\, dS \\ &= \int_0^\pi \int_0^1 4r\cos\theta(4r^2\cos^2\theta + r\sin\theta)\sqrt{14}r\, dr\, d\theta = 0, \\ M(X)\,\overline{y} &= \iint_X y\mu\, dS \\ &= \int_0^\pi \int_0^1 2r\sin\theta(4r^2\cos^2\theta + r\sin\theta)\sqrt{14}r\, dr\, d\theta = \frac{(64+15\pi)\sqrt{14}}{60}, \\ M(X)\,\overline{z} &= \iint_X z\mu\, dS \\ &= \iint_X (3x+2y)\mu\, dS = 3M(X)\,\overline{x} + 2M(X)\,\overline{y} = \frac{(64+15\pi)\sqrt{14}}{30} \end{aligned}$$

이므로 질량 중심은

$$(\overline{x}, \overline{y}, \overline{z}) = \left(0, \frac{64+15\pi}{20(4+3\pi)}, \frac{64+15\pi}{10(4+3\pi)}\right)$$

이다. □

7.6 벡터장의 면적분

이 절에서는 3차원 공간 안에 있는 곡면의 향을 정의하고 향이 주어진 곡면 위에서 정의된 벡터장의 면적분에 대하여 공부한다.

정의 7.6.1 (곡면의 향과 벡터장의 면적분) S를 $\mathbb{R}^3$의 정규곡면이라고 하자.

(i) 곡면 S의 각 점에서 법벡터장이 연속적으로 정의될 때, 곡면 S를 유향곡면이라고 한다. 특히 유향곡면 S를 $X(u,v)$로 매개화하면 곡면 S는 아래와 같이 2개의 가능한 향을 가진다.

$$\frac{X_u \times X_v}{|X_u \times X_v|}, \qquad -\frac{X_u \times X_v}{|X_u \times X_v|}.$$

(ii) 향이 $\mathbf{n}$으로 주어진 유향곡면 S에 대하여 S에서 정의된 벡터장 $\mathbf{F}$의 면적분은

$$\iint_S \mathbf{F} \cdot d\mathbf{S} = \iint_S \mathbf{F} \cdot \mathbf{n}\, dS$$

로 정의하고, 이 값을 벡터장 $\mathbf{F}$가 유향곡면 S를 빠져나가는 양 또는 플럭스라고 한다. 특히 매개화된 곡면 $X : D \to \mathbb{R}^3$의 향이

$$\mathbf{n} = \frac{X_u \times X_v}{|X_u \times X_v|}$$

일 때

$$d\mathbf{S} = \mathbf{n}\, dS = \frac{X_u \times X_v}{|X_u \times X_v|} |X_u \times X_v|\, du\, dv = X_u \times X_v\, du\, dv$$

이므로

$$\iint_X \mathbf{F} \cdot d\mathbf{S} = \iint_D \mathbf{F}\big(X(u,v)\big) \cdot (X_u \times X_v)\, du\, dv$$

가 성립한다.

특별한 언급이 없으면 닫힌 곡면의 향은 곡면의 외부로 향하는 단위법벡터장이다.

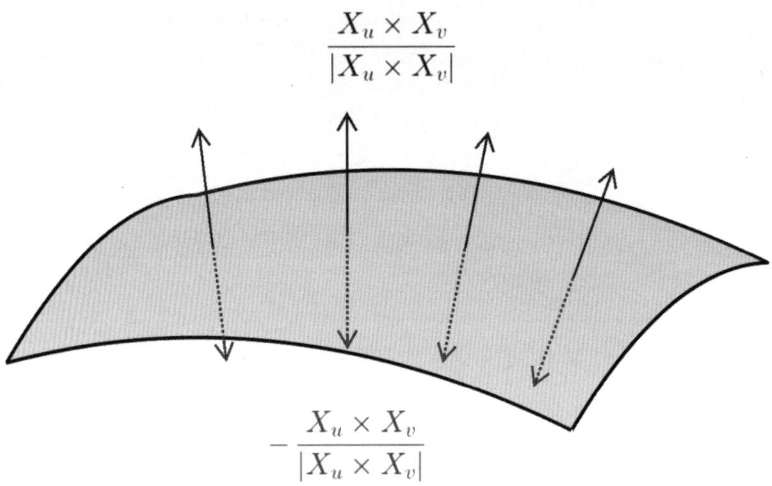

유향곡면에 대한 2개의 향

예제 7.6.2 곡면

$$S : z = 2 - x^2 - y^2 \quad (z \geq 1)$$

에서 정의된 벡터장

$$\mathbf{F}(x, y, z) = \frac{(x, y, z)}{(x^2 + y^2 + z^2)^{3/2}}$$

의 면적분

$$\iint_S \mathbf{F} \cdot d\mathbf{S}$$

를 구하시오. (단, S의 향 $\mathbf{n}$은 $\mathbf{n} \cdot \mathbf{k} \geq 0$이도록 정한다.)

풀이 주어진 곡면의 매개화는

$$X(r, \theta) = (r\cos\theta, r\sin\theta, 2 - r^2), \qquad D = \{(r, \theta) \mid 0 \leq r \leq 1,\ 0 \leq \theta \leq 2\pi\}$$

이고, 편미분을 계산하면

$$X_r(r, \theta) = (\cos\theta, \sin\theta, -2r), \qquad X_\theta(r, \theta) = (-r\sin\theta, r\cos\theta, 0)$$

이므로 $\mathbf{n} \cdot \mathbf{k} \geq 0$이 되는 곡면 S의 법벡터장은

$$X_r \times X_\theta = \det \begin{pmatrix} \mathbf{i} & \mathbf{j} & \mathbf{k} \\ \cos\theta & \sin\theta & -2r \\ -r\sin\theta & r\cos\theta & 0 \end{pmatrix} = (2r^2\cos\theta, 2r^2\sin\theta, r)$$

이다. 따라서

$$\begin{aligned}
\iint_X \mathbf{F}\cdot d\mathbf{S} &= \iint_D \mathbf{F}\big(X(r,\theta)\big)\cdot(X_r \times X_\theta)\,dr\,d\theta \\
&= \int_0^{2\pi}\int_0^1 \frac{(r\cos\theta, r\sin\theta, 2-r^2)}{\big(r^2+(2-r^2)^2\big)^{3/2}}\cdot(2r^2\cos\theta, 2r^2\sin\theta, r)\,dr\,d\theta \\
&= \int_0^{2\pi}\int_0^1 \frac{r^3+2r}{(r^4-3r^2+4)^{3/2}}\,dr\,d\theta \\
&= \pi\int_{-3/2}^{-1/2} \frac{t+\frac{7}{2}}{(t^2+\frac{7}{4})^{3/2}}\,dt \qquad \left(\because r^2 = t+\frac{3}{2}\right) \\
&= \pi\int_{-\arctan(3/\sqrt{7})}^{-\arctan(1/\sqrt{7})} \left(\frac{2}{\sqrt{7}}\sin u + 2\cos u\right)du \qquad \left(\because t = \frac{\sqrt{7}}{2}\tan u\right) \\
&= 2\pi\left[-\frac{1}{\sqrt{7}}\cos u + \sin u\right]_{-\arctan(3/\sqrt{7})}^{-\arctan(1/\sqrt{7})}
\end{aligned}$$

이다. 이제 항등식

$$\sin(\arctan x) = \frac{x}{\sqrt{x^2+1}}, \qquad \cos(\arctan x) = \frac{1}{\sqrt{x^2+1}}$$

을 이용하면

$$\begin{aligned}
\iint_X \mathbf{F}\cdot d\mathbf{S} &= 2\pi\left[-\frac{1}{\sqrt{7}}\cos u + \sin u\right]_{-\arctan(3/\sqrt{7})}^{-\arctan(1/\sqrt{7})} \\
&= 2\pi\bigg(-\frac{1}{\sqrt{7}}\Big(\cos(\arctan(1/\sqrt{7})) - \cos(\arctan(3/\sqrt{7}))\Big) \\
&\qquad\qquad - \sin(\arctan(1/\sqrt{7})) + \sin(\arctan(3/\sqrt{7}))\bigg) \\
&= 2\pi\left(-\frac{1}{\sqrt{7}}\left(\frac{\sqrt{7}}{2\sqrt{2}} - \frac{\sqrt{7}}{4}\right) + \frac{3}{4} - \frac{1}{2\sqrt{2}}\right) \\
&= 2\pi\left(1-\frac{1}{\sqrt{2}}\right)
\end{aligned}$$

임을 안다. □

예제 7.6.3 벡터장

$$\mathbf{F}(x,y,z) = (x, y, \sin z)$$

가 곡면

$$S : z = x^2 + y^2 \, (z \le 9), \quad z = 18 - x^2 - y^2 \, (z \ge 9)$$

을 빠져나가는 양을 구하시오.

풀이 곡면 S를 xy-평면에 내린 정사영을

$$D = \{(x,y) \mid x^2 + y^2 \le 3^2\}$$

이라 두면, 곡면 S는 다음과 같이 두 곡면으로 매개화된다.

$$S_- : X(x,y) = (x, y, x^2 + y^2), \qquad S_+ : Y(x,y) = (x, y, 18 - x^2 - y^2)$$

각 곡면의 편미분을 계산하면,

$$\begin{aligned} X_x(x,y) &= (1, 0, 2x), & X_y(x,y) &= (0, 1, 2y), \\ Y_x(x,y) &= (1, 0, -2x), & Y_y(x,y) &= (0, 1, -2y) \end{aligned}$$

이므로 두 곡면 S_-와 S_+의 법벡터장은 각각

$$\begin{aligned} X_x \times X_y &= \det \begin{pmatrix} \mathbf{i} & \mathbf{j} & \mathbf{k} \\ 1 & 0 & 2x \\ 0 & 1 & 2y \end{pmatrix} = (-2x, -2y, 1), \\ Y_x \times Y_y &= \det \begin{pmatrix} \mathbf{i} & \mathbf{j} & \mathbf{k} \\ 1 & 0 & -2x \\ 0 & 1 & -2y \end{pmatrix} = (2x, 2y, 1) \end{aligned}$$

이다. 두 곡면 S_-와 S_+의 외향 단위법벡터장을 각각 $\mathbf{n}_1$과 $\mathbf{n}_2$라 두면

$$\mathbf{n}_1 \cdot \mathbf{k} < 0, \qquad \mathbf{n}_2 \cdot \mathbf{k} > 0$$

을 만족하므로

$$\mathbf{n}_1 = -\frac{X_x \times X_y}{|X_x \times X_y|}, \qquad \mathbf{n}_2 = \frac{Y_x \times Y_y}{|Y_x \times Y_y|}$$

이다. 한편

$$\begin{aligned}\iint_X \mathbf{F}\cdot d\mathbf{S} &= \iint_D F\big(X(x,y)\big)\cdot(-X_x \times X_y)\,dx\,dy \\ &= \iint_D \big(x, y, \sin(x^2+y^2)\big)\cdot(2x, 2y, -1)\,dx\,dy \\ &= \int_0^{2\pi}\int_0^3 (2r^3 - r\sin r^2)\,dr\,d\theta = \pi(80+\cos 9)\end{aligned}$$

이고

$$\begin{aligned}\iint_Y \mathbf{F}\cdot d\mathbf{S} &= \iint_D F\big(Y(x,y)\big)\cdot(Y_x \times Y_y)\,dx\,dy \\ &= \iint_D \big(x, y, \sin(18-x^2-y^2)\big)\cdot(2x, 2y, 1)\,dx\,dy \\ &= \int_0^{2\pi}\int_0^3 \big(2r^3 + r\sin(18-r^2)\big)\,dr\,d\theta = \pi(81+\cos 9-\cos 18)\end{aligned}$$

이므로

$$\iint_S \mathbf{F}\cdot d\mathbf{S} = \iint_X \mathbf{F}\cdot d\mathbf{S} + \iint_Y \mathbf{F}\cdot d\mathbf{S} = \pi(161 + 2\cos 9 - \cos 18)$$

을 얻는다.

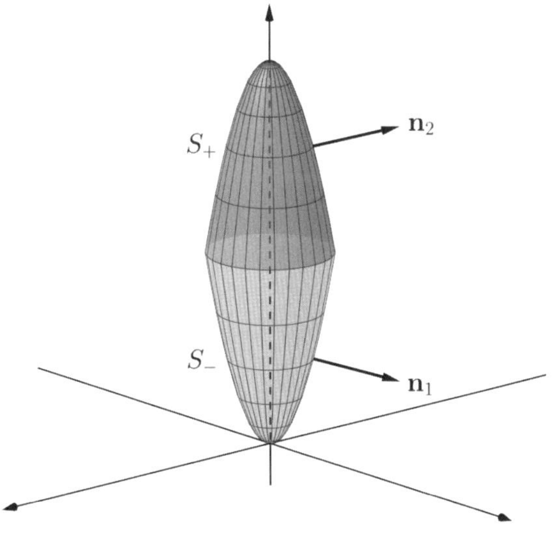

□

제 8 장

발산 정리

이 장의 목적은 평면 벡터장의 발산 정리를 공간 벡터장으로 확장하는 것이다. 발산 정리는 유계 영역에서 벡터장 $\mathbf{F}$의 미분($\operatorname{div}\mathbf{F}$)을 삼중적분한 것은 벡터장 $\mathbf{F}$가 이 영역의 경계를 빠져나가는 양과 같음을 의미하며, 이는 일변수함수의 미적분학의 기본 정리를 3차원으로 확장한 것으로 이해할 수 있다.

8.1 공간 벡터장의 발산 정리

정리 8.1.1 (발산 정리) $\mathbb{R}^3$의 유계 닫힌 영역 R에서 정의된 일급 벡터장 $\mathbf{F}$에 대하여

$$\iint_{\partial R} \mathbf{F}\cdot d\mathbf{S} = \iiint_R \operatorname{div}\mathbf{F}\, dV_3$$

이다. 단, 닫힌 곡면 ∂R의 향은 영역 R을 벗어나는 방향이다.

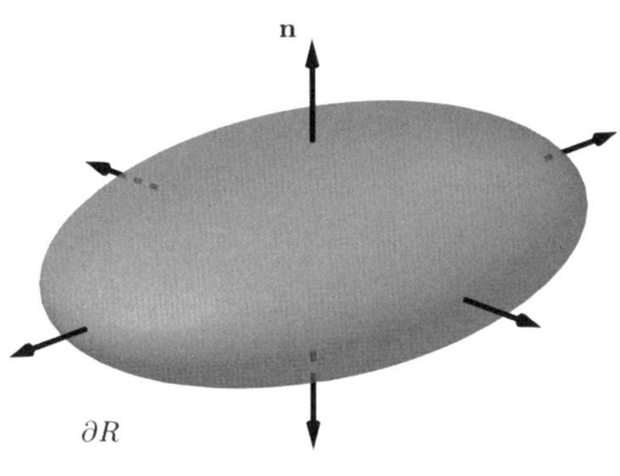

예제 8.1.2 함수 $f : \mathbb{R} \to \mathbb{R}$가 일급일 때, 벡터장

$$\mathbf{F}(x, y, z) = f(x^2 + y^2 + z^2)(x, y, z)$$

와 구면

$$S_r : x^2 + y^2 + z^2 = r^2$$

에 대하여 발산 정리가 성립함을 보이시오.

풀이 닫힌 공

$$B_r : x^2 + y^2 + z^2 \le r^2$$

에 대하여 $\partial B_r = S_r$ 이고, 구면 S_r 의 향은 $\mathbf{n} = (x, y, z)/r$ 이므로

$$\begin{aligned}\iint_{S_r} \mathbf{F} \cdot d\mathbf{S} &= \iint_{S_r} f(x^2 + y^2 + z^2)(x, y, z) \cdot \frac{(x, y, z)}{r}\, dS \\ &= \iint_{S_r} r f(r^2)\, dS = r f(r^2)\, \mathrm{Area}(S_r) \\ &= 4\pi r^3 f(r^2)\end{aligned}$$

이다. 한편

$$\begin{aligned}\iiint_{B_r} \mathrm{div}\, \mathbf{F}\, dV_3 &= \iiint_{B_r} \big(3f(x^2 + y^2 + z^2) + 2(x^2 + y^2 + z^2) f'(x^2 + y^2 + z^2)\big)\, dV_3 \\ &= \int_0^{2\pi} \int_0^{\pi} \int_0^{r} \big(3f(\rho^2) + 2\rho^2 f'(\rho^2)\big)\rho^2 \sin\varphi\, d\rho\, d\varphi\, d\theta \\ &= \int_0^{2\pi} \int_0^{\pi} \Big[\rho^3 f(\rho^2)\Big]_0^r \sin\varphi\, d\rho\, d\varphi\, d\theta \\ &= 4\pi r^3 f(r^2)\end{aligned}$$

이므로 벡터장 $\mathbf{F}$ 와 구면 S_r 에 대하여 발산 정리가 성립한다. □

예제 8.1.3 $\mathbb{R}^3$ 의 열린 집합 U 에서 정의된 일급 벡터장 $\mathbf{F}$ 가 비압축장일 필요충분조건은 임의의 유계 닫힌 영역 $R \subset U$ 에 대하여

$$\iint_{\partial R} \mathbf{F} \cdot d\mathbf{S} = 0$$

임을 보이시오.

풀이 벡터장 $\mathbf{F}$가 비압축장이면 발산 정리에 의해 임의의 유계 닫힌 영역 $R \subset U$에 대하여

$$\iint_{\partial R} \mathbf{F} \cdot d\mathbf{S} = \iiint_R \operatorname{div} \mathbf{F} \, dV_3 = 0$$

이다. 역으로 정의역 임의의 점 $P \in U$에 대하여 중심이 P이고, 반지름이 r이며 U에 포함되는 닫힌 공을 B_r이라 하면, 발산 정리에 의해

$$\iint_{\partial B_r} \mathbf{F} \cdot d\mathbf{S} = \iiint_{B_r} \operatorname{div} \mathbf{F} \, dV_3$$

이다. 한편 B_r은 곡선 연결된 영역이므로 적분의 평균값 정리에 의해

$$\frac{1}{\frac{4}{3}\pi r^3} \iiint_{B_r} \operatorname{div} \mathbf{F} \, dV_3 = \operatorname{div} \mathbf{F}(Q_r)$$

인 점 $Q_r \in B_r$이 존재한다. 벡터장 $\mathbf{F}$가 일급이므로 발산함수 $\operatorname{div} \mathbf{F}$는 연속이고, $r \to 0^+$일 때 $Q_r \to P$이므로

$$\begin{aligned} \operatorname{div} \mathbf{F}(P) &= \lim_{r \to 0^+} \operatorname{div} \mathbf{F}(Q_r) \\ &= \lim_{r \to 0^+} \frac{1}{\frac{4}{3}\pi r^3} \iiint_{B_r} \operatorname{div} \mathbf{F} \, dV_3 \\ &= \lim_{r \to 0^+} \frac{1}{\frac{4}{3}\pi r^2} \iint_{\partial B_r} \mathbf{F} \cdot d\mathbf{S} \end{aligned}$$

가 성립한다. 그런데 가정에 의해 모든 $r > 0$에 대하여

$$\iint_{\partial B_r} \mathbf{F} \cdot d\mathbf{S} = 0$$

이므로

$$\operatorname{div} \mathbf{F}(P) = 0$$

을 얻는다. □

예제 8.1.4 $\mathbb{R}^3$의 열린 집합 U에서 정의된 이급 함수 $f : U \to \mathbb{R}$에 대하여

$$\iiint_R \Delta f \, dV_3 = \iint_{\partial R} D_{\mathbf{n}} f \, dS$$

임을 보이시오. (단, $\Delta f = f_{xx} + f_{yy} + f_{zz}$이고, $\mathbf{n}$은 닫힌 곡면 ∂R의 향이다.)

풀이 $\Delta f = \operatorname{div}\operatorname{grad} f$ 이므로 발산 정리에 의해

$$\begin{aligned}\iiint_R \Delta f \, dV_3 &= \iiint_R \operatorname{div}\operatorname{grad} f \, dV_3 \\ &= \iint_{\partial R} \operatorname{grad} f \cdot d\mathbf{S} \\ &= \iint_{\partial R} \operatorname{grad} f \cdot \mathbf{n} \, dS \\ &= \iint_{\partial R} D_{\mathbf{n}} f \, dS\end{aligned}$$

를 얻는다. □

예제 8.1.5 벡터장

$$\mathbf{F}(x, y, z) = (xy^2, yz^2, zx^2)$$

이 구면

$$S_r : x^2 + y^2 + z^2 = r^2$$

을 빠져나가는 양을 구하시오.

풀이 닫힌 공

$$B_r : x^2 + y^2 + z^2 \le r^2$$

에 대하여 $\partial B_r = S_r$ 이고, 발산 정리에 의해

$$\begin{aligned}\iint_{S_r} \mathbf{F} \cdot d\mathbf{S} &= \iiint_{B_r} \operatorname{div} \mathbf{F} \, dV_3 = \iiint_{B_r} (x^2 + y^2 + z^2) \, dV_3 \\ &= \int_0^{2\pi} \int_0^{\pi} \int_0^{r} \rho^4 \sin\varphi \, d\rho \, d\varphi \, d\theta = \frac{12}{5}\pi r^5\end{aligned}$$

이다. □

예제 8.1.6 좌표공간의 영역

$$R : -1 \le x \le 1, \quad 0 \le y \le 2 - z, \quad 0 \le z \le 1 - x^2$$

에 대하여 벡터장

$$\begin{aligned}\mathbf{F}(x, y, z) = \left(7xz + e^{2y^3 \sin(z^2)}\right)\mathbf{i} + \left(6yz + \sqrt[3]{1 + z^2 \cosh x}\right)\mathbf{j} \\ + \left[4z^2 - 8xz + \arctan\left(x^5 \log(y^4 + 3)\right)\right]\mathbf{k}\end{aligned}$$

가 영역 R 의 경계 ∂R 을 빠져나가는 양을 구하시오.

풀이 영역 R의 대칭성에 의해 $\overline{x}=0$이다. 한편 발산 정리에 의해

$$\begin{aligned}\iint_{\partial R}\mathbf{F}\cdot d\mathbf{S} &= \iiint_R \operatorname{div}\mathbf{F}\,dV_3\\ &= \iiint_R (21z-8x)\,dV_3\\ &= 21\int_{-1}^{1}\int_0^{1-x^2}\int_0^{2-z} z\,dy\,dz\,dx - 8\,\mathrm{Vol}_3(R)\,\overline{x}\\ &= 16\end{aligned}$$

이다.

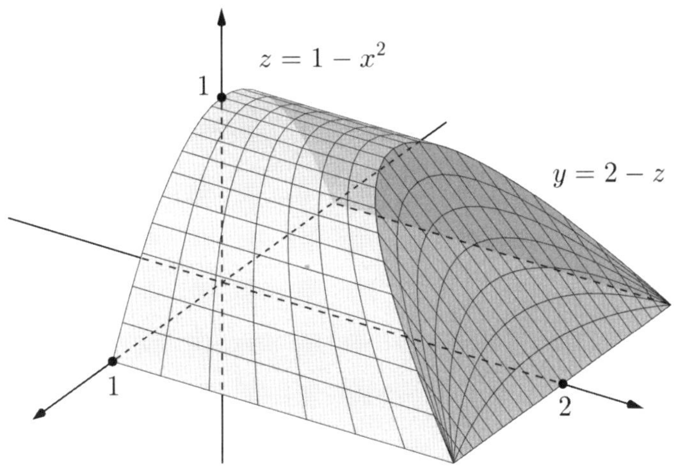

□

예제 8.1.7 좌표공간의 영역 R이 다음 네 점

$$(0,0,0),\quad (1,0,1),\quad (0,1,1),\quad (0,0,1)$$

을 꼭짓점으로 하는 사면체일 때 벡터장

$$\mathbf{F}(x,y,z)=\big(xe^y+\arctan(e^y+z^2),\, yz-2y-e^y,\, xy+xz-z\big)$$

가 영역 R의 경계 ∂R을 빠져나가는 양을 구하시오.

풀이 발산 정리에 의해

$$\begin{aligned}\iint_{\partial R} \mathbf{F}\cdot d\mathbf{S} &= \iiint_R \operatorname{div}\mathbf{F}\, dV_3 \\ &= \iiint_R (e^y + z - 2 - e^y + x - 1)\, dV_3 \\ &= \iiint_R z\, dV_3 + \iiint_R x\, dV_3 - 3\iiint_R 1\, dV_3 \\ &= \mathrm{Vol}_3(R)\,\overline{z} + \mathrm{Vol}_3(R)\,\overline{x} - 3\,\mathrm{Vol}_3(R)\end{aligned}$$

이다. 영역 R은 네 점 $(0,0,0),(1,0,1),(0,1,1),(0,0,1)$을 꼭짓점으로 가지는 사면체이므로 영역 R의 중심 $(\overline{x},\overline{y},\overline{z})$는 원점과 $(1,0,1)$, $(0,1,1),(0,0,1)$을 꼭짓점으로 가지는 삼각형의 무게중심 $G=(1/3,1/3,1)$을 $3:1$로 내분하는 점이다. 따라서

$$(\overline{x},\overline{y},\overline{z}) = \left(\frac{1}{4},\frac{1}{4},\frac{3}{4}\right), \qquad \mathrm{Vol}_3(R) = \frac{1}{6}$$

이므로

$$\iint_{\partial R} \mathbf{F}\cdot d\mathbf{S} = \frac{1}{6}\times\frac{3}{4} + \frac{1}{6}\times\frac{1}{4} - 3\times\frac{1}{6} = -\frac{1}{3}$$

이다.

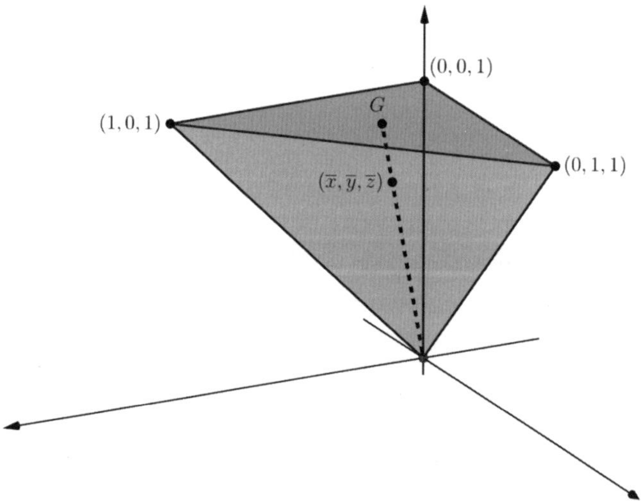

□

발산 정리를 이용하면 복잡한 곡면에서의 면적분을 상대적으로 단순한 곡면에서의 면적분으로 변형하여 문제를 쉽게 해결할 수 있다. 다음 예제는 닫힌 곡면이 아닌 곡면에서의 벡터장의 면적분을 발산 정리를 이용하여 상대적으로 계산이 쉬운 평면에서의 벡터장의 면적분으로 변형할 수 있음을 보여 준다.

예제 8.1.8 곡면

$$S : z = \sqrt{1 - \frac{x^2}{4} - \frac{y^2}{4}}$$

과 벡터장

$$\mathbf{F}(x, y, z) = \big(3x + \cos(e^x), ye^x \sin(e^x) - e^{x^2+y^2}, x^2 + y^2 + 2zye^{x^2+y^2}\big)$$

에 대하여 $\mathbf{F}$가 곡면 S를 빠져나가는 양을 구하시오. (단, 곡면 S의 향 $\mathbf{n}$은 $\mathbf{n}\cdot\mathbf{k} \geq 0$이 되도록 정한다.)

풀이 xy-평면 위의 영역

$$D : X(r, \theta) = (r\cos\theta, r\sin\theta, 0) \quad (0 \leq r \leq 2,\ 0 \leq \theta \leq 2\pi)$$

과 곡면 S를 합하여 닫힌 곡면이 되도록 하자. 이 곡면의 내부의 영역을 R이라 두면 발산 정리에 의해,

$$\begin{aligned}\iint_S \mathbf{F}\cdot d\mathbf{S} + \iint_D \mathbf{F}\cdot d\mathbf{S} &= \iiint_R \operatorname{div}\mathbf{F}\, dV_3 \\ &= \iiint_R 3\, dV_3 \\ &= 3\,\mathrm{Vol}_3(R) \\ &= 8\pi\end{aligned}$$

이다. 한편 D의 향은 $\mathbf{n} = (0, 0, -1)$이고 면적소는

$$\begin{aligned}dS &= |X_r \times X_\theta|\, dr\, d\theta \\ &= r\left|\det\begin{pmatrix}\mathbf{i} & \mathbf{j} & \mathbf{k} \\ \cos\theta & \sin\theta & 0 \\ -r\sin\theta & r\cos\theta & 0\end{pmatrix}\right| dr\, d\theta \\ &= |(0, 0, r)|\, dr\, d\theta = r\, dr\, d\theta\end{aligned}$$

이므로

$$\begin{aligned}\iint_D \mathbf{F}\cdot d\mathbf{S} &= \iint_D \mathbf{F}\cdot(0,0,-1)\,dS \\ &= -\iint_D (x^2+y^2+2zye^{x^2+y^2})\,dS \\ &= -\int_0^{2\pi}\int_0^2 r^3\,dr\,d\theta \\ &= -8\pi\end{aligned}$$

이다. 따라서

$$\iint_S \mathbf{F}\cdot d\mathbf{S} = 16\pi$$

를 얻는다.

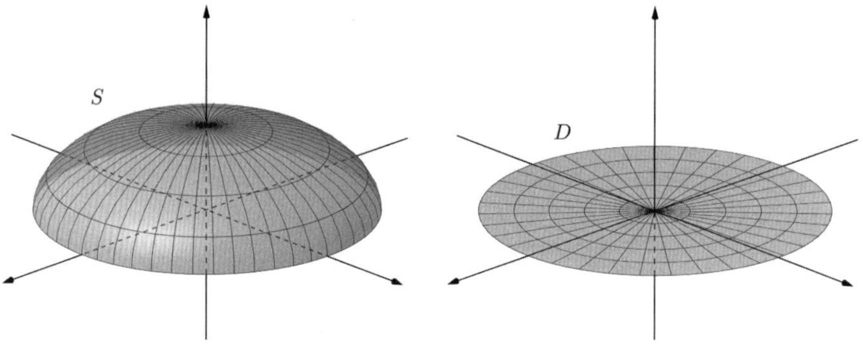

□

다음 예제는 함수의 면적분을 벡터장의 면적분으로 변형하여 발산 정리를 적용하는 예이다.

예제 8.1.9 곡면

$$S: z=\sqrt{4-3x^2-2y^2},\quad 3x^2+2y^2\le 3$$

에 대하여 면적분

$$\iint_S \frac{6x^2z-z^3+2ye^{\cos(z^2)}\sin x}{\sqrt{9x^2+4y^2+z^2}}\,dS$$

를 구하시오.

풀이 곡면 S의 단위법벡터장은

$$\mathbf{n} = \frac{(3x, 2y, z)}{\sqrt{9x^2 + 4y^2 + z^2}}$$

이므로 주어진 함수의 면적분은 다음과 같이 벡터장의 면적분으로 변환할 수 있다.

$$\begin{aligned}
&\iint_S \frac{6x^2z - z^3 + 2ye^{\cos(z^2)}\sin x}{\sqrt{9x^2 + 4y^2 + z^2}}\, dS \\
&\quad = \iint_S \left(2xz, e^{\cos(z^2)}\sin x, -z^2\right) \cdot \frac{(3x, 2y, z)}{\sqrt{9x^2 + 4y^2 + z^2}}\, dS \\
&\quad = \iint_S \left(2xz, e^{\cos(z^2)}\sin x, -z^2\right) \cdot d\mathbf{S}.
\end{aligned}$$

이제

$$\mathbf{F}(x, y, z) = \left(2xz, e^{\cos(z^2)}\sin x, -z^2\right)$$

이라 두고, 곡면 S에 다음 곡면을 합하여 닫힌 곡면이 되도록 하자.

$$D : 3x^2 + 2y^2 \leq 3, \quad z = 1$$

이 곡면의 내부의 영역을 R이라 두면 발산 정리에 의해

$$\begin{aligned}
\iint_S \mathbf{F} \cdot d\mathbf{S} + \iint_D \mathbf{F} \cdot d\mathbf{S} &= \iiint_R \operatorname{div} \mathbf{F}\, dV_3 \\
&= \iiint_R (2z + 0 - 2z)\, dV_3 \\
&= 0
\end{aligned}$$

이다. 또한 곡면 D의 향은 $\mathbf{n} = (0, 0, -1)$이므로

$$\begin{aligned}
\iint_S \mathbf{F} \cdot d\mathbf{S} &= -\iint_D \mathbf{F} \cdot d\mathbf{S} \\
&= -\iint_D \left(2x, e^{\cos 1}\sin x, -1\right) \cdot (0, 0, -1)\, dS \\
&= -\iint_D 1\, dS \\
&= -\text{Area}(D) \\
&= -\frac{\sqrt{6}}{2}\pi
\end{aligned}$$

를 얻는다.

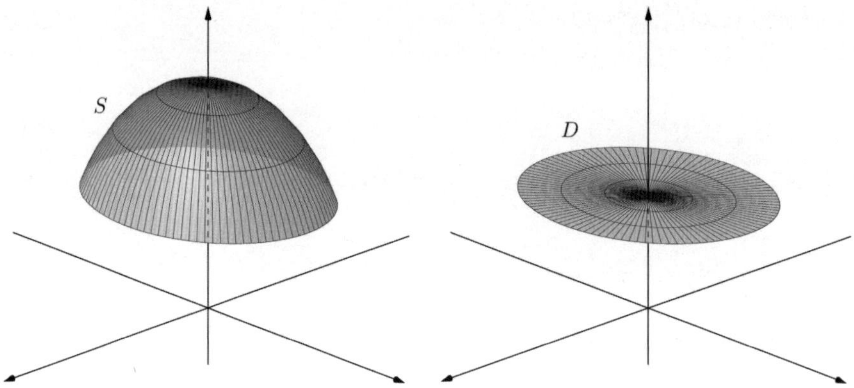

□

예제 8.1.10 $\mathbb{R}^3$ 의 열린 집합 U 에서 정의된 일급 함수 $f, g : U \to \mathbb{R}$ 와 경계 ∂U 의 외향 단위법벡터장 $\mathbf{n} = (n_1, n_2, n_3)$ 에 대하여 다음에 답하시오.

(1) 각 $i = 1, 2, 3$ 에 대하여 다음 부분적분법 공식이 성립함을 보이시오.

$$\iiint_U g D_i f \, dV_3 = -\iiint_U f D_i g \, dV_3 + \iint_{\partial U} n_i f g \, dS.$$

(2) 임의의 함수

$$\varphi \in C^\infty(\overline{U}), \qquad \varphi|_{\partial U} \equiv 0$$

에 대하여 연속함수 $h : U \to \mathbb{R}$ 가

$$\iiint_U f D_i \varphi \, dV_3 = -\iiint_U h\varphi \, dV_3 \quad (i = 1, 2, 3)$$

를 만족하면 $h = D_i f$ 임을 보이시오.

(3) 임의의 함수

$$\varphi \in C^\infty(\overline{U}), \qquad \varphi|_{\partial U} \equiv 0$$

에 대하여 이급 함수 $h : U \to \mathbb{R}$ 가

$$\iiint_U \nabla h \cdot \nabla \varphi \, dV_3 = 0$$

을 만족하면 $\Delta h = 0$ 임을 보이시오.

풀이 (1) 벡터장

$$\mathbf{F}_i(x,y,z) = f(x,y,z)g(x,y,z)\,\mathbf{e}_i \quad (i=1,2,3)$$

에 대하여

$$\operatorname{div}\mathbf{F}_i = gD_if + fD_ig, \qquad \operatorname{div}\mathbf{F}_i \cdot d\mathbf{S} = n_ifg\,dS$$

이므로 발산 정리에 의해

$$\iiint_U (gD_if + fD_ig)\,dV_3 = \iint_{\partial U} n_ifg\,dS \quad (i=1,2,3)$$

이고 따라서

$$\iiint_U gD_if\,dV_3 = -\iiint_U fD_ig\,dV_3 + \iint_{\partial U} n_ifg\,dS \quad (i=1,2,3)$$

임을 안다.

(2) (1)의 결과에 의해

$$\iiint_U fD_i\varphi\,dV_3 = -\iiint_U \varphi D_if\,dV_3$$

이므로

$$\iiint_U (h - D_if)\varphi\,dV_3 = 0$$

이다. 이 식은 임의의 φ에 대하여 성립하므로 예제 5.3.6에 의해 $h = D_if$ 임을 안다.

(3) (1)의 결과에 의해

$$\begin{aligned}\iiint_U \nabla h\cdot\nabla\varphi\,dV_3 &= \iiint_U (D_1hD_1\varphi + D_2hD_2\varphi + D_3hD_3\varphi)\,dV_3\\ &= \iiint_U (-\varphi D_1^2h - \varphi D_2^2h - \varphi D_3^2h)\,dV_3\\ &= -\iiint_U \varphi\Delta h\,dV_3\end{aligned}$$

이므로

$$\iiint_U \varphi\Delta h\,dV_3 = 0$$

이다. 이 식은 임의의 φ에 대하여 성립하므로 예제 5.3.6에 의해

$$\Delta h = 0$$

임을 안다. □

8.2 공간 벡터장의 가우스 정리

점 P에서 정의되지 않는 비압축 벡터장 $\mathbf{F}$에 발산 정리를 적용하면 점 P를 둘러싸고 있는 임의의 두 닫힌 곡면 S_1과 S_2를 빠져나가는 양이 같음을 보일 수 있다. 가우스 정리는 이 결과의 특수한 예이다.

정리 8.2.1 (가우스 정리) 점 P를 중심으로 하는 입체각 벡터장

$$\mathbf{A}_P(\mathbf{x}) = \frac{\mathbf{x} - P}{|\mathbf{x} - P|^3}$$

와 임의의 닫힌 곡면 $S \subset \mathbb{R}^3 \setminus \{P\}$에 대하여

$$\iint_S \mathbf{A}_P \cdot d\mathbf{S} = \begin{cases} 4\pi & (P \in \operatorname{int} S) \\ 0 & (P \in \operatorname{ext} S) \end{cases}$$

가 성립한다.

예제 8.2.2 원점을 중심으로 입체각 벡터장 $\mathbf{A}$와 곡면

$$S : z = \sqrt{x^2 + y^2 - 1}, \quad 1 \leq x^2 + y^2 \leq 2, \quad x \geq 0, \quad y \geq 0$$

에 대하여 면적분

$$\iint_S \mathbf{A} \cdot d\mathbf{S}$$

를 구하시오. (단, S의 향 $\mathbf{n}$은 $\mathbf{n} \cdot \mathbf{k} \geq 0$이도록 정한다.)

풀이 향 $\mathbf{n}$이 $\mathbf{n} \cdot \mathbf{k} \geq 0$을 만족하는 곡면

$$\widetilde{S} : z = \sqrt{x^2 + y^2 - 1}, \quad 1 \leq x^2 + y^2 \leq 2$$

와 다음 두 곡면을 합하여 닫힌 곡면이 되도록 하자.

$$\begin{aligned} S_- &: x^2+y^2+z^2=1, \quad z \le 0, \\ S_+ &: x^2+y^2+z^2=3, \quad z \ge 1. \end{aligned}$$

이때 이 닫힌 곡면의 외부로 향하는 곡면 S의 향은 $-\mathbf{n}$이고, 내부에 원점이 포함되므로 가우스 정리에 의해

$$-\iint_{\widetilde{S}} \mathbf{A}\cdot d\mathbf{S} + \iint_{S_-} \mathbf{A}\cdot d\mathbf{S} + \iint_{S_+} \mathbf{A}\cdot d\mathbf{S} = 4\pi$$

이다. 또한 S_-와 S_+의 향은 각각

$$\mathbf{n}_1 = (x,y,z), \qquad \mathbf{n}_2 = \frac{1}{\sqrt{3}}(x,y,z)$$

이므로

$$\begin{aligned} \iint_{S_-} \mathbf{A}\cdot d\mathbf{S} &= \iint_{S_-} \frac{(x,y,z)}{(x^2+y^2+z^2)^{3/2}} \cdot (x,y,z)\, dS \\ &= \iint_{S_-} \frac{1}{(x^2+y^2+z^2)^{1/2}}\, dS \\ &= \iint_{S_-} 1\, dS \\ &= \text{Area}(S_-) \\ &= 2\pi \end{aligned}$$

이고

$$\begin{aligned} \iint_{S_+} \mathbf{A}\cdot d\mathbf{S} &= \iint_{S_+} \frac{(x,y,z)}{(x^2+y^2+z^2)^{3/2}} \cdot \frac{1}{\sqrt{3}}(x,y,z)\, dS \\ &= \frac{1}{\sqrt{3}} \iint_{S_+} \frac{1}{(x^2+y^2+z^2)^{1/2}}\, dS \\ &= \frac{1}{3} \iint_{S_+} 1\, dS = \frac{1}{3}\,\text{Area}(S_+) \\ &= \frac{1}{3} \int_0^{2\pi} \int_0^{\arccos \frac{1}{\sqrt{3}}} 3 \sin\varphi \, d\varphi\, d\theta \\ &= 2\pi\left(1 - \frac{1}{\sqrt{3}}\right) \end{aligned}$$

이므로 대칭성에 의해

$$\iint_S \mathbf{A}\cdot d\mathbf{S} = \frac{1}{4}\iint_{\widetilde{S}} \mathbf{A}\cdot d\mathbf{S} = \frac{1}{4}\left(-4\pi + \iint_{S_-} \mathbf{A}\cdot d\mathbf{S} + \iint_{S+} \mathbf{A}\cdot d\mathbf{S}\right) = -\frac{\sqrt{3}}{6}\pi$$

를 얻는다.

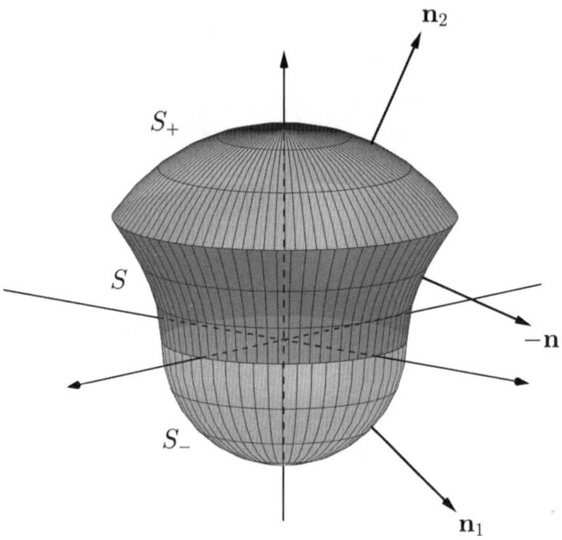

□

다음 정리는 입체각 벡터장 $\mathbf{A}_P$가 곡면 S를 빠져나가는 양이 S의 입체각임을 보여 준다.

정리 8.2.3 점 P에서 시작하는 반직선과 곡면 S가 많아야 한 점에서 만난다고 하자. 입체각 벡터장

$$\mathbf{A}_P(\mathbf{x}) = \frac{\mathbf{x}-P}{|\mathbf{x}-P|^3}$$

와 곡면 S에 대하여 점 P에서 바라본 곡면 S의 입체각을 $\Omega(S)$라 하면,

$$\Omega(S) = \iint_S \mathbf{A}_P\cdot d\mathbf{S}$$

이다. 단, 곡면의 향을 정하는 단위법벡터장 $\mathbf{n}$은 곡면 S의 점 $\mathbf{x}$에 대하여 $(\mathbf{x}-\overrightarrow{OP})\cdot\mathbf{n} \geq 0$이 되도록 정한다.

예제 8.2.4 입체각 벡터장

$$\mathbf{A}(x,y,z) = \frac{(x,y,z)}{(x^2+y^2+z^2)^{3/2}}$$

가 다음 곡면을 빠져나가는 양을 구하시오. (단, a,b,c,r은 양의 실수이고, 곡면 S의 향 $\mathbf{n}$은 $\mathbf{n}\cdot\mathbf{x}\geq 0$이 되도록 정한다.)

(1) $S : x^2+y^2+z^2=r^2, \quad z\geq 0$

(2) $E : \dfrac{x^2}{a^2}+\dfrac{y^2}{b^2}+\dfrac{z^2}{c^2}=1, \quad y\geq 0, \quad z\geq 0$

(3) $P : \dfrac{x}{a}+\dfrac{y}{b}+\dfrac{z}{c}=1, \quad x\geq 0, \quad y\geq 0, \quad z\geq 0$

풀이 1 (1) 주어진 곡면의 입체각이 2π이고, 단위법벡터장

$$\mathbf{n} = \frac{1}{r}(x,y,z)$$

는 $\mathbf{n}\cdot\mathbf{x}=r>0$을 만족하므로 정리 8.2.3에 의해

$$\iint_S \mathbf{A}\cdot d\mathbf{S} = \Omega(S) = 2\pi$$

이다.

(2) 주어진 곡면의 입체각이 π이고, 단위법벡터장

$$\mathbf{n} = \frac{\left(\frac{x}{a^2},\frac{y}{b^2},\frac{z}{c^2}\right)}{\sqrt{\frac{x^2}{a^4}+\frac{y^2}{b^4}+\frac{z^2}{c^4}}}$$

는

$$\mathbf{n}\cdot\mathbf{x} = \frac{1}{\sqrt{\frac{x^2}{a^4}+\frac{y^2}{b^4}+\frac{z^2}{c^4}}} > 0$$

을 만족하므로 정리 8.2.3에 의해

$$\iint_E \mathbf{A}\cdot d\mathbf{S} = \Omega(E) = \pi$$

이다.

(3) 주어진 곡면의 입체각이 $\pi/2$ 이고, 단위법벡터장

$$\mathbf{n} = \frac{1}{\sqrt{a^{-2}+b^{-2}+c^{-2}}}\left(\frac{1}{a}, \frac{1}{b}, \frac{1}{c}\right)$$

은

$$\mathbf{n}\cdot\mathbf{x} = \frac{1}{\sqrt{a^{-2}+b^{-2}+c^{-2}}} > 0$$

을 만족하므로 정리 8.2.3 에 의해

$$\iint_P \mathbf{A}\cdot d\mathbf{S} = \Omega(P) = \frac{\pi}{2}$$

이다. □

풀이 2 (1) 곡면의 단위법벡터장이

$$\mathbf{n} = \frac{1}{r}(x, y, z)$$

이므로

$$\begin{aligned}
\iint_S \mathbf{A}\cdot d\mathbf{S} &= \iint_S \frac{(x,y,z)}{(x^2+y^2+z^2)^{3/2}}\cdot\frac{1}{r}(x,y,z)\,dS \\
&= \frac{1}{r^2}\iint_S 1\,dS \\
&= \frac{1}{r^2}\,\mathrm{Area}(S) \\
&= 2\pi
\end{aligned}$$

이다.

(2) 타원면

$$\widetilde{E} : \frac{x^2}{a^2}+\frac{y^2}{b^2}+\frac{z^2}{c^2} = 1$$

의 단위법벡터장 $\mathbf{n}$ 에 대하여 점 (x, y, z) 가 타원면 $\widetilde{E}$ 의 점이면

$$\begin{aligned}
\mathbf{A}\cdot\mathbf{n} &= \frac{(x,y,z)}{(x^2+y^2+z^2)^{3/2}}\cdot\frac{\left(\frac{x}{a^2}, \frac{y}{b^2}, \frac{z}{c^2}\right)}{\sqrt{\frac{x^2}{a^4}+\frac{y^2}{b^4}+\frac{z^2}{c^4}}} \\
&= \frac{1}{(x^2+y^2+z^2)^{3/2}\sqrt{\frac{x^2}{a^4}+\frac{y^2}{b^4}+\frac{z^2}{c^4}}}
\end{aligned}$$

이다. 타원면 $\widetilde{E}$ 와 함수 $\mathbf{A} \cdot \mathbf{n}$ 의 대칭성을 이용하면

$$\iint_E \mathbf{A} \cdot d\mathbf{S} = \frac{1}{4} \iint_{\widetilde{E}} \mathbf{A} \cdot d\mathbf{S}$$

임을 안다. 한편 닫힌 타원면 $\widetilde{E}$ 는 내부에 원점을 포함하므로 가우스 정리에 의해

$$\iint_{\widetilde{E}} \mathbf{A} \cdot d\mathbf{S} = 4\pi$$

이므로

$$\iint_E \mathbf{A} \cdot d\mathbf{S} = \pi$$

를 얻는다.

(3) 닫힌 곡면

$$\widetilde{P} : \frac{|x|}{a} + \frac{|y|}{b} + \frac{|z|}{c} = 1$$

의 단위법벡터장 $\mathbf{n}$ 에 대하여 점 (x, y, z) 가 곡면 $\widetilde{P}$ 의 점이면

$$\mathbf{A} \cdot \mathbf{n} = \frac{1}{(x^2 + y^2 + z^2)^{3/2} \sqrt{a^{-2} + b^{-2} + c^{-2}}}$$

을 만족한다. 곡면 $\widetilde{P}$ 와 함수 $\mathbf{A} \cdot \mathbf{n}$ 의 대칭성을 이용하면

$$\iint_P \mathbf{A} \cdot d\mathbf{S} = \frac{1}{8} \iint_{\widetilde{P}} \mathbf{A} \cdot d\mathbf{S}$$

임을 안다. 한편 닫힌 곡면 $\widetilde{P}$ 는 내부에 원점을 포함하므로 가우스 정리에 의해

$$\iint_{\widetilde{P}} \mathbf{A} \cdot d\mathbf{S} = 4\pi$$

이므로

$$\iint_P \mathbf{A} \cdot d\mathbf{S} = \frac{\pi}{2}$$

를 얻는다. □

예제 8.2.5 곡면

$$S : 6|x| + 3|y| + 2|z| = 6$$

에 대하여 면적분

$$\iint_S \frac{1}{(x^2+y^2+z^2)^{3/2}}\, dS$$

를 구하시오.

풀이 닫힌 곡면 S는 내부에 원점을 포함하므로 정리 8.2.3과 가우스 정리에 의해 곡면 S의 입체각은

$$\Omega(S) = \iint_S \mathbf{A} \cdot d\mathbf{S} = 4\pi$$

이다. 또한 대칭성에 의해 곡면

$$\widetilde{S} : 6x + 3y + 2z = 6, \quad x \geq 0, \quad y \geq 0, \quad z \geq 0$$

에 대하여 $\Omega(\widetilde{S}) = \Omega(S)/8 = \pi/2$이고

$$\iint_S \frac{1}{(x^2+y^2+z^2)^{3/2}}\, dS = 8 \iint_{\widetilde{S}} \frac{1}{(x^2+y^2+z^2)^{3/2}}\, dS$$

이다. 한편 곡면 $\widetilde{S}$의 단위법벡터장

$$\mathbf{n} = \frac{1}{7}(6, 3, 2)$$

에 대하여

$$\iint_{\widetilde{S}} \mathbf{A} \cdot d\mathbf{S} = \iint_{\widetilde{S}} \frac{(x, y, z)}{(x^2+y^2+z^2)^{3/2}} \cdot \frac{(6, 3, 2)}{7}\, dS = \frac{6}{7} \iint_{\widetilde{S}} \frac{1}{(x^2+y^2+z^2)^{3/2}}\, dS$$

이므로 정리 8.2.3에 의해

$$\begin{aligned}
\iint_S \frac{1}{(x^2+y^2+z^2)^{3/2}}\, dS &= 8 \iint_{\widetilde{S}} \frac{1}{(x^2+y^2+z^2)^{3/2}}\, dS \\
&= 8 \times \frac{7}{6} \iint_{\widetilde{S}} \mathbf{A} \cdot d\mathbf{S} \\
&= 8 \times \frac{7}{6} \times \Omega(\widetilde{S}) \\
&= \frac{14}{3}\pi
\end{aligned}$$

이다. □

8.3 변분법

이 절에서는 주어진 조건을 만족하는 함수공간에서 정의된 함수의 최대최소 문제를 공부한다. 앞으로 집합 A에서 정의된 함수들의 집합을

$$\mathcal{F}(A, \mathbb{R}) = \{f : A \to \mathbb{R} \mid f \text{는 함수}\}$$

로 표기한다.

정의 8.3.1 (범함수) 함수공간 $\mathcal{F}(A, \mathbb{R})$의 부분집합 $\mathcal{S}$에서 정의된 함수

$$F : \mathcal{S} \to \mathbb{R}; \quad f \longmapsto F(f)$$

를 범함수라고 부른다.

예를 들면 $\mathbb{R}^n$의 유계이면서 닫힌 부분집합 K에 대하여 연속함수 f의 다중적분

$$I : C(K) \to \mathbb{R}; \quad f \longmapsto I(f) = \int \cdots \int_K f \, dV_n$$

은 연속함수들의 집합 $C(K)$에서 정의된 범함수이다. 또 다른 예로, $\mathbb{R}^n$의 열린 집합 U에 대하여 점 $P \in U$에서 함수 f의 k계 방향미분 계수

$$D : C^k(U) \to \mathbb{R}; \quad f \longmapsto D(f) = D^k_{\mathbf{v}} f(P)$$

는 k급 함수들의 집합 $C^k(U)$에서 정의된 범함수이다.

변분법이란 일정한 정의역과 전제 조건을 만족하는 함수공간 $\mathcal{S}$에서 정의된 범함수 $F : \mathcal{S} \to \mathbb{R}$의 함숫값이 최대 또는 최소가 되는 함수 $f \in \mathcal{S}$를 구하는 방법을 말한다. 즉 변분법은 무한차원 공간 $\mathcal{S}$에서의 정의된 범함수 F에 대한 미분법이다.

정의 8.3.2 (라그랑지안) $\mathbb{R}^n$의 열린 집합 U가 유계이고, 매끄러운 경계를 가진다고 하자. 이때 무한급 함수

$$L : \mathbb{R}^n \times \mathbb{R} \times \overline{U} \to \mathbb{R}; \quad (P, z, \mathbf{x}) \longmapsto L(P, z, \mathbf{x})$$

를 라그랑지안이라고 부른다.

표기법 8.3.3 라그랑지안 $L:\mathbb{R}^n\times\mathbb{R}\times\overline{U}\to\mathbb{R}$의 각 변수 $P,z,\mathbf{x}$에 대한 미분을 각각

$$D_PL=(L_{p_1},L_{p_2},\cdots,L_{p_n}),\quad D_zL=L_z,\quad D_{\mathbf{x}}L=(L_{x_1},L_{x_2},\cdots,L_{x_n})$$

과 같이 표기한다.

라그랑지안 $L:\mathbb{R}^3\times\mathbb{R}\times\overline{U}\to\mathbb{R}$에 대하여 함수공간 $\mathcal{S}=\{f\in C^2(\overline{U}):f|_{\partial U}\equiv g\}$에서 정의된 범함수

$$I:S\to\mathbb{R};\quad f\longmapsto I(f)=\iiint_U L\big(\nabla f(\mathbf{x}),f(\mathbf{x}),\mathbf{x}\big)\,dV_3(\mathbf{x})$$

의 함숫값이 최소가 되는 함수를 $f\in\mathcal{S}$라 하자. 이제 f가 어떤 이계 비선형 편미분 방정식의 해가 됨을 보이자. 먼저 임의의 함수

$$\varphi\in C^\infty(\overline{U}),\qquad \varphi|_{\partial U}\equiv 0$$

에 대하여 함수

$$\iota:\mathbb{R}\to\mathbb{R};\quad t\longmapsto\iota(t)=I(f+t\varphi)$$

를 생각하면 $f+t\varphi\in S$이므로 함수 ι는 $t=0$에서 최솟값을 갖고, 따라서 $\iota'(0)=0$임을 안다. 삼중적분으로 정의된 함수 ι의 도함수는 예제 7.4.4의 (2)와 연쇄법칙에 의해

$$\begin{aligned}\iota'(t)&=\frac{d}{dt}\iiint_U L(\nabla f+t\nabla\varphi,f+t\varphi,\mathbf{x})\,dV_3\\&=\iiint_U\frac{\partial}{\partial t}L(\nabla f+t\nabla\varphi,f+t\varphi,\mathbf{x})\,dV_3\\&=\iiint_U\big(L_P(\nabla f+t\nabla\varphi,f+t\varphi,\mathbf{x})\cdot\nabla\varphi+L_z(\nabla f+t\nabla\varphi,f+t\varphi,\mathbf{x})\varphi\big)\,dV_3\end{aligned}$$

이므로

$$0=\iota'(0)=\iiint_U\big(L_P(\nabla f,f,\mathbf{x})\cdot\nabla\varphi+L_z(\nabla f,f,\mathbf{x})\varphi\big)\,dV_3$$

이다. 한편 $\varphi|_{\partial U}\equiv 0$이므로 예제 8.1.10의 (1)에 의해

$$\iiint_U L_P(\nabla f,f,\mathbf{x})\cdot\nabla\varphi\,dV_3=-\iiint_U\sum_{i=1}^3\big(L_{p_i}(\nabla f,f,\mathbf{x})\big)_{x_i}\varphi\,dV_3$$

이고, 따라서

$$\iiint_U \left(-\sum_{i=1}^{3} \big(L_{p_i}(\nabla f, f, \mathbf{x})\big)_{x_i} + L_z(\nabla f, f, \mathbf{x}) \right) \varphi \, dV_3 = 0$$

임을 안다. 위 식은 임의의 φ에 대하여 성립하므로 예제 5.3.6에 의해 f가 만족하는 편미분방정식은

$$-\sum_{i=1}^{3} \big(L_{p_i}(\nabla f(\mathbf{x}), f(\mathbf{x}), \mathbf{x})\big)_{x_i} + L_z\big(\nabla f(\mathbf{x}), f(\mathbf{x}), \mathbf{x}\big) = 0 \quad (\mathbf{x} \in U)$$

이다. 이 식을 범함수 I에 대한 오일러-라그랑주 방정식이라고 부른다. 특히 라그랑지안이

$$L : \mathbb{R} \times \mathbb{R} \to \mathbb{R}; \quad (p, z) \longmapsto L(p, z)$$

인 경우 오일러-라그랑주 방정식은 이계 비선형 상미분방정식

$$\frac{d}{dx} L_p\big(f'(x), f(x)\big) = L_z\big(f'(x), f(x)\big)$$

가 되고, 이 경우 오일러-라그랑주 방정식은 일계 비선형 상미분방정식으로 변형이 가능하다. 이를 위해 위 식의 양변에 $f'(x)$를 곱하고 다시 양변에 $L_p\big(f'(x), f(x)\big) f''(x)$를 더하면

$$\begin{aligned} f''(x) L_p\big(f'(x), f(x)\big) &+ f'(x) \frac{d}{dx} L_p\big(f'(x), f(x)\big) \\ &= L_p\big(f'(x), f(x)\big) f''(x) + L_z\big(f'(x), f(x)\big) f'(x) \end{aligned}$$

이므로 연쇄법칙에 의해

$$\begin{aligned} &\frac{d}{dx} \left[(f'(x) L_p\big(f'(x), f(x)\big) \right] \\ &\quad = f''(x) L_p\big(f'(x), f(x)\big) + f'(x) \frac{d}{dx} L_p\big(f'(x), f(x)\big) \\ &\quad = L_p\big(f'(x), f(x)\big) f''(x) + L_z\big(f'(x), f(x)\big) f'(x) \\ &\quad = \frac{d}{dx} L\big(f'(x), f(x)\big) \end{aligned}$$

이다. 이 식을 양변 적분하면 일계 비선형 상미분방정식

$$f'(x) L_p\big(f'(x), f(x)\big) = L\big(f'(x), f(x)\big) + C$$

를 얻는다. (단, C는 적분상수이다.)

예제 8.3.4 (조화함수) 범함수

$$I : \mathcal{S} \to \mathbb{R}; \quad f \longmapsto I(f) = \frac{1}{2} \iiint_U |\nabla f|^2 \, dV_3$$

에 대한 오일러-라그랑주 방정식을 구하시오.

풀이 라그랑지안이

$$L(P, z, \mathbf{x}) = \frac{1}{2}|P|^2 = \frac{1}{2}(p_1^2 + p_2^2 + p_3^2)$$

이므로

$$\begin{cases} L_{p_i}(P, z, \mathbf{x}) = p_i \quad (i = 1, 2, 3) \\ L_z(P, z, \mathbf{x}) = 0 \end{cases}$$

이고

$$-\sum_{i=1}^{3} \big(L_{p_i}(\nabla f, f, \mathbf{x})\big)_{x_i} + L_z(\nabla f, f, \mathbf{x}) = -\sum_{i=1}^{3} (f_{x_i})_{x_i} = -\Delta f$$

이다. 따라서 오일러-라그랑주 방정식은

$$\Delta f(\mathbf{x}) = 0 \quad (\mathbf{x} \in U)$$

이다. □

예제 8.3.5 (극소곡면) 경계가 닫힌 곡선인 $\mathbb{R}^2$의 유계 닫힌 영역 D와 연속함수 $g : \partial D \to \mathbb{R}$에 대하여 $f|_{\partial D} \equiv g$를 만족하는 이급 함수 $f : D \to \mathbb{R}$ 중 그래프의 면적이 최소가 되는 함수 f라 하자. 이때 함수 f는

$$(1 + f_y^2) f_{xx} - 2 f_x f_y f_{xy} + (1 + f_x^2) f_{yy} = 0$$

을 만족함을 보이시오.

풀이 구하는 함수 f는 함수공간

$$\mathcal{S} = \{f \in C^2(D) : f|_{\partial D} \equiv g\}$$

에서 정의된 범함수

$$\mathrm{Area} : \mathcal{S} \to \mathbb{R}; \quad f \longmapsto \mathrm{Area}(f) = \iint_D \sqrt{f_x^2 + f_y^2 + 1} \, dx \, dy$$

의 함숫값이 최소가 되는 함수이다. 라그랑지안이

$$L(P, z, \mathbf{x}) = \sqrt{p_1^2 + p_2^2 + 1}$$

이므로

$$\begin{cases} L_{p_i}(P, z, \mathbf{x}) = \dfrac{p_i}{\sqrt{p_1^2 + p_2^2 + 1}} \quad (i = 1, 2) \\ L_z(P, z, \mathbf{x}) = 0 \end{cases}$$

이고, 이로부터 오일러-라그랑주 방정식을 구하면

$$\frac{\partial}{\partial x}\left(\frac{f_x}{\sqrt{f_x^2 + f_y^2 + 1}}\right) + \frac{\partial}{\partial y}\left(\frac{f_y}{\sqrt{f_x^2 + f_y^2 + 1}}\right) = 0$$

이다. 또

$$\begin{aligned} \frac{\partial}{\partial x}\left(\frac{f_x}{\sqrt{f_x^2 + f_y^2 + 1}}\right) &= \frac{(1 + f_y^2) f_{xx} - f_x f_y f_{xy}}{(f_x^2 + f_y^2 + 1)^{3/2}}, \\ \frac{\partial}{\partial y}\left(\frac{f_y}{\sqrt{f_x^2 + f_y^2 + 1}}\right) &= \frac{(1 + f_x^2) f_{yy} - f_x f_y f_{xy}}{(f_x^2 + f_y^2 + 1)^{3/2}} \end{aligned}$$

이므로 위의 두 식을 오일러-라그랑주 방정식에 대입하여 정리하면

$$(1 + f_y^2) f_{xx} - 2 f_x f_y f_{xy} + (1 + f_x^2) f_{yy} = 0$$

을 얻는다. □

예제 8.3.6 (최단강하선 문제) 좌표평면에서 질량이 m 인 질점 X 가 중력에 의해 점 $A = (0, 1)$ 에서 점 $B = (1, 0)$ 까지 움직이는 데 걸리는 시간이 최소가 되는 질점 X 의 자취를 구하시오.

풀이 구하는 자취를

$$y = f(x) \qquad (0 \leq x \leq 1)$$

라 하자. 질점 X 의 속력을 $v = v(x)$ 라 하면, 에너지 보존법칙에 의해 질점 X 의 운동에너지와 위치에너지의 합은 점 A 에서의 운동에너지와 위치에너지의 합과 같다. 즉

$$\frac{1}{2} m \big(v(x)\big)^2 + mgf(x) = \frac{1}{2} m \cdot 0^2 + mg \cdot 1$$

이므로

$$v(x) = \sqrt{2g\bigl(1 - f(x)\bigr)}$$

이다. (단, $g \approx 9.80665\,\mathrm{m/s^2}$ 은 중력가속도이다.) 따라서 질점 X 가 움직이는 데 걸리는 시간은

$$I(f) := \int_0^1 \frac{\sqrt{1 + \bigl(f'(x)\bigr)^2}}{\sqrt{2g\bigl(1 - f(x)\bigr)}}\, dx$$

이고 구하는 X 의 자취는 범함수 I 의 함숫값이 최소가 되는 함수 f 이다. 라그랑지안이

$$L(p, z) = \frac{\sqrt{1 + p^2}}{\sqrt{2g(1 - z)}}$$

이므로

$$L_p(p, z) = \frac{p}{\sqrt{2g(1 - z)}\sqrt{1 + p^2}}$$

이고, 따라서 함수 f 는 일계 비선형 상미분방정식

$$\frac{\bigl(f'(x)\bigr)^2}{\sqrt{2g\bigl(1 - f(x)\bigr)}\sqrt{1 + \bigl(f'(x)\bigr)^2}} = \frac{\sqrt{1 + \bigl(f'(x)\bigr)^2}}{\sqrt{2g\bigl(1 - f(x)\bigr)}} + C$$

를 만족한다. 임의의 $x \in (0, 1)$ 에 대하여 $f'(x) \le 0$ 이므로 위 식을 $f'(x)$ 에 대하여 정리하면

$$f'(x) = -\sqrt{\frac{1 - 2gC^2\bigl(1 - f(x)\bigr)}{2gC^2\bigl(1 - f(x)\bigr)}}$$

이다. 우변의 제곱근을 고려하여

$$2gC^2\bigl(1 - f(x)\bigr) = \sin^2 \frac{t}{2}$$

라 두고, x, y 를 매개변수 t 에 대한 함수로 이해하자. 이때

$$f'(x)\frac{dx}{dt} = -\frac{1}{2gC^2} \sin\frac{t}{2} \cos\frac{t}{2}, \qquad \sqrt{\frac{1 - 2gC^2\bigl(1 - f(x)\bigr)}{2gC^2\bigl(1 - f(x)\bigr)}} = \sqrt{\frac{1 - \sin^2 \frac{t}{2}}{\sin^2 \frac{t}{2}}} = \frac{\cos\frac{t}{2}}{\sin\frac{t}{2}}$$

이고, $x(0) = 0$ 이므로

$$\frac{dx}{dt} = \frac{1}{2gC^2} \sin^2 \frac{t}{2} \qquad \Longrightarrow \qquad x(t) = \frac{1}{4gC^2}(t - \sin t)$$

이다. 마지막으로

$$y(t) = f(x) = 1 - \frac{1}{2gC^2}\sin^2\frac{t}{2} = 1 - \frac{1}{4gC^2}(1-\cos t)$$

이므로 구하는 자취는

$$X(t) = \mathbf{j} + \frac{1}{4gC^2}(t-\sin t, -1+\cos t), \qquad 0 \le t \le \arccos(1-4gC^2)$$

이다. 여기서 방정식

$$\alpha = \cos(1-\alpha+\sqrt{1-\alpha^2})$$

의 1이 아닌 해를 $\alpha \approx -0.74545$ 라 두면

$$C = \sqrt{\frac{1-\alpha}{4g}} \approx 0.21094$$

이다. □

예제 8.3.7 (현수면) 함수공간

$$\mathcal{S} = \{f \in C^2[x_1, x_2] : f(x_1) = y_1,\ f(x_2) = y_2\}$$

에서 정의된 범함수

$$\text{Area}_{\text{rev}} : \mathcal{S} \to \mathbb{R}; \quad f \longmapsto \text{Area}_{\text{rev}}(f) = \int_{x_1}^{x_2} 2\pi f(x)\sqrt{1+\big(f'(x)\big)^2}\,dx$$

의 함숫값이 최소가 되는 함수 f 를 구하시오. (단, y_1, y_2 는 양의 실수이다.)

풀이 라그랑지안이

$$L(p,z) = 2\pi z\sqrt{1+p^2}$$

이므로

$$L_p(p,z) = \frac{2\pi pz}{\sqrt{1+p^2}}$$

이고, 따라서 함수 f 는 일계 비선형 상미분방정식

$$\frac{2\pi\big(f'(x)\big)^2 f(x)}{\sqrt{1+\big(f'(x)\big)^2}} = 2\pi f(x)\sqrt{1+\big(f'(x)\big)^2} + C \quad \Longleftrightarrow \quad \frac{f(x)}{\sqrt{1+\big(f'(x)\big)^2}} = -\frac{C}{2\pi} =: \alpha$$

를 만족한다. 분모의 제곱근을 고려하여 일급 함수 $g(t)$ 에 대하여

$$f'(x) = \sinh g(t)$$

라 두고, x 를 매개변수 t 에 대한 함수로 이해하자. 이때

$$f(x) = \alpha\sqrt{1 + \left(f'(x)\right)^2} = \alpha \cosh g(t)$$

이므로 이 식을 양변 t 에 대하여 미분하면

$$\begin{aligned} f'(x)\frac{dx}{dt} = \alpha g'(t) \sinh g(t) \qquad &\Longrightarrow \qquad \frac{dx}{dt} = \alpha g'(t) \\ &\Longrightarrow \qquad x = \alpha g(t) + \beta \end{aligned}$$

이므로 구하는 함수는

$$f(x) = \alpha \cosh\left(\frac{x-\beta}{\alpha}\right)$$

이다. 이때 조건 $f(x_1) = y_1, f(x_2) = y_2$ 로부터 상수 α, β 는

$$y_1 = \alpha \cosh\left(\frac{x_1-\beta}{\alpha}\right), \qquad y_2 = \alpha \cosh\left(\frac{x_2-\beta}{\alpha}\right)$$

를 만족하는 실수이다. □

예제 8.3.8 함수공간

$$\mathcal{S} = \{f \in C^2[x_1, x_2] : f(x_1) = y_1,\ f(x_2) = y_2\}$$

에서 정의된 범함수

$$\text{Length} : \mathcal{S} \to \mathbb{R}; \quad f \longmapsto \text{Length}(f) = \int_{x_1}^{x_2} \sqrt{1 + \left(f'(x)\right)^2}\, dx$$

의 함숫값이 최소가 되는 함수 f 를 구하시오.

풀이 라그랑지안이

$$L(p, z) = \sqrt{1+p^2}$$

이므로

$$L_p(p, z) = \frac{p}{\sqrt{1+p^2}}$$

이고, 따라서 함수 f 는 일계 비선형 상미분방정식

$$\frac{\big(f'(x)\big)^2}{\sqrt{1+\big(f'(x)\big)^2}} = \sqrt{1+\big(f'(x)\big)^2} + C \qquad \Longleftrightarrow \qquad f'(x) = \pm\frac{\sqrt{1-C^2}}{C}$$

을 만족한다. 따라서 함수 f 는 두 점 $(x_1, y_1), (x_2, y_2)$ 를 지나는 직선이므로

$$f(x) = y_1 + \frac{y_2 - y_1}{x_2 - x_1}(x - x_1)$$

이다. □

예제 8.3.8 의 범함수 Length(f) 는 두 점 $(x_1, y_1), (x_2, y_2)$ 를 지나는 곡선

$$X(x) = \big(x, f(x)\big) \quad (x_1 \leq x \leq x_2)$$

의 길이이다. 따라서 범함수 Length(f) 의 함숫값이 최소가 되는 함수 f 는 기하학적으로 두 점 $(x_1, y_1), (x_2, y_2)$ 를 지나는 직선임을 안다.

제 9 장

스토크스 정리

이 장에서의 목적은 공간 벡터장의 미분인 회전장을 정의하고, 평면 벡터장에서의 그린 정리를 공간 벡터장으로 확장하는 것이다.

9.1 회전장의 정의와 성질

정의 9.1.1 (회전장) $\mathbb{R}^3$ 의 열린 집합 U 에서 정의된 일급 벡터장

$$\mathbf{F}(x,y,z) = \big(f_1(x,y,z), f_2(x,y,z), f_3(x,y,z)\big)$$

에 대하여

$$\begin{aligned}\operatorname{curl}\mathbf{F} &= \det\begin{pmatrix}\mathbf{i} & \mathbf{j} & \mathbf{k}\\ D_1 & D_2 & D_3\\ f_1 & f_2 & f_3\end{pmatrix}\\ &= (D_2f_3 - D_3f_2)\,\mathbf{i} + (D_3f_1 - D_1f_3)\,\mathbf{j} + (D_1f_2 - D_2f_1)\,\mathbf{k}\\ &= \left(\frac{\partial f_3}{\partial y} - \frac{\partial f_2}{\partial z}, \frac{\partial f_1}{\partial z} - \frac{\partial f_3}{\partial x}, \frac{\partial f_2}{\partial x} - \frac{\partial f_1}{\partial y}\right)\end{aligned}$$

를 $\mathbf{F}$ 의 회전장이라고 한다.

예제 9.1.2 다음 벡터장의 회전장을 구하시오.

(1) $\mathbf{F}(x,y,z) = (-y, x, 0)$ (2) $\mathbf{F}(x,y,z) = (y^3, z^3, x^3)$

풀이 (1) 회전장의 정의에 의해

$$\operatorname{curl}\mathbf{F} = \det\begin{pmatrix} \mathbf{i} & \mathbf{j} & \mathbf{k} \\ D_1 & D_2 & D_3 \\ -y & x & 0 \end{pmatrix} = (0,0,2)$$

이다.

(2) 회전장의 정의에 의해

$$\operatorname{curl}\mathbf{F} = \det\begin{pmatrix} \mathbf{i} & \mathbf{j} & \mathbf{k} \\ D_1 & D_2 & D_3 \\ y^3 & z^3 & x^3 \end{pmatrix} = (-3z^2, -3x^2, -3y^2)$$

이다. □

회전장은 평면 벡터장의 회전함수를 공간 벡터장으로 확장한 것이다.

예제 9.1.3 xy-평면의 벡터장

$$\mathbf{F}(x,y) = \big(P(x,y), Q(x,y)\big)$$

를 $\mathbb{R}^3$ 의 벡터장

$$\widetilde{\mathbf{F}}(x,y,z) = \big(\mathbf{F}(x,y),0\big) = \big(P(x,y),Q(x,y),0\big)$$

으로 이해하면

$$\operatorname{curl}\widetilde{\mathbf{F}} = (\operatorname{rot}\mathbf{F})\,\mathbf{k}$$

임을 보이시오.

풀이 벡터장 $\widetilde{\mathbf{F}}$ 의 회전장은

$$\operatorname{curl}\widetilde{\mathbf{F}} = \det\begin{pmatrix} \mathbf{i} & \mathbf{j} & \mathbf{k} \\ D_1 & D_2 & D_3 \\ P(x,y) & Q(x,y) & 0 \end{pmatrix} = \left(0,0,\frac{\partial Q}{\partial x} - \frac{\partial P}{\partial y}\right) = (\operatorname{rot}\mathbf{F})\,\mathbf{k}$$

이다. □

xy-평면 위의 유계 닫힌 영역 D에서 정의된 일급 벡터장 (P, Q)를 $\mathbb{R}^3$의 벡터장

$$\mathbf{F}(x,y,z) = \big(P(x,y), Q(x,y), 0\big)$$

으로 이해하면

$$\int_{\partial D} \mathbf{F} \cdot d\mathbf{s} = \int_{\partial D} P\,dx + Q\,dy + 0\,dz = \int_{\partial D} P\,dx + Q\,dy$$

이고, 예제 9.1.3 으로부터

$$\operatorname{curl} \mathbf{F} \cdot \mathbf{k} = \big(\operatorname{rot}(P,Q)\big)\mathbf{k} \cdot \mathbf{k} = \frac{\partial Q}{\partial x} - \frac{\partial P}{\partial y}$$

임을 안다. 곡면 D의 향이 $\mathbf{k}$일 때, D는 xy-평면 위의 곡면이므로 $dS = dx\,dy$이고

$$\iint_D \left(\frac{\partial Q}{\partial x} - \frac{\partial P}{\partial y}\right) dx\,dy = \iint_D \operatorname{curl} \mathbf{F} \cdot \mathbf{k}\,dS = \iint_D \operatorname{curl} \mathbf{F} \cdot d\mathbf{S}$$

이다. 따라서 그린 정리는 다음과 같이 표현된다.

$$\iint_D \operatorname{curl} \mathbf{F} \cdot d\mathbf{S} = \int_{\partial D} \mathbf{F} \cdot d\mathbf{s}.$$

예제 9.1.4 벡터장

$$\mathbf{F}(x,y,z) = \big(0, f(x,y,z), g(x,y,z)\big)$$

의 회전장이

$$\operatorname{curl} \mathbf{F} = \Big(2xz, e^{\cos(z^2)} \sin x, -z^2\Big)$$

이면, 평면 벡터장 $\mathbf{G}(y,z)$가 존재하여

$$\mathbf{F}(x,y,z) = \Big(0, -xz^2, e^{\cos(z^2)} \cos x\Big) + \big(0, \mathbf{G}(y,z)\big), \qquad \operatorname{rot} \mathbf{G} = 0$$

임을 보이시오.

풀이 벡터장 $\mathbf{F}$의 회전장은

$$\operatorname{curl} \mathbf{F} = \det \begin{pmatrix} \mathbf{i} & \mathbf{j} & \mathbf{k} \\ D_1 & D_2 & D_3 \\ 0 & f & g \end{pmatrix} = \left(\frac{\partial g}{\partial y} - \frac{\partial f}{\partial z}, -\frac{\partial g}{\partial x}, \frac{\partial f}{\partial x}\right)$$

이므로 주어진 조건으로부터 다음 연립 편미분방정식을 얻는다.

$$\frac{\partial g}{\partial y} - \frac{\partial f}{\partial z} = 2xz, \quad -\frac{\partial g}{\partial x} = e^{\cos(z^2)} \sin x, \quad \frac{\partial f}{\partial x} = -z^2. \tag{$\star$}$$

식 ($\star$)의 두 번째 식과 세 번째 식으로부터 적당한 함수 $P(y,z), Q(y,z)$가 존재하여

$$f(x,y,z) = -xz^2 + P(y,z), \quad g(x,y,z) = e^{\cos(z^2)} \cos x + Q(y,z)$$

임을 안다. 위의 두 함수를 식 ($\star$)의 첫 번째 편미분방정식에 대입하여 정리하면

$$\frac{\partial Q}{\partial y} - \frac{\partial P}{\partial z} = 0$$

이므로

$$\mathbf{G}(y,z) = \big(P(y,z), Q(y,z)\big)$$

라 두면

$$\mathbf{F}(x,y,z) = \left(0, -xz^2, \frac{1}{2}e^z \cos x\right) + \big(0, \mathbf{G}(y,z)\big)$$

이고 $\operatorname{rot}\mathbf{G} = 0$이다. □

예제 9.1.5 U, V를 $\mathbb{R}^3$의 열린 집합이라고 하자. 일급 함수 $f_1, f_2, f_3 : U \times V \to \mathbb{R}$에 대하여 벡터함수

$$\mathbf{F}(\mathbf{x},\mathbf{y}) = \big(f_1(\mathbf{x},\mathbf{y}), f_2(\mathbf{x},\mathbf{y}), f_3(\mathbf{x},\mathbf{y})\big)$$

의 적분을

$$\iiint_V \mathbf{F}\, dV_3(\mathbf{y}) = \left(\iiint_V f_1\, dV_3(\mathbf{y}), \iiint_V f_2\, dV_3(\mathbf{y}), \iiint_V f_3\, dV_3(\mathbf{y})\right)$$

로 정의하면

$$\operatorname{curl} \iiint_V \mathbf{F}\, dV_3(\mathbf{y}) = \iiint_V \operatorname{curl}_{\mathbf{x}} \mathbf{F}\, dV_3(\mathbf{y})$$

임을 보이시오.

풀이 예제 7.4.4에 의해

$$\partial_{x_i} \iiint_V f_j\, dV_3(\mathbf{y}) = \iiint_V \partial_{x_i} f_j\, dV_3(\mathbf{y}) \quad (i,j = 1,2,3)$$

이므로

$$\begin{aligned}\operatorname{curl}\iiint_V \mathbf{F}\, dV_3(\mathbf{y}) &= \det\begin{pmatrix} \mathbf{i} & \mathbf{j} & \mathbf{k} \\ \partial_{x_1} & \partial_{x_2} & \partial_{x_3} \\ \iiint_V f_1\, dV_3(\mathbf{y}) & \iiint_V f_2\, dV_3(\mathbf{y}) & \iiint_V f_3\, dV_3(\mathbf{y}) \end{pmatrix} \\ &= \iiint_V (\partial_{x_2} f_3 - \partial_{x_3} f_2, \partial_{x_3} f_1 - \partial_{x_1} f_3, \partial_{x_1} f_2 - \partial_{x_2} f_1)\, dV_3(\mathbf{y}) \\ &= \iiint_V \operatorname{curl}_{\mathbf{x}} \mathbf{F}\, dV_3(\mathbf{y})\end{aligned}$$

를 얻는다. □

정리 9.1.6 $\mathbb{R}^3$ 의 열린 집합 U 에서 정의된 일급 벡터장 $\mathbf{F}, \mathbf{G}$ 와 일급 함수 h 에 대하여 다음이 성립한다.

(i) $\operatorname{curl}(\mathbf{F}+\mathbf{G}) = \operatorname{curl}\mathbf{F} + \operatorname{curl}\mathbf{G}$

(ii) $\operatorname{curl}(h\mathbf{F}) = (\operatorname{grad} h) \times \mathbf{F} + h \operatorname{curl}\mathbf{F}$

(iii) $\operatorname{div}(\mathbf{F} \times \mathbf{G}) = \operatorname{curl}\mathbf{F} \cdot \mathbf{G} - \mathbf{F} \cdot \operatorname{curl}\mathbf{G}$

(iv) $\operatorname{curl}\operatorname{curl}\mathbf{F} = \operatorname{grad}\operatorname{div}\mathbf{F} - \nabla^2 \mathbf{F}$

단, $\nabla^2 (f_1, f_2, f_3) = (\Delta f_1, \Delta f_2, \Delta f_3)$ 이다.

예제 9.1.7 입체각 벡터장

$$\mathbf{A}(x,y,z) = \frac{(x,y,z)}{(x^2+y^2+z^2)^{3/2}}$$

의 회전장을 구하시오.

풀이 입체각 벡터장 $\mathbf{A}$ 의 회전장은

$$\begin{aligned}\operatorname{curl}\mathbf{A} &= \left(\operatorname{grad}\frac{1}{(x^2+y^2+z^2)^{3/2}}\right) \times (x,y,z) + \frac{1}{(x^2+y^2+z^2)^{3/2}} \operatorname{curl}(x,y,z) \\ &= -\frac{3(x,y,z)}{(x^2+y^2+z^2)^{5/2}} \times (x,y,z) + \frac{1}{(x^2+y^2+z^2)^{3/2}} \det\begin{pmatrix} \mathbf{i} & \mathbf{j} & \mathbf{k} \\ D_1 & D_2 & D_3 \\ x & y & z \end{pmatrix} \\ &= (0,0,0)\end{aligned}$$

이다. □

$\mathbb{R}^3$ 의 열린 집합 U 에서 정의된 일급 벡터장 $\mathbf{F}$ 에 대하여

$$\operatorname{curl}\mathbf{F} = \mathbf{0}$$

을 만족하는 벡터장 $\mathbf{F}$ 를 비회전장이라고 부른다. 예제 9.1.7 로부터 입체각 벡터장은 비회전장임을 알 수 있다.

정리 9.1.8 $\mathbb{R}^3$ 의 열린 집합 U 에서 정의된 이급 함수 f 에 대하여

$$\operatorname{curl}\operatorname{grad} f = \mathbf{0}$$

이 성립한다.

예제 9.1.9 $\mathbb{R}^3$ 의 열린 집합 U 에서 정의된 연속함수 $f : U \to \mathbb{R}$ 와 점 $\mathbf{y}$ 를 중심으로 하는 입체각 벡터장

$$\mathbf{A}_\mathbf{y}(\mathbf{x}) = \frac{\mathbf{x}-\mathbf{y}}{|\mathbf{x}-\mathbf{y}|^3}$$

대하여 벡터장

$$\mathbf{F}(\mathbf{x}) = \iiint_U f(\mathbf{y})\,\mathbf{A}_\mathbf{y}(\mathbf{x})\,dV_3(\mathbf{y}) \quad (\mathbf{x} \in \mathbb{R}^3 \setminus U)$$

의 회전장을 구하시오.

풀이 예제 4.4.4 의 결과로부터

$$\mathbf{A}_\mathbf{y}(\mathbf{x}) = -\operatorname{grad}\left(\frac{1}{|\mathbf{x}-\mathbf{y}|}\right)$$

이므로 정리 9.1.8 에 의해

$$\operatorname{curl}\mathbf{A}_\mathbf{y}(\mathbf{x}) = -\operatorname{curl}\operatorname{grad}\left(\frac{1}{|\mathbf{x}-\mathbf{y}|}\right) = \mathbf{0}$$

이다. 또한 예제 9.1.5 에 의해

$$\operatorname{curl}\mathbf{F}(\mathbf{x}) = \operatorname{curl}\iiint_U f(\mathbf{y})\,\mathbf{A}_\mathbf{y}(\mathbf{x})\,dV_3(\mathbf{y}) = \iiint_U f(\mathbf{y})\operatorname{curl}\mathbf{A}_\mathbf{y}(\mathbf{x})\,dV_3(\mathbf{y}) = \mathbf{0}$$

이다. □

예제 9.1.10 좌표공간의 영역 U 에서 정의된 비회전장 $\mathbf{F}$ 와 일급 보존장 $\mathbf{G}$ 에 대하여

$$\operatorname{div}(\mathbf{F}\times\mathbf{G})=0$$

임을 보이시오.

풀이 보존장 $\mathbf{G}$ 의 잠재함수를 φ 라고 하면, $\mathbf{G}=\operatorname{grad}\varphi$ 이므로

$$\begin{aligned}\operatorname{div}(\mathbf{F}\times\mathbf{G})&=\operatorname{curl}\mathbf{F}\cdot\mathbf{G}-\mathbf{F}\cdot\operatorname{curl}\mathbf{G}\\&=\operatorname{curl}\mathbf{F}\cdot\mathbf{G}-\mathbf{F}\cdot\operatorname{curl}\operatorname{grad}\varphi\\&=\mathbf{0}\cdot\mathbf{G}-\mathbf{F}\cdot\mathbf{0}=0\end{aligned}$$

을 얻는다. □

곡선 연결된 영역에 속하는 임의의 닫힌 곡선을 연속적으로 줄여 하나의 점으로 만들 수 있는 영역을 단순 연결 영역이라고 부른다. 푸앵카레 도움정리(정리 4.5.6)는 일반적으로 단순 연결 영역에서 성립하며, 비회전장은 닫힌 벡터장이므로 다음 정리를 얻는다.

정리 9.1.11 $\mathbb{R}^3$ 의 단순 연결 영역 U 에서 정의된 일급 벡터장 $\mathbf{F}$ 에 대하여

$$\operatorname{curl}\mathbf{F}=\mathbf{0}$$

이면 $\mathbf{F}$ 는 잠재함수를 가진다.

정리 9.1.11 은 단순 연결 영역이 아닐 경우 성립하지 않는다. 예를 들면 영역

$$U=\mathbb{R}^2\setminus\{(0,0,z)\mid z\in\mathbb{R}\}$$

는 z-축을 감는 닫힌 곡선을 연속적으로 줄여 하나의 점으로 만들 수 없으므로 단순 연결 영역이 아니다. 이제 U 에서 정의된 벡터장

$$\mathbf{F}(x,y,z)=\left(-\frac{y}{x^2+y^2},\frac{x}{x^2+y^2},3z^2+\cos z\right)$$

을 생각하면 이 벡터장은 예제 4.5.5 로부터 비회전장이지만 잠재함수를 갖지 않는다.

정리 9.1.12 $\mathbb{R}^3$ 의 열린 집합 U 에서 정의된 이급 벡터장 $\mathbf{F}$ 에 대하여

$$\operatorname{div}\operatorname{curl}\mathbf{F} = 0$$

이 성립한다.

예제 9.1.13 벡터장 $\mathbf{F}$ 의 회전장이

$$\operatorname{curl}\mathbf{F} = \big(xe^{y^2} + \sin(yz^2), 2y + \cos(x^3z^4), -ze^{y^2} + \arctan(x^5y^6)\big)$$

을 만족하는 $\mathbb{R}^3$ 에서 정의된 이급 벡터장 $\mathbf{F}$ 가 존재할 수 있는지 판단하시오.

풀이 주어진 식을 만족하는 $\mathbb{R}^3$ 에서 정의된 이급 벡터장 $\mathbf{F}$ 가 존재한다고 가정하면

$$\operatorname{div}\operatorname{curl}\mathbf{F} = 0$$

이다. 그러나

$$\begin{aligned}\operatorname{div}\operatorname{curl}\mathbf{F} &= \frac{\partial}{\partial x}\big(xe^{y^2} + \sin(yz^2)\big) + \frac{\partial}{\partial y}\big(2y + \cos(x^3z^4)\big) \\ &\qquad + \frac{\partial}{\partial z}\big(-ze^{y^2} + \arctan(x^5y^6)\big) \\ &= e^{y^2} + 2 - e^{y^2} \\ &= 2\end{aligned}$$

이므로 모순이다. 따라서 주어진 식을 만족하는 벡터장 $\mathbf{F}$ 는 존재하지 않는다. □

9.2 스토크스 정리

앞 절에서 xy-평면 위의 유계 닫힌 영역 D 에서 정의된 일급 벡터장 $\mathbf{F}$ 를 $\mathbb{R}^3$ 의 벡터장으로 이해하면, 그린 정리는

$$\iint_D \operatorname{curl}\mathbf{F}\cdot d\mathbf{S} = \int_{\partial D}\mathbf{F}\cdot d\mathbf{s}$$

와 같이 표현됨을 학습하였다. 스토크스 정리는 유향곡면에서 벡터장 $\mathbf{F}$ 의 미분(curl $\mathbf{F}$)을 면적분한 것은 그 곡면의 경계를 따르는 벡터장 $\mathbf{F}$ 의 선적분임을 의미하며, 이는 그린 정리를 3차원 공간의 유향곡면에서 정의된 벡터장의 경우로 확장한 것이다.

정리 9.2.1 (스토크스 정리) 유향곡면 S 에서 정의된 일급 벡터장 $\mathbf{F}$ 에 대하여

$$\iint_S \operatorname{curl} \mathbf{F} \cdot d\mathbf{S} = \int_{\partial S} \mathbf{F} \cdot d\mathbf{s}$$

이다. 이때 곡면 S 의 향과 경계 ∂S 의 향의 관계는 곡면 S 의 향으로 일어서서 경계 ∂S 의 향을 따라 걸으면 내부가 항상 왼쪽에 있도록 한다.

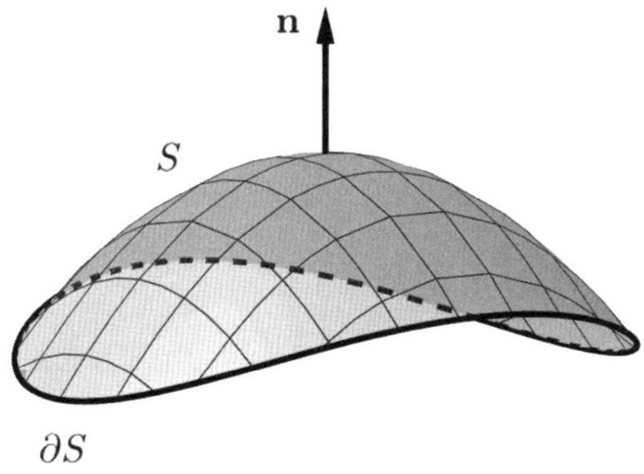

스토크스 정리에서 곡면 S 의 향과 경계 ∂S 의 향의 관계

예제 9.2.2 함수 $f : \mathbb{R} \to \mathbb{R}$ 가 일급일 때, 벡터장

$$\mathbf{F}(x, y, z) = f(x^2 + y^2 + z^2)(-y, x, z)$$

와 반구

$$S_r^+ : z = \sqrt{r^2 - x^2 - y^2}$$

에 대하여 스토크스 정리가 성립함을 보이시오.

풀이 반구의 향을 $\mathbf{n} \cdot \mathbf{k} > 0$ 이 되도록 정하면, 경계의 향은 반시계방향이다.

$$\begin{aligned} \operatorname{curl} \mathbf{F} &= \det \begin{pmatrix} \mathbf{i} & \mathbf{j} & \mathbf{k} \\ D_1 & D_2 & D_3 \\ -yf(|\mathbf{x}|^2) & xf(|\mathbf{x}|^2) & zf(|\mathbf{x}|^2) \end{pmatrix} \\ &= 2\big(z(y-x)f'(|\mathbf{x}|^2), -z(x+y)f'(|\mathbf{x}|^2), f(|\mathbf{x}|^2) + (x^2+y^2)f'(|\mathbf{x}|^2)\big) \end{aligned}$$

이므로 예제 7.5.4에 의해

$$\begin{aligned}\iint_{S_r^+} \operatorname{curl}\mathbf{F}\cdot d\mathbf{S} &= \iint_{S_r^+} \operatorname{curl}\mathbf{F}\cdot \frac{1}{r}(x,y,z)\,dS \\ &= \frac{2}{r}f(r^2)\iint_{S_r^+} z\,dS \\ &= \frac{2}{r}f(r^2)\cdot \overline{z}\,\mathrm{Area}(S_r^+) \\ &= 2\pi r^2 f(r^2)\end{aligned}$$

이다. 한편 반구의 경계를 매개화하면

$$\partial S_r^+ : X(t) = (r\cos t, r\sin t, 0) \quad (0 \le t \le 2\pi)$$

이므로

$$\begin{aligned}\int_{\partial S_r^+} \mathbf{F}\cdot d\mathbf{s} &= \int_0^{2\pi} \big(-rf(r^2)\sin t, rf(r^2)\cos t, 0\big)\cdot(-r\sin t, r\cos t, 0)\,dt \\ &= 2\pi r^2 f(r^2)\end{aligned}$$

을 얻고 따라서 벡터장 $\mathbf{F}$와 반구 S_r^+에 대하여 스토크스 정리가 성립한다. □

예제 9.2.3 곡면

$$S : z = \frac{1}{2}(x^2+y^2), \quad z \le 2$$

와 벡터장

$$\mathbf{F}(x,y,z) = \big(-y, x, e^{x^2+y^2+z^2}\sin(x+y+z)\big)$$

에 대하여

$$\iint_S \operatorname{curl}\mathbf{F}\cdot d\mathbf{S}$$

를 구하시오. (단, S의 향 $\mathbf{n}$은 $\mathbf{n}\cdot\mathbf{k} > 0$이도록 정한다.)

풀이 곡면 S의 향 $\mathbf{n}$을 고려하여 경계를 매개화하면

$$\partial S : X(t) = (2\cos t, 2\sin t, 2) \quad (0 \le t \le 2\pi)$$

이므로 스토크스 정리에 의해

$$\begin{aligned}
&\iint_S \operatorname{curl} \mathbf{F} \cdot d\mathbf{S} \\
&\quad = \int_{\partial S} \mathbf{F} \cdot d\mathbf{s} \\
&\quad = \int_0^{2\pi} \big(-2\sin t, 2\cos t, e^8 \sin(2 + 2\cos t + 2\sin t) \big) \cdot (-2\sin t, 2\cos t, 0)\, dt \\
&\quad = \int_0^{2\pi} (4\sin^2 t + 4\cos^2 t)\, dt \\
&\quad = 8\pi
\end{aligned}$$

를 얻는다.

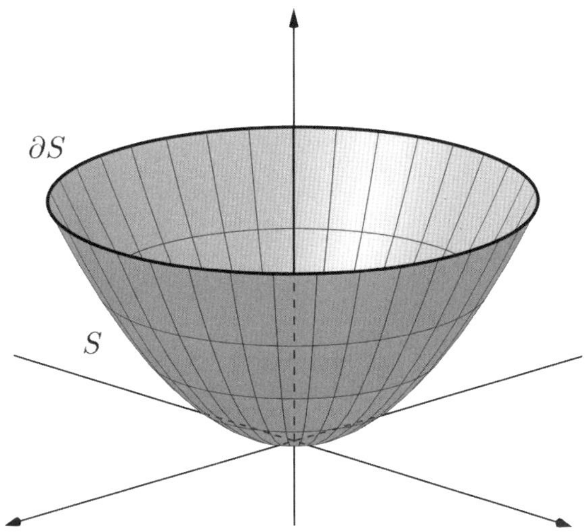

□

예제 9.2.4 곡면

$$S_1 : z = 1 + \sqrt{1 - x^2 - y^2}$$

과 곡면

$$S_2 : x^2 + y^2 = 1, \quad 0 \le z \le 1$$

의 합으로 이루어진 곡면 S와 벡터장

$$\mathbf{F}(x, y, z) = \big(x^2 z \cos z + y^3 \arctan(z^2 + \sin z) + e^x, 2xy \sinh(z + z^3) + \cos y, x^2 + y^4 + z^6\big)$$

에 대하여

$$\iint_S \operatorname{curl}\mathbf{F}\cdot d\mathbf{S}$$

를 구하시오. (단, S의 향 $\mathbf{n}$은 $\mathbf{n}\cdot\mathbf{k}\ge 0$이도록 정한다.)

풀이 곡면 S의 향 $\mathbf{n}$을 고려하여 경계를 매개화하면

$$\partial S : X(t) = (\cos t, \sin t, 0) \quad (0 \le t \le 2\pi)$$

이므로 스토크스 정리에 의해

$$\begin{aligned}
\iint_S \operatorname{curl}\mathbf{F}\cdot d\mathbf{S} &= \int_{\partial S} \mathbf{F}\cdot d\mathbf{s} \\
&= \int_0^{2\pi} \left(e^{\cos t}, \cos(\sin t), \cos^2 t + \sin^4 t\right)\cdot(-\sin t, \cos t, 0)\, dt \\
&= \int_0^{2\pi} \big(-e^{\cos t}\sin t + (\cos t)\cos(\sin t)\big)\, dt \\
&= \Big[e^{\cos t} + \sin(\sin t)\Big]_0^{2\pi} \\
&= 0
\end{aligned}$$

을 얻는다.

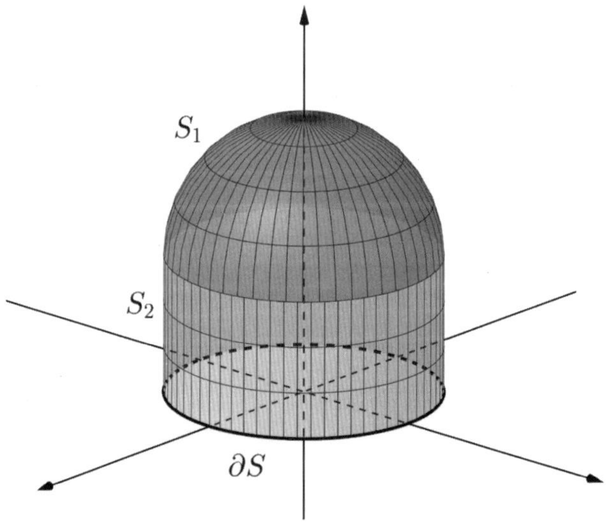

□

다음 예제는 곡면의 경계가 2개의 닫힌 곡선으로 이루어졌을 때 스토크스 정리를 적용하는 예이다.

예제 9.2.5 곡면

$$S : x^2 + 2y^2 - z^2 = 1, \quad x^2 + 2y^2 \le 2$$

의 향이

$$\mathbf{n} = \frac{(x, 2y, -z)}{\sqrt{x^2 + 4y^2 + z^2}}$$

일 때, 벡터장

$$\mathbf{F}(x, y, z) = \left(yz + (z+1)e^{x^2(z-1)^3}, x + (z-1)\arctan\left(\frac{z+1}{x^2+e^y}\right), \sqrt{1+e^{\sin(xz)}} \right)$$

에 대하여 면적분

$$\iint_S \operatorname{curl} \mathbf{F} \cdot d\mathbf{S}$$

를 구하시오.

풀이 곡면 S의 향 $\mathbf{n}$을 고려하여 ∂S를 매개화하면,

$$\partial S_1 : X_1(t) = (\sqrt{2}\cos t, -\sin t, 1) \quad (0 \le t \le 2\pi),$$

$$\partial S_2 : X_2(t) = (\sqrt{2}\cos t, \sin t, -1) \quad (0 \le t \le 2\pi)$$

이다. 따라서 스토크스 정리에 의해

$$\begin{aligned}
&\iint_S \operatorname{curl} \mathbf{F} \cdot d\mathbf{S} \\
&= \int_{\partial S_1} \mathbf{F} \cdot d\mathbf{s} + \int_{\partial S_2} \mathbf{F} \cdot d\mathbf{s} \\
&= \int_0^{2\pi} \left(2 - \sin t, \sqrt{2}\cos t, \sqrt{1 + e^{\sin(\sqrt{2}\cos t)}} \right) \cdot (-\sqrt{2}\sin t, -\cos t, 0)\, dt \\
&\qquad + \int_0^{2\pi} \left(-\sin t, \sqrt{2}\cos t, \sqrt{1 + e^{-\sin(\sqrt{2}\cos t)}} \right) \cdot (-\sqrt{2}\sin t, \cos t, 0)\, dt \\
&= \int_0^{2\pi} \left(2\sqrt{2}\sin^2 t - 2\sqrt{2}\sin t \right) dt \\
&= 2\sqrt{2}\pi
\end{aligned}$$

를 얻는다.

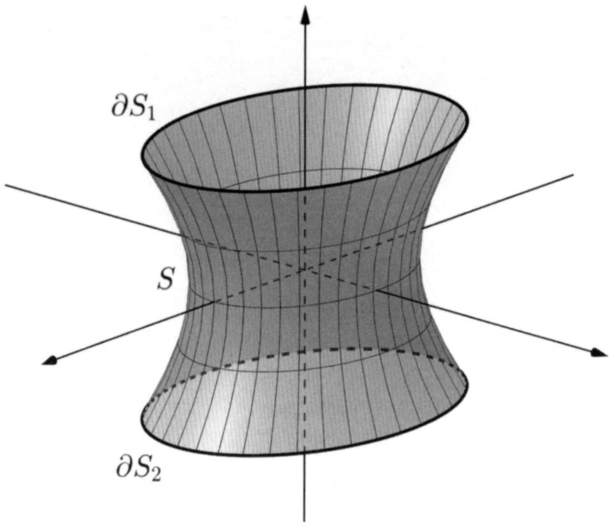

□

닫힌 곡선이 주어졌을 때 이 닫힌 곡선을 경계로 가지는 곡면은 무수히 많다. 다음 예제는 주어진 닫힌 곡선을 경계로 가지는 곡면을 구하는 방법과 이 곡선을 따르는 벡터장의 선적분의 값을 스토크스 정리를 이용하여 구하는 예이다.

예제 9.2.6 곡선

$$X(t) = \left(\cos t, \sin t, \sqrt{\frac{1-\cos t}{2}}\right) \quad (0 \le t \le 2\pi)$$

와 벡터장

$$\mathbf{F}(x,y,z) = \left(3y - 4z + e^{x^2}\cos(x^3), 5z + \sin(y^2 + e^y), 2x + 5y + (1+z)^{\operatorname{arsinh} z}\right)$$

에 대하여 선적분

$$\int_X \mathbf{F} \cdot d\mathbf{s}$$

를 구하시오.

풀이 1 곡선 X는 두 곡면

$$x^2 + y^2 = 1, \quad z = \sqrt{\frac{1-x}{2}}$$

의 교선이므로 다음 두 곡면의 합은 곡선 X를 경계로 가진다.

$$\begin{aligned} &S : x^2 + y^2 = 1, \quad 0 \le z \le \sqrt{\frac{1-x}{2}}, \\ &D : x^2 + y^2 \le 1, \quad z = 0. \end{aligned}$$

벡터장 $\mathbf{F}$의 회전장을 구하면

$$\begin{aligned} \operatorname{curl} \mathbf{F} &= \det \begin{pmatrix} \mathbf{i} & \mathbf{j} & \mathbf{k} \\ D_1 & D_2 & D_3 \\ 3y - 4z + e^{x^2} \cos(x^3) & 5z + \sin(y^2 + e^y) & 2x + 5y + (1+z)^{\operatorname{arsinh} z} \end{pmatrix} \\ &= (0, -6, -3) \end{aligned}$$

이므로 스토크스 정리에 의해

$$\int_X \mathbf{F} \cdot d\mathbf{s} = \iint_S \operatorname{curl} \mathbf{F} \cdot d\mathbf{S} + \iint_D \operatorname{curl} \mathbf{F} \cdot d\mathbf{S}$$

임을 안다. 한편 곡면 S의 향은

$$\mathbf{n}_1 = (-x, -y, 0)$$

이고, 곡면 S의 대칭성에 의해 $\overline{y} = 0$이므로

$$\begin{aligned} \iint_S \operatorname{curl} \mathbf{F} \cdot d\mathbf{S} &= \iint_S (0, -6, -3) \cdot (-x, -y, 0)\, dS \\ &= \iint_S 6y\, dS \\ &= 6 \operatorname{Area}(S)\, \overline{y} \\ &= 0 \end{aligned}$$

이다. 또한 곡면 D의 향은

$$\mathbf{n}_2 = (0, 0, 1)$$

이므로

$$\begin{aligned}\iint_D \operatorname{curl}\mathbf{F}\cdot d\mathbf{S} &= \iint_D (0,-6,-3)\cdot(0,0,1)\,dS\\ &= -3\iint_D dS = -3\,\text{Area}(D)\\ &= -3\pi\end{aligned}$$

이다. 따라서

$$\int_X \mathbf{F}\cdot d\mathbf{s} = -3\pi$$

를 얻는다.

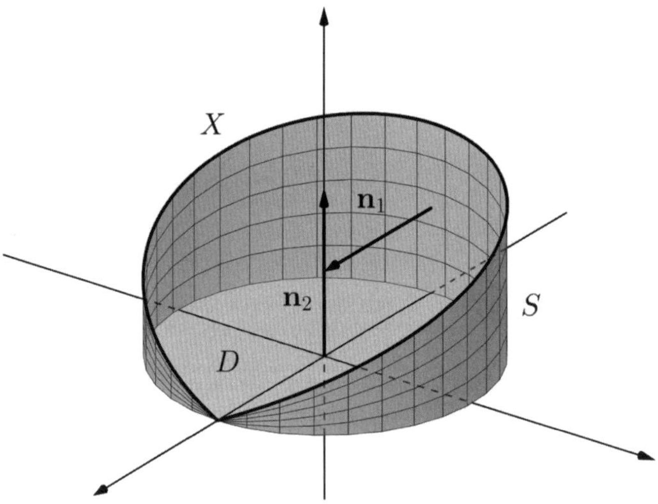

□

풀이 2 곡선 X 는 두 곡면

$$x^2+y^2=1, \quad z=\sqrt{\frac{1-x}{2}}$$

의 교선이므로 다음 곡면

$$S : z=\sqrt{\frac{1-x}{2}}, \quad x^2+y^2\le 1$$

은 곡선 X를 경계로 가진다. 벡터장 $\mathbf{F}$의 회전장을 구하면

$$\begin{aligned}\operatorname{curl}\mathbf{F} &= \det\begin{pmatrix} \mathbf{i} & \mathbf{j} & \mathbf{k} \\ D_1 & D_2 & D_3 \\ 3y-4z+e^{x^2}\cos(x^3) & 5z+\sin(y^2+e^y) & 2x+5y+(1+z)^{\operatorname{arsinh} z}\end{pmatrix} \\ &= (0,-6,-3)\end{aligned}$$

이므로 스토크스 정리에 의해

$$\int_X \mathbf{F}\cdot d\mathbf{s} = \iint_S \operatorname{curl}\mathbf{F}\cdot d\mathbf{S}$$

임을 안다. 한편 곡면 S의 매개화는

$$Y(x,y) = \left(x, y, \sqrt{\frac{1-x}{2}}\right), \quad D = \{(x,y) \mid x^2+y^2 \le 1\}$$

이고,

$$f(x,y) = \sqrt{\frac{1-x}{2}}$$

라 두면 면적소는

$$\begin{aligned} dS &= \sqrt{f_x^2+f_y^2+1}\,dx\,dy = \sqrt{\left(-\frac{1}{4\sqrt{\frac{1-x}{2}}}\right)^2+1}\,dx\,dy \\ &= \sqrt{\frac{1}{16z^2}+1}\,dx\,dy = \frac{\sqrt{1+16z^2}}{4z}\,dx\,dy\end{aligned}$$

이다. 또한 곡면 S는 함수 $g(x,y,z)=x+2z^2$의 1-등위면 위에 있으므로 곡면 S의 향은

$$\mathbf{n} = \frac{\operatorname{grad} g(x,y,z)}{|\operatorname{grad} g(x,y,z)|} = \frac{(1,0,4z)}{\sqrt{1+16z^2}}$$

이고

$$\begin{aligned}\iint_S \operatorname{curl}\mathbf{F}\cdot d\mathbf{S} &= \iint_S (0,-6,-3)\cdot\frac{(1,0,4z)}{\sqrt{1+16z^2}}\,dS \\ &= \iint_D \frac{-12z}{\sqrt{1+16z^2}}\,\frac{\sqrt{1+16z^2}}{4z}\,dx\,dy \\ &= -3\iint_D dx\,dy = -3\,\mathrm{Area}(D) = -3\pi\end{aligned}$$

이다. 따라서

$$\int_X \mathbf{F} \cdot d\mathbf{s} = -3\pi$$

를 얻는다.

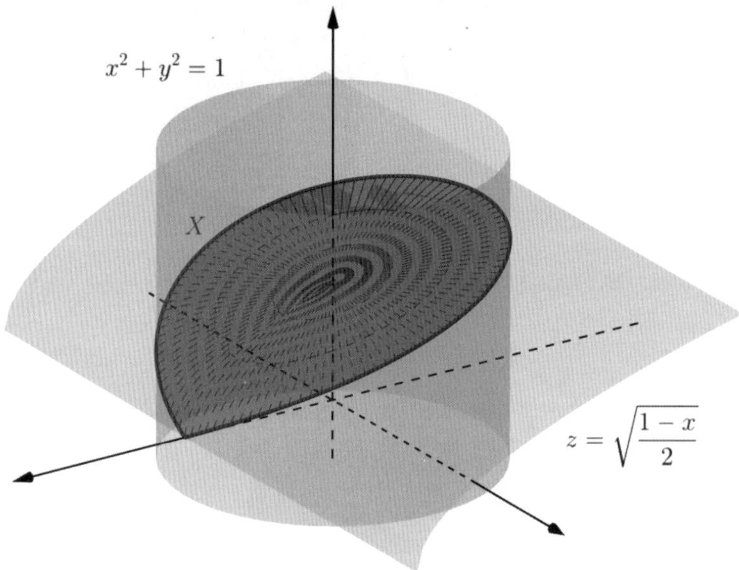

□

풀이 3 곡선 X를 경계로 하는 곡면 S를 다음과 같이 구성하자.

$$\begin{aligned} S : Y(s,t) &= (1,0,0) + s\big(X(t) - (1,0,0)\big) \\ &= \left(1 + s\cos t - s, s\sin t, s\sin\left(\frac{t}{2}\right)\right) \quad (0 \le t \le 2\pi,\ 0 \le s \le 1). \end{aligned}$$

벡터장 $\mathbf{F}$의 회전장을 구하면

$$\begin{aligned} \operatorname{curl}\mathbf{F} &= \det\begin{pmatrix} \mathbf{i} & \mathbf{j} & \mathbf{k} \\ D_1 & D_2 & D_3 \\ 3y - 4z + e^{x^2}\cos(x^3) & 5z + \sin(y^2 + e^y) & 2x + 5y + (1+z)^{\operatorname{arsinh} z} \end{pmatrix} \\ &= (0, -6, -3) \end{aligned}$$

이므로 스토크스 정리에 의해

$$\int_X \mathbf{F} \cdot d\mathbf{s} = \iint_S \operatorname{curl} \mathbf{F} \cdot d\mathbf{S}$$

임을 안다. 한편

$$\begin{aligned}
Y_s \times Y_t &= \det \begin{pmatrix} \mathbf{i} & \mathbf{j} & \mathbf{k} \\ \cos t - 1 & \sin t & \sin(\frac{t}{2}) \\ -s\sin t & s\cos t & \frac{s}{2}\cos(\frac{t}{2}) \end{pmatrix} \\
&= s\left(\frac{1}{2}\cos\left(\frac{t}{2}\right)\sin t - \sin\left(\frac{t}{2}\right)\cos t\right)\mathbf{i} \\
&\qquad + s\left(-\frac{1}{2}\cos\left(\frac{t}{2}\right)\cos t - \sin\left(\frac{t}{2}\right)\sin t + \frac{1}{2}\cos\left(\frac{t}{2}\right)\right)\mathbf{j} \\
&\qquad + s\,(1 - \cos t)\,\mathbf{k}
\end{aligned}$$

이고 $(Y_s \times Y_t) \cdot \mathbf{k} = 1 - \cos t \geq 0$ 이므로

$$\mathbf{n} = \frac{Y_s \times Y_t}{|Y_s \times Y_t|}$$

는 곡면 S 의 향이다. 따라서

$$\begin{aligned}
&\iint_S \operatorname{curl} \mathbf{F} \cdot d\mathbf{S} \\
&= \int_0^{2\pi}\int_0^1 (0, -6, -3) \cdot (Y_s \times Y_t)\, ds\, dt \\
&= \int_0^{2\pi}\int_0^1 s\left(3\cos\left(\frac{t}{2}\right)\cos t + 6\sin\left(\frac{t}{2}\right)\sin t - 3\cos\left(\frac{t}{2}\right) + 3\cos t - 3\right) ds\, dt \\
&= \frac{1}{2}\int_0^{2\pi} \left[\frac{3}{2}\left(\cos\left(\frac{3t}{2}\right) + \cos\left(\frac{t}{2}\right)\right) - 3\left(\cos\left(\frac{3t}{2}\right) - \cos\left(\frac{t}{2}\right)\right)\right. \\
&\qquad\qquad \left. - 3\cos\left(\frac{t}{2}\right) + 3\cos t - 3\right] dt \\
&= -3\pi
\end{aligned}$$

이므로

$$\int_X \mathbf{F} \cdot d\mathbf{s} = -3\pi$$

를 얻는다.

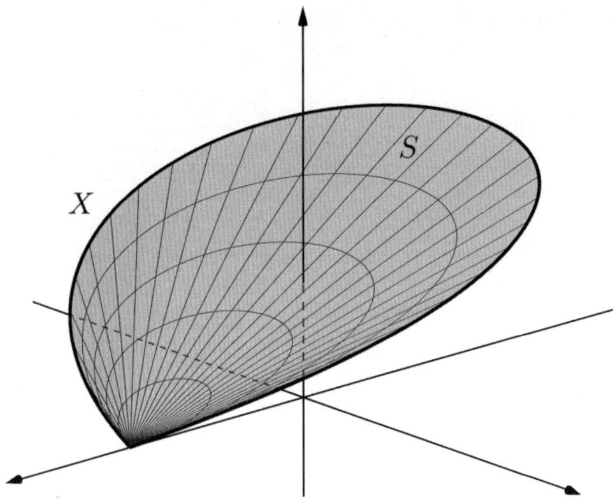

□

다음 예제는 함수의 면적분을 벡터장의 면적분으로 변형하여 스토크스 정리를 적용하는 예이다.

예제 9.2.7 곡면

$$S : z = \sqrt{4 - 3x^2 - 2y^2}, \quad 3x^2 + 2y^2 \leq 3$$

에 대하여 면적분

$$\iint_S \frac{6x^2 z - z^3 + 2ye^{\cos(z^2)} \sin x}{\sqrt{9x^2 + 4y^2 + z^2}} \, dS$$

를 구하시오.

풀이 곡면의 단위법벡터는

$$\mathbf{n} = \frac{(3x, 2y, z)}{\sqrt{9x^2 + 4y^2 + z^2}}$$

이므로 주어진 함수의 면적분은 다음과 같이 벡터장의 면적분으로 변환할 수 있다.

$$\begin{aligned}
&\iint_S \frac{6x^2 z - z^3 + 2ye^{\cos(z^2)} \sin x}{\sqrt{9x^2 + 4y^2 + z^2}} \, dS \\
&= \iint_S \left(2xz, e^{\cos(z^2)} \sin x, -z^2\right) \cdot \frac{(3x, 2y, z)}{\sqrt{9x^2 + 4y^2 + z^2}} \, dS \\
&= \iint_S \left(2xz, e^{\cos(z^2)} \sin x, -z^2\right) \cdot d\mathbf{S}.
\end{aligned}$$

이제

$$\operatorname{curl}\mathbf{F}(x,y,z) = \left(2xz, e^{\cos(z^2)}\sin x, -z^2\right) \tag{$\star$}$$

을 만족하는 적당한 벡터장 $\mathbf{F} = (f_1, f_2, f_3)$를 찾기 위해 $f_1 = 0$을 가정하면, 예제 9.1.4의 결과에 의해 평면 벡터장 $\mathbf{G}(y,z)$가 존재하여

$$\mathbf{F}(x,y,z) = \left(0, -xz^2, e^{\cos(z^2)}\cos x\right) + \big(0, \mathbf{G}(y,z)\big), \quad \operatorname{rot}\mathbf{G} = 0$$

임을 안다. 이제 곡면 S의 향 $\mathbf{n}$을 고려하여 ∂S를 매개화하면

$$\partial S : X(t) = \left(\cos t, \frac{\sqrt{6}}{2}\sin t, 1\right) \quad (0 \le t \le 2\pi)$$

이고, 스토크스 정리에 의해

$$\begin{aligned}
\iint_S \operatorname{curl}\mathbf{F}\cdot d\mathbf{S} &= \int_{\partial S}\mathbf{F}\cdot d\mathbf{s} = \int_{\partial S}\left(0, -xz^2, e^{\cos(z^2)}\cos x\right)\cdot d\mathbf{s} + \int_{\partial S}(0,\mathbf{G})\cdot d\mathbf{s} \\
&= \int_0^{2\pi}\left(0, -\cos t, e^{\cos 1}\cos(\cos t)\right)\cdot\left(-\sin t, \frac{\sqrt{6}}{2}\cos t, 0\right)dt \\
&\qquad + \iint_S \operatorname{curl}(0,\mathbf{G})\cdot d\mathbf{S} \\
&= \int_0^{2\pi} -\frac{\sqrt{6}}{2}\cos^2 t\,dt + \iint_S (\operatorname{rot}\mathbf{G})\,\mathbf{i}\cdot d\mathbf{S} \\
&= -\frac{\sqrt{6}}{2}\pi
\end{aligned}$$

이므로

$$\iint_S \frac{6x^2z - z^3 + 2ye^{\cos(z^2)}\sin x}{\sqrt{9x^2+4y^2+z^2}}\,dS = -\frac{\sqrt{6}}{2}\pi$$

이다. □

예제 9.2.7에서 식 ($\star$)를 만족하는 벡터장 $\mathbf{F}$는 $f_2 = 0$을 가정하여도 얻을 수 있다. 예를 들면 벡터장

$$\widetilde{\mathbf{F}}(x,y,z) = \left(yz^2, 0, 2xyz + e^{\cos(z^2)}\cos x\right)$$

역시 식 ($\star$)를 만족한다. 벡터장 $\widetilde{\mathbf{F}}$를 이용하여 동일한 결과를 얻을 수 있음을 각자 확인해 보기 바란다.

스토크스 정리를 응용하면, 적분하기 어려운 곡면에서의 적분을 상대적으로 적분하기 쉬운 곡면의 적분으로 변형할 수 있다.

정리 9.2.8 $\mathbb{R}^3$ 의 열린 집합 U 에서 정의된 일급 벡터장 $\mathbf{F}$ 와 U 에 속하고 경계를 공유하는 두 유향곡면 S_1 과 S_2 에 대하여 ∂S_1 과 ∂S_2 의 향이 같으면

$$\iint_{S_1} \operatorname{curl} \mathbf{F} \cdot d\mathbf{S} = \iint_{S_2} \operatorname{curl} \mathbf{F} \cdot d\mathbf{S}$$

이다.

예제 9.2.9 곡면

$$S : x^2 + y^2 + z^2 = 4, \quad x^2 + xy + y^2 \leq 3x + 3y - \frac{5}{2}$$

의 향이

$$\mathbf{n} = \frac{(x, y, z)}{2}$$

일 때, 벡터장

$$\mathbf{F}(x, y, z) = \big(-3y + \log(2 + \sin x), -5z + \arctan(e^y), -7x + z^z \big)$$

에 대하여 면적분

$$\iint_S \operatorname{curl} \mathbf{F} \cdot d\mathbf{S}$$

를 구하시오.

풀이 곡면 S 의 경계는 구면

$$x^2 + y^2 + z^2 = 4$$

와 타원기둥

$$x^2 + xy + y^2 = 3x + 3y - \frac{5}{2} \quad \iff \quad x^2 + y^2 + (3 - x - y)^2 = 4$$

의 교선이다. 따라서 곡면 $\widetilde{S}$ 를

$$\widetilde{S} : x^2 + y^2 + z^2 \leq 4, \quad x + y + z = 3$$

이라 두면, 두 곡면 S와 $\widetilde{S}$가 경계를 공유한다. 이때 곡면 $\widetilde{S}$의 향을

$$\widetilde{\mathbf{n}} = \frac{(1,1,1)}{\sqrt{3}}$$

로 정하면, ∂S와 $\partial \widetilde{S}$의 향이 같고 따라서 정리 9.2.8에 의해

$$\iint_S \operatorname{curl} \mathbf{F} \cdot d\mathbf{S} = \iint_{\widetilde{S}} \operatorname{curl} \mathbf{F} \cdot d\mathbf{S}$$

이다.

한편 원점과 평면

$$x + y + z = 3$$

사이의 거리는 $\sqrt{3}$이므로 원판 $\widetilde{S}$의 반지름은

$$\sqrt{2^2 - \sqrt{3}^2} = 1$$

임을 알 수 있고, $\mathbf{F}$의 회전장은

$$\begin{aligned}\operatorname{curl} \mathbf{F} &= \det \begin{pmatrix} \mathbf{i} & \mathbf{j} & \mathbf{k} \\ D_1 & D_2 & D_3 \\ -3y + \log(2 + \sin x) & -5z + \arctan(e^y) & -7x + z^z \end{pmatrix} \\ &= (5, 7, 3)\end{aligned}$$

이므로

$$\begin{aligned}\iint_S \operatorname{curl} \mathbf{F} \cdot d\mathbf{S} &= \iint_{\widetilde{S}} \operatorname{curl} \mathbf{F} \cdot d\mathbf{S} \\ &= \iint_{\widetilde{S}} (5,7,3) \cdot \frac{1}{\sqrt{3}}(1,1,1)\, dS \\ &= \frac{15}{\sqrt{3}} \operatorname{Area}(\widetilde{S}) \\ &= 5\sqrt{3}\pi\end{aligned}$$

이다.

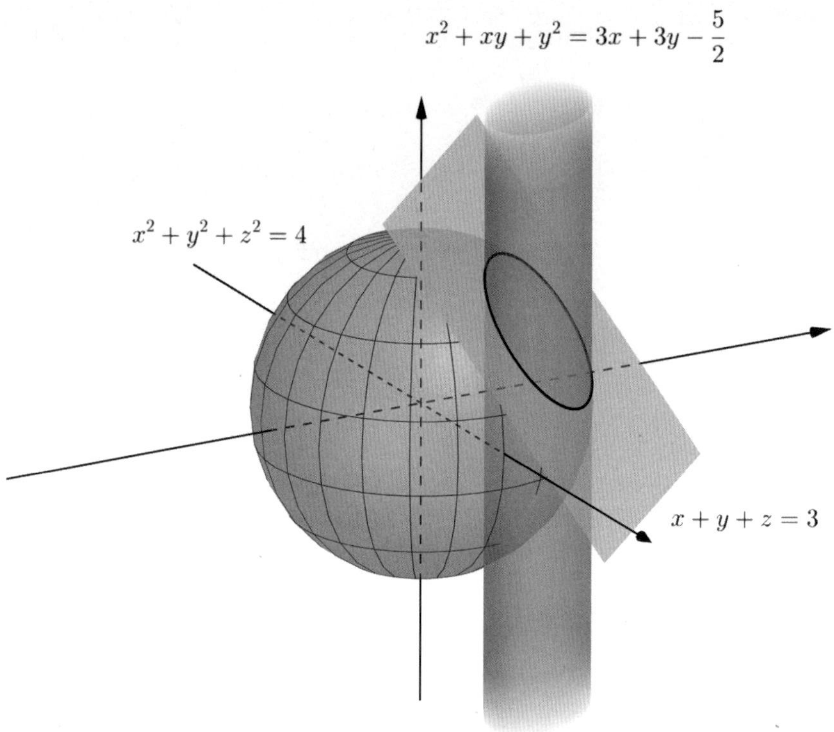
$x^2 + xy + y^2 = 3x + 3y - \frac{5}{2}$
$x^2 + y^2 + z^2 = 4$
$x + y + z = 3$

□

참고문헌

[1] 김홍종, 미적분학 1 (제3개정판), 서울대학교출판문화원, 2023

[2] 김홍종, 미적분학 2 (제3개정판), 서울대학교출판문화원, 2023

[3] 이인석, 선형대수와 군 (개정판), 서울대학교출판문화원, 2015

[4] 김성기, 김도한, 계승혁, 해석개론 (제2개정판), 서울대학교출판문화원, 2011

[5] 김성기, 김홍종, 계승혁, 다변수해석학, 경문사, 1997

[6] James Stewart, Daniel K. Clegg, Saleem Watson, *Calculus* (9th Edition), Cengage Learning, 2020

[7] Joel R. Hass, Christopher D. Heil, Maurice D. Weir, *Thomas' Calculus* (14th Edition), Pearson, 2017

[8] Jerrold E. Marsden, Anthony Tromba, *Vector Calculus* (6th Edition), W. H. Freeman and Company Publishers, 2011

[9] Michael Spivak, *Calculus on Manifolds*, CRC Press, 1965

[10] Stephen H. Friedberg, Arnold J. Insel, Lawrence E. Spence, *Linear Algebra* (4th Edition), Pearson, 2003

[11] Manfredo P. do Carmo, *Differential Geometry of Curves and Surfaces: Revised and Updated Second Edition*, Dover Publications, 2016

[12] William E. Boyce, Richard C. DiPrima, Douglas B. Meade, *Elementary Differential Equations and Boundary Value Problems* (11th Edition), Wiley, 2017

[13] C. Pozrikidis, *The Fractional Laplacian*, CRC Press, 2016

[14] Lawrence C. Evans, *Partial Differential Equations* (2nd Edition), American Mathematical Society, 2010

찾아보기